MANUEL

DE

CHIMIE AGRICOLE

MANUEL

DE

CHIMIE AGRICOLE

ET DE

PHYSIOLOGIE VÉGÉTALE ET ANIMALE

APPLIQUÉE A L'AGRICULTURE

PAR

A. PROOST

PROFESSEUR A L'UNIVERSITÉ DE LOUVAIN, SECRÉTAIRE PERPÉTUEL
DE LA SOCIÉTÉ CENTRALE D'AGRICULTURE DE BELGIQUE

LOUVAIN

TYP. DE D. AUG. PEETERS-RUELENS, ÉDITEUR
rue de Namur, 11, et rue de la Monnaie, 1

PARIS | BRUXELLES

GAUTHIER-VILLARS, éditeur | E. RAMLOT, LIBRAIRE-ÉDITEUR
Quai des Grands-Augustins, 55 | 17, rue Grétry, 17

1884

INTRODUCTION.

Depuis la publication de la première édition de ce traité, l'importation des blés d'Amérique continue à suivre comme nous l'avions prévu une progression des plus inquiétantes pour nos agriculteurs. D'immenses surfaces de terres vierges ont été mises en valeur du Canada au Texas, des bords du Pacifique aux montagnes rocheuses et des montagnes rocheuses au Mississipi. Le capital américain a triomphé du temps et de l'espace, remplaçant la main-d'œuvre par les machines, sillonnant hardiment le désert en tous sens de chemins de fer qui déposent l'émigrant jusqu'au cœur de ce *Far West* légendaire où d'innombrables tribus indiennes chassaient hier encore devant elles des armées de bisons (1). — « La PRAIRIE » n'existe

(1) Depuis l'établissement du grand *Pacific railway*, plusieurs nouvelles lignes ont suscité une concurrence des plus vives au grand bénéfice des agriculteurs. Le *Canada Pacific Railway Company* a livré à l'exploitation une longueur de voies de plus de deux mille lieues, du lac Winnipeg vers les montagnes rocheuses ; le *Nothern Pacific Railway* va ralier le Puget Sound à St-Paul où aboutissent les grandes lignes de l'Atlantique et le *Southern Pacific Railway*, partant du golfe du Mexique vers la cote du Pacifique est inauguré à l'heure qu'il est. La première de ces trois compagnies va établir en outre un service de bateaux à vapeur vers la Chine et le Japon afin de rejoindre à *San Francisco* les lignes australiennes (Voir la *Revue des questions scientifiques* publiée par la Société scientifique de Bruxelles, 7me année 1er livr. p. 322 et suiv.)

plus, ou plutôt elle s'est transformée en une véritable mer d'épis qui s'écoule périodiquement vers le vieux monde et déverse sur les marchés de l'Europe des céréales en quantité telle que la famine n'est désormais plus à craindre...

Résultat imprévu, fantastique, tout-à-fait digne du génie américain, qui a dépassé les prévisions les plus audacieuses des économistes ; résultat néfaste cependant au point de vue du cultivateur, qui n'avait pas voulu croire jusqu'au dernier jour à cette concurrence invraisemblable et qui, en dépit des cris d'alarme de la presse, avait dédaigné de s'armer pour conjurer un péril imaginaire.

Aujourd'hui même que cette inondation de denrées alimentaires exotiques a déterminé une crise aiguë et jeté d'innombrables agriculteurs dans une cruelle perplexité, l'on s'obstine aveuglement à entretenir les illusions les plus préjudiciables à la fortune publique. Etrange et fatal pouvoir des MOTS : il a suffi d'évoquer le fantôme de la *liberté*, sous le nom de *libre-échange*, pour faire consacrer par des lois l'écrasement du faible par le fort et pour entraîner des hommes politiques, éminents d'ailleurs, à tarir la source de la richesse des nations. Car, tous les économistes sont d'accord pour reconnaître à l'agriculture ce rôle créateur et régénérateur des forces vives de l'humanité, rôle particulièrement mis en lumière au xixe siècle par les découvertes de la physique et de la biologie. (Voir notre étude : l'*Agriculture et la Science*, Journal de la Société centrale d'agriculture, décembre 1873, février 1874). Voir aussi chap. II.

Dans les fameuses terres à blé de la Rivière Rouge du Nord et du Kansas, ces anciens territoires de guerres des Pawnies et des Sioux, le prix de revient du blé ne s'élève pas à plus de 7 francs l'hectolitre d'après les renseignements officiels, confirmés récemment par le rapport des délégués du Gouvernement Britanique en Amérique. On y voit aujourd'hui des cultures de plusieurs milliers d'hectares appartenant à des banquiers de New-York, qui cultivent à la charrue à vapeur, récoltent en quelques jours au moyen des moissonneuses lieuses automatiques et battent sur place, de façon à pouvoir jeter le grain sur le marché quelques jours après la récolte.

Toutes les stations importantes de l'Ouest possèdent des docks immenses, divisés en compartiments de 3,000 hectolitres où les blés sont triés mécaniquement et transbordés des wagons au moyen d'élévateurs.

Dans les villes comme Chicago les ÉLÉVATEURS ont donné leur nom à des batiments grandioses, où le blé entre d'un côté et sort de l'autre pour être versé dans les navires après avoir été épuré et classé automatiquement sous la surveillance de quelques experts, de sorte, comme le dit très-bien M. Simonin, que ni vendeur ni acheteur n'ont à s'en mêler. C'est sur ces places que les grands négociants de New-York achètent le blé au cours du jour : Ainsi le cultivateur n'est point exposé comme chez nous à voir *immobiliser* son capital. Déchargement, rechargement, pesage, magasinage ne coûtent pas plus de 4 centimes par hectolitre d'après les tarifs de la grande Compagnie du *New-York central railway*. Le grain est rechargé de lui-même, sur des navires par le moyen de couloirs ou chute, de sorte qu'en moins d'une demi-heure un transatlantique peut recevoir son plein chargement de 20 à 30 mille hectolitres.

Les frais de transport des céréales par chemin de fer ne dépassent pas, d'après les tarifs de ces dernières années, la somme minime de 5 centimes par tonne et par lieue. Dans les régions des grands lacs et des rivières, les transports par bateaux à vapeur, qui font aux Compagnies de chemins de fer une concurrence des plus rudes, réduisent ces frais à *deux centimes,* soit un franc par 50 lieues pour 1,000 kilogrammes. Sur 50 millions d'hectolitres amenés à New-York, 44 p. c. le sont par les canaux, le reste par chemin de fer. L'hectolitre n'est donc grevé de ce chef que de quelques centimes. Quant au transport par mer de New-York à Liverpool, il s'élève en moyenne à fr. 5-50 l'hectolitre, ce qui explique comment le blé, dont le prix de revient n'atteint pas 8 francs, nous arrive à 15 ou 16 francs l'hectolitre, soit un écart de 5 francs environ avec le prix de revient du blé français, qui s'élève à 21 francs l'hectolitre. L'écart énorme de 8 à 21 fr., soit 13 fr., qui présente la différence entre le prix net du froment français et américain, donne la formule brute du bénéfice réalisé dans l'Ouest de l'Amérique sur la *main-d'œuvre* par les machines et sur *la terre* par l'économie de la fumure et du loyer.

Nous sommes parfaitement placés en Belgique pour apprécier la progression du commerce d'importation des céréales.

La place d'Anvers a importé pour sa part, pendant les deux dernières années, au delà de sept millions d'hectolitres de froment par an, chiffre dans lequel les apports des Etats-Unis correspondent à 5o p. c. La Californie en fournit pour sa part un million par an. Mais, une statistique plus intéressante encore est celle qui nous permet de constater la réalisation des prophéties relatives aux Indes anglaises, traitées de fables il y a cinq ans à peine par les libres-échangistes.

Lorsque la presse anglaise annonçait en 1876 la création d'un vaste réseau de canaux reliant les plateaux fertiles de l'Inde aux ports anglais, les protectionnistes mêmes n'y croyaient pas.

Or les importations de Bombay et de Calcutta, qui s'élevaient en 188o à cent mille hectolitres de blé, ont atteint l'an dernier le chiffre d'*un million*. D'après un journal agricole belge (1), les Flandres ont fait de ces froments une large consommation, et si les récoltes futures permettent la continuation

_____

(1) *Journal agricole de l'Est.*

des apports, les blés des Indes ne tarderont pas à faire aux froments d'Amérique une rude concurrence. Le bas prix relatif des froments de Bombay et de Calcutta facilitera cette concurrence d'autant plus que certains meuniers les préfèrent déjà comme rendement.

« Jusqu'ici les froments des Indes se placent plus aisément pour l'exportation. Ils suivent conséquemment la voie des froments de Russie ; ceux-ci s'utilisent fort peu en Belgique depuis les importations des Etats-Unis. Les arrivages de la Russie ont été de beaucoup inférieurs à ceux de l'année précédente ; c'est pendant les derniers mois seulement que ce commerce d'importation a mérité un peu d'attention.

» Les froments du Danemark et de la Suède, si prisés autrefois, sont abandonnés et remplacés avantageusement. De la Baltique les importations sont des plus limitées : le tableau comparatif accuse une diminution d'environ 5o p. c. en une seule année. »

Le même journal constate que le commerce des seigles a décliné considérablement sur la place d'Anvers et que cette perte correspond à l'accroissement énorme des importations du maïs d'Amérique.

« Depuis quatre ans, les maïs entrent pour une part considérable dans la consommation intérieure. La distillerie belge absorbe des quantités de plus en plus fortes et l'élève du bétail rencontre dans les maïs un aliment rémunérateur. En 1879, l'impor-

tation des maïs (principalement d'Amérique) était
de 664 mille hectolitres; elle était d'au delà d'un
million en 1880, et l'an dernier elle atteignit environ un million et demi d'hectolitres, soit une augmentation d'environ 125 p. c. en deux ans. Il serait
donc juste de dire que la concurrence des maïs,
produit moins cher, a été la cause principale de la
déchéance des seigles. Il faut faire remarquer, en
outre, que la mouture des seigles a beaucoup perdu
de son importance, que la consommation du seigle
tend de plus en plus à diminuer dans notre pays. »

Les appréhensions que nous avons manifestées
dans nos études économiques sur la concurrence
éventuelle des blés indiens, commencent donc à se
réaliser déjà de l'aveu de la presse anglaise.

L'*Economist* entrevoit l'époque où l'Inde prendra
la place de l'Amérique dans l'approvisionnement
de blé du Royaume-Uni.

La supériorité des Etats-Unis sur leurs concurrents de l'Inde consiste uniquement dans la facilité
et le bon marché des frais de transports intérieurs
et extérieurs. Tandis que par la voie des lacs et
des canaux, le blé parcourt dans l'Amérique du
Nord une distance de *mille milles* à 25 francs par
tonne, le même trajet coûte encore plus du double
aux Indes. Mais un récent rapport constate que le
prix des transports de Delhi à Bombay a déjà été
réduit de 18 1/2 p. c., soit une diminution de
65 centimes par hectolitre. D'autre part, le *Schip-*

ping and mercantile Gazette annonce que la Nouvelle-Zélande se propose d'envoyer bientôt des céréales sur le marché européen.

Les colons de cette île travaillent activement à mettre en culture les 12,000,000 d'acres de terres vierges qui donnent un rendement double en moyenne de celles de la *grande prairie* du Far West.

D'après les récentes correspondances du *Daily-New* ce n'est pas tant de l'Amérique que de la Nouvelle-Zélande et de l'Australie qu'il faut attendre les importations de viande en Europe. La difficulté du transport est vaincue depuis qu'une machine de septante chevaux maintient dans l'entrepont des navires une température à 60° Pahrenheit sous zéro. On peut de la sorte transporter dans une seule chambre jusque 10,000 moutons gelés ou deux cent cinquante tonnes de viande. Le correspondant ajoute que dans ces conditions l'Australie est appelée sans doute à devenir le pourvoyeur principal de viande de l'Europe. L'Australie produit en moyenne vingt deux millions de moutons par an dont la moitié s'exporte.

Néanmoins ce définit annuel de viande en Europe qui s'élève environ à 793,000 tonnes est jusqu'ici comblé surtout par les deux Amériques. La Grande-Bretagne seule en a emporté pour sa consommation plus de 650 milles tonnes en un an. Et le *Daily-New* ajoute que cette importation ne peut que s'accroître dans tous les pays parceque la consommation de viande tend à augmenter sans cesse avec la population (1) tandis que la production du bétail en France et des moutons en Angleterre tend à décroître.

C'est à Chicago que viennent se concentrer ces immenses troupeaux de bœufs, venus de tous les points de l'Amérique depuis le Texas jusqu'aux Montagnes Rocheuses. Nous connaissons très-exactement aujourd'hui les prix d'achat et de transport de ce bétail :

A Chicago, un bœuf de choix de 750 kil. en moyenne, se paye fr. 0-50 le kil. soit   375 fr.
Son transport de Chicago à New-York   15 »
Frêt et assurance de New-York à Liverpool 87 »
Déperdition moyenne de poids 30 kil. à 1 fr.   30 »

   507 fr.

Ce prix s'est déjà sensiblement abaissé en deux ans, parce que l'on a construit depuis lors d'énormes navires à vapeur qui font le trajet de Liverpool à New-York en sept jours, soit deux jours de nourriture en moins, ce qui représente dix francs par tête.

Le chemin de fer de l'Hudson transporte à lui seul aux ports du Nord 5,000 bœufs et autant de moutons. C'est ainsi que Liverpool reçu, en 6 mois, plus de 85,000 têtes de bétail.

Les Américains cherchent le progrès industriel de l'agriculture dans toutes les voies.

(1) En moyenne la population de l'Europe s'accroît annuellement de 3,000,000.

Comme le constatait dernièrement l'*Industrie laitière*, l'effort des éleveurs américains vise à produire un bœuf en deux ans et cet effort est couronné d'un plein succès. On vend à Chicago des lots de bœufs de 2 ans pesant environ 1600 livres chacun, parfois même 1700 livres. Ces poids vifs représentent un poids mort de 914 et 971 livres. Les vieux éleveurs considéraient de pareils poids comme très-satisfaisants pour des animaux d'un âge double. L'économie de quatre à deux ans constitue un bénéfice énorme.

Une compagnie française s'est constituée pour exploiter l'élève du bétail au Texas : la comparaison des prix de la nourriture suffit pour faire entrevoir les immenses bénéfices réalisables dans cette entreprise :

En France, la nourriture d'un bœuf s'élève à fr. 1-o3 par jour, au Texas à 7 centimes; celle d'un mouton à 12 centimes, au Texas à 2 centimes et le reste en proportion.

Chacun sait que la ville de Chicago est la métropole de l'agriculture, non seulement pour les céréales, le gros bétail, mais aussi et surtout pour les porcs. C'est là que l'on sale chaque année des millions de porcs, suivant les procédés originaux et expéditifs qui ont été décrits récemment par des journaux de New-York et reproduits par la presse anglaise.

Six villes principales se partagent ce genre de commerce en Amérique : Cincinnati, Saint-Louis,

Indianopolis, Milwaukee, Louisville et Chicago. Cette dernière en a *manufacturé* pour sa part plus de deux millions par an, en moyenne, depuis la dernière période décennale. Ces porcs tués, salés et mis en barils, suivant les procédés décrits, ne reviennent pas au *fabricant* à vingt francs sur pied, ce qui explique comment cette viande, qui se vendait en Europe à 120 francs les 100 kilos, a pu tomber à moins de 60 francs. Cependant, ce n'est pas sans raison que les comités d'hygiène de toutes les nations protestent énergiquement depuis dix ans contre la libre entrée de ces salaisons qui sont infestées trop souvent de trichines ou d'autres parasites des porcs en Amérique.

Ces chiffres sont plus éloquents, croyons-nous, que les meilleurs plaidoyers des libres échangistes ou des économistes de cabinet pénétrés de principes immuables et nourris de théories soi-disant économiques.

Faut-il s'étonner après cela si l'exode des cultivateurs vers cette terre promise suit une progression croissante et vraiment colossale à tel point que l'an dernier le nombre des émigrants débarqués aux États-Unis s'est chiffré par *un million !* Quand on calcule, d'après les données de la statistique, ce que chacun de ces émigrants a coûté au vieux monde, on arrive à chiffrer par des milliards la perte sèche que la folie des politiciens nous inflige depuis 20 ans. Tandis qu'en Europe les éléments et les hommes semblent conspirer à la ruine de l'agriculture que nos gouvernements immolent à l'industrie et au commerce d'importation, en Amérique, tout concourt, au contraire, à favoriser la production à bon marché : la terre d'abord, qui coûte à peine le loyer qu'elle rapporte en Europe, n'exige point de fumure, et qui par son étendue empêche le morcellement excessif de la propriété : le gouvernement qui favorise par tous les moyens possibles (concessions à vil prix, franchise d'impôts, routes, canaux, chemins de fer, écoles, stations agricoles) le progrès de l'agriculture et qui consacre à l'étude des intérêts matériels de la nation le temps que nous perdons en querelles intestines dignes du bas Empire; l'organisation militaire qui ne draîne pas, comme les armées permanentes, en Europe, les forces vives et les capitaux de la nation.

Voilà pourquoi l'Amérique prospère tandis qu'à nos portes, en France, la population diminue avec les subsistances. Voilà pourquoi un pays, qui pourrait nourrir 100 millions d'hommes, est forcé d'importer chaque année près d'un milliard de denrées alimentaires pour sustenter 36 millions d'habitants. Voilà pourquoi ses exportations diminuent faute d'une intelligence précise des exigences de la situation économique toujours si bien comprise par les hommes d'Etat de l'Union. Ainsi, quand le gouvernement de la libre Amérique, tributaire de l'industrie de l'ancien continent, voulut exploiter à son tour les richesses minérales d'un sol vierge, il n'hésita pas un moment, en dépit de ses institutions libérales, à fermer impitoyablement ses ports à nos produits. Le résultat ne se fit pas attendre et l'on vit en quelques années l'industrie américaine prendre un splendide essor.

Alors, mais alors seulement, quand la concurrence de l'étranger ne fut plus à craindre, la République du Nouveau Monde rouvrit ses portes et livra ses marchés à la concurrence de l'univers.

Exemple mémorable dont la libre Belgique ne saurait assez se pénétrer. Mais on a préféré jusqu'ici s'en tenir aux errements de l'empirisme et réserver la protection pour certaines industries, au grand préjudice de celle dont relèvent toutes les autres.

D'une part, on livre l'agriculture sans défense à la concurrence du monde entier; de l'autre, on protége l'industrie par des droits, variant de 20 à à 40 p. c. c'est-à-dire que l'on partage les citoyens en deux classes : ceux qui reçoivent les subventions et les autres qui les payent.

En déterminant par cette politique inconsciente la dépopulation des campagnes, on développe, comme l'a dit très-spirituellement un économiste français, de grosses têtes urbaines sur de petits corps ruraux. De toutes parts affluent dans nos villes des fils de paysans, dégoûtés du métier de leurs pères; ils y viennent assiéger nos administrations et nos maisons de commerce où ils trouvent à peine les ressources nécessaires pour ne pas mourir de faim.

Ainsi l'on transforme insensiblement le laboureur qui faisait vivre et enrichissait la nation, en mécontent, en révolutionnaire, prêt à nous disputer au prix du sang ce pain qu'il ne sait plus produire.

Dans de telles conditions, la lutte est-elle possible? C'est ce qui nous reste à examiner.

II

L'Europe se divise en deux groupes de nations : celles qui suffisent à leur alimentation et celles qui n'y suffisent point.

La Russie, la Suède, le Danemarck, l'Autriche, l'Italie et l'Espagne forment le premier groupe; le second comprend la Hollande, la Belgique, la France, la Prusse et l'Angleterre, cette dernière important chaque année pour sa consommation de 25 à 30 millions d'hectolitres de grains. Ce chiffre, auquel il convient d'ajouter les sept millions d'hectolitres que le port d'Anvers importe annuellement, était fourni jadis par les arrivages de la Russie, de la Suède et du Danemark. Ces froments, nous l'avons vu, ont été supplantés chez nous par les blés américains. Nous avons constaté l'entrée en lice des froments d'Australie et des Indes anglaises, traités d'épouvantails par nos libres échangistes. Quant nous annoncions en 1877 la création des canaux reliant les terres à blé de l'Inde aux rives du Gange et du Mahanadi, les partisans du protectionisme à rebours niaient l'éventualité d'une concurrence prochaine. De fait, la guerre de l'Afghanistan détourna complètement l'attention des projets de canalisation réalisés dans le Bengale. Mais en moins de six ans, les blés de l'Inde importés avec des bénéfices énormes, ont atteint et dépassé chez nous le chiffre d'un million.

Faute de débouchés, le blé se vendait littéralement pour rien dans les Indes orientales, notamment dans les fertiles plaines du Haut-Mahanadi, où il ne valait que deux francs cinquante l'hectolitre; de telle sorte que l'on a pu débarquer ce même blé à la côte anglaise au prix de *six francs vingt-cinq les* 100 *kilos*. L'Angleterre sera donc bientôt en mesure de verser à ses propres colonies les cinq à six cents millions qu'elle payait annuellement à la Russie d'abord, à l'Amérique ensuite, sous forme de tribut alimentaire. Ce sont là des révolutions économiques sur lesquelles on ne saurait assez appeler l'attention des hommes politiques parce qu'elles constituent des éléments formidables dans la lutte pour l'existence entre les nations.

Il est dans l'histoire des peuples, tel phénomène économique inaperçu qui joue un plus grand rôle dans leur destinée que les guerres les plus meurtrières ou les plus éclatantes victoires. L'ouverture des canaux de l'Inde brisera bientôt les derniers liens qui subordonnaient le Royaume-Uni à la production alimentaire du continent ou du Nouveau-Monde.

L'Angleterre n'a pas besoin, en ce moment, de posséder l'Egypte. Ce qu'il lui faut, c'est la sûreté du chemin de l'Inde, son indépendance alimentaire vis-à-vis des États-Unis. Car l'Angleterre doit pourvoir par l'importation à l'alimentation d'une population de 28 millions d'âmes, dont la partie virile, servie par la vapeur, représente la puissance de production de 100 millions d'hommes.

Voilà ce qu'il y a pour l'Angleterre dans la question du blé. Ce point bien établi, il importe de se rendre un compte exact de la situation de la Belgique et la France au point de vue la production des subsistances. Tout compte fait cette situation est menaçante au dernier chef, et doit inspirer les plus sérieuses appréhensions aux esprits clairvoyants qui ne se laissent point bercer par des mots.

Depuis une vingtaine d'années la moyenne de nos importations annuelles a dépassé cent millions pour les céréales et vingt millions pour le bétail.

En France l'importation des denrées alimentaires s'est élevé et progressivement de 747,454,000 fr. en 1875 à 1,783, 321,000 fr. en 1880.

Les céréales figurent dans ce chiffre de un milliard 983 millions pour une somme de 796,598,000 francs. En trois ans, la France a importé un total de deux milliards 214 millions réduit à deux milliards 54 millions, déduction faite de l'exportation.

Le rapport officiel constate également que l'importation des vins a été en progression constante, soit de 13 à 285 millions de francs en cinq ans, tandis que l'exportation est restée comprise entre 200 et 257,000,000 de francs. Depuis cinq ans, le phylloxéra aidant, l'importation des vins d'Italie seuls, qui servent à couper les vins français, suit une progression écrasante. Voilà la situation précise, la vérité sans phrases en ce qui concerne nos voisins.

Ce n'est pas tout : le territoire de la France, convenablement exploité, pourrait aisément pourvoir à l'alimentation d'une population de cent millions d'habitants, et depuis 1825, elle n'a pu suffire à l'alimentation de 35 ou 40 millions d'habitants.

Aussi la conséquence de cette insuffisance n'a-t-elle pas tardé à se manifester sous la forme la plus menaçante pour l'avenir du pays. En 1846, l'accroissement de la population était de 200,000 âmes par an. Aujourd'hui elle est à peine de 120,000 âmes.

En Belgique où la densité de la population est la plus forte, entre toutes les nations, (181 habitants par kilomètre carré) la démographie n'accuse point de déficit analogue. La population s'accroit régulièrement au contraire de 1 p. c. par an, mais conformément à la loi de Malthus, cette densité croissante rend les conditions de la lutte pour l'existence de plus en plus âpres et implacables.

La France importe pour 1 milliard 900 millions de denrées alimentaires. Or, si la moitié de cette somme, c'est-à-dire un milliard, était concentrée, à raison de 500 francs par hectare, sur 2 millions d'hectares de terre qui représentent le quart de la superficie affectée en France à la culture du froment; et le deuxième milliard, sur 4 millions d'hectares de prairie, la production du sol en blé et en viande serait immédiatement doublée, et la France deviendrait un grand foyer d'exportation vivant dans l'abondance, au lieu d'un pays d'affamés.

Tandis qu'en Angleterre domine la grande culture, où l'on pousse à la production de la viande, dont le prix suit une progression croissante en raison inverse de celle du blé, en France et en Belgique la propriété s'est morcelée au point de s'émietter complètement. En Belgique 750,000 propriétaires ne possèdent pas deux hectares. En France la statistique donne aujourd'hui de plus de quatre millions de propriétaires exempts de la cote personnelle, c'est-à-dire indigents. La terre y vaut en moyenne 2,000 francs l'hectare et se loue de 50 à 100 francs, c'est-à-dire moins que chez nous. Aux Etats-Unis, la terre en valeur vaut 15 francs, la prairie de 20 à 25 francs. Tandis que l'invasion des parasites accuse de plus en plus l'épuisement de notre sol, exploité en aveugle, au mépris des lois de la restitution minérale, en Amérique la terre est si riche, si abondamment pourvue en éléments fertilisants par les alluvions séculaires et la *sélection naturelle* de la prairie, que l'on peut y cultiver les céréales pendant cinquante ans sans l'épuiser et sans lui offrir un atome de fumier.

Le blé est cultivé sans interruption depuis une centaine d'années dans l'immense plaine d'alluvion de Saint-Louis du Missouri, au confluent du Mississipi : : « Il n'y a pas de système de culture, dit » un voyageur moderne ; le fermier laboure le sol

» et y jette la semence, et les plus abondantes mois-
» sons viennent tous les ans sans plus de peines ni
» de soucis. »

La terre est divisée à l'excès, conséquence de la
funeste législation française sur les héritages qui
nous régit ; législation homicide et barbare : homicide en ce qu'elle porte atteinte à la puissance productive de la nation ; despotique et barbare, en ce
qu'elle porte atteinte au droit primordial le plus
sacré, le droit reconnu au père de famille de dis-
poser de son patrimoine dans le double intérêt de
sa conservation et de l'avenir de ses enfants.

Mais ceci est trop grave pour nous en tenir aux
allégations générales, il faut citer :

Le territoire de la France est divisé en 143 millions de parcelles. Ce nombre s'accroît chaque
année de cent mille parcelles nouvelles. Ces lam-
beaux sont répartis en 14 millions de cotes au-dessous de 5 francs, c'est-à-dire appartenant à de
véritables indigents.

La conséquence d'un tel état de choses était
inévitable.

L'Inde a pu envoyer le froment à fr. 6-50 l'hectolitre rendu en Angleterre : à l'Amérique il coûte
à peine 16 francs rendu au Havre ou à Anvers.
Or, en France, on ne peut le produire au-dessous
de 20 francs, beaucoup affirment même que ce prix
atteint 23 et même 25 francs. Dans les régions où
la culture intensive est pratiquée de longue date,

comme en Belgique et les départements du Nord,
le rendement des terres étant de 25 hectolitres à
l'hectare, le prix de l'hectolitre peut descendre à
20 francs, si on trouve à se défaire de la paille dans
de bonnes conditions, mais partout où la culture
est arriérée, la moyenne des récoltes atteignant à
peine 14 hectolitres, le prix approche de 30 francs.

Qu'on veuille bien le remarquer : Nous n'avan-
çons rien sans nous appuyer sur des témoignages
irrécusables, des chiffres. On ne résout pas de telles
questions par des à peu près. Citons donc, et sans
nous laisser arrêter par l'acidité de tels documents.

Le premier auteur dont nous invoquerons le
témoignage est l'honorable M. Kerseté, qui a publié
un excellent mémoire sur l'agriculture française.

Or, en prenant pour exemple ce qui se passe
dans une partie de la Bretagne qu'il habite depuis
de longues années, il fixe à 20 fr. le prix de revient
de l'hectolitre de blé pour une récolte de 20 hectolitres à l'hectare, savoir :

Loyer	fr. 90 « à l'hect.
Labours	60 » —
Fumier	250 » —
Impôts	27 » —
Semences	28 » —
Sarclage	. 8 » —
Assurance contre la grêle	3 50 —
Moisson	30 » —
Battage	25 » —
Transport du marché	7 » —
Amortissement du matériel	15 » —
	543 50 —
A déduire pour la paille	120 » —
	423 50 —

pour une production présumée de 20 hectolitres par hectare; ce qui porte le prix de revient de l'hectolitre de grain, en France, à 24 fr.

Il y a, dans ce décompte, des éléments manifestement cotés trop bas : 60 francs par hectare pour la préparation de la terre, 15 francs pour le battage de 20 hectolitres, sont des évalutions très-inférieures à la réalité pour beaucoup de départements.

M. Barral, dans une étude sur la production comparée du froment au Texas, fixe le prix de revient de l'hectolitre, en France, à 21 francs pour une récolte de 15 hectolitres par hectare, qui est la moyenne générale du pays.

M. Decauville fixe ce prix à 18 francs, pour une exploitation où l'on a concentré les moyens mécaniques et les engrais les plus puissants.

Enfin, un propriétaire illustre de la Brie, dont la ferme est conduite comme une usine, avec la comptabilité la plus rigoureuse, et qui opère sur une exploitation de 250 hectares, en s'aidant des moyens d'action les plus énergiques et les plus complets que comporte l'état présent de la science agricole, fixe le prix de l'hectolitre de froment à 17 francs l'hectolitre, si la récolte est de 35 hectolitres par hectare; à 20 francs l'hectolitre, si la récolte n'atteint que 30 hectolitres, et à 24 francs, si elle descend à 25 hectolitres.

Quand à la dépense qu'entraîne la culture d'un hectare de terre soumis au régime intensif, il la fixe à 5 ou 600 francs par hectare, la valeur de la paille déduite, savoir :

Loyer de la terre,	120	par hectare.
Travaux de culture,	150	—
Engrais	200	—
Moisson et battage,	80	—
Transport en chemin de fer,	20	—
Intérêt des capitaux et amortissement du matériel,	100	—
Frais généraux et régie	100	—
Engrais,	20	—
	790	—
A déduire 3,000 kil. de paille à 60 fr. les 1,000 kil.,	180	—

Reste 610 par hectare.

Ainsi, avec une dépense de 600 francs (la valeur de la paille étant déduide de la dépense brute), on récolte 25, 30 ou 35 hectolitres de froment à l'hectare, suivant que la terre a été très-bien ou médiocrement préparée.

Dans les conditions les plus favorables, on paye donc chez nous 17 francs, ce que l'Amérique peut nous livrer couraimmant à 15 francs.

Et l'Inde a un chiffre plus minime encore.

Ce contraste n'a rien qui puisse nous surprendre.

Il résulte non seulement des conditions matérielles plus favorables des sols vierges, mais surtout de ce qu'en Amérique comme dans les Indes, les Yankee comme les Anglais ont compris la nécessité de favoriser l'agriculture au lieu de l'immoler à la prospérité temporaire des autres industries, et d'assurer la circulation de ses produits. En Amérique comme aux Indes anglaises l'on crée des chemins de fer, des voies navigables, des routes pour l'agriculture et l'on transporte ses produits au plus bas prix, tandis que l'on obstine chez nous à faire le contraire.

Aussi, qu'est-il advenu? Depuis 1825, les importations destinées à combler nos déficits en subsistances alimentaires n'ont cessé de s'accroître. En 1825, le déficit atteignait à peine 25 millions pour la France; aujourd'hui, il approche de deux milliards.

Si nous considérons de plus que, depuis la création des moyens rapides de transport, la concurrence s'étend et se généralise, que les pays vierges entrent en lutte avec les pays vieillis, dont le sol est épuisé, il est de la dernière évidence qu'il y aurait plus que l'imprévoyance à ne pas voir le danger qui se dresse devant nous; lorsqu'on est placé pour lutter, dans des conditions si défavorables, il faut que la vieille Europe appelle à son aide toutes les ressources que les sciences chimiques et mécaniques peuvent lui fournir, et sache, en outre, sous le rapport fiscal, se défendre contre des adversaires qui n'ont pas coutume de se payer de mots.

Cliffe Leslie et Ingram, ont proclamé l'erreur des formules abstraites en économie politique auxquelles nos législateurs sacrifient sans hésiter l'avenir et la prospérité de leur pays.

Ne l'oublions pas, les sciences économiques sont des sciences *naturelles* qui relèvent avant tout de la méthode expérimentale et de l'esprit d'observation. C'est pourquoi l'Allemagne, qui marche à la tête du mouvement scientifique, n'hésite pas à se déclarer ouvertement protectionniste, dans les circonstances actuelles, et l'Angleterre se protége partout où elle croit avoir à redouter la concurrence.

L'impôt foncier tel qu'il est établi aujourd'hui n'est pas et ne peut pas être un impôt sur le revenu foncier; il est un *impôt sur la fabrication des produits agricoles*. C'est ce que M. L. Say, président du Sénat français, a reconnu très-explicitement dans une réunion du centre gauche sénatorial (4 mars 1881).

Nous croyons avec M. E. de Laveleye, qu'à l'heure présente la véritable science économique consiste à prendre, selon les circonstances, les dispositions qu'exigent les besoins d'un peuple. Lorsque des colosses, comme l'Amérique, l'Angleterre et l'Allemagne, ont montré tour à tour, dans les circonstances critiques, un profond dédain du principe dont l'application loyale et générale serait évidemment profitable à la société, nous estimons qu'il n'appartient pas aux faibles et aux petits de prendre l'initiative d'une réforme, dont le résultat fatal sera leur complet écrasement par les forts. La lutte pour l'existence entre les nations est dominée par des lois aussi nécessaires et aussi impitoyables que celles qui régissent la lutte pour la vie dans la nature, et les guerres à coups de tarifs sont souvent plus redoutables dans leurs conséquences que les guerres à coups de canon.

On aurait tort de voir dans ce qui précède un plaidoyer en faveur des principes protectionistes;

nous avons dit (1) et nous persistons à croire que dans un temps donné le libre-échange s'imposera bon gré malgré aux sociétés modernes, parce qu'il est l'expression d'une loi naturelle de l'évolution sociale, absolument comme la circulation totale qui s'établit à un moment donné de l'évolution d'un organisme.

En effet la *transformation* et la *répartition* régulières et rapides de la *matière et de la force* constituent un idéal de santé organique du corps social comme du corps humain. La misère sociale, comme la misère physiologique résulte plus souvent d'un défaut de distribution ou de transformation de matériaux que de leur insuffisance. C'est ce qu'un savant économiste M. Leroy Beaulieu a parfaitement démontré dans son livre sur la *répartition des richesses et sur la tendance à une moindre inégalité des conditions*.

III.

Il est temps de synthétiser les observations qui précèdent et d'en tirer une conclusion pratique.

Ce qui ressort clairement, à notre avis, d'une analyse impartiale de la situation de l'agriculture, c'est que cette industrie succombe en Occident par le fait de l'émigration du *capital* et du *travail*.

Nous assistons impuissants à l'une des phases les

---

(1) Bulletin de la Société centrale d'agriculture de Belgique. *(Le libre-échange et le renouvellement des traités de commerce* 1879).

plus critiques de l'évolution sociale : D'après les anthropologistes modernes, les sociétés humaines auraient passé, dans leur marche progressive, de la période de la chasse à la période pastorale et de la période pastorale à la période agricole, avant d'atteindre l'organisation industrielle et commerciale. Cette dernière phase, repose entièrement sur la mobilisation du capital. Or voilà plus d'un siècle que l'Occident en est arrivé là, sans modifier l'assiette de l'impôt qui, en saine économie politique, doit se déplacer avec la richesse.

Nous nous permettons de recommander cet axiome aux méditations de ceux qui président aux destinées de la nation et qui n'ont pu, en dépit de leur bonne volonté évidente, trouver jusqu'ici d'autre remède à la crise agricole que la suppression des barrières douanières et l'allocation de quelques crédits dérisoires en comparaison de ceux que l'on consacre au développement des autres industries et du commerce d'importation.

C'est ce que M. L. T'Serstevens a fait ressortir en mainte occasion avec beaucoup de vigueur et d'éloquence à la tribune de la *Société seientifique de Bruxelles et de la Société centrale d'agriculture,* comme il l'avait fait jadis au Parlement. Malheureusement les préjugés politiques empêchent trop souvent les esprits les plus judicieux d'ailleurs de reconnaître les accents de la vérité et du patriotisme. La passion est et sera toujours le plus redoutable ennemi de la science et du progrès.

Il est cependant évident que le capital et le travail reviendront immédiatement et spontanément à la terre, en vertu d'une loi nécessaire, lorsque les gouvernements, plus éclairés, acceptant franchement les nouvelles conditions d'existence de la société moderne, élèveront l'agriculture au niveau des autres industries au point de vue économique. C'est toujours en partant du principe faux et suranné de l'école des physiocrates que « la terre est la seule source de TOUTES les richesses » que l'on arrive à payer à l'industrie, sous couleur de primes à l'exportation et de droits compensateurs, des sommes exorbitantes dont l'impôt foncier fait tous les frais.

Chose curieuse : c'est au nom de la liberté commerciale également proclamée par l'école des physiocrates que nos gouvernements condamment l'agriculture à subir sans défense la concurrence écrasante de l'étranger et qu'ils lui refusent *ces mêmes droits compensateurs dont ils sont si prodigues pour l'industrie.*

Malheureusement pour nos pseudo libre échangistes, il est un phénomène économique qui s'accentue avec une rapidité telle, qu'en moins de trois ans il a conduit la misère à la porte d'innombrables familles de cultivateurs ; c'est la diminution de la rente, qui s'élevait jadis en Belgique à deux cent septante-trois millions. En dépit de la réduction des prix de fermage, les cultivateurs désertent de toute part les exploitations agricoles, c'est-à-dire que la richesse de la nation est atteinte *dans sa source vive*, nonobstant les pronostics optimistes dont les augures endormaient la vigilance des agronomes depuis dix ans !

Voilà les conséquences positives, palpables de la politique « inconsciente » suivie systématiquement par des hommes qui se croyaient autorisés à rire de nos cris d'alarme. Si le *Caveant consules* des agronomes belges éclairés n'a point trouvé jadis d'écho au Parlement, il faut convenir que les événements se sont chargés depuis d'infliger à nos détracteurs une leçon cruelle.

Aux grands maux, les grands remèdes. Répétons-le, ce ne sont pas les expédients qui sauveront l'agriculture à l'heure qu'il est ; on n'échappe au danger que par des mesures énergiques et inspirées par les vues les plus larges. Sinon, nous resterons dans l'ornière et nous y périrons. Ces mesures, il ne nous appartient pas les dicter ; au surplus, il suffirait de relire les discussions insérées dans les Bulletins de la *Société centrale d'agriculture de Belgique* depuis dix ans pour relever, une à une, toutes les réformes nécessaires au salut de l'industrie agricole.

Lorsque pendant cinquante ans on a placé tous les poids dans un plateau de la balance économique, l'on a tort de s'étonner de la rupture de l'équilibre social et de rechercher dans des causes accidentelles, qui ne font qu'accentuer l'intensité du mal, les causes premières méconnues.

L'équilibre économique qui se manifeste par la

progression régulière de la production, tel est le but commun auquel doivent tendre les gouvernements PAR UNE RÉPARTITION DE PLUS EN PLUS ÉQUITABLE DE LA MATIÈRE ET DE L'ÉNERGIE DISPONIBLES A LA SURFACE DU PAYS; et les agriculteurs, par une SAVANTE application du CAPITAL et du TRAVAIL à l'exploitation du sol.

L'exemple de l'étranger atteste éloquemment aujourd'hui que la science est en possession des lois qui règlent la fécondité du sol, c'est-à-dire la production végétale et animale.

Lorsqu'en combinant l'emploi judicieux d'angrais artificiels avec les applications de la mécanique à l'industrie agricole, les Anglais obtiennent couramment des rendements de froment de 40 à 60 hectolitres à l'hectare; lorsque faisant appel à la chimie et à la physiologie qui prescrivent les lois de l'alimentation intensive et de la sélection des races, ils arrivent à modeler la matière vivante comme une argile et à développer à volonté, selon les espèces, la viande, la graisse, le laitage, la laine, la force et la vitesse, l'on ne peut méconnaître la réalité et l'efficacité des applications de la science à l'agriculture.

La chimie est arrivée à asseoir sur des données positives et certaines la statique chimique de la vie, et à créer une science permettant de dresser le bilan de la nutrition. L'éleveur peut calculer exactement les recettes et les dépenses de l'organisme; le cultivateur peut établir la balance exacte des pro-

fits et des pertes de son exploitation en éléments
fertilisants, qui constituent la richesse naturelle du
sol, comme le filon constitue la richesse de la mine.

Nous savons aujourd'hui combien chaque espèce
de récolte prélève au sol de tel ou tel principe minéral ou organique; combien un bétail à l'engrais
ou une vache laitière enlève de chacun de ces principes à la prairie pour produire la viande, le lait,
le beurre et le fromage que l'on exporte au marché;
quels sont les principes nutritifs contenus dans
chaque aliment, dans quel rapport ils sont unis, et
quel est le rôle qu'ils jouent dans la nutrition, au
point de vue de la production du travail, de la
viande ou du laitage. Nous calculons aussi combien
la plante emprunte à l'air de principes fertilisants
au moyen de ses feuilles; combien le bétail restitue,
sous forme de fumier, de principes fertilisants à la
terre, et par suite, quelle quantité de chaque élément il importe de rendre au sol pour achever la
restitution de ce qu'on lui a pris.

Bref, depuis cinquante ans, la chimie a découvert
des harmonies merveilleuses entre les trois règnes
de la nature, en décomposant la matière et en pour-
suivant ses molécules dans leurs incessantes transformations et migrations du minéral à la plante,
de la plante à l'animal et de l'animal au sol. Circulation continue des atomes indestructibles, que
la philosophie antique avait pressentie sans pouvoir
jamais la démontrer, et dont il appartenait à notre
siècle de déterminer les lois.

La science nous révèle encore qu'il est certaines cultures dont il est permis d'exporter les produits sans appauvrir la terre, parce que les principes contenus dans la partie de la récolte exportée ne viennent pas du sol, mais de l'air.

Chacun a pu voir à l'exposition de Paris, des plantes de grande culture forestière ou industrielle, dont les racines plongeaient dans des bocaux d'eau claire. Ces plantes végétaient et mûrissaient parfaitement, sans avoir jamais touché le sol; leurs graines avaient germé dans des appareils spéciaux, exposés sous les yeux des visiteurs, à la même vitrine. Ainsi l'on fournissait au public, la *preuve matérielle* que la science a surpris les secrets de l'alimentation des végétaux qui déterminent la richesse agricole du sol. — De superbes échantillons de races de chevaux et de bétail améliorés par la sélection, prouvaient également que l'éleveur peut aujourd'hui, grâce aux données exactes que la science met à son service, développer à volonté certains organes et certaines fonctions en vue du perfectionnement de la locomotion et du travail, ou de la production de la viande, de la graisse, du lait, du beurre et de la laine; car la science lui permet de se rendre un compte exact de la valeur alimentaire des fourrages et, par conséquent, de composer et de varier avec discernement et économie les rations de tous les animaux de la ferme.

L'agriculture a donc atteint le point d'où l'industrie s'est élancée pour prendre un si vaste et si rapide essor depuis les guerres du premier Empire.

Bon gré malgré il faut que l'agriculteur se résigne à suivre la même marche, c'est-à-dire à recourir à l'*instruction professionnelle, à l'association, à la centralisation, au crédit, à la division du travail* pour tirer le meilleur parti possible des révélations de la science et soutenir la concurrence étrangère :

Association pour l'enseignement par la création de fermes écoles, comme en Suède et en Danemark, sous la direction des Instituts Supérieurs d'agriculture comme en Amérique :

Association pour le travail et le crédit par la subordination générale des cultures morcelées aux grandes industries agricoles, qui fourniront aux fermiers les machines, les semences et les engrais, et constitueront par le fait de véritables établissements de crédit.

Ainsi sera résolu, sans crise aucune, le problème de la lutte entre la grande et la petite culture par la subordination nécessaire des intérêts divisés et opposés jusqu'ici.

Les pays qui comprendront les premiers la puissance de cette *intégration* de toutes les forces agricoles battront certainement les autres sur le marché Européen.

La crise agricole que d'aucuns considèrent comme le prologue de la ruine définitive de l'agriculture nous paraît appelée, au contraire, à déterminer la métamorphose d'une industrie restée en enfance quand toutes ses sœurs ont atteint l'âge de raison.

Les grands propriétaires qui voient leur culture aujourd'hui délaissée ne se doutent pas que la grande propriété seule est sûre de l'avenir parce que la grande culture seule, reposant sur l'association, la science et le crédit sera possible dans un temps donné. Il n'y a pas de milieu : Ou l'agriculture deviendra une industrie comme une autre soumise aux mêmes conditions organiques, scientifiques, financières et commerciales, ou elle cessera d'exister en Europe. Tout propriétaire, tout agronome clairvoyant doit s'efforcer de hâter ce moment au lieu de le reculer par son apathie ou son égoïsme à courte vue.

Lorsqu'à une foule de métiers dispersés dans les campagnes l'industrie substitue une immense usine, elle réduit au plus bas possible les frais généraux. Il en sera de même en agriculture, et les premiers propriétaires qui se pénètreront de cette vérité seront appelés à régénérer l'agriculture de leur pays.

Ceux-là n'hésiteront pas à substituer l'ingénieur agricole, versé dans la chimie, la mécanique et la physiologie, au pur et simple régisseur qui leur coûte cent fois davantage parce qu'il ne sait pas exploiter le sol.

Que dirait-on d'une Société de charbonnage qui repousserait les ingénieurs pour confier la direction des travaux à des porions? Eh bien, la Société agricole, rigoureusement comparable à la Société minière, en est là; l'agriculture n'est autre chose que l'exploitation des éléments fertilisants minéraux : potasse, azote, chaux, phosphore, contenus ou introduits dans le sol. Pour surveiller l'extraction et la restitution systématique et économique de ces éléments chimiques, il faut un chimiste, il faut un ingénieur, comme pour surveiller l'extraction du fer et du charbon; non seulement l'ingénieur agricole doit connaître les lois du règne minéral comme son confrère, mais il doit être en mesure d'entrer en lutte avec la vie par la science des lois de la physiologie végétale et animale. Ce doit donc être un savant, un homme dont l'entretien coûte cher et dont un capitaliste, ou une association de fermiers, peut seul payer l'entretien. L'exemple des nations voisines atteste éloquemment aujourd'hui la nécessité et la fécondité de ces nouvelles conditions d'existence pour l'industrie à la prospérité de laquelle l'avenir de toutes les autres est rigoureusement subordonné.

CHAPITRE I

I

LES FORCES DE L'AGRICULTURE

La transformation des forces physiques ou la *conservation de l'énergie :*
La chaleur, le vent, la pluie, la neige, la rosée, la vie végétale et
animale. Rôle de l'agriculture dans l'économie générale de la
création (1).

La science a ramené toutes les forces dont dispose l'agriculture à une source unique :

LE SOLEIL.

La terre qui fournit les matériaux mis en œuvre peut être
considérée comme une source de forces taries, un foyer
d'énergie éteint. D'après la théorie de Laplace, confirmée
par les découvertes de la physique et de la géologie, le soleil
et ses satellites sont des produits de condensation d'une
nébuleuse primitive dont une température très-élevée main-
tenait les molécules isolées les unes des autres, c'est-à-dire,
pour nous servir du langage de la physique moderne, dont
les atomes étaient doués d'une énergie considérable. Par
suite de la séparation des planètes, ce mouvement moléculaire se dépensa en rayonnement, c'est-à-dire en mouvement

---

(1) Les personnes auxquelles s'adressent ce traité sont censées
posséder des notions élémentaires de physique et de chimie. Nous nous
bornerons donc à expliquer les termes techniques dont nous nous
servirons en pénétrant dans le domaine des sciences biologiques.

ondulatoire de l'éther, matière impondérable qui remplit les espaces interplanétaires et pénètre tous les corps. Chacun de ces astres se refroidit inégalement en raison de sa masse; voilà pourquoi la lune, notre satellite, se serait éteinte la première. Elle représenterait l'avenir prochain de la terre, tandis que le soleil, dont la haute température maintient encore les éléments gazeux, représenterait son passé.

Il importe de se rendre un compte exact des données de la *thermodynamique* appliquées à la cosmologie pour en comprendre les applications à l'agriculture.

La quantité de chaleur nécessaire à la fusion ou à la volatilisation d'un corps, disparaît mais ne s'anéantit point; la preuve, c'est qu'elle reparaît intégralement quand le corps repasse de l'état gazeux à l'état liquide, ou de l'état liquide à l'état solide.

Ce phénomène, incompris jusqu'à nos jours, a trouvé son explication depuis que la physique a découvert le principe de la conservation ou de la transformation de l'énergie.

La chaleur n'étant, comme la lumière et l'électricité, qu'un mode de mouvement vibratoire des atomes, capable de se transformer en un autre mouvement, disparaît dans la volatilisation parce qu'elle se transforme en travail mécanique pour séparer les molécules. Mais dès qu'un autre travail, par exemple, la pression l'emporte en énergie sur elle, les molécules séparées se rejoignent et restituent la force, qui les tenait séparées, sous sa forme initiale. C'est ainsi que tous les gaz connus se liquéfient sous la pression en dégageant de la chaleur. Le refroidissement produit le même effet parce qu'il force la chaleur à rayonner au dehors en vertu de la loi de Newton.

Voilà pourquoi la pluie et la neige contribuent à réchauffer l'atmosphère, parce que la vapeur d'eau en se condensant dégage les calories empruntées ailleurs au soleil pour se volatiliser. Voilà pourquoi la fonte des neiges et des glaces refroidit la couche inférieure de l'atmosphère, parce qu'elles absorbent pour se liquéfier une quantité de chaleur correspondante à celle qu'elles ont perdue en se condensant.

Quand la chaleur se transforme en mouvement dans nos machines, on dit que l'énergie vibratoire se tranforme en énergie visible, c'est-à-dire que le mouvement moléculaire se transforme en mouvement de masse appréciable à l'œil. Pour mesurer ces transformations de mouvement et constater leur équivalence il fallait mesurer les quantités d'énergie vibratoire disparue et d'énergie visible produite. Ces mesures ont été faites, et c'est ainsi qu'on est arrivé à l'*équivalent mécanique de la chaleur*.

En prenant pour base la *calorie,* c'est-à-dire la quantité de chaleur nécessaire pour élever de *un* degré un kilogramme d'eau, on a trouvé que cette quantité de chaleur disparaît pour développer une force motrice capable d'élever un poids de 424 kilogrammes à un mètre de hauteur, ou réciproquement qu'un poids de 424 kilogrammes, tombant de un mètre de hauteur, peut fournir la quantité de chaleur nécessaire pour chauffer de zéro à un degré un kilogramme d'eau.

En chimie, comme en physique, dans l'étude de la matière comme dans celle de l'énergie, on constate donc la vérité de cet axiome : *Rien ne se détruit, tout se transforme.*

En dernière analyse tous les phénomènes matériels se réduisent à des déplacements de masse accompagnés de transformations de mouvements.

Ces principes de mécanique réduisent à des termes très-simples le problème de l'origine et de la transformation des forces cosmiques.

Les éléments de la terre se sont condensés pour former la croûte terrestre, l'atmosphère et lès eaux. Mais à mesure que les affinités chimiques de ses éléments se satisfaisaient, notre planète perdait son énergie par la dissipation du mouvement de ses atomes. En effet les corps qui se COMBINENT dégagent de l'énergie comme les corps qui se CONDENSENT. Il se crée même aujourd'hui toute une nouvelle chimie qui se fonde sur le calcul des calories absorbées ou dégagées dans les combinaisons et les décompositions, pour affirmer que la chimie peut se réduire à de la mécanique pure et simple, à la lumière de la thermodynamique. Quoi qu'il en soit, les combinaisons chimiques dégageant de l'énergie comme les condensations pures et simples, la terre s'est brûlée peu à peu, et ne serait plus aujourd'hui qu'une boule de cendres, si le soleil qui la réchauffe n'avait pas travaillé depuis longtemps à lui restituer de l'énergie par l'intermédiaire de la végétation.

La plante doit donc être considérée, dans le système du monde, comme une machine destinée à régénérer les forces du globe consumées par son évolution géologique et par la vie des animaux. C'est elle qui a marqué l'aurore de la vie sur notre planète et qui, en isolant le carbone de l'atmos·phère au moyen de ses feuilles, a emmagasiné lentement dans les entrailles du sol ces provisions de forces que l'on appelle le charbon. C'est elle qui prépare les aliments des animaux, en emmagasinant sans cesse, sous mille formes, la *force solaire,* que l'oxygène d'une part, et le carbone de l'autre, absorbent d'une manière continue en se séparant dans les cellules des feuilles, pour la restituer ensuite, sous forme de chaleur et de mouvement, dans les foyers de nos machines ou dans les corps des animaux. Pour chaque kilogramme de charbon qui se fixe dans les végétaux, l'énergie potentielle du globe s'accroît d'environ trois millions et demi de *kilogrammètres* (1), c'est-à-dire d'une force capable d'élever un poids de mille kilogrammes à trois kilomètres et demi de hauteur.

Si les forces vitales descendent en droite ligne du soleil, il en est de même pour les autres forces qui sont utilisées par l'agriculture, telles que le vent, les cours et les chutes d'eau, etc.

(1) Le kilogrammètre est l'unité dynamique représentant une force capable d'élever un kilogramme à 1 mètre de hauteur en une seconde.

C'est la force solaire qui, en se transformant en travail mécanique, élève dans les nuages les eaux de la mer pour reparaître bientôt comme énergie visible dans les pluies, les fleuves et les torrents. C'est elle qui, en rayonnant sur les déserts et les mers, c'est-à-dire sur des milieux d'un pouvoir émissif et absorbant différent, provoque également l'ascension des couches atmosphériques et engendre le vent, autrement dit la circulation de l'air (alizés, moussons, cyclones, brises, etc.).

Les courants d'air qu'elle produit entre les tropiques sont probablement la cause des phénomènes électriques; l'air échauffé par le soleil monte après s'être chargé par frottement d'une électricité opposée; puis il s'écoule vers les pôles où il engendre la lumière polaire due à la tension électrique qu'il a acquise. Enfin les courants marins qui vont porter la chaleur et la fécondité aux terres deshéritées du Nord, sont engendrés par la même cause qui fait écouler l'air chaud vers les pôles et descendre l'air froid vers l'équateur. C'est toujours le rayonnement solaire qui donne naissance dans le golfe du Mexique et l'océan indien à ces formidables *fleuves* de la mer destinés à répartir l'équilibre de la température à la surface du globe.

En résumé, la terre utilise très-inégalement l'énergie solaire suivant qu'un rayon de soleil tombe sur une forêt, sur un champ cultivé, sur un désert, sur un lac ou sur un océan. Un nombre variable de calories sera absorbé pour décomposer l'acide carbonique, élever l'air ou l'eau, pour échauffer le sol. La nature du sol et de sa couverture influe beaucoup sur cette absorption : Représentée par 100 pour un sol sablonneux et calcaire, elle n'est que de 49 pour l'humus; la végétation qui le recouvre diminue encore ce chiffre parce qu'elle intercepte les rayons pour les utiliser autrement. Le sable conserve bien la chaleur, mais il en réfléchit la majeure partie pour dilater l'atmosphère. L'eau s'échauffe très-lentement parce que la force solaire est employée à sa surface pour produire l'évaporation ; elle est d'ailleurs fort mauvaise conductrice et se refroidit moins rapidement que le sol, ce qui détermine chaque jour, en été, les brises de terre et de mer, c'est-à-dire le renversement des courants d'air par suite de l'inégalité de la température. Le rayonnement nocturne produit un écart considérable de température dans les régions tropicales entre le jour et la nuit, d'où résulte un dépôt abondant de rosée, qui remplace la pluie nécessaire pour l'entretien de la végétation (1).

En partant de l'hypothèse de Laplace, il est facile de se rendre compte d'où vient cette force solaire elle-même dont les ondes lumineuses animent notre planète et tous les êtres vivant à sa surface. L'analyse spectrale et la physique moléculaire démontrent que l'énergie dégagée par le soleil et transmise par les ondes lumineuses est due à la même cause qui nous permet de produire l'énergie sur la terre : la *condensation,* c'est-à-dire le rapprochement ou la combinaison des atomes du soleil dont l'énergie potentielle se transforme en énergie visible. L'analyse spectrale nous montre en effet dans le soleil la plupart des éléments de la terre à l'état gazeux, subissant des condensations partielles qui se manifestent dans les taches et dans la chromosphère. La géologie démontre d'autre part que la terre a passé par le même état et qu'elle devait alors exercer vis-à-vis de la lune la même fonction que le soleil remplit vis-à-vis d'elle aujourd'hui.

La terre reçoit en moyenne, en un an, vingt-trois milliards de calories par hectare ; or elle mesure douze millions

---

(1) Dans les forêts tropicales cette condensation nocturne est si forte que l'on entend ruisseler l'eau dans les feuilles au lever du jour. Ce sont de véritables appareils réfrigérants. — Un simple écran placé entre le ciel et les matières végétales (plantes, humus) suffit pour empêcher ce rayonnement ; les nuages remplissent cet office dans nos climats tempérés ; quand ils font défaut, comme pendant la *lune rousse,* le froid produit par le rayonnement *brûle* les jeunes plantes qui ne sont pas abritées par des écrans artificiels.

de kilomètres carrés et l'on a calculé qu'elle n'utilise pas un cent millionième de la force qu'elle reçoit. Cette fraction minime suffit cependant pour engendrer tous les grands phénomènes du globe, c'est-à-dire la circulation de l'air et des eaux et les manifestations de la vie, depuis la plante jusqu'à l'homme.

L'artifice de la culture consiste essentiellement à capturer la force solaire pour utiliser à notre profit cette énergie mécanique qui se dépense en phénomènes météorologiques.

Selon G. Ville, la récolte intensive d'un hectare représente en moyenne cinq mille kilogrammes de charbon dont la fixation exige quarante millions de calories, c'est-à-dire six mille six cent soixante journées de cheval vapeur.

Un kilogramme de charbon brûlé complètement dégage huit mille calories correspondant à 3,392,000 kilogrammètres ou à une journée et demie de cheval vapeur. Mais en réalité il faut dans les foyers de nos machines deux livres de charbon par heure et par cheval, c'est-à-dire que nous utilisons à peine un dixième de la force totale emmagasinée.

Heureusement l'animal est une machine beaucoup plus parfaite; il utilise le double pour produire le mouvement et le reste lui sert encore sous forme de chaleur.

Le travail d'un cheval attelé est exprimé par deux cent soixante-dix mille *kilogrammètres* à l'heure, c'est-à-dire que les efforts qu'il dépense élèveraient en une heure deux cent soixante-dix mille kilogrammes à un mètre de hauteur. La journée d'un cheval étant estimée à huit heures de travail, le travail d'un jour correspond à deux millions cent soixante mille kilogrammètres : quantité d'énergie inférieure à celle qui résulterait de la combustion *complète* d'un kilogramme de charbon.

Si la chaleur et le mouvement des organes sont engendrés par des actions chimiques, ce que nous démontrerons plus loin, il devient possible de calculer l'énergie physique qu'un homme ou un animal est capable de dégager, étant donnés

3.

la composition chimique et le poids de ses aliments, c'est-à-dire la nature, le nombre et les combinaisons des atomes qui circulent dans son organisme. Cela est si vrai qu'il s'est fondé aujourd'hui, dans toutes les grandes stations agricoles, des laboratoires où l'on s'occupe exclusivement de calculer les tables d'équivalence des aliments d'après leur teneur variée en principes immédiats, et surtout en albumine, source par excellence de la force des animaux. Se fondant sur ces donnéés, MM. Hervé-Mangon et Samson ont donné les formules algébriques qui permettent de calculer la valeur alimentaire des différentes rations des chevaux (avoine, maïs, paille, etc.) au point de vue de la production du travail. L'animal est une machine à feu, l'aliment est le combustible, les déjections sont les cendres; analysez les déjections; ce qui a brûlé forme la différence. Or, ce qui a brûlé contenait des corps définis par l'analyse, qui ont dégagé un nombre de calories déterminé. Ce nombre multiplié par l'équivalent mécanique de la chaleur donne la production du travail évalué en kilogrammètres. Nous verrons plus loin que ces calculs, fondés sur l'analyse chimique des rations, ont permis à la *Compagnie des petites voitures* de Paris de réaliser des économies considérables.

La chaleur dégagée par la vie animale est très-considérable. On a calculé qu'à Paris la chaleur produite en 24 heures par ses habitants s'élève à la 78me partie de celle que le soleil déverse en 10 heures sur sa surface. Dans les campagnes, au contraire, la vie végétale produit un *abaissement* de température, dû, en partie, à la chaleur absorbée par les feuilles et surtout à la transpiration qui représente 10 litres d'eau par jour et par mètre carré de surface, évaporation correspondante à l'absorption de 6500 calories.

Sous nos climats, un hectare de terre ne reçoit environ que onze milliards, cinq cent quatre vingt millions de calories par an. Si l'on considère un champ ensemencé en blé et donnant une récolte de dix-sept hectolitrés à l'hectare, la paille et le grain contiendraient d'après les analyses de M. Boussingault seize cents kilogrammes de charbon qui dégage en brûlant treize millions de calories. Ainsi cette récolte n'utilise qu'un neuf centième de la force solaire, mais, par l'addition des engrais chimiques, la récolte peut monter de un mille six cent à deux mille huit cent kilogr. de carbone. Les betteraves à sucre peuvent fixer jusque trois mille cinq cent kilogrammes, mais, comme le fait observer M. Bert, ce maximum de production ne correspond encore qu'à l'utilisation d'une fraction minime de la force solaire; le problème de l'agriculture consiste à utiliser davantage les vibrations éthérées qui sont la source de l'énergie des êtres vivants. Il est vrai qu'à mesure qu'on s'élève vers le nord, ou au-dessus du niveau de la mer, où l'action de la lumière est plus intense ou plus continue pendant l'été, la fixation du carbone est accélérée. Ainsi le blé qui demande ici cent et trente à cent et quarante jours mûrit en Norwège en quatre-vingt-dix ou cent jours. La science agronomique a déjà tiré parti de cette faculté, devenue héréditaire par l'influence du milieu et l'adaptation.

Des recherches entreprises sur les graines originaires des hautes latitudes ont donné sous nos climats des rendements plus précoces et plus considérables. (1)

Boussingault remarque que la production des arbres est inférieure à la production des plantes. Ainsi une forêt des Vosges produit en moyenne 35 quintaux de bois sec par an et par hectare, tandis qu'on récolte pour le même temps et la même surface :

Foin sec. . . . . 45 quintaux.
Trèfle et luzerne. 51   „
Froment, paille et grain . . 40   „

Par contre nous verrons bientôt la forêt emprunter pres-

(1) (Voir plus loin.) La sélection des céréales et du lin.

que tous les éléments du bois à l'atmosphère, tandis que les récoltes épuisent rapidement le sol en minéraux.

En tous cas les récoltes qui produisent dix mille kilogrammes de matières végétale par hectare fixent cinq mille kilogrammes de charbon correspondant à une quantité d'énergie égale à celle de 6,600 chevaux vapeur.

Or, comme les *façons* d'un hectare n'exigent guère plus de quinze journées de cheval vapeur, on voit quelle formidable somme d'énergie est reconquise par un seul hectare de terre dont la culture *intensive* sait doubler le rendement.

En résumé, l'agriculture seule emmagasine l'énergie, *crée la force,* que l'industrie ne fait que dépenser et transformer. *Elle est la source unique* des forces vitales de l'humanité.

Malheur aux peuples qui méconnaissent cette grande vérité scientifique; pas plus que la loi civile la loi naturelle n'admet l'exception de l'ignorance. Dans sa rigueur inflexible, elle condamne les nations comme les individus qui violent sans le savoir son code immuable.

II

LES MATIÈRES PREMIÈRES DE L'AGRICULTURE.

Les principes nutritifs des plantes et des animaux. Histoire de la doctrine de la restitution.

Dès la première moitié du xvie siècle, Bernard Palissy, l'humble « ouvrier de terre et inventeur des rustiques figulines, » avait jeté les bases de la véritable théorie des engrais, que l'on appelle aujourd'hui la doctrine de la *restitution.* Il avait reconnu par d'ingénieuses observations, que l'activité de la végétation est subordonnée à la quantité de sels inorganiques fournis au sol par les fumiers.

« Les fumiers et les pailles ne serviraient de rien, écrivait-il, si ce n'étaient les sels que les pailles et les foins y laissent en pourrissant. Par quoi, ceux qui laissent leurs fumiers à la merci des pluies, sont mauvais ménagers et n'ont guère de philosophie : car les pluies emmènent avec elles le sel du dit fumier, qui se sera dissous à l'humidité, et, par ce moyen, il ne servira plus de rien, étant porté aux champs. Le blé est plus beau et plus vert, là où les piles de fumier ont reposé d'abord, quand bien même le laboureur en espandant le fumier parmi le champ, n'ait rien laissé à l'endroit des dites piles. Et cela advient parce que les pluies, en passant au travers des pilots, ont pris le sel en descendant en terre. Par là tu peux connaître que ce n'est pas le fumier qui est cause de la génération, mais le sel que les semences avaient pris à la terre. Je ne parle pas d'un sel seulement, mais je parle *des sels végétatifs;* si quelqu'un sème un champ pour plusieurs années sans le fumer, les semences tireront le sel de la terre et celle-ci ne pourra bientôt plus produire. »

Ce remarquable passage établit très nettement sur l'observation, le véritable point de départ de la théorie de la nutrition minérale des plantes. Néanmoins l'on continua à croire longtemps après, qu'il existait, dans le sol et dans les graines, des forces occultes qui produisent les fruits de la terre, et que, malgré le fumier, ces forces s'épuisaient périodiquement, comme celles de l'homme et des animaux, si la jachère ne venait réparer à temps l'épuisement.

Vers la même époque, Paracelse et Van Helmont furent les premiers *iatro-chimistes* qui cherchèrent à expliquer les transformations des corps vivants par la chimie. Paracelse affirme déjà que le corps de l'*homme est un composé chimique (une vapeur condensée) qui retourne en vapeurs;* les maladies ne seraient que l'altération de ce composé, et il faut des médicaments chimiques pour les combattre.

Ce fut le savant belge Van Helmont qui porta le premier coup à la doctrine des quatre éléments d'Aristote par ses expériences sur l'air, l'eau et le feu;

Il distingua l'acide carbonique de l'air avec lequel tous

les gaz étaient confondus jusqu'alors. Cette découverte fut
le point de départ de l'étude des gaz qui jouent un si grand
rôle dans les phénomènes de la chimie organique et par
conséquent dans la vie. L'acide carbonique constitue, comme
nous le verrons bientôt, l'aliment principal des végétaux.
Mais Van Helmont ne parvint pas à reconnaître ce rôle
essentiel des gaz qu'il avait distingué de l'air.

Pour découvrir la source où s'alimentent les végétaux,
l'ingénieux expérimentateur coupa une branche de saule, et
la pesa ; puis il la planta dans un vase contenant 200 livres
de terre. Cette terre soigneusement desséchée et recouverte,
fut arrosée régulièrement avec de l'eau distillée. Au bout de
cinq ans, il arracha la branche qui était devenue un arbre
et la pesa de nouveau, après lui avoir enlevé ses feuilles. La
branche avait produit cent soixante-quatre livres de bois,
et, chose étonnante, le poids de la terre n'avait diminué que
de deux onces. D'où venaient donc les éléments de ce bois ?
Van Helmont supposa qu'ils venaient de l'eau. Pour s'en
assurer, il fit une deuxième expérience et distilla dans une
cornue un morceau de bois. Le produit de la distillation fut
un liquide blanc comme de l'eau. Une troisième expérience
lui montra que, par la combustion, le bois se transforme en
gaz acide carbonique et ne laisse qu'un pour cent de cendres
environ. Mais, dominé malgré lui par les idées d'Aristote,
et ne possédant pas d'ailleurs les réactifs dont la chimie
moderne dispose, il crut pouvoir enseigner, en dépit de sa
dernière expérience, qui lui montrait clairement la transformation du bois en acide carbonique, que l'eau est l'aliment
du végétal ; preuve éclatante de l'empire tyrannique d'une
idée préconçue sur les intelligences les plus hardies.

Néanmoins, comme l'a fait observer fort justement M. Mel-
sens, la méthode de Van Helmont est celle que l'on suit
aujourd'hui : Van Helmont eut la gloire incontestable d'avoir
le premier, introduit la balance dans l'étude de la physiologie. L'expérience du saule pour étudier l'action de la matière

végétale restera comme le modèle et le type des recherches si fécondes en découvertes des stations agricoles modernes.

Malgré son interprétation erronée, elle introduisit dans la science l'idée juste que la plante puise les éléments de sa substance à des sources extérieures et que le principe vital ne fabrique pas ces éléments de toutes pièces. Nous verrons bientôt que la matière est inséparable de la force, que les forces matérielles de la vie *viennent du dehors avec les aliments* et sont rigoureusement proportionnelles à la quantité de matière brûlée par l'organisme.

Ce fut un chimiste anglais, nommée Priestley, qui découvrit à la fin du siècle dernier que la source principale où s'alimente le végétal est le gaz carbonique, isolé par Van Helmont.

Étant parvenu à isoler différents gaz sous des cloches, il y plaça successivement des chandelles allumées, des oiseaux et des souris et constata bientôt que les gaz qui éteignent la flamme asphyxient les animaux. Il fut très frappé de cette analogie curieuse entre la combustion et la respiration. Ayant placé un végétal sous une cloche où venait de s'éteindre une flamme ou d'expirer un animal, il vit la plante se développer au contraire avec une force inusitée. Son étonnement fut à son comble quand, remplaçant la plante par des animaux ou des bougies allumées, il vit l'air respirable régénéré par la plante. Les animaux vivaient, la chandelle brûlait jusqu'à ce que la respiration ou la combustion eussent transformé de nouveau l'oxygène en acide carbonique.

L'une des lois naturelles les plus élémentaires et les plus belles de la création était découverte ! l'antagonisme entre le règne végétal et le règne animal qui, par un travail incessant de combinaisons et de décompositions, contribue à maintenir l'équilibre de la vie.

Mais en révélant cette harmonie, Priestley ne sut point l'appliquer à la nutrition végétale, pas plus qu'en découvrant l'oxygène et l'azote, il n'entrevit la vraie théorie de la combustion.

En 1750, le naturaliste philosophe Bonnet avait constaté que les feuilles dégagent du gaz à la lumière. Lorsque les feuilles fraîches sont introduites sous une cloche remplie d'eau chargée d'acide carbonique, elles dégagent, sous l'action des rayons du soleil, de petites bulles qui se rassemblent au sommet de la cloche. Cette expérience, réalisée pour la première fois, par Bonnet, fut reprise par Ingenhousz, en 1787. Celui-ci constata, en adaptant un tube de dégagement au sommet de la cloche pour recueillir les gaz, que ces bulles étaient formées tantôt d'oxygène, tantôt d'acide carbonique, suivant que l'on expérimentait à l'ombre ou au soleil.

Plus tard, Théodore de Saussure calcula le rapport de l'oxygène exhalé avec l'acide carbonique absorbé. Il reconnut que les parties vertes des végétaux jouissaient seules de de la faculté de décomposer l'acide carbonique au soleil et de fixer le carbone.

Lavoisier, qui créa la chimie moderne en formulant la théorie de la combustion, acheva de faire le jour dans ces opérations mystérieuses de la nature.

Par la découverte et l'étude des propriétés et des transformations de l'oxygène, principe de l'air vital, Lavoisier découvrit la loi fondamentale de la circulation de la matière et son indestructibilité.

Avant Lavoisier, on croyait généralement, comme le vulgaire le croit encore, qu'un corps qui brûle se détruit en tout ou en partie. Le grand chimiste prouva, la balance à la main, *que la matière est indestructible* et que le charbon qui brûle s'unit tout simplement au gaz oxygène de l'air pour former avec lui un gaz nouveau qui n'est autre que l'acide carbonique (1). Il établit ainsi que *l'esprit sylvestre* de Van

(1) Sennebier a calculé le rapport de l'oxygène exhalé avec l'acide carbonique absorbé : Th. de Saussure a couronné ces recherches en

Helmont, ce gaz étrange qui tue les animaux et fait revivre les plantes, résulte du mariage d'un corps solide, le charbon avec l'air vital appelé oxygène. Les atomes du charbon, consumés en apparence, sont transformés en un corps gazeux irrespirable et incombustible, mais où se retrouve intégralement tout le charbon disparu. Rien ne se détruit, tout se transforme.

L'antagonisme fonctionnel des plantes et des animaux s'expliquait dès lors. La plante est une machine destinée à capturer dans l'atmosphère ces molécules gazeuses de carbone pour organiser la matière minérale et rendre la liberté au principe vivifiant de l'air. Elle défait en d'autres termes le travail du feu et, grâce à elle, le charbon, comme le phénix de la fable, renaît indéfiniment de ses cendres.

L'animal, au contraire, qui absorbe l'oxygène et dégage l'acide carbonique, brûle incessamment le charbon qui constitue la majeure partie de sa chair et l'énergie produite est la source principale des forces mécaniques qu'il déploie.

Telle est donc l'origine de la chaleur vitale que les anciens croyaient innée dans le cœur. Elle vient du dehors puisqu'elle est due aux mêmes causes physiques et chimiques que la chaleur de nos foyers, à la combinaison du carbone et de l'oxygène.

L'explication de ces phénomènes soulève un autre problème que la science n'est pas impuissante à résoudre : si la plante fournit à l'animal l'énergie nécessaire à son évolution sous forme de matière organisée, où donc la plante puise-t-elle elle-même sa force d'organisation ?

C'est ici que le principe de la conservation de l'énergie,

faisant voir que dans les cellules vertes, il n'y a pas seulement absorption d'acide carbonique et élimination d'oxygène, mais encore augmentation du poids de la matière organique. C'est encore de Saussure qui, par de nombreuses expériences, a positivement démontré que les parties non vertes sont incapables d'éliminer de l'oxygène « c'est à-dire d'isoler le carbone. » J. Sachs. *Physiologie végétale.*

de l'unité des forces physiques, vient puissament en aide à la physiologie et permet de pénétrer sûrement le mystère de l'origine des forces matérielles de la vie.

Comme la machine à vapeur, comme la plante, comme l'animal, l'homme emprunte au soleil, par l'intermédiaire du règne végétal, l'énergie physique qu'il déploie. Sa volonté peut déterminer les transformations de ces forces, en modifier les directions, mais elle ne peut les produire. Elle se borne à gouverner l'organisme, comme le machiniste gouverne la force motrice de sa locomotive.

Le principe de l'unité des forces physiques, ou pour parler plus correctement, de la conservation de l'énergie, permet en effet de ramener tous les phénomènes matériels de l'univers, astronomiques, chimiques et biologiques, en exceptant, bien entendu, les phénomènes de l'ordre intellectuel et moral, aux lois élémentaires de la mécanique.

A la lumière de ces découvertes, la conception de la nature a changé, la matière s'est animée et le monde, régi par une loi mathématique, apparaît aujourd'hui sous l'aspect d'un immense mécanisme, animé d'un mouvement perpétuel, dont les organes se détruisent et se regénérent sans cesse par la circulation des atomes.

La véritable source des forces vitales, la loi de la conservation de la matière et des forces physiques, se trouvèrent donc démontrées après celles des échanges gazeux, de la combustion et de la respiration.

Ce fut encore Lavoisier qui découvrit le fondement de la loi de l'*unité de composition* des êtres vivants.

Lavoisier montre que l'air respirable est un mélange d'oxygène avec un autre gaz inerte irrespirable qui modère l'action dévorante du premier. D'autre part, les Anglais avaient découvert un gaz qui engendre de l'eau en brûlant. Les anciens n'auraient pas manqué de voir là un argument de plus en faveur de la doctrine des quatre éléments, de la transformation du feu en eau. Pour Lavoisier cette découverte fut une révélation. Puisque l'oxygène de l'air produit la combustion en s'unissant aux corps inflammables, il était permis de conclure *à priori* que l'eau n'est autre chose qu'une combinaison d'air vital et de gaz inflammable, c'est-à-dire, d'oxygène et d'hydrogène. Il le démontra bientôt par une expérience inverse, qui consiste à décomposer l'eau en ses deux éléments, en la faisant passer sur du fer incandescent. Ce fut le dernier coup porté à la doctrine d'Aristote.

L'eau, l'air et le feu n'étaient donc pas des éléments, et l'analyse des terres ne tarda pas à prouver que le sol lui-même est composé d'une foule de métaux, corps simples, dévorés le plus souvent par l'oxygène et combinés avec lui, comme le carbone dans l'acide carbonique.

Lavoisier constata que tous les tissus des plantes et des animaux avaient pour base le charbon, combiné avec les trois gaz dont nous venons de parler ; l'*hydrogène* ou gaz de l'eau, l'*azote* et l'*oxygène*, qui sont mélangés dans l'air. Quatre éléments, dont trois gazeux constituent donc, par leurs groupements divers, les innombrables produits des deux règnes, et les tissus des animaux ne diffèrent de ceux des plantes que par une plus grande quantité d'azote.

La théorie générale de l'organisation était créée. Les contemporains et les successeurs immédiats de Lavoisier constatèrent que certains éléments minéraux existent à dose presqu'infinitésimale dans les tissus, et sont indispensables à leur développement. Fourcroy, Vauquelin, Thénard, Bertholet soumirent à l'analyse tous les produits de l'organisation. Scheele avait découvert le phosphate de chaux dans les os, ils trouvèrent le fer et la soude dans le sang ; le phosphore, le soufre et la potasse dans les nerfs et dans les muscles. Mais de même que le charbon, tous ces éléments ne quittent l'organisme que plus ou moins complètement brûlés, c'est-à-dire unis au gaz oxygène ; c'est ainsi qu'ils retrouvèrent dans les urines le soufre brûlé à l'état d'acide sulfurique, le phosphore à l'état d'acide phosphorique, et l'azote à l'état d'acide urique et d'urée ; car l'une des propriétés caractéristiques de l'oxygène est de former des acides en brûlant un certain nombre de corps.

La théorie de Lavoisier, assimilant la vie animale à une combustion, se trouvait donc complètement justifiée par l'expérience. Tous les tissus se consument lentement et leur combustion engendre la chaleur et le mouvement.

On avait cru d'abord que la vie végétale obéit à d'autres lois, puisque la plante décompose l'acide carbonique au lieu de l'engendrer ; mais on constata bientôt que cette propriété d'isoler le carbone est particulière aux cellules vertes seulement, et que le végétal respire et se conserve jour et nuit à la façon des animaux. Théodore de Saussure reconnut même qu'une graine qui germe sous une cloche vicie l'air comme une bougie et comme un oiseau, et que le volume de l'acide carbonique produit égale celui de l'oxygène disparu.

Une nouvelle loi était donc découverte ; après celle de l'unité de composition, la *loi de l'unité des fonctions,* du moins pour les phénomènes respiratoires, qui sont communs à tous les êtres.

Et depuis lors, successivement, coup sur coup, pour ainsi dire, les chimistes reconnurent l'identité des autres fonctions dans les deux règnes : Telles que la digestion sous l'action des ferments solubles, la faculté d'organisation et l'unité de composition organique. C'est à l'illustre Claude Bernard que l'on doit en grande partie la découverte ou la synthèse de ces analogies qui ont renversé la barrière entre la vie végétale et la vie animale et montré l'unité des deux règnes.

En dépit des révélations multipliées de la science, les principes de la restitution minérale et de la restitution organique, c'est-à-dire de la nutrition des animaux, restèrent lettre morte jusqu'en 1840, époque où Liebig publia son ouvrage mémorable sur la chimie organique appliquée à l'agriculture ; jusqu'alors on s'était imaginé que la force

végétative du sol résidait dans l'humus, substance mal définie, résultant de la décomposition des matières organiques.

Des essais, très concluants en apparence, avaient fait
croire aussi que les végétaux n'ont besoin que d'eau et
d'acide carbonique pour se nourrir, et peuvent se passer des
éléments minéraux qui rentrent dans la constitution des
animaux.

Ainsi s'explique comment le grand Cuvier a pu se faire
l'écho de cette erreur si préjudiciable à l'agriculture. « Les
terreaux et les fumiers, écrivait-il, en 1808, dans son rapport adressé à l'empereur sur les progrès des sciences naturelles, sont plus ou moins utiles aux plantes, mais non pas
nécessaires. Les expériences de MM. Senebier, Th. de Saussure et Crell le mettent hors de doute. Ils ont élevé des
plantes dans du sable, avec de l'eau pure et de l'air atmos-
phèrique. M. Crell a fait porter graines aux siennes.

« Crell et Braconnot assurent aussi qu'ils ont fait croître
des plantes sans leur fournir la moindre parcelle d'acide
carbonique : elles composeraient donc le carbone de toutes
pièces. »

Ce sont là de grosses erreurs qui font parfaitement ressortir les tâtonnements et l'impuissance des plus grands génies,
aux prises avec cette grande inconnue qui s'appelle la
nature.

Théodore de Saussure, entre autres, approcha beaucoup
de la vérité par ses analyses des cendres des végétaux ;
mais, par une circonstance malheureuse, il n'opéra que sur
des plantes ligneuses, chez lesquelles, contrairement à ce
qui a lieu dans les plantes cultivées, les proportions de sels
minéraux varient avec la nature du sol.

« Les végétaux, dit-il, ne contiennent de principes minéraux que ceux qu'ils tirent du dehors, au moyen de leurs
racines jouissant de la faculté d'extraire les sels solubles
des solutions salines. Ces éléments proviennent *de la désagrégation des roches granitiques qui forment l'écorce du globe*

et contiennent du feldspath, de la potasse, de la chaux, etc. »
Voilà l'origine de la terre arable nettement déterminée.
« Le phosphate de chaux, continue-t-il, existe dans la cendre de tous les végétaux que j'ai analysés, et nous n'avons
pas de raisons de prétendre que la plante puisse exister
sans lui. »

On comprend difficilement comment Théodore de Saussure, en possession de données expérimentales si claires,
en soit arrivé à conclure qu'à l'inverse des plantes sauvages,
les plantes cultivées absorbent surtout leur carbone par les
racines à l'état de matière organisée, et que, par conséquent,
ce sont les extraits végétaux et animaux qui déterminent la
richesse du sol en agriculture; donc, l'humus seul partage-
rait avec l'air et l'eau, la fonction d'alimenter la plante.
Cette doctrine s'enracina si fort qu'en 1839, Berzelius sou-
tenait encore que le sol n'exerce qu'une action mécanique
sur la plante et que les sels alcalins des cendres ne contribuent qu'à accélérer la transformation des matières végétales en humus. Ce fut aussi l'opinion des plus célèbres
agronomes de l'époque.

Cependant dès le siècle dernier (1758) Duhamel, l'auteur
de *la physique des arbres,* avait inventé la méthode de la
culture dans l'eau. Il avait cultivé pendant huit ans un chêne
dans l'eau de source et fait germer des haricots sur des
éponges humides pour les élever dans l'eau de fontaine ; il
avait obtenu des feuilles et des fleurs mais point de fruits.
Il avait même essayé, malheureusement sans résultats, l'action des sels minéraux, en dissolvant du salpêtre et du sel
marin dans ses bocaux. De Saussure rectifia ses expériences
en substituant l'eau distillée à l'eau de source pour démontrer que la plante absorbe le carbone de l'air ; ensuite il
expérimenta sur des dissolutions minérales titrées de toute
sorte et contrôla ses résultats *par l'analyse des cendres de
la plante et des sels* dans le liquide restant : il découvrit ainsi
que les racines des plantes *choisissent entre ces sels et savent*

les extraire de l'eau dans lesquels ils sont dissous ; mais imbu de la nécessité de l'humus, il ne *sut point voir,* et soutint que les végétaux se nourrissent dans les solutions aqueuses par l'absorption de l'humus dissous. Ces recherches contribuèrent à enraciner plus profondément encore dans les esprits la croyance du rôle prédominant de l'humus en agriculture.

Liebig prouva qu'en restituant au sol les cendres des plantes qu'il a portées, on lui rend ce qu'on lui a pris, le reste étant emprunté à l'atmosphère. Or, nous avons vu plus haut que les cendres, composées de matières minérales incombustibles, représentent environ 1 % du poids de la plante, c'est-à-dire une quantité fort minime. Dès lors, il devenait évident qu'en restituant au sol des milliers de kilogrammes de fumier, on accumulait dans la terre des éléments qui ne contribuent pas à la nutrition directe du végétal; et que l'on pouvait obtenir dans certains sols, *assez meubles* pour assurer circulation de l'air, et *assez compactes* pour ne pas laisser entraîner les sels par les pluies, des récoltes aussi riches, avec quelques centaines de kilogrammes de produits chimiques, équivalant par leur composition aux cendres de la plante, qu'avec des milliers de kilogrammes de fumier. L'expérience confirma partiellement ces conséquences du principe formulé par Liebig jusqu'au jour où Boussingault, en France, et Lawes, en Angleterre, constatèrent la nécessité de la restitution d'un autre principe d'origine organique : l'azote. Dès lors on fut en possession de la loi de la restitution minérale. Et l'on sut que pour restituer au sol ce que les différentes récoltes lui enlèvent, il faut lui rendre non seulement les alcalis et le phosphore, qui se trouve dans les cendres sous forme de potasse, de chaux ou d'acide phosphorique, mais encore de l'azote combiné, sous forme d'ammoniaque ou d'acide nitrique.

L'engrais complet dont les proportions varient suivant la nature des plantes, comprend donc quatre termes :

La *potasse,* la *chaux,* le *phosphore* et l'*azote.* Tels sont les principes de la restitution minérale sur lesquels repose toute la science du cultivateur. L'art de varier ces quatre termes selon les besoins du sol et la nature de la plante, fait aujourd'hui l'objet de la chimie agricole. Chaque jour, pour ainsi dire, de nouvelles découvertes, fondées sur des analyses minutieuses du sol et de la plante nous apprennent à perfectionner cet art. En Angleterre, par exemple, les chimistes Lawes et Gilbert ont réussi à se soustraire complètement aux lois de la rotation et de la jachère, en cultivant pendant trente-deux ans du blé sur le même sol, sans diminution dans le rendement. Ces mêmes chimistes ont réussi non seulement à tripler le rendement des prairies, mais à les améliorer à tel point, que, comme nous le verrons plus loin, toutes les plantes parasites ont disparu par une application judicieuse de l'engrais, qui opère une véritable sélection des bonnes plantes, au détriment des mauvaises. C'est ainsi encore que, dans le nord de la France, MM. Pagnoul et Correnwinder ont élevé et développé constamment le rendement de leur betterave à sucre en substituant presque complètement l'engrais de ferme à l'engrais chimique, qui permet de proportionner la restitution aux besoins particuliers des plantes, mieux que le fumier dont la composition est invariable.

Quand la terre épuisée se refusait à porter une récolte, l'empirisme impuissant ne trouvait pour y remédier que la jachère. Aujourd'hui l'analyse chimique pénètre dans les profondeurs du sol pour y rechercher les causes de stérilité et bien souvent elle parvient à les découvrir. Ainsi, lorsque certaines plantes absorbent tel élément plutôt que tel autre, il suffit bien souvent de rendre à la terre cet élément en plus grande quantité, pour relever le rendement. D'autres fois, comme c'est le cas pour la betterave et les trèfles, il suffit de remplacer le fumier, qui contient de l'azote, par un engrais de phosphore pur et simple, car le

sucre cristallisable ne se forme pas dans la betterave végé-
tant sur une terre saturée de potasse et d'azote;

L'expérience prouve que l'azote est inutile ou nuisible aux
plantes de la famille des légumineuses qui sont par contre
très avides de sels minéraux :

Que le blé réclame surtout le *phosphore* et l'*azote,* la betterave, la pomme de terre, le lin, la vigne et les trèfles, la
potasse ; les luzernes, le sainfoin et les pois, la *chaux.*

Les quatre termes de l'engrais remplissent donc tour à
tour, suivant les cultures, une fonction prépondérante ou
subordonnée, et la plante se charge elle-même d'indiquer au
cultivateur attentif, qui sait manier les engrais chimiques,
les aliments nécessaires.

Il est curieux de voir comment l'empirisme était arrivé
par ses tâtonnements à tenir compte, sans s'en douter, de
ces lois naturelles. Ainsi, il réparait par l'assolement les
pertes du sol, en alternant les plantes qui prennent le plus
à l'atmosphère, comme les légumineuses, avec celles qui en
prennent le moins, et les plantes qui vont puiser dans les profondeurs du sol avec celles qui s'alimentent à sa surface, etc.

Les anciens baux interdisaient la vente des foins et des
pailles qui enlèvent beaucoup plus de sels à la terre que les
céréales et le bétail.

L'analyse a été poussée plus loin encore; car, dans les
stations agricoles des deux mondes des chimistes étudient
aujourd'hui les migrations et les transformations des principes minéraux dans la plante aux différentes époques de sa
végétation. Par exemple, l'on a constaté que les sels minéraux et les principes azotés contenus dans les feuilles, émigrent à l'automne, pour contribuer à la constitution des
bourgeons, qui se forment à la base des pétioles pour l'année
suivante. La feuille qui tombe n'est plus qu'un squelette de
matière organique privé d'éléments fertilisants, mais qui,
par sa décomposition en acide carbonique, peut contribuer
plus tard à favoriser la végétation.

4.

Comme nous le verrons plus loin les Allemands se sont livrés, dans leurs écoles forestières, à des études complètes sur la statique chimique des forêts, études où la composition minérale et organique des divers organes des arbres et des couvertures des forêts ont été analysés avec le plus grand soin.

En un mot, la science du cultivateur repose sur l'art d'appliquer à l'alternance des cultures l'alternance des engrais et *d'interroger la plante,* pour reconnaître les éléments défaillants ou en excès dans le sol.

Tels sont, à grands traits, les principes de restitution minérale. La doctrine des engrais chimiques a donc brisé le cercle dans lequel l'agriculture tournait fatalement depuis des siècles, puisqu'elle lui permet déjà de s'affranchir, jusqu'à un certain point, des lois de la rotation et de la jachère et de combler par une restitution consciente, fondée sur l'analyse, l'observation et le raisonnement, le déficit que les exportations de la ferme entraînaient nécessairement pour le sol. Elle affranchit aussi le défricheur de la dure nécessité de créer d'abord des prairies pour élever le bétail afin d'obtenir du fumier. L'engrais chimique appliqué directement sur les sols les plus arides a produit des effets merveilleux qui sont signalés tous les jours par les agronomes au courant de la science.

LA RESTITUTION ORGANIQUE.

De même qu'il suffit de restituer au sol quatre termes dans des proportions diverses, il suffit de donner à l'animal sous forme de rations variées quatre principes qui sont *l'albumine,* principe azoté complexe dont le type est le blanc d'œuf, la *graisse,* les *matières sucrées* ou saccharigènes comme l'amidon et la fécule, et les *sels minéraux.*

On avait conclu des expériences de Vauquelin, de Thénard et d'autres chimistes, que l'organisme animal peut créer la chaux et l'azote de toutes pièces, parce que ces savants avaient constaté la présence de ces deux principes dans les excréments d'animaux dont les aliments ne paraissaient contenir ni chaux, ni azote. A ce faux point de vue l'animal devenait une source d'azote chargée de restituer constamment cet élément à l'atmosphère. M. Boussingault analysa patiemment les aliments et les excréments des animaux de la ferme pour déterminer leur teneur en azote, et montra par des expériences directes sur le cheval et la vache, non seulement que l'organisme ne fabrique pas l'azote de toutes pièces, ce que Magendie avait prouvé déjà en expérimentant sur des chiens, mais qu'il n'absorbe pas même l'azote gazeux contenu dans l'air qu'il respire. L'azote fixé par l'animal est exclusivement emprunté à ses aliments, par conséquent on peut estimer la valeur nutritive des aliments et des fourrages par leur teneur en azote.

En dressant sur ces données les premières tables d'équivalence des aliments et des fourrages, en déterminant le rapport qui existe entre l'azote de la ration et celui des excréments, M. Boussingault appliqua à la nutrition les principes de statique chimique que Lavoisier avait appliqués à la respiration. En 1789, ce dernier avait dosé directement dans une chambre respiratoire les gaz absorbés et éliminés par l'organisme et constaté que la consommation d'oxygène et la chaleur produite s'élevaient proportionnellement à l'augmentation de la combustion organique et du travail musculaire. La quantité de chaleur d'une combustion correspond toujours à la quantité d'oxygène disparue, comme celle-ci répond à l'augmentation de poids du produit. Il s'était arrêté là, en traçant nettement le programme des travaux qui restaient à accomplir pour embrasser la statique chimique de la vie. M. Boussingault montra à son tour par l'analyse des aliments et des déjections, comment se comporte la balance entre l'absorption et la production chez les animaux domestiques; et ses recherches, de l'aveu même des Allemands, conservent encore aujourd'hui toute leur valeur.

On ne peut le méconnaître, c'est sur ces fondements solides, posés par les deux illustres Français, que reposent
toutes les recherches et toutes les merveilleuses découvertes,
réalisées depuis en Allemagne, sur les lois de la production
animale par Pettenkoffer, Voit, Bischoff, Wolf, etc. Ces
découvertes s'appuient sur le dosage des produits de la respiration, notamment du gaz acide carbonique, qui donne la
mesure de la combustion des produits *carbonnés* et sur le
dosage de l'urée, qui permet d'apprécier exactement l'intensité de la décomposition de l'albumine, c'est-à-dire des produits *azotés*.

Ainsi l'on a découvert les lois de la production de la chair,
de la graisse et du travail musculaire, de la fixation de
l'oxygène sur les tissus pendant le sommeil, et le dédoublement de l'albumine en graisse, en sucre et en urée. A peine
la statique chimique des êtres organisés de MM. Dumas
et Boussingault eut-elle paru (1841) que Liebig fit paraître
à son tour (1843) son fameux livre intitulé : *La chimie animale ou organique dans ses rapports avec la physiologie et la
pathologie.*

Cet ouvrage fit époque dans la science, moins peut-être
par les analyses qu'il contenait, analyses déjà réalisées pour
la plupart en France, que par ses généralisations élevées
qui éclairaient d'un jour tout nouveau la théorie de la nutrition animale. En s'attachant à dresser, plus nettement que
ses prédécesseurs, le bilan des recettes et des dépenses de
l'organisme, Liebig montra comment la forme seule des êtres
vivants subsiste, tandis que la matière qui les constitue se
renouvelle sans cesse, entraînée dans un tourbillon vital
incessant. Selon lui, le sang de l'animal est une solution
d'*albumine*, de *graisse*, de *sucre* et de *sels* empruntés aux
végétaux par l'alimentation et qui retournent au règne minéral après avoir servi de matériaux aux édifices moléculaires des organes.

Liebig montre après Lavoisier comment ces édifices

s'écroulent et se régénèrent sans cesse, molécule par molécule, sous l'action dévorante de l'oxygène.

Un premier degré d'oxydation forme la trame des cellules en transformant l'albumine en fibrine des muscles ou en gélatine des os ; mais l'oxygène brûle ce qu'il a élevé et entraîne aussitôt par tous les émonctoires naturels de l'économie (peau, reins, poumons, foie, etc.) cette matière déjà rentrée dans le règne inorganique.

Liebig, après avoir établi l'identité des sels, du sang et de l'urine, constate qu'une simple opération chimique peut faire connaître la composition et les altérations du sang, à l'aide de la composition de l'urine. L'analyse des résidus de la filtration du sang par les reins, car les reins ne sont que des filtres, lui revèlent la nature des troubles de la nutrition, qui engendrent la maladie, et les principes qui faut restituer à l'organisme pour rétablir l'équilibre de la vie. Cette analyse des résidus de la *combustion vitale* a permis depuis aux physiologistes d'en mesurer *l'intensité* et de découvrir la cause de nombreuses maladies incomprises jusqu'ici, telles que le diabète, la goutte, la pierre, les calculs biliaires, etc.

Cette démolition perpétuelle est une condition nécessaire de la vie, vérité que Claude Bernard a exprimée depuis, sous une forme paradoxale, en disant que *la vie c'est la mort.*

Liebig divisait les aliments en trois grandes catégories, les aliments plastiques azotés, dont le type est l'albumine, les aliments respiratoires non azotés, tels que l'amidon, le sucre et la graisse, et enfin les minéraux.

Les premiers servent surtout à la réparation du sang et des organes, les seconds à la respiration et à la calorification. Il n'entrevit pas encore le rôle capital de l'albumine dans la production du travail musculaire auquel les autres principes alimentaires ne paraissent contribuer qu'indirectement.

Liebig insiste sur l'identité de composition chimique des plantes et des animaux. On retrouve en effet la graisse, la fibrine, l'albumine, la caséine dans les deux règnes. Humbolt avait découvert sous l'Équateur un arbre qui sécrétait un lait contenant des principes plastiques et respiratoires analogues au lait de vache, et qui constituait le principal aliment des nègres de la Colombie. Cette identité de composition donna lieu à un débat mémorable entre M. Dumas et Liebig, où ce dernier finit par l'emporter.

M. Dumas, se fondant sur cette idée de Lavoisier, que l'animal est un appareil de combustion, comme la plante est un appareil d'organisation, soutint que l'animal reçoit et s'assimile sans transformation, pour les fixer et les brûler dans ses tissus, les principes immédiats fabriqués par les plantes. Liebig soutint, au contraire, que l'organisme animal peut fabriquer de la graisse avec d'autres principes, tels que l'amidon et le sucre; il invoquait l'exemple des animaux que l'on engraisse avec des pommes de terre et des aliments sucrés. Il constata que la bière et les féculents augmentent la proportion du beurre dans le lait des nourrices tandis que la viande diminue le beurre et augmente le fromage. Pour la même raison une vache nourrie à l'étable donne plus de beurre et moins de fromage qu'une vache mise au vert.

C'est en s'inspirant de ces recherches, que Claude Bernard s'attacha plus tard à démontrer l'unité fonctionnelle de la vie dans les deux règnes, quand il eut découvert lui-même la faculté que possède l'animal de fabriquer du sucre et de l'amidon à l'instar de la plante.

Liebig fit aussi parfaitement ressortir l'importance de la restitution des sels minéraux dans la nutrition des animaux. Ces expériences ont été reprises et complétées plus tard à l'Université de Bonn et à Munich, où l'on a constaté sur toute espèce d'animaux les conséquences mortelles de la privation de la potasse, de la soude, des phosphates et de la chaux dans l'alimentation. Grâce aux travaux des stations agricoles et des laboratoires de l'Allemagne, nous savons exactement aujourd'hui combien de phosphate de chaux, de potasse et d'azote les animaux de la ferme empruntent au sol sous forme de fourrage aux différentes époques de leur développement. Connaissant exactement aussi la teneur de chacun de ces fourrages en éléments minéraux et organiques, nous savons quel supplément de ration est nécessaire à l'animal pour se développer normalement et produire le maximum de viande, de graisse ou de laitage.

Ainsi, nous savons qu'un animal adulte mis à l'engrais n'enlève au sol que de minimes proportions d'azote, et fabrique sa graisse aux dépens des principes carbonés que la plante emprunte à l'air; tandis que l'animal en voie de développement, ou dont on exporte le lait, appauvrit la terre des principes nécessaires pour la fabrication des os, de la chair, ou pour la production du lait. La chimie révèle à l'éleveur les quantités relatives d'éléments plastiques et respiratoires contenus dans chacun de ses fourrages et la part que prend chacun de ces principes dans la production de la chaleur et du travail. Il en est de même pour les plantes : Quand la sélection transforme leurs conditions d'existence, il est possible d'obtenir des races qui s'écartent absolument des formes naturelles : L'on est parvenu à créer des races de betteraves *sucrières*, où la proportion du sucre a été doublée par le développement du tissu vasculaire aux dépens du tissu cellulaire, et d'autres races *fourragères* où la prédominance du tissu cellulaire sur le tissu vasculaire engendre un développement considérable de la racine. Ici, comme chez les animaux, l'alimentation, c'est-à-dire l'emploi raisonné des engrais chimiques et le changement des conditions d'existence concourent avec la sélection, c'est-à-dire le choix des reproducteurs, à atteindre le but proposé.

C'est ainsi que MM. Vilmorin et Carrière parvinrent à transformer de mauvaises herbes, la carotte et le radis sauvages, au bout de quatre ou cinq générations, en légumes excellents. Ch. Darwin a résumé ces lois dans son mémorable ouvrage « de la variation des animaux et des plantes, » qui fut le fondement de sa théorie de la transformation des espèces.

CHAPITRE II

I. Principes de physiologie végétale. Origine, structure et fonctions de la cellule. — II. Lois de l'absorption et de l'assimilation. — Le laboratoire de la plante. — III. Echelle ascendante et descendante de l'organisation. — Phénomènes chimiques de la germination, de l'élaboration et de la fructification. — Unité vitale, digestion et fermentation.

I

Nous venons de voir que la doctrine de la restitution sur laquelle l'*agriculture intensive* repose toute entière aujourd'hui, peut se résumer en des termes fort élémentaires. La plante fabrique tous les principes immédiats, c'est-à-dire les produits organisés qui servent d'aliments aux animaux et se transforment ou se fixent dans leur tissus, au moyen des gaz de l'atmosphère et de quelques principes minéraux qui se retrouvent dans les cendres.

Le moment est venu de rechercher la cause de cette unité vitale qui se trahit par l'identité de composition des matières animales et végétales.

Le microscope nous a livré le secret de ce mystère de la nature.

Quand on ouvre un pois mûr, on y trouve une plante en miniature, composée d'une petite tige, d'une racine et de deux feuilles volumineuses et solides, appelées *cotylédons,* qui forment les deux parties du pois et emboitent la plantule. L'analyse chimique découvre dans cet embryon des matières albumineuses, des corps gras, de la cellulose, du sucre, de l'amidon, des sels de phosphore, de potasse, de magnésie, de chaux et de fer, unis à beaucoup d'eau. Le microscope nous montre que cette plante embryonnaire, homogène en apparence, est formée par l'agrégation de nombreuses cavités, contenant chacune une substance demi-fluide, qui n'est autre que le *protoplasme,* matière albumineuse, dont chaque petite masse s'est isolée, en sécrétant une paroi ligneuse, de façon à se mûrer comme dans une *cellule.*

Les observations microscopiques prouvent que tous les tissus constituant la trame des organes des plantes et des animaux, sont formés de cellules différemment modifiées. On en a appelé à l'analyse chimique qui n'a pas tardé à relever la cause de cette uniformité d'origine de l'organisation. Le protoplasme est la source unique de la vie; il se retrouve avec sa composition et sa fonction caractéristique à l'origine de toute cellule d'origine animale ou végétale.

Il a pour base des matières albumineuses, analogues au blanc d'œuf, unies à des combinaisons organiques cristallisables, à base de phosphore, de potasse, de chaux, de magnésie et de fer. Il fabrique des matières hydrocarbonées, comme la graisse, le sucre, l'amidon et la cellulose qui forme les parois de ses cellules; et des ferments capables de digérer ces substances, comme la diastase, par exemple, qui dissout l'amidon.

Ces propriétés lui suffisent pour donner naissance aux innombrables variétés de structures et de fonctions qui constituent les deux règnes de la nature; l'œuf lui-même, *d'où sort tout ce qui vit,* selon Harvey, n'est primitivement, comme nous allons le voir, qu'une cellule de protoplasme.

Pour que les propriétés du pois se manifestent, il suffit de le placer dans certaines conditions de milieu, telles que l'humidité, la chaleur et le renouvellement de l'air.

Alors on voit ce pois s'entr'ouvrir par l'écartement de ses

deux cotylédons, la racine se diriger vers le sol tandis que la tige s'élève en produisant des cellules nouvelles aux dépens des matériaux nutritifs contenus dans les deux grosses feuilles séminales, qui jouent le rôle de véritables mamelles, en sécrétant une sorte de lait végétal. A cette époque de la germination, la graine respire, en dégageant de la chaleur et de l'acide carbonique, à l'instar d'un animal.

Si l'on met ensuite à la portée de la racine, la dose minime des éléments minéraux nécessaires à la nutrition du protoplasme, celui-ci ne tarde pas à se développer et à donner naissance à des feuilles nouvelles, qui se colorent en vert à la lumière et commencent immédiatement à décomposer l'acide carbonique de l'air.

C'est ce que l'on appelle la fonction *chlorophyllienne*, la matière verte des végétaux jouissant seule du privilège d'emmagasiner l'énergie solaire pour isoler le charbon.

Enfin, la plante fleurit et l'on voit apparaître au centre de la fleur *l'ovaire,* né d'une cellule et qui n'est autre que le fruit futur. Sur ses parois naissent d'autres cellules qui portent le nom d'ovules et deviendront autant de pois. Chaque ovule engendre à son tour une cellule dite *embryonnaire* qui donnera naissance, par subdivision successive, à la plante en miniature dont nous avons parlé.

Or, toute cette évolution mystérieuse est l'œuvre du *protoplasme,* qui se multiplie sans cesse à la faveur des matériaux que les racines et les feuilles puisent dans le sol et dans l'air; mais comme toutes les cellules des racines et des feuilles sont engendrées et actionnées par lui, on peut réduire toutes les propriétés vitales de la plante, aux propriétés du *protoplasme*.

Et ce qui prouve que *la force végétative* ne git point dans le sol comme on le croyait jadis, c'est que le sol n'est point nécessaire pour déterminer l'évolution complète de la plante, car nous avons vu qu'on peut y substituer une simple dissolution de sels minéraux, depuis la germination jusqu'à la reproduction. Ce qui est plus frappant encore que les expériences de culture dans le sable calciné de M. G. Ville.

On s'explique maintenant pourquoi il est indispensable de restituer ces faibles doses d'éléments minéraux, puisque ces éléments sont les matériaux mis en œuvre par le protoplasme pour organiser la matière inanimée. L'œuf de l'animal, qu'il se développe ou non dans le sein maternel, n'est à l'origine qu'une cellule de protoplasme, comme l'ovule est la cellule embryonnaire des plantes. La prolifération et la différenciation successive de ce protoplasme engendrent les diverses catégories de cellules, qui forment les tissus des organes et déterminent leurs fonctions.

L'œuf du poulet, dit le professeur Huxley, correspond au pois mûr.

En dedans de la coquille et suspendue dans le blanc de l'œuf, est la masse arrondie du jaune, sur laquelle se trouve une petite sphère, la cicatricule. Quoiqu'elle paraisse homogène, la cicatricule, examinée au microscope, se montre formée de petites cellules à noyaux, constituant un embryon de pigeon, comme la petite plante, contenue dans les enveloppes du pois, est un embryon du pois. Cependant, la cicatricule ressemble moins à un pigeon que l'embryon ne ressemble à un pois.

L'embryon du pigeon, comme l'embryon de la plante contient des composés protéiques (1), de la graisse, des sels minéraux et de l'eau. Le jaune dans lequel il repose est composé de matériaux semblables; mais il n'entre dans leur composition ni *amidon* ni *cellulose*. La cicatricule n'offre pas plus signe de vie que la plantule enfermée dans le pois. L'embryon se trouve à l'état de repos, et, pour que son activité se réveille, il faut qu'il subisse certaines influences extérieures. Pour l'œuf, *il suffit d'une certaine quantité de chaleur,* ordinairement produite par le corps de la mère,

____

(1) Albumineux (Huxley).

car il trouve les aliments qui lui sont nécessaires dans le jaune et le blanc qu'il renferme. Dans ces conditions, la cicatricule augmente de volume par accroissement et multiplication de ses cellules et s'étale rapidement à la surface du jaune. Une partie de sa masse se soulève et acquiert peu à peu la forme du corps d'un animal vertébré, dans lequel on reconnaît successivement une tête, un tronc et une queue, tandis que les membres surgissent sous forme de bourgeons qui ne ressemblent d'abord ni à des pattes ni à des ailes.

Comme le jaune est consommé pour subvenir à la croissance de l'embryon, son volume diminue à mesure que ce dernier grandit. Le jeune oiseau acquiert peu à peu des dimensions plus considérables; il se revêt de plumes et présente plus ou moins complètement les caractères d'un pigeon. A la fin, il brise la coquille et se développe jusqu'à ce qu'il ait atteint la taille des animaux de son espèce. A l'état adulte, l'oiseau femelle possède un organe désigné sous le nom d'*ovaire*, dans lequel se développent des cellules à noyau, *ovules primitifs,* qui correspondent aux cellules embryonnaires de la plante. Chacun de ces ovules grandit et se recouvre de matériaux de l'œuf; avant la ponte, il se divise et se convertit en une masse embryonnaire ou cicatricule, qui passera par la série de phases dont nous venons de parler. Le pigeon provient ainsi d'une simple cellule à noyaux, par un procédé d'évolution semblable en principe, quoique dissemblable dans ses résultats, à celui qui produit le pois.

L'analyse élémentaire et immédiate de la matière végétale et animale démontre d'une manière frappante que les plantes et les animaux relèvent d'un fond commun :

Composition élémentaire des plantes et des animaux :

ÉLÉMENTS ATMOSPHÉRIQUES.	ÉLÉMENTS TELLURIQUES.	
Carbone	Phosphore	fer
Hydrogène	Soufre	manganèse (1)
Oxygène	Chlore	cuivre, etc.
Azote	Silice	
	Potasse	
	Soude	
	Chaux	
	Magnésie	

En résumé, *la cellule* est la base de la vie végétale et animale. Elle respire, se nourrit et se reproduit. Elle réagit différemment aux excitations extérieures (lumière électricité, chocs, etc.). L'intensité de ses mouvements croît avec la température de 0° à 40°. A partir de 45° survient la mort, tandis qu'il est presque impossible de tuer une cellule par le froid. Mais sa contractilité cesse vers 0° (Ch. Richet). L'oxigène et les solutions alcalines faibles excitent son *irritabilité*, les autres gaz et les solutions acides la paralysent ou la tuent. C'est pourquoi, soit dit en passant, les acides sont les agents les plus efficaces pour entrâver le développement des germes qui produisent les maladies contagieuses.

Composition comparée de l'œuf et de la graine.

Œuf : Albumine, fibrine				GRAINE : Albumine, fibrine (gluten)
caséine	.	.	.	caséine (légumine)
matière grasse.		.	.	matière grasse (huile)
sucre de lait, glucose		.	.	amidon, dextrine
				(mat. saccharigènes)
soufre et phosphore en			.	soufre et phosphore en com-
combin. organiques		.	.	bin. organiques
sels minéraux	.	.	.	sels minéraux
eau 65 à 90 % .		.	.	eau 10 à 12 %

(1) C'est une erreur de limiter à 13 ou 14 termes, les éléments qui entrent dans la composition des organismes. On trouve du cuivre dans les céréales, de l'iode et du fluor dans d'autres plantes. M. Dubrunfaut a montré dernièrement que le manganèse est un élément constant des cendres des végétaux. (Sucrerie indigène, mars 1880).

M. Grandeau a récemment précisé ces rapports dans le tableau suivant :

Corps des animaux.	*Tissus des plantes.*
Chair : 16 % d'azote	id. (gluten, légumine)
graisse 76 o/° de carbone	id. (huile)
Sucre du foie, sucre de glucose, etc. .	id. Form. gén. ($C^6H^{12}O^6$).
os (phosphates et carbonates de chaux)	id. (cendres).

Enfin G. Ville a montré l'étroite analogie qui existe entre les principes azotés communs aux animaux et aux plantes :

	ALBUMINE		CASÉINE		FIBRINE	
	animale	végétale	animale	végétale	animale	végétale
Carbone	53,5	53,5	53,5	53,7	52,8	53,2
Hydrogène	7,0	7,1	7,1	7,1	7,	7,
Oxygène	23,7	23,3	23,6	23,5	23,7	23,4
Azote	16,5	16,5	15,8	15,7	15,8	16,0

La science ne s'est pas bornée à découvrir le rôle et la composition du protoplasme et des produits qu'il élabore; elle a cherché à pénétrer dans son laboratoire mystérieux, pour surprendre les secrets même de l'organisation de la matière, c'est-à-dire de la synthèse des principes immédiats de la vie.

Nous allons voir que ces efforts ont dépassé toutes les espérances.

En effet, la *synthèse chimique* et la *théorie mécanique de la chaleur* ont démontré l'identité des forces qui concourent à la formation de la matière organisée et des corps inorganiques, tandis que les philosophes continuaient à affirmer *à priori* l'antagonisme des forces vitales et des forces atomiques et par conséquent l'inutilité des recherches qui ont abouti à des résultats si concluants : A savoir que *tout ce qui vit emprunte à son milieu extérieur la matière et la force physique qui l'anime*, et que cette force et cette matière se transforment dans l'organisme suivant les lois atomiques connues, c'est-à-dire suivant des procédés que nous pouvons reproduire dans nos laboratoires. Ce qui démontre, non pas

comme certains l'appréhendent, la légitimité des prétentions
du matérialisme, mais au contraire l'intelligence infinie du
Mécanicien de ces organismes, dont l'ingénieuse construction suffit pour expliquer aux chimistes et aux physiciens,
les phénomènes de la vie végétative.

II

Lois de l'absorption et de l'assimilation des minéraux,
des liquides et des gaz. Le laboratoire de la plante ; la chlorophylle.

Le problème de l'absorption des principes minéraux par
les racines fut résolu au commencement du siècle par la
découverte de l'endosmose. C'est en méditant sur les courants singuliers qu'il observait dans les cellules végétales
microscopiques des algues que Dutrochet fut conduit à créer
le *dialyseur, cet organe artificiel d'absorption* qui n'est autre
que l'imitation en grand des cavités membraneuses des cellules et qui démontre que les courants moléculaires à travers
les membranes sont déterminés par la différence de densité
des liquides. Cet appareil si élémentaire formé d'une simple
membrane close plongeant dans l'eau et contenant une solution de gomme, était appelé à révolutionner la science et
la philosophie ; car il permettait enfin de comprendre comment s'opère par des causes purement mécaniques l'*intus-
susception,* l'appel et le choix des diverses substances par les
divers tissus des plantes et des animaux.

L'étude de la loi d'*Endosmose* fut reprise par Graham. Le
physicien anglais montra que la matière existe sous deux
formes d'agrégation ; l'état soluble et cristallisable et l'état
colloïde ou gelatineux ; il remarqua que les corps susceptibles
de cristalliser sont également *diffusibles,* c'est-à-dire qu'ils
se transportent spontanément à travers les liqueurs pour s'y
dissoudre, en dépit de l'action de la pesanteur ; ces *cristalloïdes* se diffusent également à travers les substances gélati-

neuses. La preuve, c'est que, lorsqu'on place de la gelée d'amidon ou toute autre substance colloïde à la surface d'un liquide au fond duquel plonge une dissolution colorée, cette dissolution monte et pénètre peu à peu dans la gelée.

Le protoplasme *colloïde* des cellules des racines ou les matières gommeuses qu'elles contiennent, déterminent donc l'absorption des solutions cristallines par les racines. Dutrochet avait vu le liquide extérieur pénétrer à travers la membrane de son appareil avec une vitesse proportionnelle à la densité du contenu. En colorant la substance intérieure, il vit qu'il se produisait un *contre courant* plus faible du dedans au dehors, et désigna ce second courant sous le nom d'*exosmose*.

Il était donc parvenu à découvrir les deux actes fondamentaux de la vie végétative en montrant par le jeu de ses appareils d'endo-exosmose, comment se font les transmissions moléculaires à travers les cloisons imperforées des cellules. La loi purement physique de double perméabilité règle les échanges entre les fluides hétérogènes renfermés dans les cavités closes et contiguës des tissus. Il constata plus tard, au moyen d'un tube, plongé dans *sa grande cellule artificielle,* que le mercure est soulevé par le courant d'endosmose avec une puissance égale au poids de quatre atmosphères et demi. Graham fit ressortir ensuite par ses ingénieuses expériences l'opposition fonctionnelle entre la matière *colloïde* et *cristalloïde.*

Un fait curieux, c'est que lorsqu'un liquide, comme l'eau, est saturé d'un sel et s'oppose par conséquent à sa diffusion, il peut favoriser encore la diffusion d'un sel d'une autre espèce. Et dans certaines conditions déterminées l'on voit tour à tour le sel dissous abandonner son dissolvant pour un autre moins saturé, ou le dissolvant se déplacer en abandonnant le corps dissous.

Ces lois, nouvellement découvertes, de l'*attraction moléculaire,* expliquent comment certains éléments solubles de la sève peuvent s'accumuler dans des organes déterminés.

Quand une solution saline pénètre par diffusion à travers un vase poreux rempli d'eau pure, le transport du sel s'effectue seulement jusqu'à égale concentration des deux liqueurs; mais si l'on verse à l'intérieur du vase une autre liqueur qui précipite le sel dissous, aussitôt le travail de transport du sel recommence aux dépens de la solution extérieure, jusqu'à ce qu'un nouvel épuilibre soit établi. Si donc il existe à un moment donné dans un organe une cause permanerte de *précipitation* ou de *décomposition,* cette cause déterminera un appel et une migration continue des principes dissous et circulants dans les organes voisins. C'est ce qui se produit en réalité à la maturité des plantes quand les ovaires déterminent par leur développement la migration des sels et des principes immédiats des feuilles et de la tige.

C'est ainsi par exemple que se déposent à l'état insoluble la silice et la potasse dans la paille, l'acide phosphorique,

L'évaporation provoque, elle aussi, une véritable succion, un appel incessant de la sève des régions inférieures vers les surfaces feuillues. En condensant la sève elle détermine également un courant continu de bas en haut, du liquide le moins dense vers le liquide le plus dense suivant la loi de l'endosmose.

On a constaté que l'intensité de l'évaporation est en raison inverse de la densité des dissolutions qui circulent dans les organes. Par l'intermédiaire de l'eau qui imbibe les membranes, le suc cellulaire et le liquide extérieur sont reliés en un tout continu, et les phénomènes chimiques qui s'accomplissent dans la plante, empêchent l'équilibre de *diffusion* de s'établir entre les deux liquides; ce qui fait que les molécules salines, dissoutes dans le milieu extérieur, affluent sans cesse vers les cellules des radicelles. Il en est de même pour les molécules gazeuses d'acide carbonique et d'oxygène dans les feuilles.

Graham a étudié également les lois de la diffusion des gaz à travers les membranes continues, telle qu'une mince

couche de caoutchouc. Il a reconnu que tandis que *la vitesse*
de passage des gaz à travers les corps poreux s'effectue en
proportion inverse de la racine carrée de la densité, à travers
les membranes imperforées, les vitesses des gaz de l'air sont
entr'elles comme les chiffres suivants :

	VITESSE :
Azote	1,000
Oxygène	2,556
Air atmosphérique	1,149
Acide carbonique	13,558

Boussingault a prouvé que les feuilles absorbent les gaz
plutôt par leur surface vernissée que par leur face inférieure
percée de trous (stomates). C'est donc par diffusion à travers
l'épiderme (cuticule) que l'absorption de l'acide carbonique
s'opère. Et comme sa vitesse de passage est treize fois plus
grande environ que celle de l'air, l'on s'explique comment il
pénètre dans les feuilles en dépit de sa rareté dans l'air.

Il y a longtemps que De Saussure a reconnu que les
plantes végètent plus énergiquement quand on augmente
artificiellement l'acide carbonique dans leur atmosphère.

M. Correnwinder s'est livré depuis à des expériences très
précises à ce sujet et a constaté qu'il ne faut pas exagérer
la dose de cet acide. car sa décomposition s'arrête presque
complètement quand il est sans mélange. Par contre, si l'on
enlève l'acide carbonique de l'atmosphère, la plante périt.

Il n'en est point de même pour les rameaux des arbres.
M. Correnwinder a montré que leurs bourgeons émettent de
l'acide carbonique *de circulation* qui alimente surabondamment les quelques feuilles privées de l'acide carbonique
extérieur.

Le choix d'une substance d'origine minérale ou gazeuse
par la plante, dépend donc de la décomposition par cette
plante de la substance en dissolution. L'eau recouvre d'une
mince lame les particules du sol dont les pores sont remplis
d'air. Il faut donc que la racine adhère intimement à cette

surface pour que l'absortion puisse se faire. C'est pourquoi les végétaux déplantés se fanent jusqu'à ce que cette adhérence s'établisse par l'intermédiaire *des poils* des racines. Ces poils ne jouent pas seulement le rôle de suçoirs capables d'absorber les sels dissous dans l'eau, mais ils dégagent de l'acide carbonique *qui dissout* les *particules solides minérales* pour les absorber ensuite. Quand on fait germer des graines dans du sable qui repose sur une table de marbre, les racines s'étalent sur la surface polie et s'y fixent de telle sorte qu'au bout de quelques jours on trouve une image de la racine sculptée en creux, parce que ses cellules superficielles ont dissous le calcaire.

La chlorophylle. Pour comprendre le mécanisme de l'organisation de la matière par la plante, il importe d'étudier d'abord les propriétés de cette matière verte, appelée chlorophylle, qui fixe le carbone de l'air et régularise l'évaporation. D'après M. Dehérain de Grignon, les rayons lumineux du spectre solaire les plus efficaces pour décomposer l'acide carbonique, seraient précisément ceux qui activent le plus l'évaporation. Et comme il résulterait d'autres expériences que la plante élimine dans ce cas plus d'eau qu'elle n'en absorbe, il faudrait en conclure *que la chlorophylle décompose l'eau en même temps que l'acide.* En interceptant la chaleur par une substance qui ne laisse passer que la lumière (*adiathermane*), comme l'alun, on constate que ces deux phénomènes sont déterminés par les rayons lumineux.

D'après Sachs, contrairement à ce qui se passe dans le règne minéral, les phénomènes *chimiques* des végétaux sont produits presque exclusivement par les rayons de faible refrangibilité, comme les rayons jaunes et orangers et même ultra rouges, tandis que les plus réfrangibles, comme les bleus et les violets, déterminent les actions *mécaniques,* tels que les mouvements du protoplasme, la contraction et la dilatation des tissus dans les organes moteurs, l'accroissement, etc.

C'est par l'analyse du *spectre* de la chlorophylle que l'on est parvenu à déterminer la nature des rayons qui concourent à la réduction de l'acide carbonique, à la transformation de la chaleur en travail mécanique des atomes. Lorsqu'un faisceaux de lumière a traversé une solution alcoolique de chlorophylle, l'analyse spectrale de ce rayon permet de constater l'extinction de certaines raies lumineuses, particulièrement des rayons rouges qui sont les rayons calorifiques et dont la chlorophylle transforme la chaleur et la lumière en travail chimique.

Le spectre de la *chlorophylle* résulte en réalité de la superposition de deux spectres, car les travaux de Fremy et Kraus prouvent que cette substance est composée de deux principes colorants distincts *bleu* et *jaune,* le premier absorbant les rayons les moins refrangibles (du rouge au vert), le second les rayons les plus refrangibles, de la seconde moitié du spectre solaire, appelés rayons *chimiques.*

Pour isoler ces deux principes il suffit d'agiter une dissolution alcoolique de chlorophylle avec un volume double de benzine : Après un certain temps de repos on voit se former deux couches nettement séparées, dont l'inférieure alcoolique est d'un beau jaune et la supérieure (benzine) d'un bleu verdâtre.

M. Bert a constaté dernièrement que les plantes ne peuvent se passer néanmoins de lumière blanche qui contient tous les rayons (1).

La matière colorante verte des feuilles a pour fonction d'absorber certains rayons et de réfléchir la lumière verte. La force vive des rayons absorbés se transforme en chaleur latente de vaporisation, c'est-à-dire en travail *physique* con-

(1) Voir annales de l'Institut agronomique de Paris 1880. Dehérain, l'Origine du carbone des végétaux. *Rev. Scientif.*, nov. 1880. J. Sachs, physiologie végétale, dernière édition. J. Wierner. Entstehung des chlorophylls in Pflanzen. Vienne. Berichte der Deutschen Chem. sept. 79, Berlin.

sacré à l'écartement des molécules, et en travail *chimique,* qui agit sur les atomes eux-mêmes pour disloquer les molécules d'eau et d'acide carbonique. Elle rompt un équilibre stable, et engendre un équilibre instable, point de départ de la synthèse des produits immédiats et des substances organisées.

Le protoplasme sans chlorophylle digère et organise dans les parties obscures du végétal, ou pendant la nuit, les matériaux de la chlorophylle, comme l'amidon : Ainsi naissent incessamment dans les bourgeons des cellules nouvelles qui se forment surtout pendant la nuit au détriment des matériaux accumulés pendant le jour (A. Gauthier).

En soumettant la chlorophylle à l'action continue de la lumière électrique, M. Siemens a réussi dans ces derniers temps à stimuler singulièrement le travail d'assimilation de l'acide carbonique et la fabrication des principes immédiats dans la plante. De cette façon la plante continue à décomposer l'acide carbonique *pendant la nuit* et l'évolution de la vie du végétal se trouve accélérée, absolument comme dans les régions boréales, où la longue durée des jours, c'est-à-dire l'éclairement prolongé, supplée à la briéveté des étés.

Le *travail* des plantes est donc surtout déterminé par la lumière. A la température de 19° seulement, la lumière du soleil peut évaporer par heure jusque 75 kilogrammes d'eau pour cent de feuilles, tandis que, dans l'obscurité, on n'obtient pas un kilogramme d'eau, même en élevant la température.

L'on n'avait point démontré jusqu'ici ce rôle *prédominant* de la lumière dans la formation des principes immédiats qui produit l'élévation du rendement des récoltes ; pas plus qu'on n'avait soupçonné l'influence de l'électricité sur l'assimilation, qui vient d'être démontrée par des ingénieuses expériences de M. Grandeau.

Des expériences plus récentes encore exécutées par M. Dehérain à l'exposition d'électricité de Paris (1881) prouvent que la lumière électrique manquant des radiations calorifiques qui déterminent l'évaporation, la période de croissance des végétaux tend à empiéter, sous son influence exclusive, sur la période de maturation, absolument comme dans les années humides et sombres où les cultivateurs récoltent plus de paille que de grain.

Le protoplasme, qui sert de substratum à la chlorophylle, est contractile, et doué de mouvements spontanés analogues à ceux des globules blancs du sang et de ces fameux amibes qui peuplent le fond des mers, chez lesquels Hæckel et Huxley croyaient voir précisément *l'aurore de la vie*. La matière verte qu'il fabrique dans les végétaux n'est qu'une substance *cristalloïde* non combinée, qui joue le rôle d'écran, c'est-à-dire dont *le rôle se borne à isoler les rayons par l'intermédiaire desquels le protoplasme tranpire et accomplit sa fonction réductrice*. En réalité le mécanisme de cette fonction importante entre toutes est encore un problème.

Un fait curieux qui ressort des dernières analyses de la chlorophylle c'est qu'elle ne contient point de fer. Et cependant il suffit de répandre une légère solution de fer sur une plante verte pour combattre efficacement la chlorose qui fait jaunir et flétrir ses feuilles (1).

D'après M. Gauthier la matière verte fixerait l'hydrogène comme la matière colorante du sang fixe l'oxygène. Substance soluble et cristallisable comme elle, *l'hémoglobine* est unie également à des masses protoplasmiques (globules) (2).

---

(1) Composition de la chlorophylle :

Carbone	73,19
Hydrogène	10,50
Azote	4,14
Oxygène	10,50
Cendres	1,67

(2) D'après M. Wiesner, professeur à l'Institut agronomique de Vienne, les grains de chlorophylle sécrétés par le protoplasme seraient d'abord incolores et constitueraient une substance distincte qu'il

Elles seraient douées de fonctions chimiques opposées, celle-ci fixant l'oxygène pour la combustion, celle-là fixant l'hydrogène pour la réduction.

M. Gauthier, considérant la permanence de la réaction, affirme avec raison qu'il doit se produire dans le végétal les synthèses les plus variées, suivant les quantités de molécules d'eau et d'acide carbonique qui se rencontrent dans la chlorophylle, en présence de l'hydrogène naissant : il montre par la comparaison des formules que tous les principes immédiats tertiaires qui dominent dans les végétaux peuvent dériver de cette réduction successive. (1)

Ce qui confirme cette manière de voir, c'est que les feuilles dont le protoplasme n'est pas coloré en vert, ne décomposent

nomme *l'étioline* et qu'on trouve dans les germes étiolés. Cette substance évidemment identique à la chlorophylle blanche se colore rapidement en vert sous l'influence de la lumière. Suivant les auteurs une seconde espéce de chlorophylle mal définie serait constituée par la matiére verte qui se forme rapidement sur les grains de fécule de pomme de terre, sous l'action de la lumière. M. Wiesner a constaté également que la chaleur obscure ne peut déterminer la formation de la chlorophylle ; mais à éclairage égal, la température accroît la rapidité de formation de la chlorophylle jusque 35° environ ; au delà les plantes ne verdissent plus ou se décolorent.

(1) Ainsi 3 molécules d'acide carbonique en présence de 4 molécules d'eau, peuvent donner les principaux types d'alcools et d'acides, sous l'influence réductrice de l'hydrogène naissant.

$$3CO_2 + 4H_2O - 90 = C_3H_8O, \text{ alcool propylique,}$$
$$\ldots\ldots - 80 = C_3H_8O_2, \text{ glycool propylique,}$$
$$\ldots\ldots - 70 = C_3H_8O_3, \text{ glycérine,}$$
$$\ldots\ldots - 60 = C_3H_8O_4, \text{ érythrite homologue,}$$
$$\ldots\ldots\ldots\ldots\ldots$$
$$\ldots\ldots - 40 - C_3H_8O_6, \text{ mannite homologue,}$$

Ainsi encore
$$3CO_2 + 8H_2O - 80 = C_3H_6O, \text{ alcool allylique,}$$
$$\ldots\ldots - 78 = C_3H_6O_2, \text{ alcool propionique,}$$
$$\ldots\ldots - 60 = C_3H_6O_3, \text{ acide lactique,}$$

dont deux molécules en se condensant peuvent engendrer le sucre : $2C_3H_6O_3 = C_6H_{12}O_6$ glucose.

pas l'acide carbonique, contrairement à l'opinion de Saussure, soutenue depuis par M. Correnwinder et réfutée par M. Cloës. La chlorophylle verte se décolore quand la lumière cesse de l'impressionner, et devient réductrice comme l'hydrogène naissant, jusqu'à ce que la lumière la colore de nouveau. Gauthier en conclut que cette substance fixe l'hydrogène résultant de la décomposition de l'eau. Il prétend que, par l'hydrogène naissant, la chlorophylle verte décompose l'eau et devient blanche et réductrice; et que l'intensité de l'évaporation, c'est-à-dire de l'élimination d'eau, croît parallèlement à l'intensité de la réduction de l'acide carbonique, c'est-à-dire du dégagement d'oxigène.

Voilà donc un appareil de réduction tout à fait comparable à ceux qui servent dans nos laboratoires pour effectuer les synthèses et les analyses organiques. Si ces vues sont exactes nous avons pénétré le secret au moyen duquel la plante crée dans la feuille, son laboratoire, les premiers échelons de l'organisation.

III

La double échelle de la vie.

L'on s'imaginait encore, il y a trente ans à peine, que le laboratoire de la vie était inaccessible aux savants et qu'il était impossible de reproduire artificiellement les principes organisés par les organes des plantes et des animaux, tels que les graisses et les huiles, le vinaigre, l'alcool, les parfums, les couleurs, etc.

C'était la conclusion d'une théorie *à priori,* profondément enracinée dans les écoles, qui supposait entre les forces vitales et les forces physiques un antagonisme absolu. La vie était considérée comme une force particulière, relevant de lois tout autres que celles de la matière inorganique, et imprimant aux atomes des états d'équilibre incompatibles avec le jeu des affinités minérales.

Cependant, dès 1828, Woehler, l'un des premiers chimistes de l'Allemagne, avait réussi à reproduire artificiellement un produit caractéristique de la vie animale, l'*urée,* par la synthèse directe de l'ammoniaque et d'un dérivé de l'acide prussique.

Mais telle était la force du préjugé que la portée de cette découverte échappa à Liebig lui-même et, en 1844, l'illustre chimiste Gerhardt affirmait encore " que la formation des matières organiques tenait à l'action mystérieuse de la force vitale, action opposée, en lutte continuelle avec celle que nous sommes habitués à régarder comme la cause des phénomènes chimiques ordinaires. „

Il fallait, on le voit, un esprit hardi et sûr de lui-même pour s'inscrire en faux contre de pareilles autorités. Ce fut un jeune Français nommé Berthelot qui eut la gloire de réfuter par *l'expérience,* c'est-à-dire par d'innombrables synthèses de corps organiques, l'erreur capitale de ses maîtres. Il parvint presque à lui seul à démontrer l'identité des forces qui président à la formation des principes immédiats dans les êtres vivants et des combinaisons du règne minéral; prouvant une fois de plus le danger de recourir à des agents imaginaires pour expliquer des séries de phénomènes naturels incompris.

Déjà, au commencement de ce siècle, un autre Français avait vu la fortune sourire à son audace, en découvrant les lois de l'*endosmose,* qui permettent d'expliquer, par le jeu pur et simple des forces atomiques, les phénomènes si remarquables de l'assimilation, le choix que les organes paraissent opérer dans les matériaux de leur milieu.

Enfin M. Berthelot, secouant la tyrannie de l'idée préconçue, fabriqua de toutes pièces l'*acide formique* que secrètent les orties et les fourmis avec de l'oxyde de carbone et de l'eau, et l'*acide oxalique* qui domine dans le règne végétal et que l'on retrouve aussi chez les animaux, en partant de ses éléments primitifs le charbon, l'hydrogène et l'oxygène.

Avant lui, des chimistes illustres, marchant dans la voie féconde ouverte par Lavoisier, avaient déterminé les groupements des molécules chez les diverses substances organisées en substituant à l'analyse *élémentaire,* l'analyse *immédiate* qui isole les différents principes contenus dans les êtres vivants pour étudier leur architecture moléculaire et leurs transformations.

C'est ainsi que Gay Lussac avait prouvé par des analyses les relations qui existent entre l'alcool, l'éther et le gaz des marais formé de charbon et d'hydrogène ; les transformations successives du sucre en alcool et de l'alcool en acide carbonique. Et que M. Chevreul avait montré que les graisses sont formées par la combinaison d'acides gras avec une base organique, la *glycérine,* absolument comme les sels de la chimie minérale. M. Berthelot fit mieux, il réussit à fabriquer de toutes pièces, *par la synthèse,* en partant, à l'instar de la plante, du charbon et des éléments de l'eau, ces acides, ces éthers, ces alcools et ces graisses que ses prédécesseurs avaient décomposés par l'*analyse* chimique.

C'était la contrefaçon des procédés de *synthèse* du protoplasme dans la cellule chlorophyllienne. Mais nous avons vu que le protoplasme respire, c'est-à-dire consume lentement les produits de son élaboration pour produire la chaleur et le mouvement des organes. Ici encore la chimie est parvenue à imiter ses procédés en soumettant les principes immédiats à une oxydation progressive. Ghérardt fut le premier à constituer une *échelle de combustion,* aboutissant à l'acide carbonique, c'est-à-dire au retour à l'atmosphère de la matière organisée dont chaque degré successif ne différait du précédent que par la substitution progressive d'un atome d'oxigène à un atome de carbone ; chacun de ces degrés correspondant à un produit chimique spécial dont la densité diminuait en raison directe du degré de l'oxydation pour aboutir finalement à des produits gazeux.

L'organisation, dont le protoplasme est l'agent, consiste essentiellement dans la condensation à l'état de principes solides, des principes liquides et gazeux de la terre. La désorganisation fait retourner la matière solidifiée à son état primitif en passant par des séries innombrables d'étapes intermédiaires, de moins en moins condensées, qui constituent souvent des échelons identiques à ceux par lesquels la matière s'est élevée graduellement à la vie, c'est-à-dire à la formation de la cellule.

Les chimistes ont réservé depuis le nom de *matière organisée* à la matière vivante, caractérisée par la *texture*, comme les éléments anatomiques, dont la composition varie suivant le degré d'évolution vitale, laissant le nom de *matière organique* aux principes immédiats nettement définis par l'analyse et le plus souvent cristallisables. Mais il est à remarquer que tous les tissus sont formés exclusivement de mélanges de ces principes immédiats, accessibles à l'analyse.

Toutes ces échelles parallèles, dites homologues, d'alcool, d'acides, d'éthers, de graisses, de sucres, de sels organiques divers ne diffèrent à chaque échelon que par un atome de carbone et une molécule d'hydrogène; c'est-à-dire qu'à mesure que l'on monte l'échelle de chaque série, une même proportion de carbone et d'hydrogène se fixe pour donner naissance à des produits de plus en plus condensés, à des édifices de plus en plus complexes.

Les acides qui paraissent se former d'abord dans les végétaux ont une formule très-simple; l'édifice des glucoses est déjà plus compliqué, et il se complique davantage à mesure qu'il s'élève par condensation progressive à la formation du sucre cristallisable, de l'amidon et de la cellulose, qui sont avec les huiles les réserves de la plante, comme nous le verrons bientôt. Enfin la formule de l'albumine où l'azote et le soufre entrent en ligne, atteint un chiffre très-élevé, puisqu'elle comprend 240 atomes de carbone, 392 d'hydrogène, 75 d'oxygène, 65 d'azote et 3 de soufre. Comme les matières albuminoïdes forment la base du protoplasme on les a élevées à tort ou à raison au rang de matières *organisée* ou *protéïque,* c'est-à-dire variable comme tout ce qui vit.

Liebig avait dressé déjà des tableaux des principes immédiats végétaux suivant leur ordre de réduction progressive.

D'après les analyses du laboratoire de Giessen, voici dans quels rapports l'oxygène décroît, du glucose à la graisse et à l'albumine.

	Carbone.	Oxygène.
Glucose,	120	140
Sucre de lait,	"	120
Sucre de canne,	"	110
Amidon,	"	100
Albumine,	"	36
Graisse,	"	10

L'analyse de la graisse, dont Liebig niait à tort l'existence dans les plantes fourragères et affirmait par le fait même la synthèse dans l'organisme animal, lui avait donné en poids.

$$\left.\begin{array}{l} 79,4 \text{ de carbonne,} \\ 10,8 \text{ d'hydrogène,} \\ 9,8 \text{ d'oxygène,} \end{array}\right\} = C_{12}H_{20}O.$$

L'amidon correspondant selon Liebig à la formule $C_{12}H_{20}O_{10}$, il suffirait de lui enlever 7 équivalents d'oxygène, pour obtenir de la graisse, tandis qu'ils faudrait restituer cette quantité d'oxygène pour le regénérer.

Il en serait de même pour tous les autres termes plus oxydés, tels que l'albumine et les sucres, qui seraient tous capables d'engendrer la graisse par réduction.

Ce n'est qu'en s'élevant d'étage en étage que l'on peut espérer connaître l'architecture de tout l'édifice. Dans les plantes, la charpente et les matériaux (cellules) sont presque entièrement formés de corps ternaires, c'est-à-dire de carbone uni en diverses proportions aux éléments de l'eau, bien que les agents chargés d'élaborer les cellules de l'édifice, depuis la base jusqu'au sommet, soient les mêmes que ceux du règne animal. En effet, le *protoplasme* du règne végétal présente non seulement la même composition élémentaire, mais les mêmes propriétés fondamentales que chez les animaux, par exemple, *la motilité,* qui lui permet d'émigrer sans cesse des cellules du bois qu'il fabrique comme un polypier émigre de sa cellule calcaire (Morren).

M. Schutzenberger a montré que le protoplasme secrète dans le cours de son évolution, des séries de produits cellulosiques azotés, qui se rapprochent de plus en plus de la composition de la cellulose par condensation du carbone (1).

Pour parler le langage des mathématiques, l'azote et l'oxygène forment *la constante,* les molécules de carbone et d'hydrogène ($C^n H^{2n}$), représentant *la variable.*

Cette membrane cellulosique s'accroît à mesure que le protoplasme se réduit et se résorbe pour émigrer avec la sève vers d'autres parties du végétal.

En tout cas il est certain que le chimiste peut dès aujourd'hui, à l'instar du protoplasme, fabriquer la plupart des produits immédiats du règne végétal par des réductions, des oxydations et des hydratations successives en partant de l'acide carbonique et de l'eau.

Ainsi l'amalgame de sodium et d'eau, qui donne l'hydrogène naissant dans les laboratoires, a permis à M. Kolbe de fabriquer l'acide formique de toutes pièces par la réduction directe de l'acide carbonique. D'autre part, M. Berthelot a obtenu le même acide en faisant réagir directement *l'oxyde de carbone* sur la potasse. L'on sait que l'oxyde de carbone procède de l'acide carbonique dont il ne diffère que par un atome d'oxygène. Or comme l'acide carbonique libre exige pour se décomposer en ses éléments constitutifs une énergie considérable, il est assez probable que l'action réductrice de

(1) Schutzenberger, *la Vie d'une cellule* (1879).

la chlorophylle se borne à lui enlever un atome d'oxygène et
et à le transformer en oxyde de carbone.

Th. de Saussure et M. Boussingault ont constaté du reste
que les feuilles ne décomposent pas l'oxyde de carbone;
elles ne décomposent même pas l'acide carbonique quand il
n'est pas dilué dans l'air ou dans l'eau.

Th. de Saussure fut le premier à signaler la probabilité
de ce fait parce qu'il avait aussi constaté que l'oxygène
exhalé par les plantes ne correspond pas toujours à l'oxygène
contenu dans l'acide carbonique; depuis lors un illustre
agronome, M. Boussingault, mit ce fait en évidence par de
nombreuses expériences, et en conclut qu'une portion de
l'oxygène dégagé provient *de la décomposition de l'eau,* car
l'oxygène dégagé est parfois supérieur pendant la respiration des feuilles à l'acide carbonique absorbé. Mais alors
même que le volume d'oxygène exhalé correspondrait exactement à celui de l'acide carbonique absorbé, cette égalité
suffirait à prouver la décomposition de l'eau ; car une partie
de l'oxygène de l'acide carbonique décomposé, doit évidemment servir à la *respiration.* Des analyses exactes ont établi
d'ailleurs que les végétaux cultivés dans le sable exempt de
matières organiques renferment une proportion d'hydrogène
supérieure à celle qui existe dans l'eau (Wurtz).

Dès que l'action réductrice de la lumière cesse, le travail
d'oxydation ou de dédoublement s'accentue, les résines et
les acides apparaissent avec les nouvelles cellules. M. Marey
a fait voir que le végétal ne s'accroît en hauteur que pendant
la nuit, quand il vit à la façon de l'animal, aux dépens des
matières combustibles accumulées pendant le jour.

Le point de départ de la synthèse végétale connu, on peut
expliquer, à la lumière de la synthèse artificielle, la fabrication des produits immédiats sécrétés par le protoplasme
et dont la production intensive est le but de l'industrie
agricole.

Lorsque un rayon de lumière vient communiquer son

énergie au protoplasme de la chlorophylle, on voit se former
au microscope des granulations blanches qui vont grossissant
toujours dans la masse chlorophyllienne. Or les physiologistes allemands ont reconnu que la formation de ces gra-
nules, qui ne sont autres que des couches concentriques
d'amidon, est entravée dès que la potasse cesse d'arriver
régulièrement du protoplasme. Nobbe, Schrœder et Erdmann
constatent que les plantes plongées dans les dissolutions
renfermant tous les principes nutritifs, à l'exception de la
potasse, sont absolument paralysées dans leur assimilation
et que la potasse ne peut être remplacée par la soude dans
les engrais.

Ce fait démontre d'une façon très claire la nécessité de la
restitution de cet élément minéral qui joue un rôle prépondérant dans la synthèse de la première substance organisée
par les feuilles aux dépens des éléments de l'atmosphère.
D'autre part, on observa que lorsque le fer fait défaut dans
le sol, la chlorophylle pâlit, ralentit peu à peu sa fonction
réductrice et finit par mourir de chlorose. La preuve que
c'est le fer qui fait défaut, c'est qu'il suffit d'en répandre
une légère solution sur la feuille pour lui rendre sa coloration normale. Voilà donc un second élément qui joue un
rôle indispensable dans le laboratoire où la plante élabore
ses principes immédiats (1).

Comme on peut le prévoir, l'acide phosphorique joue dans
l'assimilation du carbone un rôle non moins indispensable
puisqu'il est l'élément minéral dominant du protoplasme
dont la chlorophylle est née. On a constaté en effet que les
plantes qui proviennent de graines pauvres en acide phosphorique, accusent invariablement une dégénérescence qui
se manifeste par la chute du rendement, quelle que soit

(1) Les dernières recherches établissent que la chlorophylle est
exempte de fer ; mais nous avons vu que la matière verte cristallisable
et soluble n'est qu'un des produits d'élaboration du protoplasme.

d'ailleurs la nature du produit fabriqué dans les ateliers de la cellule. On peut, en effet, comparer les plantes à des usines où s'élaborent dans des ateliers spéciaux, nommés *cellules,* des produits variés diversement utilisés par l'industrie : Selon que la sécrétion de l'un ou l'autre de ces produits domine dans une plante, on la cultive pour son huile, pour sa fibre, pour son bois, pour sa couleur, pour sa fécule ou pour son sucre. La betterave et la canne sont dans ce dernier cas; naguère encore le soleil des tropiques avait le monopole de la fabrication du sucre; mais, grâce au progrès de la science, nous avons su forcer le grand moteur de l'univers à travailler sous nos yeux le sucre dans la betterave, en attendant que l'analyse chimique, qui nous en a révélé la nature, nous permette un jour de le former de toutes pièces comme nous avons réussi à fabriquer artificiellement *la garance* dont la culture sera bientôt abandonnée.

Il existe sous les tropiques, dans les îles de la Polynésie, un palmier que les indigènes appellent *l'arbre de la vie* parce qu'il suffit à lui seul à tous leurs besoins. Il leur fournit tour à tour aux diverses périodes de sa végétation le vêtement, le couvert, le pain, le vin, le lait, le beurre, le sucre, l'huile et le vinaigre. Ce qui s'explique par les révélations de la chimie organique qui nous montrent comment le bois et la fibre textile, la farine, le sucre, l'alcool, les acides, les essences et les graisses dérivent les unes des autres par de simples variations apportées dans les groupements des mêmes atomes de charbon sur lesquels viennent se greffer les éléments de l'eau.

C'est ce que nous allons démontrer :

Le sucre est formé de charbon et d'eau, 12 molécules de charbon pour 11 molécules d'eau. Il constitue l'un des représentants de toute une série de principes immédiats formés de charbon uni aux éléments de l'eau et réunis à ce titre, sous la qualification générique d'hydrates de carbone. A cette série appartient la cellulose qui forme le bois, l'amidon, la fécule, le sucre de raisin ou de miel, appelé encore *Glucose* ou sucre incristallisable. Tous ces principes, le sucre de canne y compris, *en s'hydratant,* c'est-à-dire en s'assimilant les éléments de l'eau, engendrent invariablement le dernier terme, le sucre de glucose ou sucre incristallisable. La chimie rend parfaitement compte de ce phénomène en admettant que tous les termes supérieurs de la série sont des produits de la condensation de plusieurs molécules de sucre incristallisable avec élimination d'eau. Par conséquent, pour revenir à la glucose, il suffit de forcer les nouveaux corps à absorber les molécules d'eau qu'ils ont perdues, ce qui n'est pas toujours facile.

Dans l'industrie, pour transformer la fécule en glucose, on se sert à cet effet de l'acide sulfurique qui, s'il est très avide d'eau à un certain degré de concentration, la cède au contraire à plusieurs corps quand il est dilué. Pour transformer le sucre de canne en sucre incristallisable, on peut opérer de la même façon. La plante elle, dont les tissus délicats ne pourraient supporter le contact de l'acide, arrive à des résultats identiques au moyen de ferments azotés solubles qui ne sont autre chose que des agents d'hydratation, comme les acides dilués. Ces ferments, on le devine, sont des produits de sécrétion du protoplasme.

A la lumière de ces explications, nous commençons à entrevoir le pourquoi d'une série de phénomènes qui s'accomplissent dans le protoplasme de la betterave aux différentes phases de son évolution; nous comprenons pourquoi la *glucose* apparaît dans les jeunes feuilles avant que la racine ne contienne du sucre cristallisable, de l'amidon, de la cellulose, de la fécule, en notable proportion.

La glucose, premier terme de la série chimique, est probablement aussi le premier terme de la série physiologique. Les observations les plus récentes semblent établir que la matière minérale, *le gaz acide carbonique et l'eau,* s'organisent d'abord sous forme de glucose dans la feuille avant de for-

6.

mer de l'amidon, c'est-à-dire dans le rapport de 6 molécules de charbon pour 6 molécules d'eau. Puis commence immédiatement le travail de condensation. Sous l'influence de la chaleur que les réactions chimiques et les autres transformations de mouvement communiquent à la plante, les molécules de glucose s'unissent en dégageant de l'eau, et, suivant qu'elles s'unissent à deux ou à trois, elles engendrent le sucre cristallisable, ou bien la fécule, la cellulose et l'amidon, qui présentent la même composition, mais non la même structure moléculaire (1).

Telle est la première série des phénomènes chimiques de la végétation de la betterave.

Mais bientôt de nouveaux phénomènes d'un ordre inverse se manifestent pour répondre à des nécessités nouvelles. Jusqu'ici la plante n'a fait qu'approvisionner des forces sous forme de fécule ou de sucre cristallisable. Le moment de la reproduction approche, la floraison et la fructification vont nécessiter une nouvelle dépense de chaleur et d'énergie considérable. A peine cette période a-t-elle commencé pour la plante que nous la voyons transformer peu à peu ses réserves en amidon, en cellulose ou en sucre cristallisable (glucose), qui offre les conditions requises pour servir d'aliment et de combustible; et quand la betterave est montée en graine, tout le sucre a disparu; une partie a été consumée, c'est-à-dire est retournée à l'état de gaz acide carbonique, une autre partie s'est condensée de nouveau pour former l'amidon de la graine, nouvelle réserve de

---

(1) GLUCOSE ET SES DÉRIVÉS.

		Amidon
		Cellulose
	Saccharose	
Glucose	Lactose (sucre de lait)	Dextrine
Levulose	Melesitose	Inuline
Galactose	Mycose	Pectose
$C_6H_{12}O_6$	$C_{12}H_{22}O_{11}$	$C_6H_{10}O_5$

glucose, dont se nourrira l'embryon futur. Chez d'autres végétaux, la glucose dérive de la transformation de la fécule. Tel est le cycle que parcourt le sucre dans la végétation. Il est, comme on voit, la substance primitive et finale, le pivot de la série des hydrates de carbone dont nous avons passé les différents termes en revue (1).

L'apparition du sucre dans les fleurs, dans les bourgeons et dans les graines qui germent, s'explique également par la synthèse directe ou le dédoublement de l'amidon, de la fécule, des gommes et de diverses formes de cellulose. La pomme de terre qui germe dans un sillon devient sucrée, mais la glucose formée disparaît quand la tige et, plus tard, la fécule se développent; sauf à reparaître sous l'influence de certaines causes d'hydratation, par exemple de la gelée. De même les tiges des céréales et des légumes contiennent au printemps des quantités souvent considérables de glucose, destinées à l'élaboration des substances alimentaires que nous utilisons sous forme de farine, etc. Au fond tout se résout en condensations et séparations alternatives; c'est toujours la même série de phénomènes qui suivent une marche ascendante ou descendante suivant que la plante emmagasine de l'énergie ou en dépense. L'amidon, la fécule, le sucre et la cellulose insolubles sont des réserves de charbon, des provisions de combustible, que la plante et l'animal utilisent sous forme de glucose pour produire de la chaleur et du mouvement.

Dans les cotylédons des graines comme dans les pommes

---

(1) Voici quelle serait, d'après Wurtz, la série dérivée du glucose par déshydratation et par condensation successive :

$C_6H_{12}O_{12}$ glucose.

$C_6H_{11}O_{11}$ sucre de canne.

$C_6H_{10}O_{10}$ amidon, gomme, dextrine, cellulose.

$C_6H_9O_9$ premier terme de la série des acides de l'humus, dérivé des sucres par les acides minéraux dilués.

— Formules brutes équivalentes. —

de terre, l'amidon se transforme en sucre soluble, pour voyager à travers les cellules et se transporter dans les tiges, où il forme la cellulose des membranes nouvelles. Ailleurs, comme dans le ricin, c'est l'huile qui en s'oxydant se convertit en glucose.

Il existe dans la graine des végétaux une substance qui paraît jouer vis-à-vis de l'albumine le même rôle que la glucose vis-à-vis des hydrates de carbone insolubles. Du moins il est certain que, dans la grande famille des légumineuses, l'*asparagine*, ce dérivé ammoniacal complexe de l'acide malique qui a pour formule $C_{26}H_6Az_{21}O_{36}$ apparaît *pendant la germination,* pour disparaître ensuite et régénérer la *légumine* dont elle n'est qu'un produit d'oxydation ou de dédoublement. Or l'édifice moléculaire de ce principe, soluble et cristallisable comme le sucre, est parfaitement connu; et comme il est très-voisin d'une matière protéique, il permet d'entrevoir la possibilité de la synthèse de l'albumine (1).

M. Wurtz, admettant d'après les expériences de MM. Boussingault, de Ville et Hellbriegel, que l'azote pénètre dans les racines sous forme de nitrate, constate qu'il doit nécessairement y subir une réduction complète sous l'action de l'hydrogène; car la nature ne forme point de composés nitrogénés, comme la nitrobenzine, le fulmicoton, etc. Ce n'est que sous forme d'amides, résultant de la substitution des molécules AzH_2 et AzH_4 à des molécules d'hydrogène, dans les combinaisons du carbone avec les éléments de l'eau, que les composés azotés se présentent dans la nature. En partant de ces synthèses, il est possible d'entrevoir le problème de la formation des principes azotés quaternaires, tels que les alcaloïdes, ces poisons terribles de la vie animale que le règne végétal élabore (par l'action de l'ammoniaque sur des aldéhydes, on peut engendrer des isomères d'alca-

____

(1) Voir dans notre étude intitulée : « *le cycle vital* » les essais de synthèse de l'albumine. J. Albanel, Bruxelles.

loïdes, comme la ciguë); les ferments solubles, comme la diastase et la pepsine qui sont les principaux agents de la digestion dans les deux règnes; et enfin l'albumine elle-même qui joue un si grand rôle dans la constitution du protoplasme.

Cependant les cellules végétales libres des végétaux inférieurs, comme la levure de bière, ne réduisent pas les nitrates et absorbent les sels ammoniacaux. Mais dans les cellules des algues, les sulfates et les nitrates sont positivement réduits en radicaux H_2S et probablement AzH_2 qui, en se fixant sur des aldéhydes ou des glucoses, contribuent sans doute à la formation des molécules albuminoïdes.

Les physiologistes allemands enseignent aujourd'hui que le protoplasme a une composition *constante :* matières albuminoïdes, matières organiques phosphorées, hydrates de carbone, ferments solubles, sels de potasse, de chaux et de magnésie. Les physiologistes anglais se bornent à signaler les *matières albuminoïdes* comme base du protoplasme et considèrent les autres principes commes dérivés, à l'instar de la chlorophylle et de l'hémoglobine. Le protoplasme serait essentiellement *protéique,* variable suivant les espèces et les cellules. La différence des fonctions résulterait de la différence de composition et de structure des édifices moléculaires organisés.

On trouve toujours au printemps la glucose associé *au tannin*, qui forme avec lui la majeure partie des produits solubles des organes verts; il est très-probable que le tannin se forme par déshydratation progressive, en passant par l'acide pyrogallique, que l'on obtient du reste artificiellement dans nos laboratoires en chauffant le sucre dans un tube scellé (1). Le tannin, en s'assimilant 4 molécules d'eau,

---

(1) $C_6H_{12}O_6 - 3H_2O = C_6H_6O_3$, acide pyrogallique,
     $C_6H_{12}O_6 - 3H_2O + CO_2 = C_7H_6O_5$ acide gallique,
     $2C_7H_6O_5 - H_2O = C_{14}H_{10}O_9$, tannin.

se décompose en glucose et en acide gallique ; le phénomène inverse se passe vraisemblablement au début de l'évolution végétale, c'est-à-dire la synthèse du tannin par déshydratation de l'acide gallique et du glucose.

En fixant sept molécules d'eau, le tannin dégage de l'acide carbonique et donne également du sucre. C'est ce qui arrive dans la maturation des fruits et sous l'action des ferments. Une pomme qui mûrit s'enrichit en sucre à mesure qu'elle perd son tannin ; si le tannin s'oxyde il peut donner, ainsi que ses acides dérivés, *les couleurs des fleurs dont on voit les tons s'accentuer à mesure que le tannin se brûle.* Les expériences de Luca sur la formation de l'huile dans les olives, montrent que la mannite, sucre de la manne qui accompagne toujours la chlorophylle dans les jeunes fruits, disparaît avec elle à mesure que l'huile augmente. Dans les Crucifères (Colza), l'apparition de la matière grasse coïncide aussi avec la disparition de la matière amylacée et sucrée ; et les analyses de M. Peters et de M. Fleury prouvent que cette huile se transforme en glucose d'abord puis en cellulose dans la germination (1).

Avec le tannin disparaissent aussi les acides tartrique, citrique et malique (2) dans les fruits qui mûrissent ; comme on remarque que le sucre augmente à mesure que l'acidité diminue, sans que la quantité de base qui saturait les acides s'élève, on peut en conclure que ces acides se transforment en matières neutres, probablement sucrées, comme la sorbine, dans les baies mûres de sorbier (A. Gauthier).

(1) Dehérain. *Cours de chimie agricole. Annales de physique et de chimie*, 3ᵉ série t. LXI, p. 283 ; 4ᵉ série, t. IV, p. 5. *Comptes rendus*, t. XLIX, p. 276 ; t. LV, p. 566 ; t. LVIII, pp. 276 et 656.

(2) L'acide tartrique combiné à la potasse constitue la majeure partie de la *lie* du vin. Les acides malique et citrique sont associés dans les feuilles, parfois dans la proportion de 10 à 14 % (tabac) ; ces acides dissous par les alcalis sont précipités par l'acetate de plomb. Les essences s'obtiennent par la distillation. Les résines et les graisses par l'éther, l'alcool et le sulfure de carbone.

M. Boussingault a fait voir que la sorbine dérive des acides citrique et malique contenus dans les baies du sorbier.

Le tannin est le type d'un groupe de corps appelés *glucosides* qui résultent de la combinaison du glucose avec des acides ou des aldéhydes. Tels sont l'amygdaline des amandes, la salicine et la phlorizine que l'on trouve dans l'écorce du saule et des arbres fruitiers ; ces corps régénèrent par hydratation sous l'influence des ferments ou des acides, les principes dont ils dérivent.

Il faut également attribuer à des phénomènes de condensation, accompagnés de déshydratation, la genèse des éthers composés, c'est-à-dire des combinaisons d'alcools et d'acides organiques *qui donnent la saveur et le parfum à beaucoup de fruits,* et que la chimie a réussi à reproduire complètement par la synthèse ; de même que les graisses, qui sont des éthers d'acides gras à base de glycérine, comme M. Chevreul l'a si bien montré en opérant leur dédoublement, et dont M. Berthelot a également réussi à obtenir la synthèse.

Le dédoublement par fermentation est le phénomène dominant de la dernière période de l'évolution végétale.

Un fruit qui mûrit respire et dégage de l'acide carbonique comme une graine qui germe. La combustion parait donc le phénomène initial et terminal de la vie végétale.

Les germes de l'air pénètrent dans les cellules et les décomposent pour mettre la graine en liberté. Cependant le dégagement d'acide carbonique n'accuse pas nécessairement *l'oxydation* car ce dégagement peut être produit par les *dédoublements moléculaires* et continuer en l'absence de l'oxygène comme l'a démontré M. Muntz. Il est probable que l'oxygène absorbé se fixe sur les produits ultimes de la désassimilation.

La nature, sans doute, ne procède pas autrement que le chimiste dans son laboratoire. Elle fabrique d'abord par réduction les acides gras et la glycérine. Réduction, condensation et hydratation, tels sont les procédés connus par

lesquels elle gravit les degrés de l'échelle de l'organisation,
pour les redescendre ensuite par les méthodes inverses de
dédoublement et d'oxydation progressive. Le chimiste, pour
aboutir aux mêmes résultats, suit une marche inverse. Il commence par fabriquer de toutes pièces les produits ultimes
de la réduction végétale, appelés carbures d'hydrogène, pour
arriver aux alcools, aux aldéhydes, aux acides par oxydation
progressive.

Cependant un physiologiste allemand, Pringsheim, a pré-
tendu récemment avoir trouvé dans tous les organes à chlorophylle, une substance oléagineuse, qu'il nomme *hypoclorine*
et qui précéderait la synthèse des corps plus oxygénés
comme la glucose et l'amidon.

Une foule d'essences, telles que l'essence de citron, de
bergamotte, de lavande, de thym, de valériane, de génévrier,
etc., nous présentent les derniers degrès de la réduction
végétale, c'est-à-dire ne contiennent plus que du charbon
uni à l'hydrogène, sont absolument privés d'oxygène et correspondent à la formule de l'essence de térébenthine $C_{10}H_{16}$,
qui engendre le camphre par oxydation, $C_{10}H_{16}O$, et la colo-
phane $C_{20}H_{30}O_2 + H_2O$. En général les huiles essentielles
aromatiques se transforment par l'action de l'air en résines
ou en camphres ; et ici encore l'art du chimiste sait contre-
faire le procédé de la nature. La benzine, d'où dérive par
oxydation l'acide benzoïque, comme l'acide acétique dérive
du gaz des marais, et qui a pour formule C_6H_6, engendre
par réduction, en fixant l'azote de l'ammoniaque, ces magnifiques couleurs végétales d'*aniline* dont l'industrie sait
tirer de nos jours un si grand parti (1).

(1) Les chimistes pourront bientôt rivaliser dans cette voie avec la
nature. C'est ainsi que l'*alizarine*, principe colorant de la garance,
s'obtient par oxydation de l'*anthracène*, produit de distillation du goudron de houille. Les milliers d'hectares qui produisaient la garance
pourront être rendus à la production alimentaire. En se plaçant à ce
point de vue, on peut dire que la chimie vient d'étendre les limites du
globe (William Russel. Congrès de Bradford).

La seule différence qui existe entre les procédés de la nature et ceux des chimistes, c'est que la nature opère ses analyses par l'intermédiaire de cellules vivantes qui sécrètent des *ferments azotés solubles*. « Les phénomènes dont l'organisme est le théâtre, dit Cl. Bernard, sont des phénomènes chimiques soumis aux mêmes lois que ceux qui se réalisent en dehors de la vie, mais exécutés par des agents spéciaux. Ces agents sont des *ferments solubles*. Ils président à toutes les oxydations et hydratations de l'organisme. Leur rôle dans les manifestations de la vie est d'une importance capitale; ils constituent ce qu'il y a de particulier dans les procédés de la nature vivante puisque le fond des phénomènes est le même que dans la nature inorganique.

« Ce n'est pas trop s'avancer que de dire qu'ils contiennent en définitive le *secret de la vie*. » — « Ces ferments inorganisés et incristallisables ne doivent pas être confondus avec les ferments organisés tels que la levûre de bière. Au point de vue physiologique, il n'y a nulle analogie. »

ÉCHELLE ASCENDANTE ET DESCENDANTE DE L'ORGANISATION (ALBUMINE).

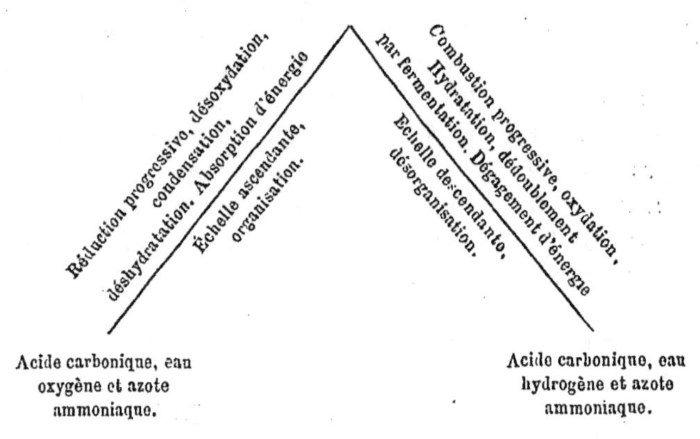

L'UNITÉ VITALE, DIGESTIONS ET FERMENTATIONS.

La sève et le sang charrient à différentes périodes et dans diverses proportions les mêmes principes minéraux et organiques, l'eau, le gaz, les sels alcalins et terreux, l'albumine, la graisse, l'amidon et le sucre.

La séve élaborée de certains arbres contient même, à peu de chose près, les éléments chimiques du sang.

Il est des arbres que l'on désigne sous le nom *d'arbre à lait, d'arbre à beurre, de fromager (Galactodendron, Pentadesmus, Bombax)* parce qu'il fabriquent de l'albumine, de la graisse et de la caséine comme les animaux. La composition des champignons se rapproche beaucoup de celle de la chair musculaire.

Les Chinois fabriquent du fromage avec la caséine extraite des *pois* ; les nègres de la Colombie engraissent rapidement en buvant le lait de l'*arbre vache* et le roi de Dahomay a défriché récemment des milliers d'hectares pour cultiver l'*arbre à beurre,* dont le produit alimente les fabriques de beurre artificiel de l'Angleterre.

L'on sait aujourd'hui que la chlorophylle, au moyen de laquelle les feuilles accomplissent leur fonction réductrice, manque à beaucoup de plantes et existe, au contraire, chez beaucoup d'animaux inférieurs, tels que les infusoires qui purifient les eaux stagnantes en dégageant de l'oxygène à l'instar des végétaux.

« La dualité vitale, dit Claude Bernard, ne peut être soutenue davantage au point de vue *dynamique* qu'au point de vue *chimique.* L'identification de l'organisme à un fourneau dans lequel vient se brûler le règne végétal peut répondre seulement à l'apparence chimique extérieure du phénomène, mais ce n'est pas une vue vraiment physiologique. Si le chimiste voit le sucre formé dans les betteraves se brûler dans l'animal qui les mange, le physiologiste ne voit là qu'un accident ; il démontre, au contraire, que le sucre formé et emmagasiné est destiné à être brûlé par la betterave elle-même dans la seconde année de la végétation, lors de sa floraison et de sa fructification. »

Si la *composition* et la *respiration* des plantes et des animaux n'offrent pas de différences essentielles, les modifications physiques et chimiques que les aliments subissent, pendant la *digestion*, présentent les caractères d'une véritable unité dans les deux règnes. C'est ce que les découvertes de Claude Bernard ont mis particulièrement en lumière.

Il y a une trentaine d'années déja qu'il signala la présence du sucre dans le foie, et parvint à en extraire une substance analogue à l'amidon qu'il appela *matière glycogène*, parce qu'elle engendre le sucre par fermentation, tout comme l'amidon végétal, sous l'influence du la diastase.

A la suite d'immenses et consciencieuses recherches, il parvint à établir l'existence de la matière glycogène et de son ferment dans toute la série animale, depuis l'homme jusqu'au ver de terre et au polype, et il constata que le sucre est un élément constant du sang des animaux. La matière *glycogène*, diffuse chez les animaux inférieurs et chez les embryons, paraît localisée dans le foie chez l'homme et les animaux supérieurs.

Dès que sur un point quelconque de l'organisme où cette matière est répandue, la suractivité du travail organique nécessite un rapport extraordinaire de matériaux combustibles, le ferment apparaît dans la matière glycogène et fabrique le sucre que le sang dissout immédiatement. C'est ainsi que dans le sommeil léthargique des animaux hibernants, comme la marmotte, le glycogène accumulé dans le foie *se digère* sous l'action du ferment, et supplée par la production du sucre au défaut d'alimentation.

C'est ainsi encore que le glycogène, accumulé dans la larve des insectes, se transforme peu à peu en sucre de glucose dans la chrysalide pour fournir du combustible à l'insecte parfait.

Quel est donc se ferment qui apparaît si à propos pour mobiliser les matériaux combustible ? Ce ferment présente les mêmes caractères que la *diastase* qui transforme en sucre l'amidon et la fécule des végétaux.

C'est une matière azotée amorphe, soluble dans l'eau et précipitable par l'alcool. Chez l'homme et les animaux supérieurs la digestion de la fécule se fait surtout dans le duodénum, sous l'influence du pancréas qui sécrète abondamment le ferment glycosique.

Claude Bernard a découvert, dans l'intestin grêle, un autre ferment doué de caractères physico-chimiques analogues, mais jouissant de la propriété de transformer le sucre de canne en sucre de raisin ou glucose. Le sucre de canne n'est pas assimilable, puisque quand on l'injecte dans la circulation, on le retrouve intégralement dans les urines ; le glucose, au contraire, est absorbé quand on le soumet à la même expérience. Encore une fois on retrouve dans le même règne végétal un ferment doué des mêmes propriétés : c'est lui qui transforme notamment les réserves de sucre, accumulées la première année dans la betterave, en glucose destiné à servir de combustible et peut être d'aliment plastique dans la fructification. L'*amidon*, la *fécule* et le *sucre cristallisable* sont des provisions de charbon que l'animal et la plante consument, grâce au ferments, sous forme de glucose.

L'aliment complet contient, outre la fécule et le sucre, de la *graisse* et de *l'albumine*.

Ces deux principes ne sont pas non plus directement assimilables ; la graisse n'est absorbée que sous forme d'émulsion et de savon, l'albumine sous forme de peptone.

Or, nous avons vu qu'il existe dans les végétaux, où les graisses se présentent généralement sous forme d'huile, un ferment qui produit successivement l'émulsion et la saponification, c'est-à-dire le dédoublement en glycérine et en acide gras ; quand on écrase des amandes ou des noix, on obtient une émulsion blanche comme du lait par suite du contact du ferment avec l'huile végétal. Les loochs des pharmaciens se préparent par des procédé.

L'action dissolvante du ferment sur la graisse s'exerce spontanément à l'époque de la germination. Ce ferment que l'on a isolé sous le nom d'*émulsine* est, comme les autres, incristalisable, soluble dans l'eau et précipitable par l'alcool.

Le pancréas des animaux sécrète un ferment analogue doué comme le premier de la double faculté démulsion et de dédoublement ; l'émulsion se fait dans le tube digestif, la saponification dans les vaisseaux. Après un repas de graisse on voit les vaisseaux chylifère pleins d'un liquide lactescent qui les gonfle et les rends apparents. Ces vaisseaux lactés se montrent à partir du pancréas. La bile serait donc dépossédée de la propriété qu'uon lui attribuait anciennement de digérer la graisse. Claude Bernard a constaté, en effet, chez le lapin une disposition anatomique spéciale qui permet d'observer le chyle avant qu'il ait été soumis à l'action de la bile ; il a reconnu ainsi que le rôle attribué au foie dans la digestion appartient surtout au pancréas. La digestion des matières grasses n'a plus lieu, quand on supprime le pancréas ; ces substances se retrouvent inaltérées dans les déjections. Le savant observateur ne craint pas d'attribuer à cet organe le rôle principal dans la digestion, c'est-à-dire dans la production des divers ferments, *glycosiques, inversifs, émulsifs* et *peptiques*. L'estomac même, à ses yeux, ne joue qu'un rôle accessoire et préliminaire dans la digestion de l'albumine qui redevient insoluble dans l'intestin sous l'action de la bile et ne se dissous définitivement que sous l'action pancréatique.

« Magendie a introduit directement de la viande dans l'intestin de quelques chiens, et il a vu la digestion se faire complètement ; les chirurgiens ont également réussi à nourrir des malades à l'aide de substances alimentaires introduites dans des fistules intestinales à la suite d'une hernie étranglée. »

Quoi qu'il en soit, il est certain que la pepsine de l'estomac et le ferment pancréatique, préparant l'assimilation de l'albumine, rentrent dans la catégorie des trois autres ferments solubles, dont il offrent tous les caractères essentiels. Le ferment qui dissout l'albumine dans les végétaux, à l'époque de la germination, restait encore à trouver. Sa découverte est venue combler la dernière lacune de la théorie de l'unité de la digestion dans les deux règnes.

Dès à présent, l'on peut admettre sans trop de hardiesse, avec l'illustre physiologiste, l'identité essentielle des phénomènes digestifs d'un bout à l'autre du monde vivant, chez tous les animaux et les végétaux.

L'ébullition prolongée produit le même effet sur l'albumine que le ferment. Un consommé de viande est en réalité de la viande plus au moins digérée ; les acides minéraux dilués transforment la fécule en glucose, comme le ferment glycosique ; la vapeur d'eau saponifie les graisses, etc. Les agents toxiques, le froid, la chaleur et la pression qui s'opposent à un certain degré au développement des phénomènes vitaux n'exercent aucune influence sur les ferments solubles. C'est grâce à cette circonstance qu'on peut leur conserver indéfiniment leur activité en mêlant à la liqueur qui les contient un peu d'acide phénique.

Il n'en est pas de même pour les ferments insolubles et organisés, comme les cellules libres de la levure et, selon Claude Bernard, *comme tous les éléments cellulaires qui constituent la trame des organes*. « L'action à la fois réductrice et organisatrice, dit-il, due à ces ferments vivants, n'a pu être encore imitée ou reproduite. »

« Comme la cellule primitive de la levûre, *l'œuf* ou la cellule embryonnaire, dit Claude Bernard, est un ferment insoluble. Il détermine, en effet, la combustion ou la fermentation des matières qui l'entourent, et préside au plus haut degré aux phénomènes d'organisation ou de création organique, qui sont tous des phénomènes de réduction chimique. »

En 1801 Xavier Bichat publia sous le nom d'*Anatomie générale* la première étude coordonnée des tissus qui forment la trame des organes et prouva que les tissus formés des mêmes cellules se retrouvent toujours avec les mêmes propriétés dans les divers organes d'un même animal et dans les mêmes organes des diverses espèces. Il fut amené aussi à *décentraliser* la vie, à considérer l'organisme comme une association de cellules ayant chacune leur vie propre, et agrégées en tissus. Dès lors la science de la vie se ramène à l'étude des propriétés *des tissus*, c'est-à-dire *des cellules* dont le concours harmonieux constitue les organes et leurs fonctions.

En faisant bouillir un à un tous les organes des plantes dans l'acide nitrique, Dutrochet désagrégea leurs éléments constitutifs et montra que la trame de tout végétal est un assemblage de cellules closes juxtaposées, qui ne présentent aucune ouverture et ne peuvent échanger des liquides que par endo-exomose. Ayant observé la même structure chez les animaux, il en conclut que dans les deux règnes la trame était la même. La preuve la plus frappante de l'*individualité* de ces cellules c'est qu'elles peuvent devenir des germes producteurs du végétal lui-même ou d'un quelconque de ces organes, dans les plantes et dans les animaux inférieurs, c'est-à-dire *peu différenciés*. Dans les organismes supérieurs, où la division du travail s'accentue, où les organes et fonctions se multiplient, une certaine catégorie de cellules seulement, engendrées par les organes reproducteurs, conservent cette propriété.

Mais le microscope appliqué à l'étude de l'*évolution* de ces *cellules embryonnaires* nous révèle l'unité et l'identité de la vie cellulaire, qui n'est autre que l'évolution du protoplasme.

Le noyau du protoplasme, simple matière granuleuse destinée à former le nouvel être, se divise en segments sphéroïdaux homogènes, comme les planètes d'un système

solaire se détachent de la nébuleuse primitive. Ces segments se transforment en vésicule par la condensation
de la couche superficielle, absolument comme s'est formée la croute terrestre. Puis ces vésicules indépendantes
se groupent par ordre, comme les pierres d'un édifice,
assimilent leur contenu pour se multipler par scission,
à la manière des polypes et constituer par leur agrégation
systématique la trame cellulaire qui va constituer l'embryon.
Cette trame, par un simple dédoublement de sa paroi,
engendre ensuite les organes les plus complexes, toujours
par le même mécanisme alimenté par l'endosmose ; ainsi
se reproduisent tous les organismes, depuis les plantes
inférieures jusqu'à l'homme ; et la cellule d'ou sort un
éléphant n'est pas plus grande que celle qui engendre
une souris.

Claude Bernard, convaincu de l'unité fonctionnelle du
protoplasme dans les deux règnes, attribue aux tissus des
animaux une double faculté réductrice et organisatrice
comparable à celle des végétaux.

Ce sont encore des recherches sur la 'glycogénie qui
l'on amené à adopter cette doctrine. Il a vu le foie continuer à fabriquer d'une manière continue de l'amidon
et du sucre, chez des animaux nourris d'aliments complètement privés de ces deux substances.

Les chimistes, il est vrai, ont prouvé depuis que le sucre
pouvait résulter du dédoublement de l'albumine, voire
même de la graisse ; mais ils n'ont pas encore réussi à
expliquer l'origine de l'amidon qui n'est pas nn produit
de décomposition, mais de synthèse.

Dans ses leçons sur la production du sucre chez les
animaux, Claude Bernard constate que cet aliment, emmagasiné dans la matière glycogène, se produit partout
où va s'opérer quelque grand travail physiologique : dans
la graine qui germe, dans l'œuf fécondé, dans les plaies
qui bourgeonnent. Dès que le sucre cesse d'être consommé

par le sang, l'organisme s'altère, les forces se perdent et la mort survient fatalement. Claude Bernard en conclut que les aliments sucrés et glycogènes, tels que l'amidon, la fécule, etc., concourent activement non-seulement à la production du travail, mais à la régénération des tissus. — Nous verrons plus loin que cette manière de voir est combattue par l'École physiologique de Munich.

Claude Bernard s'inspirait évidemment, dans ses travaux des recherches qui ont amené M. Pasteur à formuler récemment une théorie physiologique complète de la fermentation.

Depuis longtemps, M. Pasteur avait conquis dans le monde savant une juste renommée par ses études expérimentales sur les générations dites *spontanées*.

Il avait montré que l'air le plus pur en apparence contient en suspension des milliers de germes de plantes ou d'animalcules, qui occasionnent la fermentation et la décomposition des substances dans lesquelles ils pénètrent. Ces germes, invisibles souvent même au microscope, passent à traver les filtres et les bouchons superposés, et résistent parfois à des températures très élevées. Mais en prenant toutes les précutions nécessaires pour empêcher leur accès dans les infusions, M. Pasteur a prouvé que jamais la vie n'apparaissait spontanément dans la matière, et que les liquides les plus altérables, tels que les vins, la bière, le sang, le lait, l'urine, *se conservent indéfiniment, à l'abri des germes ferments dont l'air est le véhicule.*

Ces expériences ont reçu dans ces derniers temps une confirmation éclatante, due aux travaux d'un célèbre physicien anglais, M. Tyndall, qui est parvenu à rendre sensibles ces poussières vivantes de l'air.

Quand on laisse reposer de l'air en le confinant dans une caisse, dont les parois sont enduites de glycérine, et qu'on y fait pénétrer un rayon de soleil, l'intensité lumineuse décroit toujours sensiblement ; à la fin le rayon ne trace plus de sillon lumineux. Alors on peut introduire dans la caisse les infusions les plus altérables, préalablement soumises à l'ébullition ; elles demeureront intactes parce que les germes de l'air se sont déposés lentement sur les parois de la caisse. On peut aussi rendre l'air optiquement pur par l'action du feu ou par la filtration à travers une bourre de coton. Il ne diffuse pas plus la lumière dans ces conditions qu'à la suite d'un repos prolongé. Tout porte à croire que ces germes sont les causes non-seulement des maladies du vin et de la bière, mais des maladies épidémiques des animaux et des hommes.

Les analyse du sang et de l'air faites dans les hôpitaux pendant les épidémies, notamment de fièvre paludéenne, de typhus et de choléra, prêtaient à cette hypothèse le plus haut degré de vraisemblance, lorsque M. Pasteur imagina d'appliquer sa méthode de culture des levûres à l'ÉLÈVE des bactéries signalées par Davaine dans le sang des maladies charbonneuses. Cette expérience fut le point de départ d'une série de découvertes éclatantes, qui révélèrent, dans l'évolution des ferments vivants, la cause des maladies contagieuses, du charbon, du furoncle, de la fièvre intermittente, du choléra des poules, du rouget du porc, de la rage, de la septicemie, et de la pleuropneumie contagieuse.

C'est pour réfuter Liebig, qui attribuait la *fermentation* à la décomposition spontanée des matières albuminoïdes au contact de l'air, que M. Pasteur a songé à composer des milieux artificiels contenant seulement de l'eau pure avec des *substances minérales, des matières fermentescibles et des germes de ferments*. Toute matière albuminoïde écartée, on vit alors le ferment vivant emprunter à la matière fermentescible tout le carbone de ses générations successives, et aux matières minérales l'azote, le phosphore, la potasse et la magnésie indispensables à la formation de tous les êtres. C'était l'application de la doctrine *des engrais chimiques* aux végétaux inférieurs : elle démontra qu'ils relèvent des même lois que les végétaux supérieurs.

Ces champignons inférieurs, quoique privés de chlorophylle, jouissent néanmoins du pouvoir réducteur des plantes, car ils enlèvent aussi le carbone et l'azote aux milieux organiques où ils végètent, et contribuent ainsi à la désorganisation. Un spore de levûre ou de moisissure fermente et se multiplie rapidement dans une simple solutiou de sucre et de phosphate d'ammoniaque, de potasse et de magnésie ; suivant leur nature, ces ferments vivants élaborent, dans un milieu nutritif favorable, des principes divers, tels que l'alcool, l'acide l'actique, butyrique, succinique, le carbonate d'ammoniaque, bref, une foule de principes anormaux, capables de rompre l'équilibre des éléments du sang qu'ils décomposent en lui enlevant l'oxygène. Dans l'eau pure, la levûre se digère elle-même et excrète alors, outre l'alcool et l'acide carbonique, *les même bases azotées que les tissus des animaux.*

Dans le jus de raisin et le moût de bière, de même que dans tout liquide sucré accessible à l'air, la production plus ou moins rapide d'alcool est due au développement des cellules microscopiques d'un champignon. Ces globules appelés levûres se nourrissent aux dépens du liquide, et transforment par une véritable digestion le sucre en alcool : Le sucre est l'aliment, l'alcool est le résidu de la digestion. Cependant le jus diffère de la bière en ce qu'il produit spontanément la fermentation alcoolique. M. Frémy crut voir là une preuve décisive en faveur de la doctrine de l'organisation spontanée de la matière.

Mais M. Pasteur prouva que le jus de raisin ne fermente pas dans l'air pur, s'il n'a pas été en contact avec la partie extérieure de son enveloppe où se développe le ferment ; chose curieuse, ce ferment n'apparaît qu'au moment précis de la maturité du raisin. Il est probable que cette levûre n'est elle-même qu'un germe issu de la fructification d'un champignon vivant sur l'écorce de la vigne.

Dans toutes ses expériences, M. Pasteur se sert d'un simple ballon de verre dont le bouchon est traversé par deux tubes de verre, l'un droit, pour introduire les liquides, l'autre recourbé en col de cygne et ouvert à son extrémité. L'air ne pénètre ainsi dans le ballon qu'après avoir déposé ses germes sur les parois du tube.

La bière dont le moût, mis en présence d'une levûre bien pure, a fermenté dans un appareil de ce genre, peut se conserver indéfiniment parce que l'on a empêché l'accès des germes (1).

C'est en cherchant à obtenir des cellules de levûre de bière complètement pure que M. Pasteur a pu observer toutes les phases de leur évolution et de leur nutrition avec celle d'autres champignons inférieurs, il est arrivé à formuler une théorie de la fermentation de la plus haute portée scientifique. En effet, il est amené à conclure que les levûre sont de véritables éléments anatomiques isolés, et que, ce qui est démontré pour elles, est applicable aux éléments anatomiques en général, c'est-à-dire aux cellules, qui forment la trame des tissus des animaux et des plantes.

En général, les ferments organisés à l'air absorbent l'oxygène et dégagent de l'acide carbonique ; quand ils sont plongés dans un milieu nutritif, où l'air n'a par d'accès, *ils enlèvent l'oxygène aux corps qui le contiennent en combinaison.* Ainsi dans la bière et le vin, ils l'enlèvent au sucre ; dans le sang, ils l'enlèvent au globules rouge ou aux tissus.

____

(1) Pour fabriquer de la bière inaltérable, il suffit donc d'approprier les ballons Pasteur à l'industrie, et de veiller à n'employer que de la levûre sur laquelle les poussières de l'atmosphère n'ont pu se déposer. Chaque espèce de levûre donne une bière de saveur spéciale. Les bières à goûts vineux sont produites par le ferment ordinaire du moût de raisin. Le bouquet du vin varie également avec le ferment (*De la bière et de ses maladies,* par M. Pasteur).

Les fonctions, distinctes d'abord, de respiration et de digestion se confondent alors dans une fonction unique, la nutrition. Les ferments comme les tissus peuvent vivre sans air, mais non sans oxygène, et suivant qu'ils sont *aérobies* ou *anaérobies,* leur sécrétion se modifie.

Rien de plus simple et de plus élégant que l'expérience par laquelle M. Pasteur distingue les ferments *aérobies* (qui respirent à l'air), des ferments *anaérobies.*

Quand on dépose une goutte de liquide sur une lame de verre et qu'on la recouvre d'une autre lame circulaire, le liquide reste en contact avec l'air sur les bords seulement, c'est-à-dire autour de la plaque. Si la goutte est chargée de ferments aérobies, ceux-ci succombent dans la région centrale et sont pleins de vie sur les bords ; c'est le contraire si le liquide est rempli de *vibrions* qui sont généralement des organismes anaérobies.

M. Pasteur a vu la levûre de bière sécréter, à l'instar des cellules de l'intestin, le même ferment soluble qui transforme le sucre de canne en sucre incristallisable, jouissant des mêmes propriétés. Les cellules des végétaux qui exhalent de l'acide carbonique sécrétent de l'alcool dès qu'elle sont privées d'oxygène, àbsolument comme la levûre devenue anaérobie. Il suffit pour cela de les plonger sous une cloche où l'on fait le vide comme l'a démontré M. Müntz. Les cellules des plantes, ainsi asphyxiées, subissent la fermentation alcoolique.

Les cellules sont donc des ferments, et les ferments sont des cellules ou *des produits de l'activité cellulaire* (ferments solubles).

Quand l'air pénètre dans les cellules, ce sont des ferments vivants, *levûre et vibrions* qui entrent en scène pour ramener plus ou moins vivement, d'échelon en échelon, la matière organisée au règne minéral, à l'acide carbonique, à l'ammoniaque et à l'eau d'où elle dérive.

Quand les fruits mûrissent ils se colorent en perdant leur

chlorophylle, tandis que le tannin et les acides se décomposent en *sucres* et en acide carbonique. Puis l'on voit disparaître successivement les principes immédiats. La fermentation du sucre à l'air engendre des *alcools* qui s'unissent aux acides restants pour former ces *éthers composés* aromatiques et savoureux que la synthèse chimique est parvenue à reproduire. Cette fermentation alcoolique peut être l'œuvre de la cellule *asphyxiée* ou d'une levûre de l'extérieur. L'alcool se transforme à son tour en vinaigre sous l'action d'un autre ferment vivant qui l'oxyde. L'amidon, la saccharose, les gommes, la pectose (1), se dédoublent en sucres, en acides ou en essences odorantes : les huiles essentielles se *résinifient*, les huiles grasses se décomposent en acides gras volatils et et fétides, tels que l'acide valérianique, caproïque, butyrique, qui dominent dans le beurre rance. Enfin les matières albuminoïdes se décomposent en dérivés ammoniacaux des acides gras et des graisses (amide et acides amidés), qui aboutissent, par une série de dédoublements, à l'urée et au carbonate d'ammoniaque. Les ferments solubles non vivants, sécrétés par les cellules, accomplissant les pemières étapes, les dernières sont franchies par les vibrions qui sont les vrais agents de la *putréfaction*.

Les feuilles tombées engendrent de l'humus qui se consume lentement en passant par une série d'acides particuliers. Puis sous l'action continue de l'oxygène tout se résout en vapeur. Telle est l'œuvre des ferments *figurés*, simples cellules vivantes, dont la *levûre* de bière, qui transforme le sucre en alcool, est le type.

Les fermentation dominantes sont les fermentations *lactiques, butyriques* et *visqueuses, alcooliques* et *acétiques, ammoniacales* et *nitriques*. Cette dernière, récemment découverte, est comme nous le verrons plus loin, l'agent qui

(1) La pectose est un corps analogue à la cellulose qui se décompose par la chaleur et les acides végétaux en donnant naissance à la gelée des fruits (pectine, acide pectique et pectosique).

détermine la transformation des matières organique azotées
du sol de l'ammoniaque atmosphérique en nitrates. Mais les
fermentations nitrique et acétique seules sont marquées par
des oxydations directes. Les autres provoquent des dédoublements par voie d'*hydratation*, occasionnés par la respiration du ferment, c'est-à-dire par sa consommation d'oxygène.

Les fermentations *lactiques, butyriques* et *visqueuses,* provoquent de diverses façons le dédoublement des sucres, de
la cellulose et des acides organiques. Il est probable que la
transformation de la cellulose en acides de l'humus est due à
une fermentation analogue.

Les disciples de Liebig ont démontré d'ailleurs que les
matières végétales qui forment l'humus retournent aussi, par
des étapes graduées, au règne minéral. Ils ont décrit une
série d'acides de plus en plus oxydés, comparable à la série
des acides gras qui part de l'acide humique ($C_6H_9O_9$) pour
aboutir à l'acide carbonique en passant par les acides
humique, geique, crénique et apocrénique (ces deux dernier
solubles dans l'eau se trouvent dans les sources). Ces acides
peuvent dériver aussi par oxydation des matières *albuminoïdes*
dont l'ammoniaque a la plus grande affinité pour les acides
de l'humus (1). L'on sait que les sucres traités par les acides
dilués peuvent engendrer également de l'acide humique.
Enfin la formation de l'humus préside à la naissance d'un
ferment vivant spécial dont la consommation d'oxygène paraît
être la cause unique du phénomène de la nitrification du sol.
C'est ce qui résulte à l'évidence des expériences de M. Müntz
qui a décrit cet organisme. Il a pu à volonté entraver ou développer la nitrification en paralysant ou en activant, par le
chloroforme et les courants d'air, la sensibilité de cet
organisme.

(1) Le cyanogène, qui s'obtient par synthèse directe du carbone et de
l'azote en présence de la baryte, donne en s'altérant spontanément à
l'air de l'acide *azothulmique*, de l'urée et de l'oxalate d'ammoniaque,
trois produits caractéristiques de la décomposition des organes.

CHAPITRE III.

I. Principes de la doctrine des engrais chimiques. — Principes des forces collectives, champs d'expérience ; analyse du sol par la plante dominantes. — II. L'humus et le fumier. — Circulation des minéraux, des liquides et des gaz dans le sol arable. — Jachères et amandements.

I

Ce n'est que depuis les célèbres conférences de M. Georges Ville que la théorie de la restitution, simplifiée dans ces termes et nettement formulée, fut mise à la portée de tous.

Par ses belles et élégantes expériences dans le sable calciné, reproduites à l'exposition de Paris, M. Ville a fait voir d'abord que l'on a beau restituer sous différentes formes, notamment sous forme d'*humus* pur, les éléments *atmosphériques,* carbone, oxygène, hydrogène, qui constituent les *neuf dixièmes* de la substance des végétaux, on n'obtient aucun résultat. Le blé, ne donne qu'un peu de paille, don le poids ne dépasse pas six grammes.

D'autre part, si l'on ajoute successivement au sable calciné les éléments minéraux fertilisants, l'on peut s'assurer que l'amélioration est insignifiante jusqu'à ce qu'on leur associe l'azote. Alors l'effet est magique pour le blé ; les feuilles vigoureuses se colorent en vert foncé, la plante fleurit et fructifie.

Et ce qui prouve bien que la vie et la fécondité résultent de l'association des engrais minéraux et azotés, c'est que, si l'on supprime les minéraux pour ne donner que l'azote, la récolte s'élève à peine de 6 à 9 grammes. Les feuilles se colorent, il est vrai, mais bientôt l'essor de la végétation s'arrête et la plante ne produit point de fruit.

G. Ville en a déduit le principe des *forces collectives* et la notion des *dominantes.*

Il a démontré expérimentalement que dans les terres naturelles on peut supprimer sans inconvenient 3 éléments atmosphériques sur quatre et les 3/4 des minéraux de l'engrais absolu. Il a prouvé ensuite que la suppression de l'un quelconques des 4 termes nécessaires, *azote, potasse, chaux* et *acide phosphorique,* porte atteinte à l'efficacité des trois autres.

Et c'est sur ce dernier point que repose toute la méthode de l'analyse par les plantes.

Liebig avait dit :

« Si l'on est en présence d'un sol dont on ne connaît pas
„ la teneur en aliments minéraux, des essais faits avec des
„ éléments des engrais, pris isolément, serviront à faire con-
„ naître la nature du sol et la présence des autres éléments
„ dans ce sol. »

Autant de mots, autant d'erreurs.

Supposons une terre dépourvue à la fois de phosphate de chaux et de potasse; on essaye sur elle l'addition du phosphate de la chaux. L'effet est nul, on en conclut que la terre contenait du *phosphate.* La conclusion est fausse. Si le phosphate ajouté n'a pas manifesté d'effets appréciables, ce n'est pas parce que la terre en contenait (nous savons qu'elle en était dépourvue), mais parce que la terre manque aussi de potasse, et qu'en l'absence de la potasse, le phosphate ne manifeste pas la moindre action.

On fait une deuxième expérience, on essaye cette fois l'addition de la potasse. L'effet est absolument nul. On en conclut que la terre contient de la potasse. La conclusion est encore fausse, parce qu'en l'absence du phosphate de chaux, la potasse ne peut manifester d'effets appréciables.

Pour analyser la terre par les engrais, il faut toujours employer des composés de trois substances, et rapporter les effets observés avec les engrais de trois termes à ceux obtenus avec l'engrais complet.

Et suivant que les engrais à trois termes produisent des effets égaux ou inférieurs aux effets de l'engrais complet, on conclut que la terre contient ou non le terme qui manque aux engrais à trois termes.

Nous reviendrons plus loin sur cette donnée capitale de la chimie agricole dont les adversaires de la doctrine des engrais chimiques sont forcés de reconnaître aujourd'hui toute l'importance.

Les 4 termes de l'engrais complet sont donc les régulateurs de la vie végétale au moyen desquels la plante met en œuvre les autres éléments du sol et de l'atmosphère.

La balance prouve qu'avec 10 d'engrais on peut obtenir 100 de récolte, et que mille kilogrammes d'engrais chimiques contiennent plus de principes fertilisants que *quarante mille kilogrammes de fumier :* l'engrais n'est donc qu'une valeur d'appoint, puisque les 9/10 de la substance végétale viennent de l'air et de l'eau.

Si, dans un engrais contenant les quatre termes, on augmente progressivement la dose d'azote, on voit la récolte de blé augmenter suivant une progression régulière et passer de 20 kilogrammes d'azote par hectare à 40, 60 et 80 kilogrammes, ce qui démontre que le principe de la culture intensive repose sur la notion des *dominantes*. Le même système de culture appliqué aux trèfles, à la luzerne, au pois, aux fèves, aux vesces, ne produit que des résultats négatifs parce que l'azote n'est point leur dominante.

Mais si dans ces cultures l'on remplace *l'azote* par la *potasse* dont on augmente progressivement la dose, on voit se produire la même progression régulière ; l'on peut en conclure que la potasse est la dominante des légumineuses, comme l'azote est la dominante des céréales et de toutes les graminées, car l'action prédominante de l'azote n'est pas moins évidente sur les prairies.

Il importe de ne pas confondre la *dominante,* c'est-à-dire l'élément de restitution qui joue le principal rôle dans la nutrition et l'élaboration du végétal, avec les substances que l'on trouve en quantité prédominante dans les cendres de la plante. Ainsi la potasse, qui prédomine dans la bette-rave, joue cependant un rôle secondaire relativement à l'acide phosphorique et à l'azote. Sans doute la betterave n'exige tant de potasse que pour neutraliser ses acides végétaux ; la preuve c'est que la magnésie peut s'y substituer partiellement atome par atome (voir aux *cultures spéciales*) : LA BETTERAVE.

La doctrine des engrais chimiques. consiste donc essentiel-lement dans l'art d'appliquer à l'alternance des cultures l'alternance des engrais, basée sur la connaissance de la composition des sols et des dominantes, de la qualité et de la quantité d'éléments soustraits par chaque culture.

Les *champs d'expérience* permettent d'effectuer *l'analyse du sol par la plante* au moyen des quatre éléments de l'engrais employés isolément ou concurremment.

M. G. Ville a dit avec raison que le champ d'expérience est le *plus éloquent des professeurs* d'agriculture. En effet, rien de plus simple et de plus frappant que cette méthode qui fait sauter aux yeux les éléments dont le sol est dépourvu par une soustraction alternative et parallèle des quatre élé-ments, dans quatre parcelles distinctes d'un même champ et d'une même culture.

Il y a deux méthodes d'analyse du sol par la plante ; la première, visant à déterminer exactement l'élément minéral qui fait défaut; la seconde, toute pratique, opérant aussi sur quatre parcelles d'un demi are (50 mètres carrés) et compa-rant le sol sans engrais à celui qui reçoit de *l'engrais complet*, des minéraux sans azote et de l'azote sans minéraux. Quand l'engrais chimique est employé comme complément du fumier on ajoute une cinquième parcelle pour comparer l'action du fumier de ferme à celle de l'engrais chimique.

Cela fait, l'on défalque des chiffres du rendement fourni par chaque parcelle, celui du rendement de la parcelle sans engrais. La différence représentera la valeur fertilisante de chaque engrais.

Cette différence indique également la teneur du sol en

principes fertilisants actuellement assimilables et les quantités relatives d'éléments à restituer.

Si l'on obtient, par exemple, comme nous avons pu le constater par l'expérience.

1) 9 hectolitres de blé sur la parcelle sans engrais.
2) 15   id.   id.   id.   à l'engrais azoté.
3) 26   id.   id.   id.   à l'engrais minéral.
4) 35   id.   id.   id.   à l'engrais complet.
5) 30   id.   id.   id.   au fumier.

L'écart entre n° 1 et n° 5 est de 21 hectolitres tandis qu'il s'élève à 26 hectolitres entre le n° 1 et 4, c'est-à-dire entre le sol sans engrais et l'engrais complet.

Mais si l'on divise le premier chiffre 30 par le second 35, l'on pourra en tirer cette conclusion que le fumier a fourni à la plante les 80 centièmes des éléments contenus dans l'engrais complet.

Par conséquent il faut ajouter au sol le cinquième des éléments de l'engrais complet pour obtenir le rendement intensif.

De même si la production par l'engrais azoté et par l'engrais minéral excède de 6 et de 17 hectolitres le rendement de la parcelle sans engrais, il suffira de diviser ces nombres par l'excédant 26 pour savoir que la parcelle n° 2 (azote) ne renferme que les 23 centièmes de la dose d'éléments minéraux contenus dans l'engrais complet, tandis que la parcelle n° 3 (minéraux) ne renferme que les 65 centième de l'azote fourni par l'engrais complet.

Conclusion : le sol exige, pour atteindre son rendement intensif, les 35 centièmes de l'azote et les 77 centièmes des éléments minéraux contenus dans l'engrais complet. (100 — 23 = 77. 100 — 65 = 35)

En résumé, il suffit de *diviser l'excédant de chaque parcelle à engrais incomplet sur la parcelle sans engrais, par l'excédant de la parcelle aux engrais complets;* ainsi l'on peut calculer avec une rigueur presque mathématique la quantité d'éléments minéraux ou azotés qu'il faut restituer au sol.

L'engrais complet contient à l'hectare 400 kilogrammes de superphosphate de chaux (15 p. c. acide phosphorique), 200 kilogrammes de chlorure de potassium (50 p. c. de potasse), 200 kilogrammes de sulfate de chaux, 400 kilogrammes de sulfate d'ammoniaque (20 p. c. de son poids d'azote).

En tout 1200 kilogrammes.

Au point de vue financier, l'opération pourra se chiffrer exactement d'après ces données, sachant que le sulfate d'ammoniaque coûte 50 francs les 100 kilogrammes, le chlorure de potassium 22, le superphosphate 15 et le plâtre 4.

Mais il est rare qu'il faille restituer au sol la totalité de cet engrais.

Quand on emploie en supplément de l'engrais de ferme, ce qui est le cas général, on fera le même calcul différentiel que pour les engrais incomplets et l'on se bornera à ajouter la différence (1).

---

(1) Voir le *Journal de la Société centrale de la Normandie*, 1880. Conférences sur la doctrine des engrais chimiques et l'utilité des champs d'expériences agricoles faites dans douze cantons des arrondissements du Havre et d'Ivetot, par M. E. Marchand :

Le calcul des engrais complémentaires, dit M. Marchand, permet de réaliser de notables économies, car les dépenses accusées n'oscillent plus qu'entre 44 fr. 16 et 93 fr. 20.

En voici un exemple. Une terre cultivée sans fumier exige 0.68 d'engrais minéral et 0.84 d'engrais azoté pour produire 39 hectolitres de froment. C'est donc une terre très fatiguée. Pour opéré le calcul, et on a arrondi les chiffres, et on les a portés à 0.70 et à 0.85. Dans ces conditions l'on doit donc employer :

400 k.	de superphosphate de chaux	× 0,70	280 k. à 15 fr.		42 fr.	00
200	de chlorure de potassium	× 0.70	140	22	30	80
200	de sulfate de chaux	× 0.70	140	4	5	60
400	de sulfate d'ammoniaque	× 0.85	340	54 *(prix d'alors)*	183	60
Poids et prix de l'engrais utile			900		262	00

Cette méthode d'analyse basée sur le calcul permet de réaliser de notables économies, comme l'a démontré Mon-

Pour mettre cette terre, cultivée avec les engrais chimiques seuls, en état de fournir les 39 hectolitres de grain que l'on attend d'elle, il faut donc lui donner seulement 900 k. d'une matière fertilisante composée spécialement pour elle, et ayant une valeur de 262 fr., au lieu de 328 fr. que coûte la dose d'engrais complet employée pour faire les essais. Cela représente une économie de 66 francs.

Mais, le champ d'expérience prouve que si l'on a recours à l'engrais chimique pour compléter l'insuffisance du fumier, il suffit de donner à la terre de ce champ les 32 centièmes de l'engrais, dont la dose, portée de 900 k. et au prix de 262 fr. vient d'être calculée.

Dans ces conditions nouvelles, cette terre n'exige donc plus que ceci:

Superphosphate de chaux	280 k.	× 0.32 =	90 k.	à 15 fr.	13 fr.	50
Chlorure de potassium	140	× 0.32 =	45	22	9	90
Sulfate de chaux	140	× 0.52 =	45	4	1	80
Sulfate d'ammoniaque	40	× 0.32 =	109	54	58	86
Poids et prix de l'engrais utile			289		84	06

Ici, comme ont le voit, l'économie réalisée devient considérable.

Toutefois, il est nécessaire de faire une observation : Pour arriver à l'établissement des formules, l'on a adopté les renseignements précis, déduits des résultats obtenus dans chaque champ d'expériences. Cela est insuffisant : il est préférable d'accorder toujours une plus grande ampleur aux résultats sur lesquels on s'appuie pour calculer la constitution des formules, et, en outre, pour assurer l'abondance des récoltes, il faut aussi tenir toujours compte de l'utilité des *dominantes*. La dominante pour le blé étant l'azote, et le blé étant la plante assujettie aux expériences, voici comment la dernière formule doit être établie d'une façon définitive :

Superphosphate de chaux	100 k.	15 fr.	
Chlorure de potassium	50	11	
Sulfate de chaux	50	2	
Sulfate d'ammoniaque (dominante)	125	67	50
Poids et prix de l'engrais utile	325	95 fr.	50

Dans le cas, pour la modique somme de 11 fr. 44 dépensée en complément, l'on assure mieux le succès.

sieur E. Marchand dans ses brillantes conférences données dans les années 1880-81 en vue de vulgariser les champs d'expériences en Normandie.

L'on ne porte pas ici, à une dose plus élevée, la dominante *azote*, parce que, lorsque cet élément est en excès, il détermine la verse par l'exubérance de la végétation.

Le pays de Caux, dans les années ordinaires, produit en moyenne par hectare, 25 hectolitres de froment : il peut en produire 38, car ce rendement était obtenu, il y a plus de 20 ans déjà, par Charles Dargent, sur les terres de deuxième classe qui constituent le sol de sa ferme de Renéville-sur-Fécamp qui, on se le rappelle, obtint vers 1860 la première prime d'honneur décernée dans la Seine-Inférieure.

Cette production intensive s'observe souvent aussi dans les départements du Nord, du Pas-de-Calais, etc.

Eh bien ! ce qui est possible dans ces départements, ce qui se faisait d'une façon si constante sur la ferme de Renéville, peut se faire aussi partout dans le pays de Caux. Pour y arriver, il suffit de porter le rendement moyen de ses terres en blé de 25 à 38 hectolitres par hectare. Sans doute, il faut pour en arriver là faire un grand effort, mais on le fera, car *là est le salut.*

Ce résultat peut être obtenu avec économie, par l'adjonction aux fumiers dont on se sert dans ce pays, d'une quantité d'engrais chimiques possédant une composition judicieusement établie d'après les préceptes qui se déduisent de la doctrine de M. Ville.

Cela peut occasionner une dépense complémentaire d'engrais, d'une valeur moyenne de 100 fr. et souvent moindre. Or, dans ces conditions nouvelles, le taux du fermage, les contributions, les frais généraux ordinaires de la culture, ne se trouveront pas accrus, et la paille obtenue excédant suffira, et au-delà par sa valeur propre, pour couvrir l'accroissement de dépense effectuée pour opérer la récolte complémentaire, pour en effectuer le battage et le transport au marché.

D'un autre coté, l'on doit admettre que, dans l'état actuel des choses, et par suite de circonstances bien connues qui en ont déterminé l'accroissement, le prix de revient de l'hectolitre de blé obtenu dans la contrée s'élève à 17 fr. 27 *au maximum* dans les années ordinaires. Cela constitue pour les 25 hectolitres une dépense de 431 fr. 75. En portant, comme je l'indique, cette dépense à 531 fr. 75 pour une récolte de 38 hectolitres, l'on reconnaît que le prix de revient de chacun de ceux-ci ne dépassera pas 14 fr.

Or, il est bien prouvé aujourd'hui que l'Égypte, la Russie et

Cette campagne, à laquelle nous avons pris une part active, a été couronnée de succès; après avoir rencontré la plus vive opposition dans le monde officiel, les champs d'expériences annexés aux écoles primaires et aux exploitations agricoles se répandent par toute la France.

M. Ville recommande de diviser le champ d'expériences sur deux rangs, en 10 parcelles paralèles d'un demi are; disposition représentée par ce plan :

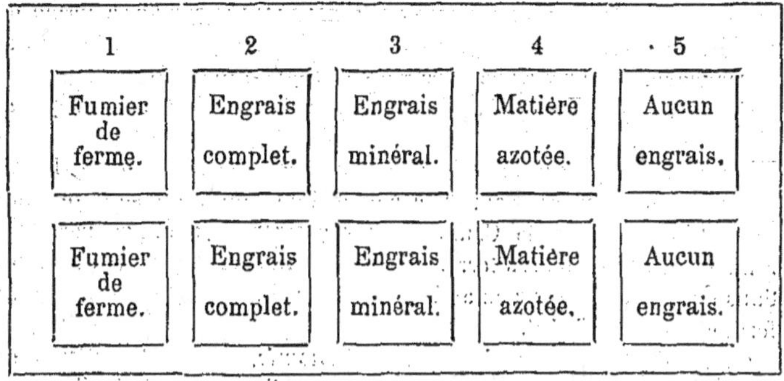

La première bande est cultivée en froment ; la seconde en pommes de terre, quand on veut connaître la composition du sous sol.

La comparaison des parcelles 1 et 2 peut démontrer qu'on peut obtenir un rendement plus élevé avec 6 kilogrammes d'engrais complet qu'avec 200 kilogrammes de fumier qui est la dose correspondante, le fumier ne contenant en

l'Amérique, pays importateurs ordinaires, ne peuvent livrer l'hectolitre de leur blés sur nos marchés à un taux inférieur à 17 fr. 50 ou 18 fr.

Je suis donc autorisé à dire que les cultivateurs auxquels je m'adresse pourront, *en s'aidant des conseils de la science*, lutter à armes au moins égales contre leurs concurrents étrangers, le jour où ils le voudront bien.

Ils le voudront, j'en suis certain, ma confiance en leur intelligence et en leur habilité m'en est un sûr garant.

moyenne que 5 p. c. de matières minérales dont un ou deux pour cent de sels assimilables en dehors de l'azote.

La comparaison des parcelles 2 et 3 montre que la suppression des termes minéraux ou de l'azote influence très inégalement le rendement du froment de la pomme de terre ou de la betterave ; il met en lumière la fonction des *dominantes*.

Sous ce rapport, rien de plus frappant que les cultures parallèles de froment et de *pois*. Les engrais azotés n'ont que peu ou point d'action sur les légumineuses tandis qu'ils sont les régulateurs, avec l'acide phosphorique, de la production du froment et de la betterave. Que l'on discute à perte de vue, dit M. Ville, pour nier l'interprétation de ce contraste : Le fait est là, inflexible, immuable dans son expression, et bien fou serait l'homme pratique qui donnerait du sulfate d'ammoniaque à la luzerne et au trèfle, et *un mélange de chaux et de chlorure de potassium* au froment. Dans les deux cas, l'effet serait nul, alors que l'emploi des mêmes agents étant RENVERSÉ, le sulfate d'ammoniaque donné au froment, la chaux et la potasse rendues à la luzerne et au trèfle, l'abondance des récoltes succède à la pénurie des premiers rendements.

Il y a plus, et si on multiplie les expériences sur un grand nombre de plantes, les effets produits par les matières azotées peuvent se classer ainsi :

Action des matières azotées

Froment. . . . très favorable.
Pomme de terre . moindre.
Pois . . . . . nulle.
Trèfle . . . . nuisible.

En vue de démontrer ces besoins divers des récoltes M. Ville prescrit pour les *stations* agricoles, des champs de quarante parcelles d'un are réparties en 4 bandes parallèles

8.

de 10 parcelles chacune, où l'on ferait alterner le froment et les pois avec la betterave et les pommes de terre. Ainsi l'on pourra démontrer d'une façon *expérimentale* les vrais principes de la production agricole, non seulement quant à la nature des substances fertilisantes, mais sous le rapport de leur dosage respectif.

COMPOSITION DES ENGRAIS DESTINÉS AUX CHAMPS D'EXPÉRIENCES DES STATIONS AGRICOLES.

Engrais pour le froment.

Parcelles n° 1 Fumier de ferme 60,000 kil.
Parcelle n° 2. Fumier de ferme 30,000 „
„   n° 3. Engrais complet intensif n° 1
Phosphate acide de chaux . . . . . 600 kil.
Sulfate d'ammoniaque. . . . . . 530 „
Chlorure de potassium 80 . . . . . 400 „
Sulfate de chaux . . . . 270 „

Parcelle n° 4. Engrais complet n° 1.

Phosphate acide de chaux . . . . 400 kil.
Chlorure de potassium 80° . . . . 400 „
Sulfate d'ammoniaque . . . . . 390 „
Sulfate de chaux . . . . 210 „

Parcelle n° 5. Engrais sans matière azotée.

Phosphate acide de chaux . . . . 400 kil.
Chlorure de potassium 80° . . . . 200 „
Sulfate de chaux . . . . 200 „

Parcelle n° 6. Engrais sans phosphate.

Chlorure de potassium 80° . . . . 200 kil.
Sulfate d'ammoniaque . . . . . . 390 „
Sulfate de chaux . . . . 210 „

Parcelle n° 7. Engrais sans potasse.

Phosphate acide de chaux. . . . . 400 kil.
Sulfate d'ammoniaque . . . . . . 390 „
Sulfate de chaux. . . . . 210 „

Parcelle n° 8. Engrais sans chaux.

Phosphate précipité. . . . . . . 120 kil.
Chlorure de potassium 80°. . . . 200 „
Sulfate d'ammoniaque . . . . . 390 „

Parcelle n° 9. Engrais sans minéraux.

Sulfate d'ammoniaque . . . . . . 390 „

Parcelle n° 10. Aucun engrais.

Engrais pour la betterave.

Parcelle n° 1. Fumier de ferme 60,000 kil.
   „   n° 2. Fumier de ferme 30,000 „
   „   n° 3. Engrais complet intensif n° 2.
Phosphate acide de chaux. . . . 600 kil.
Chlorure de potassium 80°. . . . 400 „
Sulfate d'ammoniaque . . . . . 280 „
Nitrate de soude. . . . . . . 300 „
Sulfate de chaux . . . . 220 „

Parcelle n° 4. Engrais complet n° 2.

Phosphate acide de chaux. . . . 400 kil.
Chlorure de potassium 80°. . . . 200 „
Sulfate d'ammoniaque . . . . . 140 „
Nitrate de soude. . . . . . . 300 „
Sulfate de chaux . . . . 370 „

Parcelle n° 5. Engrais sans matière azotée.

Phosphate acide de chaux. . . . 400 kil.
Chlorure de potassium 80°. . . . 200 „
Sulfate de chaux . . . . 200 „

Parcelle n° 6. Engrais sans phosphate.

Chlorure de potassium 80°. . . . 400 kil.
Sulfate d'ammoniaque . . . . . 140 »
Nitrate de soude . . . . 300 »
Sulfate de chaux . . . . 160 »

Parcelle n° 7. Engrais sans potasse.

Phosphate acide de chaux . . . . 400 kil.
Sulfate d'ammoniaque . . . . . 140 »
Nitrate de soude . . . . 300 »
Sulfate de chaux . . . . 160 »

Parcelle n° 8. Engrais sans chaux.

Phosphate de chaux précipité . . . 120 kil.
Chlorure de potassium 80°. . . . 200 »
Sulfate d'ammoniaque . . . . . 140 »
Nitrate d'ammoniaque . . . . . 300 »

Parcelle n° 9. Engrais sans minéraux.

Nitrate de soude . . . . 300 »
Sulfate d'ammoniaque . . . . . 140 »

Parcelle n° 10. Aucun engrais.

Lorsqu'on fait alterner la pomme de terre avec les pois, la betterave ou la pomme de terre avec le froment, la première année on donne à la terre les engrais indiqués ci-dessus et l'année suivante 3 kil. de sulfate d'ammoniaque aux parcelles 3, 4, 6, 7, 8, 9. Les parcelles 1, 2, 5, 10, ne reçoivent rien ; la troisième année on revient au régime de la première.

Dans la pratique agricole courante, l'on peut restreindre considérablement ces essais en les répartissant en vedettes sur les différents sols : alors des parcelles de 10 centiares peuvent suffire pour fournir les indications nécessaires, surtout si l'on emploie parallèlement les éléments isolés et combinés, et si l'on a soin de fonder sur les *tables d'analyse* des récoltes, le calcul des éléments prélevés par chacune d'elles dans une rotation.

L'analyse du sol par la plante permet de réaliser de notables économies, parce qu'il évite à l'agriculture la restitution intégrale des matières prélevées par les récoltes, comme le voulait Liebig.

Ainsi M. Ville a obtenu de meilleurs résultats dans la culture du froment sur une terre argileuse, en supprimant la potasse de l'engrais parce que le sol en contenait surabondamment. M. Pagnoul a fait la même expérience pour la potasse, pour l'azote et même pour l'acide phosphorique dans la culture de la betterave, sur les sols de diverse composition.

Comme l'a dit fort bien M. Dehérain, *l'engrais ne doit être que la matière utile à la plante qui manque au sol.* Voila l'idéal; mais en pratique, à défaut d'analyse, l'engrais complet rend les plus grands services dans les terres incultes ou épuisées par la culture, car la composition de cet engrais varie avec les dominantes.

L'essentiel c'est que sa composition réponde toujours au titre annoncé; ce qui est le cas aujourd'hui pour tous les engrais dont les fabricants se soumettent au contrôle des stations agricoles. L'on peut attribuer en partie à la fraude les nombreux insuccès des expériences réalisées jadis dans nos campagnes, avant l'établissement de ces bureaux de contrôle qui fonctionnent sous la garantie du gouvernement en Belgique, et qui concourent par de nombreuses recherches expérimentales à l'avancement de la science agronomique (1).

Pour permettre au lecteur d'apprécier le titre et la valeur des engrais spéciaux, nous publions ci-après le tableau des formules données par une maison de France qui a appliqué

---

(1) *Voir les Bulletins de la Station agronomique de Gembloux, de Gand et de Hasselt.*

elle-même, avec bénéfice, les engrais qu'elle fabrique à la culture de 2,800 hectares de terre.

Engrais pour céréales.

Une récolte de 25 hectolitres de blé enlève au sol 56 kilog. d'azote, 27 d'acide phosphorique, 33 de potasse, mais il ne faut compter que 41 d'azote, 16 d'acide phosphorique et 11 de potasse, si la paille revient à la terre. (Wolff.)

D'où l'on a déduit la formule :

Azote   3 à 6 p. c.
Acide phosphorique 12 à 14 p. c.

De 28 à 30 fr. suivant la qualité des sels—600 à 700 kilog. à l'hectare ; 250 kil. de cet engrais associés à une demi-fumure, empêchent la verse dans les années humides, parce qu'ils restituent l'acide phosphorique qui constitue 60 p. c. des matières minérales du blé.

Ou bien : *Engrais surazoté* (terres maigres).

Azote   7 p. c.
Acide phosphorique 8 à 9 p. c.
600 à 700 kilog. à l'hectare, ou 150 kil. en couverture au printemps pour relever la force végétative.

Engrais dit chimique.

Azote   5,50 à 6 p. c.
Acide phosphorique 7,50 à 8 p. c.
Potasse . . . .   2 à 4 p. c.

Prix 30 fr. les 100 kilog. — 600 à 700 kilog. à l'hectare, favorisent la restitution de l'azote au sous-sol.

De ces trois sortes d'engrais les 2 premiers conviennent pour toute espèce de culture dans les terres riches en potasse ; leur teneur différente en azote permet de les employer

sur les terrains plus ou moins dépourvus de cet élément;
le troisième qui renferme une partie de son azote à l'état de
nitrate doit être exclu des terres sablonneuses où ce sel est
rapidement entraîné.

Pour les cultures à haut rendement, comme betterave,
maïs, vignes, pomme de terre, etc., les fabricants recommandent les engrais spéciaux dont le détail suit et qui,
disent-ils, sont complets.

Une récolte de 4500 kilog. de betteraves à sucre enlève
au sol 72 kil. d'azote, 49 d'acide phosphorique, 180 de
potasse.

Engrais pour betteraves.

Azote   7 à 8 p. c.
Acide phosphorique 6 à 7 p. c.
Sels de potasse   10 à 12 p. c.

Prix 32 fr. les 100 kilog. — 800 à 1000 kilog. à l'hectare.

Pour la betterave à sucre, cet engrais est vendu sans
nitrate, parce que les nitrates passent dans les jus et gênent
la cristallisation comme la chlorure de sodium. La potasse
s'y trouve néanmoins à l'état de chlorure, qui ne se localise
pas dans les tissus comme les nitrates, mais se porte dans le
collet et dans les feuilles éliminés dans la fabrication. Les
quatre cinquièmes de l'azote sont à l'état de sulfate d'ammoniaque, le reste est de l'azote organique provenant des
matières fécales, qui s'assimile dans la dernière période.
De la sorte, l'engrais est absorbé complètement lorsque la
plante atteint le maximum de richesse saccharine et les sels
ont le temps de se concentrer dans le collet, ce qui n'a pas
lieu avec le fumier. L'engrais contient seulement des nitrates
pour la betterave fourragère ou pour la consommation maraîchère, parce qu'ils activent énergiquement la végétation.

Engrais pour vignes et pommes de terre.

Azote   4 à   5 p. c.
Acide phosphorique   4 à   5 p. c.
Sels de potasse   25 à 30 p. c.
Prix 32 fr. les 100 kilog. — 800 kilog. à l'hectare.

Convient très bien pour le provignage et pour restaurer les vignes épuisées; s'applique également avec avantage à tous les arbres fruitiers, à raison de 125 grammes à 1 kil. suivant la grosseur. Prévient et combat efficacement le parasitisme (maladies de pommes de terre, oïdium).

Engrais pour lins et maïs.

Azote   3,50 à 4   p. c.
Acide phosphorique   9   à 9.50 p. c.
Sels de potasse   15   à 16   p. c.
Prix 32 fr. les 100 kilog. — 600 à 800 kilog. à l'hectare

Prévient la rouille et la brûlure du lin, donne les hauts rendements pour le maïs à récolter en vert; expériences de M. Ville et de M. Ladureau, directeur de la Station agronomique du Nord.

Engrais pour prairies naturelles.

Azote   3 à   4 p. c.
Acide phosphorique   5 à   6 p. c.
Sels de potasse   6 à   8 p. c.
Chaux combinée   20 à 25 p. c.
Prix 22 fr. les 100 kilog. — 600 kilog. à l'hectare.

Cet engrais détruit les mousses, les joncs, les foins plats sa composition le rend particulièrement propre à donner d'exellents pâturages après une première coupe, ou des regains abondants; élimine les légumineuses au profit des gramminées; expériences de MM. Lawes et Gilbert.

Engrais incomplet pour prairies artificielles.

Azote	0,50	à	1	p. c.
Acide phosphorique	7	à	7,50	p. c.
Sels de potasse	15	à	16	p. c,
Chaux combinée	25	à	30	p. c.

Prix 22 fr. les 100 kilog. — 600 kilog. à l'hectare.

Cet engrais ne contient presque pas d'azote et ne s'applique qu'au luzernes, aux sainfoins, etc., dans les terres peu calcaires.

La plupart des maisons belges livrent également des matières premières, et suivant la nature du sol des engrais pour champs d'expérience, tels que des superphosphates contenant de 10 à 20 pour cent d'acide phosphorique; phosphates précipités : Sels de potasse et ammoniacaux, nitrates de soude, etc.

TABLE DES DOMINANTES

d'après G. VILLE.

AZOTE

Betteraves, colza, céréales, graminées.

POTASSE

Légumineuses, pomme de terre, lin, vigne, tabac.

PHOSPHATES

Navets, maïs, topinambours, sorgho, canne à sucre.

Nous croyons qu'il est dangereux d'isoler systématiquement pour toutes les plantes, la fonction d'un élément ; par exemple pour la *betterave à sucre* où l'acide phosphorique joue pour le moins un rôle aussi important que l'azote. Quant aux restrictions faites par M. Dehérain, concernant la potasse, dominante du trèfle et de la pomme de terre, nous les repoussons absolument au nom de l'expérience car, si la restitution de cet élément est resté sans effet dans certains sols, cela prouve qu'ils en étaient pourvu suffisamment ou que l'état physique du sol présentait des conditions défavorables à l'assimilation (voir aux cultures spéciales. Art. trèfle et pomme de terre).

II

Le fumier et l'humus.

Quand M. Ville affirme la nécessité d'ajouter de l'engrais chimique à l'engrais de ferme, il se fonde sur ce principe qu'une culture mal fumée est l'équivalent d'une usine dont une partie des machines travailleraient à vide.

L'engrais est pour l'agriculture la matière première que la plante transforme. Il ne faut donc jamais cultiver sans donner à la terre tout ce que les plantes peuvent utiliser, sinon les frais fixes absorbent les produits.

Mathieu de Dombasle a fixé le prix de revient du froment à l'Institut de Roville : Il estime ce prix à 244 fr. par hectare, pour un rendement de 14 hectolitres : ce qui élève le prix de l'hectolitre à 17 fr. 44 centimes, le coût du fumier employé étant estimé à 74 francs (1).

Or, si on ajoute un supplément d'engrais chimique de 120 francs, la récolte s'élève par hectare *de 14 à* 28 *hectolitres* et le prix de revient descend de 17 à 12 francs.

On obtiendrait donc avec un excédant de dépense de 120 francs un excédant *de 14 hectolitres,* plus la paille, sans

(1)	loyer	45	fr.	
Frais fixes	frais généraux	52	"	186 fr.
	frais de culture	43	"	
	semences	46	"	
Frais variables	fumure	74	"	108 fr.
	récolte, battage	34	"	
	Total	294	fr.	
	A déduire, valeur de la paille	50		
	Dépense nette	244	fr.	

augmentation des frais généraux. Ces calculs, qui peuvent paraître fantaisistes au premier abord, ne sont cependant que la stricte conséquence du principe de la culture intensive formulée par Liebig :

L'essentiel, dans l'agriculture, c'est de remplacer d'une manière quelconque les substances que l'atmosphère ne peut point fournir. Lorsque cette restitution n'est pas complète, la fertilité des terres diminue. Elle augmente au contraire lorsqu'on y porte plus qu'on n'en avait enlevé. Or le fumier est fatalement un engrais insuffisant puisqu'il ne restitue qu'une partie des éléments fertilisants dont le reste est enlevé et exporté avec les récoltes, chaque année.

Le fumier contient en moyenne pour cent :

Eau 75 à 80 %.

Fibres végétales 15 %.

Minéraux 4 à 6 % dont 1 à 1 1/2 % de principes fertilisants (4 termes).

La quantité d'azote varie beaucoup, selon le traitement du fumier ; certains fumiers bien arrosés de purin peuvent contenir plus de 30 kil. d'azote par tonne, selon certains auteurs.

D'après M. Lecouteux, il n'est pas rare de trouver dans les bonnes fermes un fumier titrant, pour mille kilos, 4 d'azote, 2 d'acide phosphorique et 4 ou 5 de potasse.

M. Dehérain croit rester dans la moyenne en portant le phosphate de chaux et l'azote à 6 kilos chacun. Il fixe le prix de revient du fumier au maximum à 15 francs la tonne. M. Lecouteux croit qu'on peut le produire à 10 francs ; en ce cas l'azote revient seulement à 1 fr. 70 le kilo, l'acide phosphorique à 66 centimes au lieu de 1 fr., la potasse à 40 au lieu de 60 centimes. De Gasparin et Mathieu de Dombasle ne l'estimèrent qu'à 7 francs environ et Boussingault à 5 francs 20. A ce compte le fumier serait le meilleur marché des engrais ; mais il s'en faut que la composition réponde toujours au titre indiqué en principes fertilisants.

C'est pourquoi, l'on ne saurait trop insister sur la néces-

sité de compléter le fumier par l'engrais chimique en raison
directe de l'intensité de la culture. On peut, dans certains
cas, l'enrichir à bien bon compte en ajoutant les complé-
ments de potasse sous forme de chlorure brut et de phosphate à l'état de poudre d'os ou même d'engrais minéral
pulvérisé, comme le préconisait M. Ménier devant l'Académie. Nous verrons plus loin que le purin n'exerce pas sur
l'assimilation de l'acide phosphorique l'action nuisible que
l'on avait signalée d'abord dans les stations agricoles.

La principale valeur fertilisante du fumier réside dans
l'azote. La preuve, c'est qu'en n'utilisant que les cendres,
c'est-à-dire les éléments minéraux, on n'obtient qu'un rendement insignifiant. Ainsi 100 kilogrammes de fumier ont
donné sur avoine pour 1 de graine 14 de produit, tandis
que le même poids de fumier, réduit en cendres, n'a donné
que 4 (Boussingault). Il faut donc se préoccuper avant tout
dans la préparation du fumier d'éviter la déperdition de
l'azote. Le fumier frais arrosé au purin donnerait *plus de
deux et demi pour cent* d'azote tandis que le fumier consommé n'en doserait qu'à peine *un pour cent*. Davy a
signalé depuis longtemps cette déperdition. Pendant la fermentation, dit-il, les fumiers éprouvent de telles pertes par
les liquides et par les gaz qui s'en dégagent qu'ils se réduisent de la moitié ou des deux tiers de leur poids. L'acide
carbonique et l'ammoniaque qui se dégagent peuvent concourir l'un et l'autre à la nutrition de la plante *si l'humidité
les retient dans le sol*. Humphry Davy fournit la preuve expérimentale de son dire en laissant fermenter du fumier dans
une cornue pour recueillir sur le mercure tous les produits
volatiles; il recueillit en trois jours trente-cinq pouces cubes
de gaz dont vingt-un pouces d'acide carbonique, le reste
étant formé d'azote et de carbonate d'ammoniaque. Alors il
appliqua le bec de sa cornue sous les racines d'un gazon et
vit en moins d'une semaine le gazon contraster par sa vigueur avec l'herbe environnante.

Il en résulte que les agriculteurs perdent, chaque année, une bonne partie de l'azote, par l'usage du fumier *consommé* nécessaire aux plantes racines et aux légumineuses qui ne supportent pas l'engrais frais (1). Toutefois *quand on tasse bien le fumier,* cette perdition gazeuse serait insignifiante, d'après M. Vœlker, à côté de celle qui résulte de la déperdition du purin résultant du lavage du fumier par les pluies; car le purin entraîne avec lui les autres sels fertilisants.

D'après M. Dehérain la principale cause de déperdition de l'azote serait due à la combustion de l'humus qui résulté des labours fréquents. Ces labours préconisés sans discernement par les agronomes à courte vue, ont pour effet de mobiliser l'azote qui ne tarde pas à se perdre sous formes de nitrates dans le sous sol.

L'on a proposé pour fixer l'azote, l'épandage de différents sels sur le fumier, notamment du plâtre et du vitriol vert. Ces deux sulfates jouissent en effet de la propriété de fixer l'alcali volatil en échangeant leur base avec le carbonate d'ammoniaque.

Il se forme alors du carbonate de chaux ou de l'oxyde de fer et du sulfate d'ammoniaque. Mais le plâtre transforme aussi la potasse du fumier en sulfate qui, s'il favorise la croissance des légumineuses, ne convient pas à la culture des céréales. De plus, il agit moins énergiquement que le sel de fer : il est donc préférable d'employer le sulfate de fer ou même l'acide sulfurique très dilué, surtout pour le fumier de cheval qui se décompose plus facilement. L'on a préconisé avec raison dans ces derniers temps l'introduction dans le fumier de la *Kaïnite* ou sulfate brut de potasse et de magnésie qui fixe l'azote de la même manière, et introduit un

(1) L'engrais consommé a perdu de son volume de ses principes solubles, parfois jusqu'aux 2/3 de son azote, ce qui n'empêchent qu'il *a plus de valeur* que le second à poids égal, par le fait même de son extrême réduction de volume et de la solubilité de ses éléments,

élément fertilisant au lieu d'un corps étranger ou nuisible.

Si l'on ajoute du phosphate de chaux, en complément au fumier, on obtient des résultats analogues, car le sel de chaux échange sa base avec le carbonate d'ammoniaque, comme le plâtre ou le vitriol vert. Seulement si le mélange se dessèche, les deux nouveaux sels en présence régénèrent le carbonate d'ammoniaque et le phosphate de chaux. Il importe donc d'arroser régulièrement le fumier avec le purin, pour éviter cette rétrogradation (1). C'est ainsi que dans la Campine, où on laisse sans inconvénient le fumier s'entasser dans les étables bien aérées, l'urine des animaux entretient l'humidité nécessaire pour empêcher la déperdition et ralentir la fermentation.

Le phosphate de chaux peut aussi entrer en combinaison avec les matières organiques du fumier, ce qui l'empêche de se transformer au contact du sol en phosphate de peroxyde de fer ou d'alumine inactifs et le rend immédiatement assimilable par la plante. Les acides humiques et ulmiques fixent une bonne partie de l'ammoniaque provenant d'une fermentation lente et régulière.

M. Grandeau a prouvé que les matières minérales sont plus

(1) Des expériences récentes faites à Gembloux tendent à prouver que l'apparition de l'acide phosphorique dans l'urine de vache *coïncide avec la disparition de la chaux*. La richesse de l'urine varie avec les races d'animaux et la nature des fourrages, 60 kilos d'urine équivalent en moyenne à 1 kilo d'ammoniaque qui contient autant d'azote que 60 kilos de froment. D'après Liebig les carnivores seuls ont des urines phosphatées acides ; les herbivores, des urines carbonatées alcalines; mais la diéte les transforme en carnivores en ce sens qu'ils consument leur propre chair. Depuis l'on a constaté ce fait curieux que le bétail nourri de foin ou de betteraves n'élimine point de phosphates, tandis que ses urines en contiennent des quantités trés appréciables, quand il est nourri de grains.

L'urine produite annuellement par un cheval (1200 kilos) peut suffire à la fumure de 7 à 10 ares ; celle d'une vache (3000 kilos) à la fumure de 15 à 20 ares ; celle d'un homme, 2 ares (440 kilos à raison de 1 gr. d'acide phosphorique et 12 gr. d'azote par jour).

rapidement et plus complètement assimilées lorsqu'elles ont été engagées dans une combinaison organique.

D'après Thénard, les matières végétales hydrocarbonées ont aussi la propriété de fixer dans le sol le carbonate d'ammoniaque du purin. Les excréments des animaux, non mélangés à des matières végétales, seraient moins efficaces que le fumier, parce qu'ils engendrent une déperdition rapide de l'azote. Cependant la plus grande partie de cet élément y est engagée à l'état insoluble.

Toujours selon Thénard, l'urine de bœuf contiendrait 1 1/2 0/0 d'azote, celle du cheval 1, 3/4 dont une partie sous forme d'acide hippurique. Par contre, l'urine des *ruminants ne contiendrait que rarement de l'acide phosphorique* que l'on retrouve en abondance dans le vrai purin qui s'écoule des tas de fumier.

On recommande les fumiers de cheval et de mouton, dits *fumiers chauds*, parce qu'ils fermentent énergiquement dans les terres froides et argileuses et les fumiers de vache et de cochon, dits *fumiers froids*, dans les terres sablonneuses et légères.

La fermentation de ces derniers est ralentie par l'eau qu'ils contiennent et qui s'évapore en soustrayant leur chaleur. Leur azote est moins concentré et plus lentement dissout, mais ils coutent moins cher à produire,

Dans une étude fort remarquable sur les qualités comparées des engrais, M. Lecouteux évalue comme suit les *prix de revient* de ces divers fumiers :

Fumier	D'après la composition chimique	D'après le poids brut Les 1000 kilos.
De porc . .	0 fr. 83 le kil.	. 8,89
De mouton .	2 » 09 »	. 18,72
De vache . .	2 » 75 »	. 8,08
De cheval . .	2 » 98 »	. 16,68

Suivant ces chiffres, le fumier le plus cher est celui du mouton, le meilleur marché celui de vache, quand on ne considère que le poid brut. Mais la chimie renverse la proportion en montrant que le mouton produit de l'azote au meillleur marché soit 2 frs. 09 le kilogramme.

Thénard a parfaitement décrit les transformations chimiques qui s'accomplissent dans la fermentation du fumier (1).

Le carbonate d'ammoniaque, qui se dégage par le dédoublement de l'urée, s'unit à la cellulose, décomposée par l'air et les pluies et donne d'abord des combinaisons azotées de glucoses, solubles dans l'eau (fermentation sucrée de la paille) (9 0/0 d'azote). En second lieu, il se forme de l'acide *fumique* soluble dans les alcalis, résultant de l'union du glucose azoté avec l'humate d'ammoniaque nouvellement formé (4 0/0 d'azote). Ces corps ne prennent naissance que par la décomposition simultanée des matières végétales mélangée intimement aux matières animales. Puis il se forme par oxydations et dédoublements successifs des produits de *moins en moins azotés et de moins en moins solubles* jusqu'à l'apparition du *beurre noir* insoluble, caractérisé par son odeur musquée et qui ne contient presque plus d'azote.

On isole ces différents principes par des lavages successifs; après quelques semaines les premiers (solubles dans l'eau) n'existent plus ; ils ont engendré l'acide fumique et les sels de l'humus, soluble dans les alcalis, pour aboutir ensuite à la décomposition totale.

Les choses se passent dans la *décomposition* comme dans la *désassimilation* des tissus. Les molécules de charbon et d'hydrogène se consument graduellement en formant des composés de plus en plus volatils et de plus en plus stables à mesure que l'acidification, c'est-à-dire l'oxydation progresse.

La fermentation s'accompagne d'une vive élévation de

---

(1) Le traitement du fumier par A. Leclerq, directeur au laboratoire de Mettray.

température au début, qui provoque la déperdition de l'azote et que l'on peut prévenir en accélérant l'acidification, par les sels minéraux.

L'acide fumique qui existe dans le sol à l'état insoluble peut, d'après Thénard, se transformer en *perfumate* soluble et, sous l'influence oxydante du peroxyde de fer, il se transformerait en nitrate. La chaux précipite tous les acides fumiques.

Voilà pourquoi les eaux qui passent *sur des fumiers consommés n'enlèvent presque rien,* tandis que les eaux de drainage contiennent souvent beaucoup de sels quand elles viennent d'un sol contenant du fumier frais, même en présence de la chaux.

Donc la chaux peut retenir les fumiers consommés dans les sols sablonneux et s'opposer à la déperdition de l'azote. Elle ne peut produire que des effets nuisibles sur le fumier frais en volatilisant l'ammoniaque auquel elle se substitue.

Un fait capital ressort des observations qui précèdent : C'est que la valeur fertilisante du fumier est subordonnée absolument à son traitement et à son emploi rationnel : fermentation régulière, conservation de l'azote gazeux et liquide par les sels minéraux qui l'enrichissent, par les abris, le tassement, les fosses à purin et l'arrosement par les urines.

Beaucoup de cultivateurs se servent encore du *guano* comme engrais complémentaire, de préférence aux engrais chimiques.

C'est une erreur, 1° parce que le guano est un engrais azoté ammoniacal *incomplet* qui manque de potasse, 2° parce qu'il n'a pas un titre fixe et que, depuis ces dernières années surtout, les meilleurs gisements étant épuisés, on ne trouve plus que des guanos de compositions très variables.

Nous exceptons naturellement les guanos dissous dans l'acide sulfurique qui sont titrés et constituent en fait de vrais engrais chimiques.

9.

Chacun sait que les guanos résultent de l'accumulation sur les côte du Pérou des fientes et des débris d'oiseaux de mer dont les colonies se perpétuent depuis des siècles.

Les guanos lavés par l'eau de mer ont perdu la majeure partie de leur azote et sont désignés dans le commerce sous le nom de phospho-guano.

ANALYSE D'UN GUANO RICHE.		ANALYSE D'UN PHOSPHO-GUANO.	
Eau	58	Eau	46,0
Matiére organique	26	Matiére organique	36,0
Ammoniaque dérivée de la décomposition de l'acide urique	2	Ammoniaque	0,5
Phosphates	2	Phosphates	3,5
Sels alcalins	2	Sulfate de chaux	3,0
Sable	10	Sable	11,0
	100		100

LE SOL ARABLE

On a reproché avec raison à la doctrine des engrais *chimiques* de ne pas tenir compte, dans sa formule trop absolue, des conditions *physiques* du sol qui modifient souvent dans une large mesure le pouvoir absorbant des terres arables pour les engrais naturels ou artificiel.

M. Ville, se fondant sur ces expériences de végétation instituées dans l'humus artificiel ou dans l'humus privé de sels minéraux, a conclu que cette substance, qui passait autrefois pour le principe fertilisant par exellence, ne contribuait pas directement à la nutrition du végétal et n'y contribuait indirectement qu'en favorisant la dissolution des sels minéraux.

Il prétendait qu'en offrant directement au végétal ces sels minéraux sous une forme soluble, on pouvait se passer de l'humus et par conséquent du fumier de ferme, ce que paraissaient confirmer d'ailleurs de nombreuses expériences agricoles, instituées sur des terres choisies parmi les plus pauvres.

A notre avis, exprimé ouvertement dès 1873, époque où nous invitâmes M. Ville à donner à la Société centrale d'agriculture de Belgique les conférences qui eurent un si grand retentissement. M. Ville, en dépit de ses belles et nombreuses expériences, ne tenait pas assez compte de la fonction de l'humus qui favorise : 1° l'absorption des engrais par endosmose et capillarité : 2° leur diffusion et leur dissolution dans le sol par l'humidité qu'il retient et l'oxydation qu'il engendre ; 3° la conservation et la transformation lente de l'azote insoluble et la fixation de l'azote de l'air ; enfin 4° il diminue la compacité des terres fortes et augmente celle des terres légères, ce qui régularise la circulation des liquides et des gaz, le rayonnement et l'évaporation qui jouent un si grand rôle dans la physiologie de la plante.

Si la fumure intensive aux engrais chimiques a permis, dans certaines conditions de se passer d'humus, nous doutons fort qu'en général cette opération puisse s'accomplir dans des conditions économiques.

Il résulte cependant des expériences de M. Belpaire, d'Anvers, qu'en appliquant à des sables arides l'engrais chimique *à dose fractionnée*, de l'automne au printemps, on obtient des résultats tout à fait inespérés. M. l'ingénieur Keelhof, en analysant les eaux de drainage des prairies irriguées de la Campine et traitées aux engrais chimiques, n'a souvent pas trouvé de trace des sels fertilisants confiés à la terre, ce qui prouve que le mode d'applications favorise l'assimilation des engrais chimiques, même dans les régions sablonneuses. On calcule que l'irrigation correspond à une fumure de 300 kil. environ.

Les fumures composées de 300 kilogr. de sulfate d'ammoniaque, de 200 kil. de superphosphate et de 100 kil. de sulfate de chaux par hectare, donnent des rendements de 5,427 kil. de foin sans le regain, soit un bénéfice net de 152 fr , représentant plus de 14 o/o du capital d'exploitation; actuellement plus de 2373 hectares de bruyère ont été transformés de la sorte et se sont vendus 3,500 francs l'hectare.

Ces observations ont été partiellement contrôlées par les nôtres en 1875-1876 dans les communes d'Alsemberg et de Malderen en Brabant.

Les résultats de nos expériences ont été consignés dans le *Journal de la société central d'Agriculture de Belgique* (avril 1875).

Mais, frappé, d'après les aveux de M. Ville lui-même (Conférences de Vincennes, 3e entretien), de l'importance et de l'analogie du rôle que jouent dans la terre arable l'*argile* et l'*humus*, nous instituâmes dès lors quelques expériences de laboratoire qui nous convainquirent du rôle *fonctionnel* de l'humus dans le sol arable (1).

M. Ville reconnaissait que l'*argile* comme l'*humus* fixe dans le sol les composés minéraux et azotés qui en déterminent la fertilité.

Délaye-t-on, disait-il, un morceau d'argile dans du jus de fumier, le liquide se décolore et l'analyse montre qu'au bout d'un certain temps, il a perdu une partie de l'ammoniaque ainsi que des sels qu'il contenait et que l'on retrouve dans l'argile.

Faites ensuite l'expérience inverse. Délayez la même argile dans de l'eau distillée, elle cèdera peu à peu les produits qu'elle avait extraits du jus de fumier.

Et comme la faculté absorbante de l'argile est d'autant plus grande qu'elle agit sur des solutions plus concentrées, il en résulte qu'elle joue le rôle d'organe régulateur pour le sol en absorbant, pendant les périodes de sécheresse, les sels dont la concentration serait dangereuse pour les plantes; sauf à les restituer ensuite avec mesure au contact de l'eau.

Le sable seul, disait-il, serait impropre à la végétation parce qu'il formerait un sol trop mouvant et incapable de

____

(1) Du pouvoir absorbant des sols arables et des racines par A. Proost: Hayez, éditeur.

l'eau. L'argile, d'autre part, qui a la propriété de retenir l'humidité du sol, se dessèche et se durcit néamoins au soleil au point d'être impénétrable à l'air et aux racines. Par le mélange des grains isolés avec l'argile, le sable en atténue la compacité et lui communique les qualités de perméabilité à l'air et à l'eau impérieusement nécessaires à l'exercice de la vie végétale.

Or, nous avions cru remarquer depuis longtemps, en séjournant dans les régions le plus arides de notre Campine anversoise, que l'humus remplissait exactement vis-à-vis du sable les conditions physiques de l'argile, à défaut de laquelle ces régions ont conservé jusqu'ici leur aridité et leur stérilité. La preuve, c'est que le sol des Flandres, formé primitivement d'un sable aride, est devenu d'une grande fertilité par un apport continu d'engrais d'origine organique (1). Dès lors, il est devenu capable de retenir *l'eau* et *les sels* qui sont les agents fertilisants par exellence.

Si ces observations personnelles nous amenèrent à douter des principes trop absolus de la doctrine des engrais chimiques, elles nous portèrent à quelques recherches, dont M. Grandeau, directeur de la Station agricole de Nancy, vient d'établir aujourd'hui la réelle importance. Rien n'est plus facile que d'effectuer la séparation des principes cristallisables du purin et de l'urine, par endosmose.

L'on peut, au moyen d'une simple membrane, séparer les principes cristallisables, c'est-à-dire les sels fertilisants solubles du sel et du purin, des matières colloïdes telles que *l'argile* et *l'humus*. J'eus l'occasion de placer plusieurs fois sous les yeux des membres du bureau de la Société central d'Agriculture les sels que j'avais extraits de cette façon, en leur faisant remarquer que, suivant les idées de Dutrochet lui-

(1) Boussingault cite une terre très fertile de l'Amérique du Sud dosant 92 0/0 de sable et le reste de détritus organiques. Un grand nombre de limons des terres d'alluvions sont dans ce cas.

même, l'inventeur de l'endosmose, les cellules des racines ne procédaient pas autrement vis-à-vis du sol.

Je me bornai à imiter, dans la mesure du possible, les conditions dans lesquelles s'opère l'assimilation par les cellules des racines, c'est-à-dire qu'à l'instar de Dutrochet, je plongeai un dialyseur rempli d'une légère solution de gomme dans de l'humus et de l'argile, contenant du sel fertilisant.

Cette expérience inverse de la première me donna au bout d'un certain temps les résultats prévus, c'est-à-dire que je pus constater l'absorption des sels alcalins et par conséquent l'existance du courant d'endosmose du sel à travers la cellule artificielle.

Depuis lors M. Schlœsing, directeur à la manufacture de tabac, aujourd'hui professeur à l'Institut agronomique de Paris, publia ses *Etudes sur la terre végétale,* envisagées au point de vue de l'influence réciproque des argiles et des humates.

Il montra comment les argiles qui constituent les terres fortes sont ordinairement formées de deux éléments mélangés, cristallisés et amorphes, dont le dernier seul est colloïde, forme une pâte liante avec l'eau et joue le rôle de ciment.

Mais l'argile amorphe elle-même ne reste en suspension que dans l'eau pure et se coagule en quelques heures dans l'eau saline ou acide.

Ces pourquoi *les eaux de drainage qui contiennent des sels conservent leur limpidité,* tandis que les eaux de pluie, qui séjournent dans les champs, restent longtemps troubles.

C'est pour la même raison que les limons des fleuves se déposent à leur embouchure par l'action de l'eau de mer.

Les humates, colloïdes comme l'argile, jouent le rôle de ciment organique dans les terres légères et peuvent, par conséquent, remplacer l'argile.

Si le terreau graisse les terres légères en remplaçant le ciment minéral, il *dégraisse* les terres fortes parce que les substances colloïdes, ayant une tendance à se combiner entre elles, l'argile et l'humus se neutralisent, perdent leur propriété de ciment et ameublissent le sol.

On sait, d'autre part, que l'argile perd également par la calcination, c'est-à-dire par l'*écobuage*, la propriété de retenir l'eau et les sels et de jouer le rôle de ciment ; elle acquiert dès lors toutes les propriétés du sable. Les agriculteurs utilisent cette propriété pour économiser l'engrais, car dans les terres trop argileuses la propriété absorbante est telle qu'il leur faut forcer la dose d'engrais avant que l'effet des fumures se fasse sentir. M. Dehérain suppose que la propriété absorbante des argiles est alors détruite par la calcination de l'humus qu'elle renferme. Mais comment concilier cette hypothèse avec le fait de la neutralisation de l'humus par l'argile signalé par M. Schlœsing ?

M. Dehérain suppose aussi que l'écobuage a pour effet de faire prédominer l'action dissolvante de l'eau qui baigne les racines et de favoriser ainsi l'assimilation. Ici encore il est en contradiction avec les observations de M. Grandeau qui n'admet pas que les plantes prennent leurs aliments dans les dissolutions et par conséquent ne voit pas la nécessité de combattre par l'action dissolvante de l'eau les propriétés absorbantes de la terre.

Il est vrai que M. Dehérain pourrait arguer de la culture des plantes dans des solutions nutritives. Ces expériences, reproduites avec succès à l'École de Gembloux, prouvent, dans tous les cas, l'assimilation directe des principes dissous par les racines.

M. Grandeau, directeur de la Station agricole de Nancy, se fonde sur la découverte du phénomène de la *dialyse*, c'est-à-dire du passage d'un corps solide à travers une membrane végétale placée au contact d'un liquide situé de l'autre côté de la membrane, pour affirmer l'assimilation des principes solides par les plantes, par exemple de la poudre d'os parfaitement insoluble dans l'eau. Il s'appuie sur la propriété que possède la terre arable de s'emparer des substances en dissolution dans l'eau, ammoniaque, potasse, acide phosphorique et leurs sels, et de les fixer de telle façon que le sol, lavé ensuite par les pluies, ne cède plus à ce liquide que des quantités tout à fait insignifiantes au point de vue de la végétation.

La terre retient donc, pour les livrer progressivement à la plante, les principes solubles qu'elle rend presque instantanément insolubles dans l'eau, ce qui explique l'action fertilisante des irrigations et des eaux météoriques, l'absence presque complète des sels *minéraux* fertilisants dans les eaux de drainage, la pureté des eaux de source, etc.

En second lieu, les analyses faites par M. Schlœsing du liquide qui imprègne un sol fertile, prouvent qu'il renferme des quantités absolument insuffisantes de principes nutritifs pour expliquer le développement de la récolte sur le sol. Le végétal emmagasine dans ses tissus des quantités de substances minérales infiniment supérieures à celles que l'eau, qui l'a traversé, en a jamais contenu.

Liebig, Zoller, Naegeli, Stohman ont démontré qu'un sol primitivement stérile, imprégné de sels fertilisants, puis lavé complètement, c'est-à-dire dépourvu de tous principes solubles dans l'eau, acquérait une fertilité *proportionnelle à la dissémination* des particules solides d'engrais.

Le suc intérieur est toujours acide et agit comme tel sur les corps solides (phosphates de chaux, par exemple), en contact avec les radicelles ; les aliments pénètre donc par *diffusion* dans la plante sans qu'il soit nécessaire d'invoquer la dissolution préalable des engrais dans le sol. M. Grandeau en conclut qu'il faut attribuer la même valeur vénale au phosphate bibasique de chaux insoluble qu'au phosphate monobasique soluble. Ainsi s'expliquerait l'assimilation des phosphates minéraux pulvérisés qui, dans les sols calcaires surtout, s'assimilent à l'état insoluble. On sait que le calcaire fait retrograder les phosphates, c'est-à-dire les rend insolubles dans l'eau.

Cependant M. Grandeau reconnaît que l'on ne peut obtenir dans nos terres cultivées une production réellement avantageuse si les terres ne contiennent pas des agents de dissolution, présentant aux racines, à l'état dissous, une quantité suffisante de matériaux nutritifs végétaux : ce qui explique le rôle favorable du fumier de ferme et de l'humus. L'acide carbonique et la plupart des sels organiques dissolvent le silicate de potasse et le phosphate de chaux et de magnésie. Les labours et jachères, en favorisant la combustion des matières organiques du sol et la fermentation de ces acides, contribuent donc à mettre à portée de la plante les éléments fertilisants, la potasse et le phosphate, la chaux et la magnésie. Nous verrons plus loin que les *façons* du sol exercent une action non moins puissante sur la fixation de l'azote et sa transformation en nitrate soluble par la circulation de l'air dans le sol.

LA FONCTION ENDOSMOTIQUE DE L'HUMUS.

M. Grandeau suppose que les humates, solubles dans les alcalis (*acides fumiques* de Thénard?) déterminent le passage des éléments nutritifs inorganiques du sol dans la plante. Cette manière de voir repose sur de récentes expériences instituées en vue de déterminer la cause de la fertilité exceptionnelle des terres noires de la Russie, qui produisent depuis tant d'années, sans engrais, une bonne partie des céréales importées chez nous.

L'analyse prouve cependant que ce sol est moins riche en éléments minéraux fertilisants que d'autres terres marneuses, comme les marnes du Lias de Lunéville auxquelles il faut restituer chaque année du fumier.

Tandis que la marne contient :

      11,3 pour mille de potasse ;
       2,1   »   »   d'acide phosphorique ;
       1,0   »   »   de chaux ;
       4,2   »   »   de magnésie ;
       8,7   »   »   d'azote,

la terre noire de Russie contient seulement :

2,5 pour mille de potasse ;
1,6 » » d'acide phosphorique ;
5,2 » » de chaux ;
0,5 » » de magnésie ;
5,5 » » d'azote.

Dans la terre noire de Russie, il est vrai, les éléments nutritifs sont très divisés et leur richesse est à peu près uniforme sur une énorme épaisseur. Mais les avantages que présentent les propriétés chimiques et physiques ne suffisent pas, dit M. Grandeau, pour expliquer les rendements soutenus sans apport d'engrais.

Deux genres de corps constituent l'humus du fumier et du sol. Les uns se distinguent par leur solubilité dans les alcalis et leur insolubilité dans l'eau et les acides ; les autres présentent des propriétés inverses.

Les corps humiques solubles dans les alcalis, constituent la matière noire et existent dans le sol à l'état de combinaison avec la chaux et la magnésie ; la richesse des terres en matière organique n'implique nullement une richesse proportionnelle en matière noire, tandis qu'il existe un rapport entre la teneur du sol en matière noire et la fertilité.

Cette matière noire, inégalement riche en cendres, suivant les sols, renferme les éléments fertilisants que la plante emprunte au sol. Celle des terres noires de Russie est très riche ; elle renferme 8 à 17 d'acide phosphorique et 6,91 d'acide silicique pour cent de cendres.

Des analyses comparées conduisirent M. Grandeau à soupçonner qu'il existe une dépendance absolue entre la proportion des matières noires, solubles dans les alcalis et la fertilité des terres ; cette fertilité croît proportionnellement à la richesse de la matière noire en substances minérales. Pour s'en assurer il voulut constater d'abord si la diffusion des matières minérales de la matière noire à travers les cellules pouvait s'opérer. C'est alors qu'il reprit comme nous l'expérience de Dutrochet, dans un cylindre rempli d'eau distillée pour reproduire artificiellement les conditions dans lesquelles les cellules des racines sont en contact avec l'humus. Ce qu'il avait prévu arriva :

La matière noire, colloïde comme l'argile, resta sur le diaphragme en laissant diffuser à travers la membrane les cristalloïdes qu'elle contenait. M. Grandeau s'est attaché à démontrer ensuite, par la comparaison du rendement annuel de différents sols, que la pratique agricole confirme les prévisions de la science. C'est-à-dire que les terres les plus riches en acide phosphorique, par exemple, les marnes liasiques de Lunéville, donnent des rendements inférieurs à celles qui contiennent ce principe nutritif en moindre quantité, mais incorporé à la matière noire, soluble dans les alcalis ; ce qui prouverait une fois de plus la vérité de ce principe formulé par M. Ville : Que l'analyse chimique, qui détermine la richesse d'un sol en principes minéraux, est impuissante à faire connaître sa fertilité.

Le Dr Holdefleiss a constaté que lorsqu'on arrose des terres riches en humus avec du purin, elles retiennent non-seulement toute l'ammoniaque du purin, mais absorbent encore celle que l'air peut contenir ; tandis que sur le sol arable ordinaire, le purin produit un abondant dégagement d'ammoniaque, c'est-à-dire une déperdition considérable.

D'après des expériences plus récentes de M. le docteur Peterman le dialyseur laisserait passer une forte proportion de matières organiques s'élevant jusque '68 o/o dans les sols sablo argileux. Ces matières complexes ne sont point des composés humiques.

« Les belles recherches de M. Grandeau dit M. Peterman, établissent *que ni l'acide humique, ni l'humate d'ammoniaque ne traversent la membrane végétal*. Mais si M. Grandeau avait soumis à la dialyse le *sol même* au lieu d'opérer sur l'*extrait ammoniacal en résultant,* lequel ne peut renfermer qu'une

partie du mélange complexe constituant la matière organique
du sol, extrait qui au fond n'a été obtenus qu'après une
altération profonde du sol (1), il aurait certainement constaté
comme nous que le sol arable renferme en abondance une
matière organique susceptible de traverser par diffusion la
membrane végétale. »

Le pouvoir absorbant du sol pour chaque élément. D'après
M. W. Knop les propriétés absorbantes des sols peut seule
permettre d'apprécier leur valeur agricole. Les premières
observations précises sur le pouvoir absorbant du sol n'ont
été publiées qu'en 1850 par M. Way, dans le journal de la
Société royale d'agriculture d'Angleterre.

Ce chimiste a constaté d'abord que la quantité d'ammoniaque absorbée par un même sol varie avec le degré de
concentration de la dissolution. La base alcaline seule est
absorbée par le sol, l'acide reste dans la dissolution combiné
à la chaux, et la décomposition du sel s'arrête dès que la
terre cesse d'absorber, car la dissolution reste neutre après
comme avant. M. Brunstlein a montré que dans ce cas il
s'opère une double décomposition qui détermine la formation
du carbonate d'ammoniaque lequel est absorbé par l'*humus*.
Si la terre arable manque de chaux, la réaction ne peut pas
s'accomplir, car l'humus ne peut absorber directement que
l'ammoniaque libre ou son carbonate (2). Une partie de cet
ammoniaque est rapidement oxydé, dans l'humus et dans la
tourbe, pour former des nitrates ou de l'azote libre et de
l'eau ; une autre reste fixée aux acides de l'humus, ce qui
explique la valeur fertilisante de la tourbe, mise en lumière

(1) Pour préparer la *matière noire*, M. Grandeau traite le sol par
l'eau acidulée, avant de l'épuiser par l'ammoniaque.

(2) « On peut filtrer impunément un sel ammoniacal sur de l'humus,
la dissolution passera sans rien perdre jusqu'à ce que l'on ajoute à
l'humus un peu de craie pulvérisée. Alors une portion de l'ammoniaque
sera fixée immédiatement. »

par le professeur M. Ritthausen, de l'université de Heidelberg (1).

M. Brunstlein a constaté aussi, que la terre arable n'absorbe jamais complètement l'ammoniaque d'une dissolution. Il circule donc toujours dans le sol des dissolutions très étendues de cet alcali qui baigne les racines (2).

M. Vœlker, chimiste de la sociéte Royale de Londres, reprenant les expériences de Liebig sur l'absorption de la potasse et de la soude, a trouvé, comme lui, qu'en moyenne pour 3 de potasse que le sol absorbe il retient à peine un de soude ; il n'est donc pas étonnant que les plantes terrestres contiennent souvent de la potasse à l'exclusion de la soude, contrairement aux plantes marines, comme les algues où la soude domine. Cette rapidité de diffusion explique aussi pourquoi les polders, conquis sur la mer, sont débarrassés en peu d'années de leur excès de sel.

De même le *carbonate* de potasse est retenu plus énergiquement que le *sulfate*. Le silicate de potasse est décomposé par l'acide carbonique de l'humus pour former du carbonate de potasse qui est absorbé.

Les phosphates dissous sont rétrogradés par les bases de la terre et transformés en phosphates de fer et d'alumine dans les terrains argileux, et en phosphates neutres basiques de chaux dans les terrains calcaires. Quant aux terrains sablonneux, Vœlker a constaté qu'ils absorbent aussi les

---

(1) On trouve dans la tourbe, outre les sels de l'humus, des acides plus énergiques, *acétiques* et *sulfuriques*, qui fixent l'ammoniaque et dissolvent les éléments minéraux (phosphates). Malheureusement, ces divers sels solubles sont rapidement enlevés par les eaux. Il n'y a que les tourbières recouvertes par la mer périodiquement qui soient riches. Ce que démontre l'analyse des *cendres de Hollande.*

(2) Laboratoire de Boussingault : 100 gr. de terre arable retiennent 0 gr. 0080 d'ammoniaque et en laissent passer 0,206 ; 25 gr. de terre retiennent 0,0036 et laissent passer 0,107 (solution 500 cc. d'eau ammoniacale).

phosphates solubles, de telle sorte qu'il n'y a pas de perte
sérieuse à craindre par les pluies, si l'on n'a pas employé
ces sels en grande quantité. Une argile tenace a absorbé en
24 heures la 1/2, en 8 jours les 2/3 du phosphate soluble
d'un engrais. Dans un sol marneux l'absorption a été plus
rapide encore et plus considérable. La chaux neutralise
immédiatement l'acide du phosphate, contrairement au sable
où il conserve un certain temps ses propriétés CORROSIVES.

Le *sulfate de chaux* est entraîné rapidement par les eaux
pluviales quand il ne se décompose pas en carbonate, ce qui
est le cas ordinaire. L'acide sulfurique s'empare alors de la
potasse existant à l'état insoluble dans le sol, et de l'ammoniaque, ce qui explique son action fertilisante. En résumé,
comme le fait très bien remarquer M. Dehérain, *les substances qui servent de nourriture aux plantes sont précisément
celles qui sont fixées par le sol.* Voelker, en filtrant du purin
à travers la terre arable, l'a démontré d'une façon saisissante,
surtout pour les sols argileux et calcaires. Les sels de soude
et de chaux passent tandis que la potasse, l'ammoniaque et
l'acide phosphorique sont fixés. Cependant, si le sol est
dépourvu de chaux, le purin lui en abandonne au lieu de
l'entraîner. L'analyse des eaux de drainage réalisée à maintes
reprises en Angleterre et en Allemagne, a confirmé ces
résultats. Il n'y a qu'un sel fertilisant qui soit entraîné
constamment par les eaux ; c'est *le nitrate*, preuve évidente
que le sol doit trouver dans l'air une source de restitution
continue de l'élément azoté, qui joue un si grand rôle dans
la production végétale.

Le *chaulage* a pour effet de dégager l'ammoniaque de ses
combinaisons organiques et de précipiter les phosphates.
En activant la décomposition des matières organiques, il
favorise l'assimilation par le sol des éléments fertilisants
qu'elles contiennent, il active singulièrement la végétation
de certains sols riches en débris organisés ; mais le proverbe
reste toujours vrai : *la chaux enrichit les pères et appauvrit*

les enfants parce qu'elle mobilise trop rapidement les réserves du sol en azote. Elle peut provoquer même sa déperdition dans l'air par le dégagement du gaz ammoniaque à la surface des sols d'un faible pouvoir absorbant,

La détermination du pouvoir absorbant des sols arables et des racines des plantes présente aujourd'hui un intérêt d'actualité d'autant plus vif que la question de *l'utilisation des eaux d'égout par l'agriculture* figure à l'ordre du jour de toutes les associations agricoles et préoccupe vivement les administrations des grandes villes.

Pouvoir absorbant du sol pour les eaux d'égout : En nous plaçant au point de vue exclusif du mécanisme de l'absorption par les différents sols, nous constaterons avec M. Schlœsing que les matières insolubles sont arrêtées d'abord par les couches superficielles comme par un filtre. L'eau, débarassée ainsi des impuretés en suspension, descend plus avant et enveloppe chaque particule de terre d'une mince couche liquide. Le liquide présente alors à l'air confiné dans le sol une surface énorme, de telle sorte que tous les éléments organiques dissous sont brulés par l'oxygène et retournent à l'état minéral, en se transformant en eau, en acide carbonique et en azote ; quand l'oxydation est rapide, l'azote lui-même se brûle et se transforme en acide nitrique qui constitue le meilleur principe fertilisant de l'engrais.

Les matières insolubles de la surface n'échappent pas davantage à l'action de l'oxygène et se transforment par combustion lente en *humus*.

Selon Frankland, les matériaux purificateurs qui existent dans le sol, chaux, alumine, oxyde de fer, enlèveraient, par attraction de surface, toute la matière polluante dissoute ou suspendue ; ces bases poreuses du sol attirent et condensent l'oxygène de l'air comme une éponge de platine, et provoquent la combustion des substances hydrocarbonées et ammoniacales du sewage. *Ainsi le dosage de l'acide nitrique et de l'acide carbonique formés, permettrait de déterminer la nature et le degré de pollution des rivières*, car l'azote indique une pollution d'origine animale et le carbone une pollution d'origine végétale.

Il est à remarquer que ces matières fertilisantes organiques, qui s'écoulent en pure perte dans nos rivières, n'échappent pas plus à la combustion dans l'eau que dans le sol. La preuve en est fournie par l'analyse des eaux en aval et en amont de Londres et de Paris. Là, où les collecteurs déversent leurs immondices, l'oxygène dissous dans l'eau disparaît pour effectuer la combustion, tandis qu'une grande quantité d'azote indique la pollution d'origine animale de la rivière. Mais à mesure qu'on descend le fleuve, l'azote diminue et l'oxygène reparaît, de telle sorte que l'eau reprend sa salubrité à quelques dizaines de kilomètres. Cependant d'autres observations tendent à démontrer que, quand le sewage est trop abondant et le cours de l'eau trop lent, l'action de l'oxygène est insuffisante et que la *putréfaction* remplace la *combustion*.

En tous cas, dans le sol la combustion est complète et l'engrais est utilisé sous toutes ses formes. Il est même certain, depuis les expériences de M. Berthelot, que les principes organiques insolubles qui se déposent à la surface du sol contribuent à fixer l'azote de l'air, en vertu d'une réaction aussi nécessaire et aussi générale que l'action oxydante de l'air sur les végétaux ; cette réaction s'effectue sans faire intervenir une influence autre que la différence du pouvoir électrique qui se développe incessamment dans l'atmosphère entre le sol et les couches d'air situées à deux mètres plus haut.

M. Boussingault a constaté que les matières organiques, même lorsqu'elles contiennent de l'azote, *ne se sont pas nitrifiées quand elles sont divisées dans du sable et de la craie,* tandis que si le sable et la craie sont mêlés avec un peu de *terreau de jardinier, la nitrification de l'ammoniaque s'effectue en quelques jours;* ce qui prouverait que l'humus ou le terreau, résidus de l'oxydation des matières végétales, possède la propriété d'exciter la combustion de l'ammoniaque, sinon de fixer l'azote de l'air.

Lors de notre dernière visite au laboratoire de l'Institut agronomique de Paris, M. Müntz, collaborateur de M. Schlœsing, nous a montré un appareil fort simple qui leur a permis de constater que l'eau d'égout ne se nitrifie que sous l'influence de ces matières organiques contenant des ferments invisibles et vivants dont la respiration produirait l'oxydation. En effet, si l'épuration s'établit dès le premier jour dans les eaux dégout, cette épuration ne se produit pas quand on les filtre sur du sable calciné ; et la nitrification s'arrête dès qu'on y fait passer des vapeurs de chloroforme dont les propriétés asphyxiantes s'étendent, chacun le sait, à tout ce qui vit. La sécheresse entrave absolument la transformation des matières azotées en nitrates. De plus, la nitrification ne s'effectuerait que dans les limites de température de la vie cellulaire ; presque nulle au-dessous de 5° elle devient appréciable à 12° et augmente jusqu'à 37° pour diminuer graduellement jusqu'à 55° où elle s'arrête tout à fait. Le ferment se présente au microscope sous forme de globules acculés deux à deux. Reste à expliquer comment le salpêtre se forme si rapidement sur les pierres et les plâtras des caves humides (1).

(1) Depuis lors M. Gayon, directeur de la Station agronomique de Bordeaux, a signalé l'existence d'un autre ferment vivant, aux fonctions opposées, *anaerobie*, qui produit la dénitrification avec dégagement d'azote d'hydrogène et de protoxyde d'azote dans les profondeurs du sol. *Bulletin de l'académie des sciences de Paris*, Octob. et Novemb. 1882.

MM. Dehérain et Maquenne pensent avoir découvert l'un au moins des microbes qui déterminent la disparition des nitrates dans la terre végétale. Ce serait, le vibrion butyrique et les auteurs appuient leur démonstration sur l'expérience suivante : De la terre végétale pourvue de nitrate est additionnée d'eau sucrée, puis abandonnée à l'abri du contact de l'air. Il se dégage de l'azote et de l'hydrogène et l'on décèle dans la terre la présence de l'acide butyrique.

L'oxydation rapide qui détruit la matière organique empêche les pores du sol de se boucher, si par l'intermittence des irrigations et la fréquence des labours on favorise l'accès de l'air. C'est dans ces conditions que l'on a obtenu aux environs de Londres et de Paris des récoltes vraiment fabuleuses, donnant jusque 8,000 francs de produit par hectare, sans préjudice pour la santé publique.

L'expérience a établi que le sol nu, sans végétation, suffit à établir l'épuration parfaite. La plante ne constitue guère un agent épurateur puisque ses racines n'absorbent que des matières retournées à l'état minéral pour les organiser de nouveau.

Elle ne concourt à l'épuration que par l'évaporation et en augmentant la couche d'humus qui accélère la combustion. L'acide nitrique, qui résulte de cette action chimique continue, est la forme sous laquelle l'azote doit être présenté à la végétation pour que celle-ci en tire parti. Ce fait a été prouvé en Allemagne par les recherches de Helbriegel. *L'ammoniaque ne donne que des négatifs s'il ne peut se convertir en nitrate par l'oxydation.* Mais tandis que l'ammoniaque est facilement absorbé et conservé par les particules terreuses, l'acide nitrique ne jouit pas de cette propriété. Il disparaît aisément dans les profondeurs et voilà pourquoi il importe d'en tirer parti immédiatement en multipliant les cultures intensives et dérobées et en choisissant de préférence des plantes dont les racines pivotantes s'alimentent dans le sous sol.

L'eau d'égout est un engrais à action immédiate qui cesse dès qu'on cesse de l'appliquer. L'expérience confirme donc à la lettre les données de la physiologie végétale et de la chimie agricole.

Pour fertiliser un hectare de terre, on a calculé qu'il faut en moyenne 66 personnes, soit 5,303 hectares pour la ville de Bruxelles, qui compte environ 350,000 habitants. M. Dussart, en se fondant sur les tableaux d'analyses de

Boussingault, a calculé *qu'un hectare* demande 155 *kilogrammes d'azote* (1).

5,575 hectares exigeront donc 864,150 *kilogrammes* de cette substance ; or ce chiffre représente le rendement annuel de nos égouts. Nous sommes loin, on le voit, des quelques hectares affectés à cet usage par la ville de Bruxelles sur les plateaux de Loo et de Peuthy.

Chaque terre possède une capacité d'absorption pour les engrais différents de sa capacité d'apsorption pour le sewage; souvent même ces deux pouvoirs sont en raison inverse l'un de l'autre.

Ainsi les terrains sablonneux présentant des pores beaucoup plus larges, et par conséquent plus perméable à l'air transforment plus rapidement l'azote et le carbone en acide nitrique et carbonique, de telle sorte qu'ils peuvent supporter plus d'arrosages et réalisent plus rapidement l'épuration des eaux.

Mais les terrains argileux, humiques et marneux, utilisent mieux les principes fertilisants, conformément aux principes développés précédemment.

La durée de la filtration dans l'argile est à la durée de la filtration dans le sable comme 43 est à 1.

Le volume d'eau, absorbé par l'argile est au volume absorbé par le sable, après égouttage, comme 2, 5 est à 1.

Mais les irrigations fréquentes aux eaux d'égouts, au lieu de diminuer la capacité d'absorption pour les sels fertilisants

____

(1) Chaque personne fournit annuellement à l'égout environ :

   3 kilogr. d'azote ;
   1 » d'acide phosphorique ;
   2 » de potasse.

L'exclusion des matières fécales diminue fort peu la pollution des égouts, car l'analyse prouve qu'elles sont douze fois moins riches que les liquides en produits fertilisants.

(DUSSART, *Examen des trois projets d'utilisation de la ville de Bruxelles.*)

dans les terrains sablonneux, *l'augmentent* d'année en année, précisément parce qu'elles concourent à former cette couche *d'humus,* qui remplit les fonctions assimilatrices de l'argile et favorise l'oxydation des principes organiques par la présence des ferments.

Des expériences exactes prouvent que le pouvoir absorbant d'un sol sablonneux pour les sels fertilisants du purin ou du sewage est *doublé* au bout de trois ans, résultat que l'on obtiendrait pas si l'on irriguait avec de l'eau d'égout filtré, c'est-à-dire privée des principes organiques insolubles nécessaires pour constituer l'humus.

On a constaté que les eaux d'égout de la ville de Bruxelles produisait rapidement l'obturation des pores du sol. Il en résulte une sorte de feutrage qui entrave l'essor de la végétation et stérilise les expériences tentées jusqu'à ce jour.

Rappelons à ce propos qu'en Angleterre, l'on a paré à cet inconvénient par les labours fréquents, comme l'on a remédié à la sursaturation du sol par le drainage.

Dans ces conditions, l'air circulant dans le sol d'une manière continue opère la combustion des matières organiques et les transforme rapidement en humus.

Il ne faut pas oublier que le drainage, par le fait même qu'il empêche la saturation du sol en favorisant la circulation des liquides, favorise la circulation de l'air. Tout comme les courants marins, qui circulent de l'équateur aux pôles entraînent à leur suite des courants d'air, qui viennent apporter la chaleur et la vie dans nos climats et régularisent l'équilibre de la température à la surface du globe.

Le drainage contribue donc pour une large part à la combustion complète des matières organiques qui boucheraient sans cela les pores du sol et subiraient la décomposition putride par suite d'une combustion lente et incomplète. Dans ce cas, les matières organiques, d'origine animale ou végétale, au lieu de se résoudre en acide carbonique, nitrique et sulfurique, engendrent de l'ammoniaque, des dérivés ammoniacaux, du sulfhydrate d'ammoniaque et du gaz des marais. Ces produits de la décomposition putride n'existent pas dans les eaux de drainage qui ne contiennent d'ordinaire que des produits de la combustion complète de l'azote, du carbone, du soufre et du phosphore.

On a constaté dans plusieurs villes d'Angleterre (1) une diminution considérable dans la mortalité par la phtisie et le typhus, depuis le drainage du sous-sol des quartiers les plus malsains où les infiltrations putrides étaient entretenues par la sursaturation.

Il est facile de mesurer le pouvoir absorbant pour le sewage des différents sols (méthode de Frankland) : On place dans une caisse sans fond un prisme du terrain dont on veut mesurer le pouvoir épurateur et nitrifiant, en conservant soigneusement l'épaisseur et la superposition des couches; une double pesée indique le pouvoir absorbant, puis l'on procède à un arrosage journalier. Si le prisme qui repose sur du gravier a, par exemple, une épaisseur de 2 mètres, et absorbe 150 litres : 20 litres par jour et par mètre donneront 300 divisé par 20, c'est-a-dire 15 jours. Dès que l'eau qui sort de la caisse ne contient plus d'azote oxidé, sous forme de nitrate, le pouvoir épurateur est épuisé et le titre de l'acide nitrique donne la mesure du pouvoir épurateur.

Dans la plaine Genevilliers, 15 litres par jour et par mètre cube, toute l'année, fournissent une combustion complète de 55000 mètres cubes par hectare et par an.

CIRCULATION DE L'AZOTE ET DU CARBONE
DANS LA NATURE.

Lawes et Gilbert concluent d'accord avec Boussingault et G. Ville *que l'atmosphère est la source principale, si ce n'est exclusive, du carbone des récoltes;* mais ils ne sont point d'accord sur la source principale de l'azote.

(1) Leicester, Salisbury.

D'après M. Schlœsing *la mer* serait le régulateur de la distribution annuelle de l'azote et du carbone à la surface des continents.

L'on sait que l'acide carbonique se trouve toujours dans l'atmosphère en proportion identique, 4 dix-millièmes, en dépit des quantités énormes de carbone qui se fixent dans les végétaux. M. Boussingault fait observer qu'indépendamment des combustions naturelles, les volcans constituent la principale source de restitution de l'acide carbonique. Ils en dégagent des quantités énormes et se trouvent précisément dans le voisinage de la mer. L'océan contient en réserve des quantités d'acide carbonique vingt fois plus considérables, comme il resort des analyses comparées de l'eau de mer et de l'air.

1 mètre d'eau de mer contient 21 litres de gaz dont 0/0 :

32 d'oxygène

48 d'azote

19 d'acide carbonique ;

tandis qu'un même volume d'air correspond à

21 d'oxygène

79 d'azote

0,0003 d'acide carbonique

L'acide carbonique dissous dans l'eau de mer y rencontre l'ammoniaque, qui résulte de la décomposition des animaux et des plantes de marines, et forme avec lui un sel volatil, *le carbonate d'ammoniaque*, qui est aspiré par le soleil avec le gaz acide carbonique et diffusé par les vents à la surface du globe. M. Schlœsing vient d'établir par d'innombrables expériences cette admirable pondération des éléments fertilisants de la végétation.

Il y a dosé l'ammoniaque dans l'air et dans la mer ; tandis que l'eau de mer en contient toujours trois, quatre ou cinq cent grammes par mètre cube, l'atmosphère n'en contient que 1 à 10 centièmes de milligr. pour le même volume. Chaque hectare de surface de mer contiendrait suivant ces données 4000 kilogr. d'ammoniaque. La tension du gaz dans un liquide étant proportionnelle à la température, on s'explique très bien que l'ammoniaque et l'acide carbonique se volatilisent sans cesse à la surface des mers tropicales où le soleil communique aux masses liquides des quantités d'énergie suffisantes pour les élever dans l'atmosphère. Poussant plus loin ses patientes recherches. M. Schlœsing a déterminé les lois du partage de l'ammoniaque entre les nuages et les couches d'air, c'est-à-dire dans les milieux variables avec la température et la pression. Il résulte de ces belles expériences que la vapeur d'eau et l'ammoniaque sortis de la mer se précipitent dans des rapport très différents à mesure que l'air se refroidit jusque zéro ; l'ammoniaque condensée par la pluie croît rapidement à mesure que la température s'abaisse. Mais au delà de zéro, l'eau seule se précipite sous forme de neige entraînant parfois mécaniquement dans sa chute les poussières de nitrate ammoniacal qui ne possèdent pas de tension comme le gaz ammoniac. C'est pourquoi la neige contient parfois de l'azote, bien qu'en général elle emprunte plutôt cet élément au sol qu'elle recouvre, ce que démontre l'analyse comparée de la neige tombée sur la pierre et sur *le sol arable* (1). C'est aussi pourquoi certains brouillards

---

(1) M. Boussingault, en 1853, a trouvé qu'un litre d'eau fraîchement tombée sur une terrasse renfermait 0,00178 grammes d'ammoniaque ; lorsque la neige tombée simultanément avec la précédente avait séjourné 36 heures sur une terre de jardin, elle dosait 0,0134 grammes d'ammoniaque.

M. Filhol, à Toulouse, a obtenus 0,0060 d'ammoniaque par litre d'eau de neige, et lorsque celle-ci était restée 36 heures sur le sol, le dosage n'accusait plus que 0,0030 grammes, MM. Knop et Wolff ont obtenu en 1860, à Mockern prés de Leipsig :

Neige du 18 au 21 avril, 0,003 grammes d'ammoniaquē.

    „   28 novembre, 0,001   „

M. Boussingault trouva dans des grelons 0,0022 d'ammoniaque.

Dans la pluie tombée simultanément, il trouva 0,0021.

MM. Wolff et Knop dans des grelons recueillis en août 1860, 0,0020.

sont très riches en azote combiné, parce qu'ils ont absorbé l'ammoniaque des couches d'air inférieures refroidies à zéro (Analyse de Boussingault : 40 milligr. d'ammoniaque par litre ; Rosée 5 milligr. Liebenfrauberg). C'est donc une erreur de croire que la pluie condense presque entièrement l'ammoniaque d'un nuage ; suivant les saisons, la variation de la température modifie considérablement cet entraînement.

Contrairement à la mer, la terre arable retient plus énergiquement, par les chaleurs, l'ammoniaque qu'elle absorbe, mais elle ne la transforme pas ; tandis que les terres humides la transforment en nitrate, de telle sorte que l'équilibre de tension n'étant jamais atteint, la terre peut toujours en absorber de nouvelle. *Si l'ammoniaque domine sur les nitrates dans l'eau de mer, la proportion est renversée dans l'eau de rivière,* ce qui démontre à l'évidence que ces sels sont décomposés dans la mer par les organismes agissant comme des agents réducteurs. Les nitrates charriés par les rivières résultent au contraire de la combustion des matières ammoniacales à la surface du sol, qui constitue un milieu oxydant. Tel serait le cycle des éléments de la vie dans la nature.

La mer et la terre maintiendraient l'équilibre de la restitution, par un antagonisme comparable à celui qui existe entre le règne végétal réducteur et le règne animal oxydant.

Dans la pluie tombée en même temps, ils trouvèrent 0,0020.

L'importance de ces chiffres n'échappera à personne et montre combien la neige peut être utile au sol par rapport aux matières fertilisantes qu'elle contient, outre la protection efficace qu'elle apporte aux récoltes, contre les effets des fortes gelées.

La neige fondant au soleil et lentement, est bien plus susceptible de favoriser le dépôt d'ammoniaque dans le sol que la neige fondant par une pluie battante ; celle-ci ne peut laisser que peu d'engrais, l'eau entraînant les gaz ammoniacaux contenus dans les cristaux de neige.

En 1880, l'hiver a été très-rigoureux, mais la neige n'a disparu que sous l'influence du soleil de mars ; chacun sait combien cette-année toutes les récoltes ont été abondantes. (*Journal de l'agriculture*).

M. Schlœsing a pu calculer que si un litre de rosée fixe 5 milligrammes d'ammoniaque, le végétal qui contient, 80 o/o d'eau, comme la luzerne, peut fixer en 6 heures par hectare 240 grammes d'ammoniaque, soit 57 kilogrammes au minimum en 240 jours, correspondant à 17 kilogrammes d'azote (1). Il s'agit d'expliquer en effet *comment l'azote contenus dans les récoltes est supérieur à l'azote fourni par les engrais et par le sol.* Ce fait capital, constaté par Boussingault, confirmé par Grignon, a été mis particulièrement en évidence pour les légumineuses par G. Ville, Schultz, Lawes et Gilbert.

Même en ajoutant l'azote fourni par l'atmosphère sous toutes les formes, Lawes et Gilbert constatent que l'azote produit excède sensiblement l'azote fourni par la semence, le sol et l'engrais. Fait d'autant plus frappant *que la nitrification du sol arable est une source continue de déperdition de cet élément.*

En 1877 et 78, les lupins cultivés dans un sable stérile à la station de Munich ont donné une grande quantité de plantes et de semences riches en azote. Les expériences de MM. Lawes et Gilbert sur le trèfle, prouvent que la matière azotée se montre décidément nuisible après la première période de la végétation.

(1) Les observations faites à l'observatoire de Monsouris, par MM. Albert Lévy et Allaire, évaluent à 13 *kilogrammes par hectare la quantité d'ammoniaque apportée en un an par les pluies ;* mais des observations antérieures de Marié Davy, de Boussingault et de Frankland donnent une moyenne plus élevée, *soit de 9 à 11* kilogrammes d'azote combiné par hectare et par an. Il est certain que l'eau pluviale absorbe plus d'ammoniaque que d'acide carbonique.

Or, si les eaux météoriques ne fournissent que 11 kil. d'azote combiné à l'hectare, il reste à fournir, d'après les analyses des récoltes, environ 43 kilogrammes par l'air ou par le sol.

A L'HECTARE.

Expér. :	Engrais minéral sans azote.	Engrais minéral avec azote.
1849. . .	9.625 kil.	9.550 kil.
1850. . .	2.350 »	2.406 »
1851. . .	5.372 »	3.611 »

Depuis lors les expériences de M. Schultz, ont montré que sous l'action de la *Kaïnite*, les légumineuses accumulent dans les sols stériles des quantités d'azote considérable.

Pour une période de 15 ans la fixation de l'azote dans une culture de lupin a atteint le chiffre de 1357 kilog. (1).

On se rappelle les expériences saisissantes de la ferme de Vincennes, qui amenèrent M. G. Ville, après que M. Boussingault eut prouvé, contrairement à l'opinion de Liebig, la nécessité de la restitution de l'azote, à soutenir la fixation directe de l'azote par les feuilles, principalement dans la famille des légumineuses. Cet élément capital, dont la restitution est nécessaire à toutes les cultures, paraît plus nuisible qu'utile aux trèfles, aux pois, à la luzerne, etc., qui se développent parfaitement au moyen de l'engrais minéral seul. Frappé de ce fait étrange, qui divisáis à ses yeux les plantes en deux groupes bien distincts, M. Ville entreprit, dans son grand laboratoire de la rue Cuvier, une série d'expériences vivement controversées depuis. Il affirma la fixation de l'azote libre dans l'air ou dissous dans la sève (2), *par*

(1) Voir chap. VI *Revue des questions scientifiques* ~~prairies artifié~~ de Bruxelles. Tome XIV p. 662.

(2) « La séve de certains champignons jouit de la propriété d'ozoniser l'oxygène de l'air. Est-il probable que l'azote dissous dans la sève ne subit aucune action de la part de l'oxygène ozonisé avec lequel il est mélé, lorsque nous savons que cette sève contient des alcalis et traverse des tissus dont l'état de porosté dépasse celui de la mousse de platine, si apte à favoriser les combinaisons. »

l'oxygène ozonisé et *l'hydrogène naissant* qui résultent de la décomposition de l'acide carbonique et de l'eau dans les feuilles exposées à la lumière. MM. Lawes et Gilbert furent amenés à contredire ces résultats par leurs expériences. Ils firent remarquer que l'ozone ne pouvait se former sous l'action éminemment réductrice des rayons solaires, et pouvait encore moins prendre naissance dans l'obscurité, alors que l'oxygène est employé à l'oxydation du carbone. Mais l'observation infirme leur théorie, car l'oxygène exhalé par les feuilles est fort ozonisé dans les bois ; c'est pourquoi les forêts ont une odeur spéciale, surtout après la pluie (Précis d'hygiène ; Lacassagne 1876). Ils constatèrent, néanmoins, que l'azote des engrais, sous forme de nitrates, est plus nuisible qu'utile aux légumineuses, qui paraissent cependant favoriser sa formation dans le sol. Ils constatèrent aussi que, avec des engrais minéraux sans azote, la légumineuse exerce toujours sur le blé qui la suit le rôle de plante améliorante et d'engrais azoté.

De son côté, M. Boussingault expérimentait en vase clos sur la terre végétale et artificielle, et concluait à la non-assimilation de l'azote libre de l'air par les plantes, après de nombreuses expériences.

D'où vient donc cet excédant d'azote qui fait que le trèfle, par exemple, fournit deux ou trois fois plus d'azote à l'hectare qu'une récolte de céréales, tandis qu'il extrait du sol trois fois plus de potasse et d'autres sels minéraux que les récoltes d'orge et de blé (1)? Peut-on expliquer ce gain considérable en azote en recourant seulement aux eaux météoriques, à l'ammoniaque de l'air condensé dans le sol et aux dépôts d'azote assimilable antérieurement accumulés? Ou bien, faut-il admettre que le feuillage très différent des légumineuses leur donne la faculté d'absorber l'azote atmos-

---

(1) Une récolte de 11,000 kil. de trèfle sec contient 75 kil. acide phosphorique, 222 kil. soude et potasse, 330 kil. chaux et magnésie.

phérique, libre ou combiné, à un degré tout autre que le feuillage des graminées ou des plantes-racines, qui présentent cependant un développement foliacé beaucoup plus considérable que les fèves, les pois, etc.? Ces questions ont conduit les chimistes contemporains à rechercher avec ardeur les sources naturelles de l'azote, dans l'air, dans l'eau et dans le sol.

M. le Dr Schneider a calculé dernièrement la surface foliacée des différentes cultures et a constaté un rapport constant entre cette surface et la quantité d'azote atmosphérique fixée par les végétaux. D'après ses calculs, la luzerne, le trèfle et l'herbe des prés présenteraient quatre fois plus de superficie que les pois, les vesces et les féverolles; tandis que le haricot, qui ne prospère qu'avec une bonne fumure, n'offre pas plus de surface que la pomme de terre pour trois mille kilogr. de fanes. Les plantes épuisantes en azote sont celles qui présentent le moins de surface (1).

M. Dehérain enseigne que l'action améliorante des légumineuses doit être attribuée surtout à ce que l'humus du sol formerait des combinaisons azotées solubles et assimilables, en présence *des alcalis* que cette culture exige; il suppose même que ces combinaisons azotées spéciales sont nécessaires aux plantes de la famille des légumineuses.

Il ressort, en effet, des expériences de Lawes et Gilbert, que la restitution la plus intensive d'engrais minéraux ne peut prévenir le *refus* du sol à porter le trèfle, quand il ne contient pas beaucoup de terreau générateur d'humus. Ces expériences isolées ne suffisent pas à nos yeux pour infirmer les expériences précises dans le *sable calciné,* qui nous montrent diverses plantes de la famille des légumineuses, accomplissant très normalement le cycle de leur évolution, sans humus ni fumier. M. Dehérain nous paraît, à son insu,

____

(1) Blé 112, betterave 92, pomme de terre 80, par mètre carré de surface (Schneider).

encore imbu des anciennes idées des fondateurs de l'Economie rurale et de la Chimie agricole, tels que Thaër, Gasparin, Mathieu de Dombasle et de Saussure, qui faisaient de *l'humus* le régulateur de la production agricole et niaient le rôle prédominant des éléments fertilisants minéraux.

Quand on fait passer, dit M. Dehérain, de l'azote pur à travers des matières organiques non azotées livrées à une combustion interne et dégageant de l'acide carbonique, telle que l'humus, on reconnaît qu'une certaine quantité d'azote a été fixée. En opérant dans un atmosphère confinée à l'abri de l'oxygéne, on voit l'azote diminuer de volume, et l'analyse constate sa présence dans la nouvelle matière formée. Mais ce phénomène ne peut s'opérer dans les couches superficielles du sol où l'air pénètre ; car l'hydrogène naissant, provenant de la combustion interne des matières organiques, s'unit de préférence à l'oxygène plutôt qu'à l'azote. Ce n'est donc que dans le sous-sol que ce phénomène peut s'accomplir. Précisément, les légumineuses, dont les racines pénètrent dans les couches profondes laissent dans le sous-sol d'abondants débris. Parmi les plantes de grande culture, certaines léguminenses fouillent le plus profondément.

M. Dehérain invoque à l'appui de cette hypothèse les expériences de Rothamsted. MM. Lawes et Gilbert ont prouvé que le trèfle peut se maintenir indéfiniment dans des terres riches en humus, comme la terre de jardin, tandis qu'il s'épuise fatalement dans la terre arable ordinaire. A la station agricole de Gand, M. Simon est arrivé, de son côté, à fixer de l'azote sur de l'humus extrait de la tourbe, ce qui confirme la production de composés carbo-azotés dans un milieu privé d'oxygène.

Les longues expériences de M. Mayer, à la station agricole de Heidelberg, ont amené leur auteur à conclure que la seule voie par laquelle les plantes puissent recevoir la quantité d'azote, indispensable à leur végétation, est celle des racines, et qu'on doit faire abstraction de la quantité à

peu près infinitésimale de ce corps simple que les organes
aériens peuvent puiser dans l'atmosphère.

M. Boussingault était arrivé depuis longtemps aux mêmes
conclusions, en opérant sous des clocles qui laissaient l'air
se renouveler librement. Toutefois, M. Mayer constate que
les feuilles des végétaux supérieurs absorbent du carbonate
d'ammoniaque, sous la forme gazeuse, qui subit une élaboration physiologique et peut amener une plante à une végétation plus vigoureuse en l'absence de toute autre nourriture
azotée. Il admet aussi que les végétaux verts ont une sensibilité fort différente relativement au carbonate d'ammoniaque, et que les papillonacés se montrent un peu plus
sensibles que d'autres à l'action d'une atmosphère ammoniacale. Les chose en étaient là, lorsque M. Berthelot vint
confirmer par d'inombrables expériences la théorie généralement abandonnée de M. G. Ville.

L'éminent chimiste qui a renversé la barrière entre la
chimie minérale et la chimie des êtres vivants, M. Berthelot
a prouvé que la fixation de l'azote par les matières végétales
sous l'influence de l'effluve électrique normale de l'atmosphère, est un phénomène général continu.

Il suffit de lire attentivement les innombrables expériences
de ce savant, publiées dans les *Bulletins de l'Académie des
Sciences de Paris* (1877) pour se convaincre de la réalité du
fait. Or, il convient de rappeler ici qu'il y a près de vingt
ans que M. G. Ville avait proclamé cette découverte dans
différents mémoires ; mais l'Académie qui accueillit d'abord
ces expériences avec la considération qu'elles méritaient, ne
tarda pas à les révoquer en doute et à discuter leur valeur,
en présence des expériences de M. Boussingault dont le
nom faisait autorité.

Or, M. Boussingault n'avait expérimenté que sous des
cages en verre qui *isolent l'électricité,* c'est-à-dire qu'il s'était
placé précisément, sans le savoir, dans les conditions artificielles où le phénomène normal ne peut plus s'accomplir.

La preuve en a été fournie récemment par M. Grandeau ; ayant cultivé à Nancy des plantes de tabac, de pois, etc., sous un simple treillis *en fil de fer* qui laisse l'air et l'eau circuler librement, mais soustrait la plante aux effluves électriques, il constata que ces végétaux n'avaient point fixé la moitié de l'azote nécessaire à la constitution de leurs tissus.

Cette curieuse expérience, qu'il est facile de contrôler par soi-même, confirme d'une manière éclatante le rôle de l'électricité dans l'assimilation végétale que Becquerel avait affirmé depuis longtemps en constatant la présence de courants électriques innombrables dans les tissus des plantes et des animaux, comme dans les pores du sol, de l'humus et du fumier. Mayer a donc tort de conclure « que la théorie ne peut expliquer le rôle des légumineuses dans les rotations et en particulier le rôle du trèfle, qu'il faut invoquer des causes autres que l'assimilation de l'azote, telle que la protection plus manifeste du sol contre l'action des rayons solaires permettant une répartition plus égale de l'humus, etc. »

En résumé, on ne peut expliquer d'une façon satisfaisante le rôle des cultures améliorantes et l'excédant considérable d'azote constaté au terme d'une rotation régulière dans le sol, malgré la déperdition continue des nitrates que par la théorie de M. Berthelot. Seule cette théorie peut expliquer la fertilité indéfinie des sols *qui ne reçoivent aucun engrais* comme les prairies des hautes montagnes étudiées par M. Truchot en Auvergne (1) et situées en des lieux où les tensions électriques acquièrent des valeurs considérables.

Seule elle peut rendre compte de ce fait bien constaté aujourd'hui c'est que les légumineuses qui *absorbent beaucoup plus d'azote que les céréales, accumulent nonobstant cet élément dans le sol* et l'enrichissent rapidement au lieu de l'épuiser.

La théorie émise par M. Schlœsing de la condensation de l'ammoniaque par les brouillards et la rosée sur les plantes,

____

(1) *Annales agronomiques*, tome I, p. 549, 1875.

peut paraître suffisante à première vue ; mais il répugne d'admettre, en présence de *la loi* découverte par M. Berthelot, que les doses infinitésimales de carbonate d'ammoniaque de l'atmosphère constituent la source unique de l'azote fixé par les végétaux.

CIRCULATION DES MINÉRAUX, DES LIQUIDES ET DES GAZ DANS LE SOL.

La recherche des sources et la jachère. La formation naturelle et artificielle du sol arable. Amendements et engrais.

La chaleur qui rayonne sur les sols arables détermine l'ascension des eaux du sous-sol. C'est ainsi que les nitrates peuvent remonter à la surface et qu'à différentes époques de l'année, l'analyse du sol accuse une teneur variable en azote.

A la fin du dernier siècle, Dalton avait inventé un appareil qui lui permit de constater qu'en moyenne l'eau de drainage représente 25 o/o et l'eau évaporée 75 o/o de la pluie tombée en un an sur une surface cultivée. Ces observations ont été confirmées depuis par les travaux de MM. Risler, Lawes et Gilbert.

Ces savants ont constaté qu'une bonne récolte de foin ou de céréales évapore pendant sa croissance jusque 28 o/o de la pluie tombée annuellement. Pour déterminer la filtration dans le sol aux diverses saisons, Lawes et Gilbert ont opéré sur la terre naturelle, en place circonscrite par un mur cimenté avec un fond de tôle perforée. Les jauges qu'ils ont construites ainsi de 0 m. 50, 1 m., 1 m. 50 leur ont permis d'étudier l'action capillaire des terres.

La hauteur moyenne de la pluie tombée ayant été de 0 m. 711 pendant cinq ans, l'infiltration a été de 0,260 de hauteur d'eau sur une épaisseur de 0, m. 50.; de 0, 254 sur un mètre, de 0,205 sur 1 m. 50. Pendant les mois d'automne il s'infiltre moins d'eau à travers 1 m. 50 qu'à travers 1 m., et moins à travers 1 m. qu'à travers 0 m. 50. C'est l'inverse pendant les pluies de l'hiver.

L'infiltration dépend aussi de la couverture du sol qui règle l'évaporation.

Ainsi le *sol* des forêts n'évapore que 22 o/o du sol découvert; aussi est-il plus humide en été. Le sol cultivé avec engrais retient quatre à huit centim. cubes d'eau de moins que le sol sans engrais (Ronna).

Il va sans dire que l'inclinaison, l'altitude, la perméabilité plus au moins grande du sous sol, joue un rôle considérable dans la circulation des eaux pluviales et souterraines.

C'est en se servant des cartes *hypsométriques* et en tenant compte de la nature des couches géologiques que les *découvreurs* de sources peuvent indiquer souvent à coup sûr la présence des nappes souterraines à des profondeurs déterminées. L'abbé Paramelle avait découvert ainsi à lui seul plus de dix mille sources et, de nos jours, l'abbé Richard a ramené la fertilité dans certaines régions agricoles en faisant jaillir l'eau de la terre suivant les mêmes procédés. Il est profondément regrettable que le successeur de Paramelle ait cru devoir faire mystère de cette science que tout véritable ami de l'humanité devrait chercher au contraire à vulgariser le plus possible dans nos campagnes (voir *Revue des questions scientifiques de Bruxelles,* tome sixième, 1879. La recherche des sources par l'abbé Boulangé).

L'*irrigation* et le *drainage* sont les deux grands moyens employés par l'agriculture pour remédier à l'insuffisance de l'eau et de sa circulation dans le sol. Nous croyons inutile de nous appesantir encore sur les effets merveilleux qu'on en obtient dans les défrichements et les régions malsaines, inhabitables et stériles, dépourvues ou surtaturées d'eau. (voir chap. III).

11.

Bornons-nous à rappeler que la circulation de l'eau implique la circulation des gaz qu'elle tient en dissolution, ou qu'elle entraîne à sa suite. Elle peut donc contribuer au même titre que les labours fréquents à l'aération du sol qui favorise singulièrement *l'assimilabilité* de ses éléments fertilisants insolubles.

La GELÉE constitue un agent naturel très-puissant de mobilisation des éléments fertilisants du sol. D'après M. Risler, directeur de l'Institut national de Paris, ELLE FAIT DE LA TERRE en pulvérisant les mottes, comme elle fait éclater les roches les plus dures par dilatation de l'eau à 0°. Il en résulte que plus la terre est humide et plus la gelée agit sur elle. Ce qui explique pourquoi l'argile qui retient beaucoup d'eau est beaucoup plus sensible à l'action du froid que le sable. En général les terres fortes labourés à l'automne donnent de meilleures récoltes après un hiver rigoureux qu'après les hivers pluvieux sans gelée.

Les labours fréquents et profonds déterminent une mobilisation immédiate des éléments enfouis dans le sol. Sous l'action de l'oxygène et des ferments de l'air, de la pluie et de l'acide carbonique, les éléments assimilables en *réserve* se transforment en éléments assimilables *actifs*.

Les matières organiques se consument en dégageant de la chaleur et de l'électricité et en produisant de l'oxygène, de l'azote et de l'acide carbonique. Les acides de l'humus se forment, la nitrification s'accélère et sous l'influence de ces nouveaux agents dissolvants, les phosphates insolubles sont assimilés par les végétaux. La silice elle-même circule en s'unissant à la potasse ou à l'acide carbonique pour se transporter dans les tiges des graminées. Les sels des couches profondes ainsi mobilisés remontent à la surface par l'évaporation. Les plantes racines exercent une fonction analogue en puisant des sels dans le sous sol pour les ramener à la surface où s'accumulent leurs débris.

M. Weiscke de la station de Proskau a calculé que le trèfle

laisse après deux ans dans le sol 10,000 kilog. de matière sèche contenant

Azote 215 kil.

Acide phosphorique 84 kil.

Potasse 92 kil.

Chaux 294 ; ce qui équivaut à une bonne fumure.

Le blé par les racines et les chaumes ne laisse que 3,900 kil. de matières sèches contenant

Azote 26 kil.

Acide phosphorique 13 kil.

Potasse 21 kil.

Chaux 86 kil.

Ces chiffres expliquent pourquoi l'on a pu croire que les légumineuses équivalent dans une rotation à une *jachère*.

La jachère d'un sol préalablement labouré et fumé, n'avait d'autre résultat que de favoriser la mobilisation des éléments fertilisants du sol et la fixation des éléments de l'atmosphère. D'une part l'azote et l'acide carbonique apportés par les métores, ou fixés directement dans le sol par *la combustion lente de l'humus* du fumier: D'autre part, la nitrification à l'air libre des matières organiques azotées du sol par les ferments (Thénard, Cloës, Simon, Müntz, Dehérain).

Indépendamment de leur rôle physiologique particulier les plantes légumineuses présentent sur la jachere deux grands avantages : 1° Elles fabriquent elles-mêmes l'humus dont la combustion favorise la fixation et la mobilisation de l'azote, 2° elles laissent reposer le sol à *l'abri* de l'air pendant toute la période de leur végétation et s'opposent ainsi à la déperdition des éléments fertilisants consécutive aux labours. Comme il a été reconnu que les prairies de gramineés, exercent un effet analogue, quoique plus lent l'on a compris sous le nom de *jachère verte* l'introduction des prairies temporaires dans l'assolement.

La dissolution des phosphates de fer et d'alumine s'opère dans la terre labourée sous l'influence des nitrates formés, de l'ammoniaque et des alcalis minéraux mis en circulation. Pour que les phosphates de fer du sous sol au minimum d'oxydation soient attaqués par les carbonates alcalins, il faut qu'ils se soient peroxydés d'abord à la surface du sol.

Cependant l'on a reconnu que les sous-oxydes de fer et d'alumine forment avec l'acide phosphorique des combinaisons assimilables par les plantes ; et que les agent et les milieux réducteurs, comme l'humus (carbone) et le sous-sol des terrains argileux où l'air n'a point accès, réduisent ces bases métalliques à leur minimum d'oxydation.

Ces faits semblent entraîner de prime abord une contradiction entre la science et l'expérience. Mais elle n'est qu'apparente, car Thénard a prouvé que l'action des carbonates alcalins sur les phosphates peroxydés qu'ils dissolvent, consiste précisément à les ramener à l'état de protoxyde assimilable ; seulement, comme l'a prouvé M. Dehérain, il faut que ces carbonates soient employés en excès ; sinon l'échange des bases ne peut s'accomplir. Le chaulage et le marnage en introduisant dans le sol de grandes quantités de carbonates de chaux peut déterminer aussi cette mobilisation de l'acide phosphorique avec le concours de l'acide carbonique engendré par la combustion de l'humus. Ex. : 2 grammes de phosphate ferrique plongé dans un flacon d'eau de Seltz avec 4 grammes de craie pure, récemment précipitée, donnent 0 grammes 107 d'acide phosphorique en dissolution (1).

Nous ne partageons pas l'avis de M. Dehérain au sujet de l'appauvrissement du sol de la Bretagne en acide phosphorique.

Le professeur de Grignon attribue à l'action dissolvante de l'acide carbonique de la terre de bruyère et des carbonates

(1) Dehérain. *Recherches sur l'emploi des phosphates agricoles*, 1860.

alcalins, résultant de la décomposition des sols granitiques en Bretagne, la déperdition rapide des phosphates dans ces régions agricoles. Mais il ne faut pas oublier que si l'acide phosphorique se rencontre communément dans les roches d'origine volcanique, il est très rare dans les roches granitiques à dominante de potasse (feldspadt, mica). Si le Limousin, les provinces Rhénanes et les campagnes napolitaines et siciliennes, présentent des régions si fertiles, (1) c'est qu'elles reposent sur un sol volcanique tandis que la Bretagne et les Cevennes reposent sur des massifs granitiques. Cependant certains granites, où les feldspath et les mica dominent sur le quartz, communiquent au sol d'alluvion qui les recouvrent d'une grande fertilité (Limousin, Pérou, Equateur, Brésil).

(1) C'est à la désagrégation des laves mêmes que le volcan a vomies, qu'on doit ce sol si riche. C'est pourquoi, malgré la terreur qu'ont répandue les irruptions de l'Etna, les hommes se sont groupés de plus en plus sur les alentours du volcan et ont approché toujours davantage leurs habitations du gouffre formidable, d'où sont sortis tant d'éléments nécessaires à la vie.

M. Novi, de Naples, vient de signaler l'action fertilisante remarquable des sables volcaniques, ce qui n'a pas lieu de surprendre quand on se reporte à leur composition chimique qui est représentée par 7 0,0 de potasse et d'acide phosphorique. Elle est tout autre que celle des sables de rivière qui n'ont guère qu'une action mécanique pour ameublir le sol et qui ne le fertilisent qu'à la condition d'être mêlés de cendre, de guano, de fumier. M. Novi a reconnu qu'entre les cendres volcaniques, les *lapilli* de Pompéi, mélange de sable, de cendre et de boue, se distinguaient surtout par leur richesse. Il y a là pour l'agriculture, si ces résultats se confirment, une ressource d'autant plus précieuse que le transport de ces cendres au point d'embarquement n'entrainera que des dépenses minimes. Mais ce n'est pas tout : Ces cendres mélangées d'urine deviendraient, en se décomposant partiellement, toxiques pour le phylloxera, et pourraient aussi servir utilement de véhicule aux parasiticides divers que l'on emploie contre le redoutable puceron : Huiles d'asphalte, de goudron, sulfure de carbone, etc. Puisse cette pluie de cendres volcaniques dont il est menacé, lui être aussi fatale qu'elle l'a été à la malheureuse population de la ville engloutie par l'éruption de l'an 79 !   (*Bulletin de l'Ac. des Sc.* 1882).

Les roches calcaires auxquelles une grande partie de la France doit sa fertilité exceptionnelle sont ordinairement pourvues d'acide phosphorique et d'azote organique qui se mobilisent spontanément, surtout quand elles sont mélangées à des matières organiques d'origine végétale (alluvions, terreau, fumier). Ces roches d'origine marine, sont en effet constituées en grandes parties par des débris fossiles d'organismes marins ; ce qui explique leurs richesses en *phosphore* et parfois en *azote*.

Les terrains argileux, au contraire, sont caractérisés par la présence de la *potasse*, parce qu'ils dérivent de la désagrégation des massifs granitiques où le silicate d'alumine est uni à la potasse. Dans ces roches qui forment les principales arêtes du globe, la séparation et la mobilisation de l'argile, du sable et des alcalis s'opère par l'action combinée de la végétation (mousse lichens) de la gelée, de la pluie chargée d'acide carbonique et de l'oxygène de l'air. Ces trois éléments du sol sont entraînés dans les vallées et dans les cours d'eau où ils se déposent suivant leur ordre de densité et de solubilité, en se mélangeant aux matières organiques entraînées par l'eau.

Toutes les fois, en effet, qu'un courant d'eau se trouve ralenti dans sa course, par exemple quand il pénètre dans un lac ou dans la mer, ou qu'il se répand sur une plaine, le sédiment tenu en suspension par le *mouvement,* se dépose suivant son ordre de densité (1). C'est ainsi que se forment les stratifications alternatives de sable, de gravier, de chaux et d'argile, d'origine marine, fluviale, glaciaire et torrentielle. Quand on dessèche un étang alimenté par un ruisseau, on trouve ordinairement au fond un dépôt de nature différente superposé avec une remarquable régularité. Au-dessus

---

(1) Une vitesse de plus de 15 centimètres par seconde entraine l'argile ; de plus de 30 c. le sable. A cette vitesse toute rivière transporte les sables provenant de l'érosion de son lit ou de sa berge.

la tourbe, les marnes coquillières, de l'argile, du sable, de
la marne, etc.

Dans l'estuaire de tous les plus grands fleuves, on observe
des phénomènes analogues à l'époque des basses eaux sur
une étendue de plusieurs centaines de kilomètres. Lorsque
les inondations périodiques baissent, le fleuve trace son lit
à travers des couches horizontales dont on peut étudier la
coupe. Ces couches varient en épaisseur, en nature, et conservent des débris organiques variés suivant les saisons. Il
se forme à l'embouchure des bancs de sable et des marnes
rejetées sur les rives qui abondent en coquilles, et se mêlent
aux coquilles terrestres.

A l'embouchure de l'Elbe, il se produit à chaque marée
montante une crue qui précipite le limon sur la plage. Ce
limon s'élève en alluvions successives et forme des polders,
les plus riches terres d'alluvions connues. Ces terres sont
fixées d'abord par la *salicornia herbacea*. Cette plante arrête
les sédiments, fixe le sol qui s'élève peu à peu jusqu'au-
dessus du niveau de la mer, tandis qu'une graminée (*ammo-
phila arenaria*) fixe le sable des dunes.

Pendant certaines saisons, le courant des rivières et des
fleuves entraîne dans sa course rapide du sable grossier et
du gravier ; dans d'autres, il baisse, se ralentit et ne charrie
plus alors que du sable fin et du limon.

Les eaux du Nil emportent avec elles 1/130 de leur volume,
c'est ainsi qu'elles ont formé lentement l'immense delta de
l'Égypte : il en est de même de tous les grands fleuves des
deux continents. Le fleuve Jaune tire son nom du limon qu'il
charrie ; le Mississipi déborde périodiquement sur la plus
grande partie de son cours ; c'est ainsi qu'à Saint-Louis, au
confluent du Mississipi et du Missouri, à plusieurs centaines
de lieues de l'embouchure, se forment des alluvions d'une
richesse extrême ; le blé y est cultivé depuis cent ans, sans
interruption et sans engrais.

Le Mississipi forme une plaine d'alluvion de 1,600 kilom.
de long sur 50 à 130 de large.

On a calculé que, chaque année, il se précipite vers son embouchure plus de 100 millions de mètres cubes de limon.

Au Brésil, l'Onéroque déborde sur une espace de 120 kilomètres de large ; dans la baie du Bengale se déversent le Gange et le Brahmapoutre dont le double delta dépose des sédiments sur un espace de 500 kilomètres de long sur 400 de large. On retrouve dans ces sédiments les éléments des roches de l'Himalaya, comme on retrouve dans les sédiments du Nil les éléments des roches de l'Afrique centrale.

Toute la basse Egypte n'est qu'une seule plaine d'alluvion du Nil ; c'est pourquoi Hérodote appelait l'Egypte un *présent du fleuve*. Les éléments emportés de sa source, mêlés aux débris organiques entraînés dans son cours, se superposent depuis des miliers d'années en couches qui n'ont chacune à l'embouchure que l'épaisseur d'une feuille de carton ; l'épaisseur totale des couches reposant sur les sables du désert est de 15 à 20 mètres ; or, on a calculé qu'il faut un siècle pour élever ces couches de 15 centimètre seulement. Il est donc possible d'évaluer approximativement l'âge du fleuve, et de constater qu'il n'a pas toujours suivi le même cours. Hérodote affirme que les fleuves et les rivières se déplacent. Ce fait se produit chaque fois que les dépôts de la rivière ont fini par combler son lit ; par conséquent les cours d'eaux qui charrient le plus de limon fertilisant sont précisément ceux qui se déplacent le plus souvent : Disposition véritablement providentielle pour assurer la fertilisation de la terre.

L'étendue et l'horizontalité de la plaine, en ralentissant le courant, favorisent aussi le dépôt du limon.

Certains fleuves de l'Europe comme le Pô, qui reçoit des Alpes une énorme quantité d'éléments minéraux, ont plusieurs fois changé de lit depuis l'époque historique.

Un fleuve peut aussi, à la longue, combler les lacs qu'il traverse ; par exemple l'on peut prédire le comblement du lac de Genève par le Rhone qui est trouble à son entrée et parfaitement clair à sa sortie.

A Parme, à Modène, des lacs ont été ainsi transformés en terres fermes. Certains fleuves comme l'Elbe et l'Oder ont leurs embouchures encombrées par des vases formées de squelettes de diatomées siliceuses.

Les glaciers sont aussi des agents de transport du limon végétal. Les glaciers des périodes géologiques ont réalisé ces transports sur la plus vaste échelle. C'est ainsi qu'à l'époque quaternaire s'est déposé le *loës*, auquel correspond en Belgique le limon hesbayen et le sable campinien. Le limon glaciaire occupe un niveau supérieur à celui des plus hautes eaux des rivières et des fleuves.

Chaque grande couche géologique a formé jadis le fond de la mer à l'état d'argile (1), de sable, de marne, de limon et de galets où les coquilles et les infusoires calcaires s'enfouissaient au fur et à mesure, tandis que les polypiers élevaient sur certains points des îles immenses (Océanie) et traçaient les contours d'un continent (Australie). Les récents sondages de l'Océan prouvent que les mers des *deux pôles* déposent exclusivement des sédiments siliceux, dus à des diatomées (algues) et des radiolaires (rhizopodes).

A mesure que l'on se rapproche des tropiques, *la craie* augmente, parce que les foraminifères calcaires dominent sur les foraminifères siliceux.

Enfin la limonite et les sables ferrugineux, comme la glauconie (sable vert) sont formés le plus souvent par des foraminifères. On les retrouve à de faibles profondeurs dans les sondages de l'Océan (2).

(1) Nous avons vu que l'argile, qui n'est soluble que dans l'eau pure, est précipitée à l'embouchure des fleuves par le sel marin.

(2) Les infiniments petits sont de véritables *constructeurs et destructeurs de mondes.*

Dans les eaux, ils élèvent les continents, dans le sol ils préparent l'avènement de la vie, dans l'air ils la détruisent (germes, ferments).

Les bancs de craie et les roches de tripoli sont formées exclusivement par des organismes (foraminifères, zoophytes et mollusques) : l'expédi-

L'origine naturelle des terres arables révélée par la chimie et la biologie, l'homme a pu tenter en *connaissance de cause* de remédier aux défaillances du sol par les *amendements et les engrais*. Ici encore la pratique consciente avait été précédée par les tâtonnements de l'empirisme. L'on sait depuis longtemps que le *chaulage* et le *marnage* améliorent la terre en *la réchauffant*. La chaux réchauffe le sol pour deux raisons : Directement par action chimique, en activant la combustion des matières organiques, en se combinant à l'eau et à l'acide carbonique de l'air et du sol, et indirectement en augmentant son pouvoir absorbant pour la chaleur. La chaux mobilise plus aisément la potasse que l'acide phosphorique en se substituant à cette base dans ses combinaisons insolubles et en lui abandonnant son acide carbonique. La chaux neutralise aussi l'acidité des sols, de telle sorte que dans les prairies humides, par exemple, où dominent le carex, les joncs, les oseilles et les renoncules, l'on voit se transformer la flore comme par enchantement.

Les plantes inférieures font place à des familles élevées de l'ordre végétal, telles que les LÉGUMINEUSES et les LABIÉES qui caractérisent d'ailleurs les sols calcaires. Enfin l'amendement calcaire transforme l'acidité des fruits en favorisant la production du sucre. Les sols calcaires sont en effet particulièrement favorables à la culture de certains arbres fruitiers et de la vigne.

tion du Porcupine et du Challenger (sondages des mers Atlantique et Pacifique), a permis de constater l'analogie chimique et morphologique de la vase de l'Atlantique et de la craie blanche.

On retrouve dans la vase de l'Atlantique ces êtres vivants travaillant toujours à la formation de la chaux. La masse de leur corps est formée de gelée orange, protoplasme érectile qui forme des *pseudopodes*, destinés à favoriser la locomotion de l'animal. Organismes sans organes ils représentent la vie dans sa forme la plus élémentaire (Huxley).

La dissolution de l'acide carbonique dans les eaux souterraines entraîne la dissolution et le transport des rochers calcaires. Ces eaux dissolvantes peuvent enlever ainsi les bases du sol qu'elles traversent (décalcarisation). *Etudes géologiques* de MM. Vanden Broeck et Rutot.

Il est vrai que l'amendement par la potasse, à l'état brut
de chlorure de potassium, remplace souvent très avantageusement l'amendement par la chaux ; par exemple dans les
tourbières et les sables de la Campine, où la chaux est souvent
impuissante, quand elle n'est pas nuisible.

La potasse joue en effet dans la nutrition végétale divers
rôles physiologiques que ne peut remplir la chaux. Elle
favorise le transport de la silice et de l'acide phosphorique
des matières organiques, telles que l'albumine dans les végétaux. L'albumine et la caséine qui sont solubles, contiennent
toujours de la potasse. La fibrine insoluble n'en contient
point. Les fanes de pommes de terre en contiennent 1/7 de
leurs poids de cendres, le froment 1/20, le chêne 1/40, le
sapin 1/100. La potasse prévient la verse des céréales en conso-
lidant leurs chaumes. A l'état de chlorure, la potasse provoque
l'écoulement des produits chlorophylliens dans les tissus des
végétaux (*Erdmann et Schrœder*). Tandis que la chaux peut
être remplacée par la magnésie, non poids pour poids, mais
équivalent pour équivalent (cultures de sapins), la potasse
n'admet point de substitution par des bases congénères,
comme la soude et la lithine (Expér. de Nobbe dans les
solutions nutritives).

Les plantes de grande culture, cultivées dans des solutions
nutritives, *sans potasse,* se comportent absolument comme
dans l'eau distillée, alors même que l'on y a dissous tous les
autres éléments fertilisants en proportion convenable. Mais
si l'on ajoute la potasse à l'état de *nitrate* ou même de
chlorure, elle est absorbée directement et la végétation
s'accomplit normalement. Il n'en est plus de même avec le
sulfate potassique : Les plantes souffrent dès le début et
dépérissent.

Il ne faut pas oublier que les chlorures alcalins mêlés au
carbonate de chaux dans un milieu poreux comme le sol, se
décomposent partiellement et forment des carbonates de
potasse ou de soude et du chlorure de chaux inerte. C'est

ainsi que Bertholet expliqua la formation du *natron* dans les lacs de l'Égypte. Quant aux sulfates, s'ils ne sont point entraînés par les eaux en raison de leur diffusibilité, ils sont réduits en sulfures dans les milieux réducteurs (humus, sous sol). Ces sulfures se transforment en carbonates et dégagent leur soufre, sous forme d'hydrogène sulfuré. Les engrais chimiques à base de *chlore* et de *soufre* ne fixent donc point dans le sol des éléments nuisibles.

Les eaux minérales qui ont joué un si grand rôle aux époques géologiques dans la formation et la transformation des terrains peuvent modifier encore aujourd'hui la composition des sols.

Les sources incrustantes qui déposent le carbonate et le sulfate de chaux en sont la preuve. En Islande et en Amérique il existe des fontaines d'eaux chaudes qui viennent des profondeurs du globe et tiennent en dissolution de la silice, du soufre, de l'acide phosphorique, de la chaux, du fer, du maganèse, de la soude.

Le bassin de Paris primitivement calcaire a été modifié par des eaux sulfureuses qui ont transformé la roche calcaire en plâtre (1) (carrière de Montmartre).

Les amas de fer et de manganèse mamelonnés, les filons métalliques que l'on découvre dans les roches primaires sont également d'origine geyserienne. Les eaux chargées d'acide carbonique ont la propriété de *dissoudre* la chaux à l'état de bicarbonate. Cette propriété explique la formation des cavernes et du TUF par les eaux minérales.

Fabrication des engrais chimiques.

La chaleur et les acides minéraux énergiques, tels que l'acide sulfurique et l'acide chlorhydrique, sont d'un grand

---

(1) Les eaux sulfureuses au contact de l'air et des bases s'oxydent et forment de l'acide sulfurique (Eaux séléniteuses).

secours pour mobiliser les matières minérales ou organiques
insolubles dans le sol ou dans l'engrais. Ces acides désa-
grègent les roches et leur enlèvent la potasse et le phosphore. La fabrication des engrais chimiques repose presque
toute entière sur l'acide sulfurique, qui dissout l'acide phosphorique des phosphates minéraux, des os (phosphates solubles), qui fixe l'ammoniaque du guano et désagrège avec le
concours de la vapeur les cornes, les cuirs, poils et laine,
les matières végétales et animales en dissolvant l'azote et le
phosphore.

Les déchets des abattoirs seuls, qui infectaient jadis
l'atmosphère et les rivières, au grand détriment de l'hygiène
et de l'agriculture, fournissent pour des millions de francs
d'engrais. Les clos d'équarissage, dit M. G. Robert, sont
devenus aujourd'hui de véritables usines, où la science préside
en maîtresse souveraine aux opérations qui étaient dirigées
autrefois par l'ignorance. Le sang et la chair musculaire,
cuits dans *des marmites autoclaves, pressés et séchés à l'étuve,*
fournissent plus de 13 p. c. d'azote et 5 p. c. de phosphate.
Le sang coagulé au bain-marie ou par la vapenr est desséché
et se présente sous forme de masses grisâtres, donnant de
12 à 15 p. c. d'azote.

On coagule aussi le sang par la chaux vive ou le chlorure
de manganèse, résidu des papeteries. A l'état brut, le sang
ne donne que 2,95 p. c. d'azote pour 81 p. c. d'eau (1).

Certaines maisons de Paris fabriquent exclusivement des
engrais de matières animales torrifiées (cornes, laines, cuirs,

(1) M. Robert a obtenu en moyenne 32 hectolitres de froment à
l'hectare, à raison de 500 kil. de sang desséché et de 200 kil. de superphosphates.   (*Journal d'agriculture progressive.*)

M. Peterman de Gembloux s'est livré depuis peu à des recherches
sur la valeur agricole du sang *desséché* d'où il résulte qu'il peut doubler
la récolte du froment dans du sable presque stérile. Le sang desséché
du commerce ne présenterait aucun danger pour la propagation du
charbon.   (*Bulletins de la Station Agricole de Gembloux* 1880.)

chiffons de laine, chair, os), de telle sorte que l'azote y est amené presqu'à l'état naissant, sans déperdition apparente. Les os, bouillis en vase clos, perdent la graisse et la gélatine et deviennent poreux et friables. Torréfiés ensuite, ils deviennent complétement assimilables.

On peut aussi les traiter par l'acide sulfurique ou bien les *calciner* en vase clos pour former du *noir animal*.

Ce noir qui sert à coaguler l'albumine du sang dans les raffineries, peut contenir, quand il est sec, jusqu'à 20 à 30 p. c. d'albumine, qui doit fermenter d'abord à l'air libre, afin que les acides organiques soient neutralisés par l'ammoniaque.

Les déchets de poisson, les résidus de la fabrication du lin, de l'huile, etc., donnent également des tourteaux fort riches en phosphore et en azote. Enfin, les matières fécales, précipités des eaux vannes par l'*alumine*, servent à fabriquer des tourteaux d'une grande richesse. L'on est même parvenu, à fabriquer des tourteaux absolument inodores, qui contiennent la presque totalité de l'azote fixée par *le phosphate d'alumine* (voir notre étude intitulée : la Compagnie de fertilisation et la crise économique, Palmé, édit. 1880) et le *Journal de l'agriculture* de M. Barral.

Enfin, depuis que l'on a découvert l'assimilabilité de l'acide phosphorique *rétrogradé*, soluble dans les acides organiques, l'on attaque les phosphates de chaux par l'acide chlorhydrique. Le bas prix de cet acide permet de livrer l'élément phosphorique à meilleur compte et de traiter des roches plus pauvres. Ces produits sont connus dans le commerce sous le nom de phosphates *précipités*. Les phosphates que l'on fabrique en Belgique avec la craie de Ciply sont cependant moins recherchés que les *superphosphates*, fabriqués au moyen de l'acide sulfurique parcequ'ils contiennent trop de chlorure de chaux qui entrâve leur assimilation. Les chimistes sont d'accord aujourd'hui pour titrer l'acide phosphorique assimilable dans un engrais au moyen du citrate d'ammoniaque ammoniacal, qui dissout le phosphate *rétrogradé*.

Le phosphate soluble qui rétrograde passe à l'état gélatineux.
Dans cet état, il est facilement ramené à l'état soluble dans
le sol par les bicarbonates.

En général, l'azote, d'origine organique, se vend aussi à
plus bas prix que l'azote sous forme de sels minéraux, parce
qu'il est plus lentement assimilable et se rapproche ainsi du
fumier. Toutefois, il importe de distinguer la source dont il
dérive, car l'azote provenant du traitement du sang de la
chair aux abattoirs, est évidemment plus assimilable que
celui des cuirs, des cornes, des poils, etc.

Sous ce rapport encore, le contrôle des stations agricoles,
tel qu'il se pratique en Belgique, éclaire les cultivateurs,
car les fabricants soumis au contrôle sont forcés d'indiquer
la source des éléments fertilisants, les formes de leur combinaison et leur titre exact en azote, potasse et phosphore.

CHAPITRE IV.

PHYSIOLOGIE DES CULTURES.

SOMMAIRE. — SÉLECTION ET RESTITUTION : Culture des céréales, de la
betterave, des pommes de terre, des navets, du lin, du colza, du houblon, du tabac ; culture maraîchère et fruitière. Horticulture. Sylviculture.

CULTURE DES CÉRÉALES

GERMINATION.

Nous avons vu qu'au siècle dernier, Duhamel avait prouvé
déjà que les semences peuvent germer dans une éponge
humide, dès que la température s'élève à un degré suffisant.
Sennebier considérait la lumière comme un obstacle à la
germination ; mais De Saussure institua des expériences qui
prouvèrent que seule la lumière du soleil est nuisible à la
première phase de la vie végétale. Plus tard, on constata que

pour les céréales d'hiver, l'orge, le seigle, etc., la température minimum de germination est de $+ 7°$, tandis que le lin peut germer à 2° et la moutarde blanche à zéro. De Saussure s'assura que dans l'air comme dans l'eau, l'oxygène est indispensable à la graine dont la vie s'éveille. La respiration se trahit par un dégagement d'acide carbonique, correspondant exactement au volume d'oxygène absorbé et une élévation de température pouvant atteindre 34° (brasserie orge). De Saussure affirme que les céréales n'absorbent qu'un ou deux millièmes de leurs poids d'oxygène, tandis que les fèves et les pois en consommeraient un centième. A mesure que le germe se développe, les graines perdent de leur poids; leurs principes immédiats sont consumés par l'oxygène, et la nécessité d'une restitution extérieure se fait sentir juste au moment où la racine est à même de puiser dans le sol ou dans l'eau les éléments minéraux nécessaires à l'élaboration de la matière organisée. Nous avons exposé dans un précédent chapitre les modifications que subissent les principes immédiats et minéraux, pendant la germination.

Se fondant sur ces données de la physiologie, M. Nobbe a construit un appareil de germination, au moyen duquel les cultivateurs peuvent aisément se rendre compte du pouvoir germinatif des graines qui leur sont livrées par le commerce.

Cet appareil, en terre poreuse, fort peu compliqué (1), permet de régler à volonté la température, l'humidité et la circulation de l'air et de la lumière. Les graines des céréales y germent ordinairement en 48 heures.

Le cinquième jour de la germination, la *plumule* (tigelle) s'élève et les radicelles se dirigent vers le sol, tandis que l'endosperme se transforme en *lait végétal* ; bientôt après, on voit apparaître la feuille cotylédonnaire et la coloration verte qui trahit la transformation du protoplasme en chlorophylle.

(1) On peut se procurer le germoir de Nobbe au prix de 4 francs à la maison Vilmorin et Andrieux, à Paris.

Aussitôt commence le travail de l'*organisation de la matière minérale* qui constitue la fonction essentielle de la végétation.

MIGRATION DES ÉLÉMENTS MINÉRAUX ET DES PRINCIPES IMMÉDIATS

Variation quantitative des deux éléments *azote* et *phosphore* pendant l'évolution du blé.

Poids de l'azote et de l'acide phosphorique à l'hectare, pendant les différentes périodes du végétal.

POIDS D'AZOTE.			POIDS D'ACIDE PHOSPHORIQUE.		
KIL.	PLANTE ENTIÈRE	ÉPIS	KIL.	PLANTE ENTIÈRE	ÉPIS
10		3 juin	0		
20		22 juin	2		2 juin
30	du 15 avril au 1er mai	2 juillet	4		20 juin
40	10 mai	12 juillet	6		27 juin
50	20 mai	22 juillet	8		4 juillet
60	27 mai		10	11 mai	15 juillet
70	3 juin		12	3 juin	
80	.....		14	du 3 au 22	
85	22 juin		16		
95	25 juillet		18	22 juin	

Isidore Pierre a constaté que si l'on fait les mêmes analyses aux mêmes époques, non plus sur la récolte mais sur les divers organes de la plante, en examinant séparément les épis, les feuilles de même étage, les entre-nœuds de même rang, on retrouve les mêmes allures régulières *pour l'azote, le phosphore et la potasse.* D'autres chimistes ont reconnu cette progression dans le poids et dans la migration des parties inférieures vers les sommités de la plante, où s'accumulent l'azote et les phosphates.

Les feuilles et les chaumes commencent à perdre leurs sels fertilisants dès que l'épi se forme. Pendant les dernières semaines, elles perdent les 2/3 de la quantité totale qu'elles possédaient avant la floraison. L'évaporation joue un grand rôle dans cette émigration des principes immédiats de la tige et des feuilles vers l'épi.

La quantité d'eau qu'un hectare de blé évapore par hectare et par jour dépend : 1° De l'intensité de la lumière ; 2° de la durée de l'insolation ; 3° de la surface et de l'épaisseur des feuilles.

Une feuille de blé donne en une heure son poids d'eau au soleil ; elle n'en donne pas le centième par la chaleur obscur. Aussi sous les hautes latitudes, le blé mûrit plus vite, parce que le soleil reste plus longtemps sur l'horizon.

Le blé évapore en moyenne 25 tonnes d'eau par hectare et par jour de 10 heures. Par le temps couverts, cette quantité diminue considérablement.

Il se fixe en moyenne un kilog. de matière sèche pour 300 kilogr. d'eau évaporée (Lawes, Gilbert, Risler).

L'absorption de la silice, qui forme avec la cellulose de la paille une combinaison spéciale, cesse la première, un mois avant la maturité.

L'absorption des principes fertilisants se termine après la floraison, parfois plus tard, 15 à 20 jours avant la moisson. Pendant ce temps, les chaumes et les feuilles cèdent rapidement leur azote à l'épi, qui réalise 10 p. c. de gain en acide phosphorique seulement, pendant les dernières semaines.

L'azote, la potasse et l'acide phosphorique sont les seuls

principes qui suivent des courbes régulières et parallèles en émigrant dans les entrenœuds de même rang, dans les feuilles et dans les fleurs. L'ascension du protoplasme vers les parties supérieures des plantes s'effectue à mesure que le blé mûrit (les matières albuminoïdes s'accumulent dans l'épi, en rapports invariables avec l'acide phosphorique, ce qui fait croire que le gluten forme avec le phosphore une combinaison insoluble). — *Ainsi les mêmes matériaux servent successivement à l'élaboration des divers organes* et c'est grâce à ces emprunts que le blé peut végéter dans un sol stérile.

Ces phénomènes physiologiques permettent également de rendre compte de *la perte de poids* que subissent les récoltes dès que l'assimilation s'arrête ; alors la combustion prend le dessus dans les feuilles qui se flétrissent, tandis que leur protoplasme émigre.

L'analyse des cendres des graines de blé, montre qu'elles sont presque exclusivement composées de phosphates, dans les proportions suivantes, par exemple : 46 o/o d'acide phosphorique pour 13 de magnésie, 33 de potasse, 4 de chaux, 1 de soude.

L'analyse complète d'un grain de blé donne :

	Payen.	Wolf.
Eau	14.0	14
Graisse	1.2	1
Gluten et album.	14.6	13
Dextrine	7.2	67
Amidon	59.7	
Cellulose	1.7	3
Sels minéraux	1.6	2
	100	100

Une récolte de blé enlève à l'hectare :

de 30 à 95 kil. azote.

de 20 à 40 kil. acide phosphorique.

D'après Wolf, 25 hectol. enlèvent $\left\{\begin{array}{l} \text{56 kil. azote} \\ \text{27 } \text{» A. phos.} \\ \text{33 potasse} \end{array}\right.$

dont *paille* $\left\{\begin{array}{l} \text{15 azote.} \\ \text{11 Acide phosphorique} \\ \text{22 potasse.} \end{array}\right.$

D'après Lawes, pour produire 40 hectolitres de grain il faut que la récolte absorbe en moyenne.

Azote	92 kil. 6
Acide phosphorique . . .	37 »
Chaux	25 »
Magnésie	12 »
Potasse	116 »

On peut admettre que chaque hectolitre de blé produit a enlevé à la terre :

1 kilog.	13	d'acide phosphorique ;
0 —	12	d'acide sulfurique ;
1 —	20	de chaux ;
1 —	50	de potasse ;
0 —	02	de soude ;
7 —	»	de silice ;
1 —	80	d'azote.

L'analyse de la plante mûre donne :

Graine	22.8	Paille	57.7
Balle	4	Chaume	15.5

L'analyse du son :

Graisse	3.60	Cellulose	47.—
Albumine	14.90	Résine	1.—
Fécule	22.60	Cendres	2·50
Gomme et sucre	5.—	Eau	3.40

Les expériences récentes prouvent que les enveloppes et le germe du blé contiennent une huile et un ferment qui font le pain *bis* et altérable le rendement en pain n'est pas proportionnel au gluten contenu dans la farine. Dans la panification la siccité de la farine joue un plus grand rôle que le gluten ; plus elle se rapproche de la siccité absolue, plus le rendement en pain sera considérable. C'est ce qu'ont démontré les essais faits avec les blés russes les plus riches en gluten de toute la série ; leur farine a produit moins de pain que les blés des Indes (1).

La qualité et la quantité de cendres du blé varie singulièrement avec la nature du sol, comme il résulte du tableau suivant :

Pour 1000 k. de cendres	Blé Holland.	Blé d'Allem. blanc.	Blé d'Allem. rouge.
Potasse	64	219	338
Soude	278	157	»
Chaux	39	19	31
Magnésie	130	96	136
Acide phos.	461	493	492
Acide sulfur.	3	2	»
Silice	3	»	»
Oxyde de fer	5	14	3
	983	1000	1000

La paille de blé contient beaucoup de potasse ; d'ordinaire ses cendres contiennent pour cent, 2 à 3 d'acide phosphorique, 12 à 15 de potasse, 2 à 3 de soude, 6 à 9 de chaux, 20 de silice soluble, 30 de silice insoluble environ.

L'on sait que pendant la formation de l'amidon dans la graine, la potasse est nécessaire à son élaboration. Il paraît certain que la potasse contribue également à développer le tissus fibreux de l'épi, qui lui permet de résister à la verse : Le blé, arrosé avec du purin, *verse* aisément si l'on n'ajoute pas de potasse et de phosphate de chaux.

Les cendres des chaumes contenant jusque 74 p. c. de silice, on avait cru qu'ils devaient leur résistance à cet élé-

(1) Rapport de MM. Mac Dugald frères, *sur la valeur des blés des diverses contrées*, Londres 1883.

ment ; cependant les feuilles sont beaucoup plus riche en silice que les chaumes ; elles occasionnent même la verse par leur poids quand elles prennent trop de développement. La silice se combine dans le blé avec une variété de cellulose qui manque dans les légumineuses.

INFLUENCE DU SOL.

Le blé vient mal sur les terres légères et crayeuses ; celui qui végète sur un sol non calcaire contient moins de chaux et d'acide phosphorique, mais plus de silice et de potasse (Campine, Flandre). Les gelées après pluies soulèvent la plante et la tue dans les Fagnes et les terres légères. Les terres d'alluvions (polders) et les sols argilo-potassiques (limon Hesbayen) conviennent le mieux à la culture du blé.

Boussingault a publié, d'après Thaër et Schwerz, une classification physique des terres à céréales.

Le froment et le seigle indiquent les terres *limites* parce que le premier végète encore dans les mauvais sols argileux et le second dans les sols les plus sablonneux.

Nous reproduisons, sous réserve, l'échelle de Schwerz; nous croyons en effet, avec G. Ville, que les éléments physiques du sol ne constituent que des agents *mécaniques* dont les propriétés sont modifiées par les matières organiques et les irrigations, ce que démontrent surabondamment l'expérience des défrichements de la Campine :

A Terre à seigle, sable léger, sec.

    » à seigle et sarrasin, sable frais peu argileux.

    » à seigle, sarrasin, avoine, sable argileux.

    » à seigle, avoine et petite orge, argile sablonneuse.

B Terre à blé, argile tenace froide.

    » à blé et avoine, argile tenace humide.

    » à blé, avoine et petite orge, argile chaude et sèche.

C Terre à blé, seigle, orge et avoine, argile.

Selon Thaër, les argiles qui contiennent 30 o/o de sable sont plus favorables à l'orge qu'au froment. Quand les sables contiennent 30 o/o d'argile, le sol convient à l'orge et au seigle ; mais la présence de l'humus modifie ces propriétés et permet la culture du froment.

Un champ épuisé pour la culture du froment produit encore d'assez bonnes récoltes de seigle.

Une récolte moyenne de seigle dit Liebig (1,600 kil. de grains et 3,800 kil. de paille), n'enlève au sol que 180 kil. de substances fixes par hectare. A conditions égales, chaque plante de seigle n'en absorbe que 180 milligrammes. Si une terre à froment, pour produire une récolte moyenne, doit contenir 25,000 kil. des substances minérales fixes qui se trouvent dans les plantes de froment, une terre qui ne renferme que 18,000 kil. des mêmes substances, est encore assez riche pour produire une série de récoltes ordinaires de seigle.

D'après ces calculs, un champ épuisé pour la production du froment, contient encore 18,492 kil. de substances minérales qui, par leur constitution, sont identiques avec celles dont la plante de seigle a besoin.

Si l'on se demande maintenant combien d'année doit durer la culture du seigle, pour passer d'une récolte moyenne à une autre qui n'est plus que les 3/4 de celle-ci, on trouve qu'après 28 bonnes récoltes de seigle, le champ ne donnera plus de produits rénumérateurs, c'est-à-dire qu'il se trouvera épuisé pour la récolte du seigle au bout de 28 ans. Ce qui reste dans le sol de matières nutritives s'élève encore à 13,869 kil. de substances minérales fixes.

Un champ, qui ne donne plus de récoltes de seigle rénumératrices peut néanmoins fournir encore des récoltes d'avoine.

Une récolte moyenne d'avoine (2,000 kil. de grains et 3,000 kil. de paille) enlève au sol, 310 kil. de ces substances nutritives fixes, soit 60 kil. de plus que le froment et 130 kil. de plus que le seigle.

Si, dans une plante d'avoine, les surfaces d'absorption des racines étaient les mêmes que dans le seigle, l'avoine ne pourrait pas donner le produit rénumérateur après le seigle.

En effet, un sol qui sur une provision de 13,869 kilog. en cède déjà 310 à la récolte d'avoine, perd 2,23 pour cent de ce qu'il possède en substances minérales, tandis que comme nous l'avons admis, le seigle n'en enlève qu'un pour cent. Cela ne peut avoir lieu que si la surface d'absorption des racines du seigle est moindre que celle de l'avoine, qui doit épuiser le sol avec rapidité ; au bout de 12 3/4 ans, les produits ne sont plus que les 3/4 de ce qu'ils étaient au commencement (1).

Les céréales, comme la vigne, reflètent dans leurs qualités la composition du sol.

Ainsi les orges des argiles lourdes donnent des produits abondants mais grossiers ; celles des sables marneux et des limons ont plus de rondeur et moins de prix aux yeux des brasseurs, qui apprécient la qualité des races due à la sélection. Celles des calcaires légers au contraire ont des enveloppes minces, sont peu denses, de belle couleur, et très propres à la brasserie. C'est en cultivant cette céréale sur un sol sec et chaud et en pratiquant la sélection par le choix de la graine que l'on a obtenu les orges Chevalier et Victoria, les premières du monde. Ces orges, à raison de deux hectolitres de semence à l'hectare, donnent un rendement de 30 à 50 hectolitres d'un grain de toute première qualité, ce qui constitue un bénéfice de deux francs par hectolitre sur les récoltes ordinaires, sans compter le surcroît de rendement qui s'élève parfois à 10 et 20 hectolitres ; soit en moyenne un bénéfice de 200 fr. sur un rendement de 590 fr. par hectare.

Le froment de Hallet, dont la renommée est européenne, a été obtenu par le même procédé, c'est-à-dire par le choix des graines, du sol et de l'engrais.

Les sols sablonneux et légers comme ceux de la Campine conviennent surtout au seigle. Ce sol, amendé par la marne

(1) Liebig. *Lettres sur l'agriculture.*

élève la proportion de gluten et de son de cette céréale,
L'avoine vient partout ; dans les terres légères et acides
provenant de certains défrichements ou déboisement et même
sur des sables contenant trop de fer pour se prêter à la culture
des autres céréales. Elle ne craint pas non plus les mottes et
prospère après un simple labour.

« L'état physique et la composition minéralogique de la
terre végétale exercent une influence très-marquée sur la
quantité de semence qu'il est nécessaire d'employer. Pour le
froment d'hiver, cette quantité atteint souvent trois hectolitres par hectare, dans l'arrondissement de Meaux ; tandis
qu'elle est inférieure à deux hectolitres dans l'arrondissement
de Fontainebleau. La quantité de semence augmente donc
avec la proportion d'argile et diminue avec la proportion de
sable. Toutes choses égales, elle paraît d'autant plus petite
que la terre, restant convenablement humide, devient plus
perméable à l'air (1). »

LA SÉLECTION DES CÉRÉALES.

Il résulte des renseignements les plus récents fournis par
la statistique, que le rendement moyen de l'Angleterre s'élève
à trente buschels par hectare, *soit vingt-sept hectolitres*, tandis
qu'en France il ne dépasse pas dix-sept hectolitres. D'où
vient cet écart considérable ? Du triomphe de la science sur
la routine dans le premier de ces deux pays. C'est ce que le
major Hallet, créateur du froment amélioré qui porte son
nom, a démontré d'une façon décisive.

Augmenter par la sélection le nombre des épis et des grains
qu'il contient sans préjudice de la qualité, tel est le but que
doit viser l'agriculteur. L'observation établit que le nombre
des épis, que l'on sème clair ou dru, est en moyenne par
hectare de 3,125,000 ; la moyenne des grains est de vingt-
deux par épi.

(1) Société centrale d'agriculture de France. Rapport. 1881.

Mais si l'on sème avec discernement, à des époques et à des distances convenables, on obtient des améliorations extraordinaires. M. Hallet a constaté que les grains plantés en septembre à neuf pouces d'intervalle, tallent avec tant d'énergie, et d'une façon si heureuse, qu'ils donnent douze fois autant d'épi qu'un grain semé dru auquel l'air et la lumière n'ont point suffisamment accès ; et avec douze fois moins de semence, on obtient autant d'épis qui contiennent plus du double, c'est-à-dire quarante ou cinquante grains.

Étudier et favoriser rigoureusement les mœurs de la plante, tel est donc le secret du bénéfice dans la culture ; or, cela c'est la science, la connaissance des lois naturelles, l'étude approfondie de la physiologie végétale et de la chimie agricole.

Ce n'est point seulement l'économie de la semence et la multiplication des grains dans les épis que l'on peut obtenir par la sélection scientifique! Hallet démontre encore que tandis qu'un hectolitre de blé ordinaire, contient deux millions de grains et plus, le blé *pédrigée*, espacé de douze pouces en long et en large, donne des grains volumineux, au point qu'un hectolitre n'en contient qu'un million cent cinquante mille; cette amélioration suffirait à elle seule pour élever la valeur de l'hectolitre de 18 à 26 francs.

Le blé *généalogique* de Hallet a été élevé, de l'aveu du producteur lui-même, conformément aux principes de production et d'élevage qui ont donné à l'Angleterre ses races pures d'animaux. Le blé de Nursery ne comptait au point de départ que 17 épis pour un grain. Hallet en obtint ensuite 39, puis 52, puis 80. D'autre part, l'épi original portait 45 grains, les suivants, 76, 91 et 123. Donc, résultat final, longueur de l'épi doublée et pouvoir de propagation augmenté huit fois. Enfin, l'on sait que le blé *généalogique* se paye *cinq* francs de plus les huit boisseaux que le blé ordinaire.

Pourquoi nos cultivateurs n'obtiendraient-ils pas, par l'application de ces méthodes, les mêmes résultats que nos voisins d'outre-Manche et ne parviendraient-ils pas à produire, eux aussi, des races de plantes améliorées et adaptées au climat comme nos races de bétail ?

Car il ne faut pas se faire illusion, toutes les céréales exportées d'Angleterre ne conviennent pas également à notre climat continental, plus froid et plus sujet aux extrêmes de température.

Par les hivers rigoureux, les variétés indigènes et vulgaires résistent à la gelée que les blés anglais ne supportent pas toujours (1). On recommande de semer de bonne heure en automne pour que le blé ait acquis la vigueur nécessaire quand viennent les gelées. Cette pratique permet aussi de récolter plus tôt, ce qui constitue un sérieux avantage dans des pays comme les nôtres où la moisson est souvent contrarié par le temps.

En Belgique, où l'on cultivait avec succès le Nursheri à grain rouge et le Victoria à grain blanc, à cause de leur rendement en paille et en blé, et de leur rusticité relative (moyenne 31 fr. par quintal métrique à raison de 22 à 24 quintaux par hectare, environ 3,000 kilog.); on a remarqué qu'ils livraient à la meule moins de farine et plus de son que certaines espèces indigènes à rendement moins élevé, mais contenant plus de gluten et de fécule, dans un péricarpe plus mince. C'est alors que l'Institut agronomique de l'Etat a cherché à développer par la sélection une variété indigène qui présentait ces avantages en même temps qu'elle offrait moins de prise aux éléments. Le rapport de cet Institut (2) constate que l'on est déjà parvenu à élever le rendement par le développement simultané de la paille et de l'épi, de sorte que l'on obtient un produit triple en

(1) Il faut reconnaître néanmoins qu'en Belgique les blés anglais importés directement ont résisté admirablement dans certaines régions à la rigueur exceptionnelle de la température de l'hiver 1879-80 ; ce sont les gelées après pluie qui sont à craindre.

(2) *Rapport triennal du directeur de l'Institut de Gembloux au ministère de l'intérieur*, 1880.

grain et quadruple en poids de ce qu'il était à l'origine. La variété indigène de froment appelée vulgairement *petit roux* est rustique, et donne une excellente farine, assez riche en gluten. La pâte lève bien et donne un pain savoureux très-recherché. Aussi le grain se vend-il un ou deux francs de plus que celui de Nursheri.

La paille est longue et abondante, mais le rendement n'est pas considérable. M. Lejeune constate que les épis, longs de 6 à 8 centimètres, ne comptent que deux rangées d'épillets, contenant chacun deux petits grains en moyenne, soit 24 à 32 grains très petits par épi. En procédant par sélection pendant plusieurs années, il est parvenu à obtenir des épis de 15 à 16 centimètres de longueur, composés de deux rangées de 14 épillets, contenant chacun, en moyenne, trois grains très gros; ce qui fait 84 grains par épi bien conformé, c'est-à-dire un produit triple en grains et quadruple en poids.

Cette variété nouvelle sera bientôt adoptée par tous les cultivateurs belges, parce qu'elle répond le mieux aux exigences de la culture intensive et l'emporte en qualité sur le froment américain.

La méthode usitée en Angleterre pour se procurer du blé de semence a donné également en Suisse des résultats excellents (1).

---

(1) *Journal de la Suisse romande*, 1880. — M. Ernest Robert a publié sur le même sujet, dans le *Journal d'agriculture pratique*, une étude sur les blés anglais, dont les données suivantes intéressent particulièrement les cultivateurs. Certaines espèces de blés anglais résistent parfaitement non seulement aux fortes gelées mais même aux gels et aux dégels alternatifs qui sont la vraie cause de leur altération. En 1880 ils ont aussi bien résisté que les autres, malgré la rigueur exceptionnelle de la température qui a détruit les essences d'arbres les plus rustiques. Il est vrai que le Victoria, le Nursery, le Browick, le Hope-town manquent de gluten, sont grossiers, tendres et creux. Mais le Kissingland, de Chiddam, le Géant, le Victoria blanc et le Goldendrop

Tous les deux ans, après avoir mis à part le plus beau blé, l'on trie et l'on coupe aux ciseaux assez d'épis pour se procurer 100 kilogrammes de blé de semence.

surtout ont des écorces plus minces, sont plus nerveux et se marient bien avec le blé blanc des Flandres.

Le Nursery, amélioré au moyen d'une sélection rigoureuse par M. Hallett de Brighton, convient aux terres riches en engrais, aux sols profonds, alluvionneux, humides ; il est de haute taille et fait bien le roseau. Sa paille est moins cassante que celle du Victoria qu'il a remplacé dans maintes exploitations, et son grain, quoique un peu tendre et creux, a l'écorce plus fine. C'est une bonne variété pour la culture intensive : elle a maintes fois réussi jusqu'au 15 janvier.

Le Kissingland, roux à paille blanche comme le Nursery, s'élève moins ; c'est le blé des plaines et des terres moyennes. Il a de la finesse et son grain passe pour le plus apprécié de la meunerie. après le Goldendrop et le Chiddam, celui qui est de tous points préférable, à l'épi long et les épillets distancés. Le Kissingland à épi carré n'a jamais donné que des résultats médiocres dans notre région.

Le Goldendrop. ou goutte d'or, roux marbré à paille rouge, est la perle des blés anglais. Son grain nerveux est riche en gluten et fait une farine de qualité ; son poids naturel dépasse toujours celui du Nursery de deux et même de trois kilog. à l'hectolitre. Le battage en est facile; la plante talle bien, comme un gazon ; mais ce blé manque de taille et exige des terrains fortement fumés.

Le Géant roux, à paille roussâtre à revers blancs, est un blé de haute stature qui ne se comporte ni comme le Nursery, ni comme le Kissingland. Il rase la terre moins longtemps, a des dispositions à s'élever plus vite, comme le fait le Victoria blanc.

Il n'est pas très répandu dans nos contrées ; mais, bien qu'il ait l'épi carré et court, nous lui croyons de l'avenir et nous estimons qu'il pourra peut-être remplacer avantageusement le Nursery dans les sols profonds et argileux. Le grain, très court, a tout à fait le caractère distinctif des blés anglais ; il paraît, comme qualité, se rapprocher du Goldendrop.

Le Chiddam blanc à paille blanche, qui a son analogue en blé de mars, avait pris une place importante dans les emblavures de la Picardie. La meunerie le regardait favorablement et, comme cette variété n'est pas exigeante, elle était parvenue à s'implanter dans maintes exploitations. Le défaut d'élévation de la paille paraît être la cause qui l'a fait délaisser.

Le Victoria blanc est la sélection Hallet. Ce blé réunit de nombreuses

On sème a raison de 50 kilogrammes par pose (de 27 ares), deux poses qui, l'année suivante, rendent de 20 à 30 quintaux, soit la totalité des semences. L'année d'après, on recommence sur le plus beau blé de choix, de sorte que l'on renouvelle constamment ses semences en les améliorant,

Les caractères obtenus par cette méthode sont d'autant plus fixes que le procédé de sélection a été employé plus longtemps, car il en est d'une variété de blé comme d'une variété de fleurs. M. Micheli a obtenu ainsi une grande augmentation de rendement variant de 30 à 50 kilogrammes par pose (parfois plus) : Il a élimité complètement les épis barbus, fréquents dans les blés du canton de Genève et de la Savoie, qui sont moins grenés et par conséquent produisent moins que le bon blé mottet de la Suisse.

La vente de ces blés améliorés est immédiate : Ils obtiennent, suivant M. Micheli, quatre à six francs de plus par 100 kilogrammes que les blés marchands. Mais cet habile agronome affirme que l'emploi des semences de sélection ne constitue qu'un des éléments d'une bonne récolte, et qu'il faut y joindre un bon assolement, une bonne culture et la destruction énergique des mauvaises graines sans oublier le

qualité: L'on prétend qu'il est le blé anglais de conciliation. De fait, il rend bien en paille et en grain, et la paille comme le grain ont de la qualité. Sa végétation dans le même sol est plus active que celle du Nursery, du Goldendrop ; il paraît même plus hâtif que les blés de Merville et de Bergues avec lesquels nous l'avons mis en parallèle. Son épi n'a pas l'ampleur de la plupart des blés anglais ; il semble, comme forme, se rapprocher des blés de Flandre; mais le grain a tout à fait le cachet de la race ; court et gros comme le grain du Victoria roux et du Goldendrop, il est, non pas glacé ou jaunâtre, mais de la blancheur du marbre. Il nous a paru sujet à devenir charbonneux, comme les avoines blanches de Pologne et du Canada Il y a lieu de faire sur cette variété des expériences suivies, car elle est très polifique et garni bien la terre. Et si, parmi ces six variétés, un triage était encore à faire, nous nous arrêterions aux sortes ci-après qui nous paraissent pouvoir suffire à toutes les situations : Nursery, Géant, Victoria blanc, Goldendrop.

vitriolage des semences ; il constate aussi qu'il vaut mieux
se servir des blés indigènes, parce que les blés étranger, quelque beaux qu'ils soient, dégénèrent dès la seconde année et
ne supportent pas les conditions atmosphériques.

On a constaté en France que les variétés de blé à paille
ferme donnent, dans les terres riches, un rendement *double*
des variétés à paille molle, comme le blé ordinaire. Ainsi,
en supposant pour tous les blés le même produit en paille,
soit 5,000 kilog., le blé ordinaire a donné en grain 1,500 kil.,
tandis que le Galland, le blé de Noé bleu, etc., en ont donné
3,000 ; mais, dans les terres médiocres, les proportions se
rapprochent et tombent à 1,000 kilog. On en déduit avec
raison que les races résistantes récompensent le travail, tandis
que les autres s'opposent à une amélioration progressive du
sol et ne permettent pas à notre agriculture de lutter victorieusement contre celles des pays où le prix de revient du
froment est beaucoup moins élevé.

M. Vilmorin vient d'obtenir trois nouvelles variétés de blé
très productives à la suite de croisements artificiels opérés à
la main sur des blés des meilleures variétés anciennes. Le
premier, le blé *aleph*, est sorti du blé de Noé ou blé bleu
fécondé par le blé de Bergùes ; cette variété très-productive
convient aux bonnes terres moyennes ou riches. Le second,
blé *dattel*, issu du croisement du blé Prince-Albert et du
chiddam d'automne à épi rouge, a tous les avantages du
blé Chiddam et donne en outre un grain plus gros et plus de
paille ; il réussira dans toutes les bonnes terres où l'on
fait des blés anglais. Enfin le blé *lamed* provient du blé
Prince-Albert et du blé de Noé. C'est un blé hâtif qui sera
excellent partout où l'on cultive le blé de Noé ou le blé
de Bordeaux.

IMPORTATION DES CÉRÉALES DU NORD AU SUD ET DE L'EST A L'OUEST.

Un point très important est d'obtenir, comme chez les
animaux, des variétés précoces qui soient moins sujettes aux

vicissitudes de la température. Sous ce rapport, les recherches de M. le professeur Schübeler, à *Christiania*, on fait faire un grand pas à la question. Boussingault avait posé les premiers jalons du problème, en déterminant les sommes de chaleur nécessaires à la croissance des différentes variétés de céréales ; on avait constaté de la sorte que les blés d'hiver exigent environ 2,000 degrés et les blés de mars 15 à 1600 degrés seulement. Schübeler a prouvé que lorsque l'on transporte des graines du Nord au Sud ou des montagnes dans les plaines la maturation s'accomplit plus rapidement et la rusticité est plus grande. L'adaptation de ces plantes aux latitudes plus élevées, — où l'été est plus court et les jours plus long, où l'hiver est plus rude, mais où, par compensation, la vibration lumineuse est plus intense ou de plus longue durée — fait que le blé, qui demande ici 130 à 140 jours pour mûrir, mûrit en Norwège en 90 à 100 jours.

L'*hérédité*, fixant ces propriétés acquises par l'*adaption*, la *sélection* intervient à son tour pour tirer parti sous nos climats de ces précieuses qualités. Les semences de céréales tirées du nord de la Norvège et de la Suède et cultivées par M. Tisserand à Vincennes, ont donné, sur les cultures ordinaires, des avances considérables (jusqu'à 29 jours sur le blé de mars indigène) (1).

M. Janowsky, directeur de la ferme de Oberhennersdorf (Autriche), a récolté, par hectare. de 3,300 à 3,550 kilog. de graine d'orge. M. Blomeger a obtenu des résultats semblables avec le seigle et l'avoine. En général, tous les végétaux du Nord cultivés dans l'Europe centrale se développent d'abord plus lentement que les plantes indigènes, mais ils ne tardent pas à prendre et à conserver de l'avance sur ces dernières.

(1) Tisserand. *Mémoire sur la végétation des hautes latitudes*, 1876, Paris. — Dr Peterman. *Graines originaires des hautes latitudes*, 1877, Bruxelles. — Dr Schubeler. *Die Pflanzenwelt Norwegens*, 1863-73, Berlin.

De plus, il est démontrée que la durée de la végétation d'une céréale est plus courte dans les régions *orientales*, parce que la somme de température nécessaire à la végétation est plus élevée dans les contrées *occidentales*. (Loi de De Candolle.)

Enfin, l'on a constaté aussi que lorsqu'on transporte des céréales en sens inverse, du Sud au Nord ou des plaines dans les montagnes, elles augmentent de grosseur et de poids, et l'on sait que les graines les plus pesantes fournissent un plus grand rendement.

SÉLECTION DE L'AVOINE.

Le poids absolu moyen des graines augmente avec le poids de l'hectolitre. Par exemple le poids moyen de l'avoine, qui est la principale céréale de la Suède, oscile entre 54 et 58 kil.; elle n'atteint chez nous que 44 à 48 kil. M. Kylberg, du gouvernement de Skaraborg, en suivant les procédés du major Hallet de Sussex, a conquis aujourd'hui le premier rang parmi les producteurs suédois.

La station agricole de Copenhague a reconnu que la supériorité du poids de l'avoine des pays du Nord tient à ce qu'elle a des balles plus minces que les avoines des climats plus doux.

L'avoine noire importée des hauts plateaux de la Tartarie a donné également en France un grand excédant de production : semée tardivement elle mûrit avant les autres, donne une paille très forte et très haute, et n'est point sujette à la verse.

L'avoine est la céréale des pays froids et brumeux et des sols argileux. En Norvège elle entre pour la moitié dans la culture alimentaire. Elle redoute seulement les longues sécheresses du printemps.

Depuis quelques années, le Comice agricole de Lille a obtenu des résultats extraordinaires par l'*avoine des Salines*.

13.

importée de l'arrondissement de Dunkerque. Ces rendements ont presque toujours dépassé 80 hectolitres à l'hectare; le progrès dans le rendement n'est donc pas exclusivement attaché au renouvellement de la semence, qui conserve son poids élevé (1).

Les analyses de MM. Grandeau et Leclercq (1879), portant sur un grand nombre d'échantillons de provenance et de récoltes diverses, ont révélé les écarts suivants entre l'avoine la plus riche et la plus pauvre :

	Maxima	Minima.
Eau	15.50	8.50
Matières azotées	12.50	7.12
Matières non azotées	64.65	48.60
Matières grasses	7.15	2.77
Cellulose	14.89	6.72
Matières minérales	6.14	2.06

C'est-à-dire que le même poids d'avoine peut présenter des relations nutritives, des coëfficients de digestibilité et une teneur en albumine des plus variés, puisque les proportions des matières azotées et non azotées, de la graisse et de la cellulose, oscillent sans cesse. De plus, le péricarpe du fruit

(1) En 1863-64, dans les Ardennes belges, à 500 mètres au dessus du niveau de la mer, une bruyère de 72 ares, d'une stérilité complète, fut défrichée, labourée, chaulée et ensemencée en avoine sans résultat:

En 1865, cette terre reçut une fumure d'engrais chimiques à raison de cinq cents kilos à l'hectare, valant 30 fr. les cent kilos. L'avoine atteignit 1m,80 de hauteur et rendit au moins 1600 kilos a l'hectare.

En 1866, elle porta de nouveau de l'avoine, avec fumure d'engrais chimiques à raison de six cents kilos à l'hectare.

Les six années suivantes la culture de l'avoine fut continuée sans interruption et toujours avec emploi d'engrais chimiques, dans des proportions qui varièrent de 350 à 500 kilos à l'hectare. Les produits subirent nécessairement les influences atmosphériques et varièrent avec elles, mais n'accusèrent nullement une fatigue du sol.

Rapport du comte de Limburg-Stirum à la Société centrale d'agriculture de Belgique. Avril 1878.

de l'avoine contient en quantité très variable une substance soluble dans l'alcool, qui jouit de la propriété d'exciter le système nerveux moteur (1).

Comment ramener la culture de cette céréale vers un état d'équilibre stable, qui fixe de la façon la plus avantageuse les rapports des différents éléments nutritifs entrant dans sa composition ?

M. Grandeau affirme que l'on ne peut invoquer ici les *différences de climat et de constitution physique du sol.*

(1) C'est, dit M. Barral, une matière azotée, dont la formule est probablement celle d'un alcaloïde comme la noix vomique et que je propose de nommer *avénine.* La durée totale de l'excitation est environ d'une heure par kilog. d'avoine. Cependant les diverses variétés d'avoine possèdent cette propriété à des degrés très différents.

Ces différences ne dépendent pas seulement de la variété de la plante, elles dépendent aussi du lieu où celle-ci a été cultivée. Les avoines de variété blanche contiennent moins de principe excitant que celles de variété noire ; mais pour certaines des premières, notamment pour celle cultivée en Suède, la différence est minime ; elle est au contraire considérable pour d'autres, notamment celle cultivées en Russie.

Au-dessous de la proportion de 9 de principe excitant pour 1000 d'avoine séchée à l'air, la dose est insuffisante pour exciter le cheval ; à partir de cet proportion, l'action excitante est certaine.

On ne peut attribuer ou refuser avec certitude à l'avoine la propriété excitante, d'après sa variété de couleur, attendu que certaines blanches le possèdent sûrement et que certaines noires en peuvent être dépourvues. Le dosage du principe excitant, en prenant pour base la proportion qui vient d'être indiquée, donnera donc seul un moyen certain d'appréciation ; toutefois il y a de fortes probabilités pour que les avoines blanches, d'une provenance quelconque, soient moins excitantes que les noires ou ne le soient pas du tout.

L'aplatissement du grain d'avoine ou sa mouture affaiblit considérablement sa propriété excitante, en altérant, selon toute probabilité, la substance à laquelle cette propriété est due ; avec l'avoine aplatie, l'action est plus prompte, mais beaucoup moins forte et moins durable. Cette action, immédiate et plus intense avec le principe isolé, se fait attendre quelques minutes avec l'avoine entière ; dans les deux cas elle va se renforçant jusqu'à un certain moment, puis s'affaiblit et se dissipe ensuite. *(Journal de l'agriculture).*

Nous voilà donc ramenés, nécessairement, à la composition chimique et à l'hérédité qui fixe les variations, c'est-à dire à la *sélection et à la restitution.*

En effet, l'expérience démontre invariablement que si les qualités acquises par la sélection de la race dégénèrent, faute d'une alimentation rationnelle, c'est-à-dire d'une restitution raisonnée de l'engrais, les meilleurs engrais sont impuissants à régénérer les *qualités* des céréales, et en général des plantes cultivées, sans l'intervention intelligente de la sélection artificielle qui renouvelle les semences par l'importation ou se livre à la culture des porte-graines.

Dès lors, il devient facile à l'agriculteur de développer lui-même les qualités qu'il recherche et que l'analyse chimique lui révèle. Il doit, après s'être assuré de la qualité alimentaire, se préoccuper de la *fécondité* et de la *faculté germinatrice* des semences. Il est des variétés qui tallent beaucoup et qui permettent de semer clair ; pour l'avoine, par exemple, les différences peuvent aller, d'après M. L. Moll, de 250 à 680 litres ! chacun sait que l'avoine doit à l'abondant chevelu de ses racines la remarquable faculté d'absorption qui lui permet de prospérer, sur des sols épuisés pour les autres céréales. Or on a observé que l'abondance de ce chevelu est en raison directe de l'énergie du tallage. M. Joigneaux recommande de ne pas s'arrêter à la simple apparence d'un grain plein et bien nourri ; il veut que l'on remonte à l'origine, que l'on s'assure que le reproducteur sort d'une race choisie, qu'il a reçu tous les soins de la part de ceux qui l'on élevé, absolument comme pour les races d'animaux domestiques. Ce savant praticien est persuadé qu'on pourrait, le plus souvent, *se passer du changement périodique de semence, si l'on prenait la peine de trier soi-même les reproducteurs chaque année,* voire même de les cultiver à part, afin de les améliorer par eux-mêmes. " Mieux vaudrait créer, fixer et " entretenir, dit-il, que de changer, de même qu'il vaut " mieux améliorer une race de vaches par un bon choix de

« reproducteurs que de faire venir de l'étranger des troupeaux
« de Durhan, de Schwitz ou de Fribourg. »

Un excellent guide qui devrait se trouver dans toutes
les mains, c'est le *Traité des graines* par M. P. Joigneaux,
où se trouvent exposés tous les procédés pour fabriquer de
bonnes semences, pour créer des races supérieures, prévenir
leur dégénération et se passer du renouvellement périodique.

M. Joigneaux recommande de réserver un champ pour la
production de la semence où, après avoir richement fumé,
l'on sèmerait en ligne, par billons distancés, sans négliger
le sarclage et le binage. Il conseille même, pour atteindre la
perfection, de semer d'abord en pépinière, comme on sème
le colza, et de repiquer ensuite, pied à pied, à 0^m,12 ou
0^m,13 de distance.

Les céréales repiquées donnent toujours de plus beaux
produits, épis et grains, que les céréales semées à demeure.

C'est le moyen le plus certain de prévenir, par exemple, la
dégénérescence du beau blé de Smyrne ou d'Australie.

Le cultivateur devra se préoccuper aussi de n'enlever ces
épis qu'à maturité parfaite, par un temps sec, et de ne déta-
cher les graines qu'au moment des semailles, en posant les
épis sur des draps pour éviter les pertes.

On le voit, nous sommes loin des procédés en usage.
Ce n'est qu'en choisissant, épi par épi, dans un champ
spécial, les meilleurs reproducteurs, dit le professeur Van Hall,
de la station agronomique de Groninghen, que beaucoup
de variétés de blé et de légumineuses qui s'abâtardissaient
ailleurs sont restées pures et constantes. C'est dans le choix
des *porte-graines* et de l'*engrais* que réside le secret du progrès de la petite et de la moyenne culture.

SÉLECTION DE L'ORGE.

La Société des sciences, agriculture et arts de la Basse-
Alsace a organisée, en 1875, sur l'initiative de M. Grüber, un

concours pour l'amélioration de l'orge de brasserie qui a donné les plus beaux résultats au point de vue de la théorie qui nous occupe.

La Société a mis à la disposition des concurrents de la semence d'orge Chevalier au prix de 30 fr. les 100 kilos., et fait les recommandations suivantes :

1° Terre bien désagrégée et nettoyée pour favoriser la germination ;

2° Semis précoces favorables à une bonne grenaison, semis clairs de 25 litres par are, au semoir, accompagnés de deux bons coups de rouleau pour assurer le tallage et prévenir la verse ;

3° L'orge succède avantageusement aux betteraves, pommes de terre, récoltes sarclées, qui laissent un terrain meuble, bien nettoyer, *sans excès de principes azotés.*

On sait, en effet, que l'excès de matière azotée fait coucher la paille et donne un grain léger, l'excès de phosphate, au contraire, produit peu de paille et peu de grain, mais celui-ci est lourd.

On peut semer l'orge anglaise *Chevalier* en automne ou au premier printemps. Dans ce dernier cas, on sème tout bonnement sur labour d'hiver, et l'on passe ensuite avec le scarificateur et la herse. Le semis clairs de 2 1/2 litres par are donnent les meilleurs résultats. L'orge est moins exigeante en engrais que le blé. Trop d'azote produit la verse et donne un grain léger ; trop de phosphate produit un grain lourd, mais peu de récolte. 500 kilogrammes à l'hectare d'un engrais de 3 o/o d'azote et 12 o/o d'acide phosphorique, suffissent amplement à ses besoins. L'emploi du semoir, si avantageux pour le blé, ne vaut rien pour l'orge, dont la semence doit être bien enfouie. Deux bons coups de rouleau assurent le tallage et préviennent la verse sur une terre préalablement bien nettoyée pour favoriser la germination.

Plus la durée de végétation de l'orge se prolonge et plus le rendement est rémunérateur. C'est pourquoi, si les conditions atmosphériques le permettent, il ne faut pas craindre de semer cette orge dès la fin de janvier quand on n'a pu la semer au mois de novembre (1).

L'orge Chevalier exige plus de chaleur que l'orge ordinaire. La nature, dit le rapporteur, M. Wagner, la retient quinze jours de plus dans son remarquable laboratoire.

Les semailles hatives s'imposent donc surtout dans les terres légères qui ne retiennent pas longtemps l'humidité. Cette particularité avait même poussé M. Gruber, a tenter les semis d'automne dans des terrain de choix.

L'orge a besoin de lumière, c'est pourquoi il faut éviter de mélanger à cette céréale de choix, des semis de trèfle ou d'autres fourrages vert et de recourir aux semoirs en ligne à grandes distances. Il est bon de la faire précéder dans l'assolement par une plante sarclée dont *les façons* ameublissent le sol et détruisent les mauvaises herbes, et dont les *fumures* copieuses dispensent de l'emploi des engrais directement appliqués. On a vu deux récoltes d'orge Chevalier se succéder ainsi sans exiger d'autre appoint que la restitution de phosphates, de sels de potasse à petite dose, la deuxième année.

Si l'on applique directement les engrais sur l'orge, *il faut*, dit le rapporteur, *éviter le fumier de ferme et recourir aux engrais chimiques*, parce que le fumier et les engrais liquides DÉVELOPPENT LA PARTIE HERBACÉE AU DÉTRIMENT DU GRAIN.

M. Wagner affirme que si les fermiers des environs des villes tenaient compte de ces considérations, ils pourraient fournir d'aussi belle orge de brasserie que les fermiers des montagnes de l'Alsace.

Telles sont les principales conclusions auxquelles sont arrivés les brasseurs de Strasbourg après douze années d'observations, contrôlées par des analyses chimiques de chaque récolte.

(1) Il ne faut pas semer tôt en automne pour que la végétation souterraine dure le plus longtemps possible; assure la plante contre la gelée et prépare au bon thallage.

Nous appelons particulièrement l'attention des agriculteurs des Flandres sur ces données nouvelles.

Dans les polders, on ne cultive guère outre l'orge carrée, que la variété d'orge d'hiver appelée *escourgeon* qui, bien que fort productive, ne vaut pas l'orge *Chevalier*.

L'orge a des racines plus superficielles que le froment et, comme elles exige moins d'azote, elle peut succéder au blé, sur un sol bien nettoyé. Elle a donc peu d'exigences au point de vue de l'assolement. Mais entre toutes les céréales, l'orge est la plus surbordonnée aux conditions de culture et de récolte. A tel point que les meilleures graines ne donnent souvent que des rendements fort médiocres si l'on néglige de tenir compte des instructions qui précèdent tandis que des semences ordinaires bien soignées produisent une orge excellente.

SÉLECTION DU SEIGLE

Le *seigle* est par excellence la céréale des terres pauvres et sablonneuse comme la Campine. Nos cultivateur ignorent à quel point cette culture peut être améliorée par la sélection des graines et l'amendement du sol.

L'on cultive en France un seigle, dit *de la St Jean,* qui se sème à la fin de l'été et se fauche en vert en automne sans préjudice pour la récolte de l'année suivante.

En Algérie le seigle acquiert une vigueur de végétation extraordinaire qui fait qu'on l'y confond souvent avec le froment.

Il importe de soumettre les semences de cette céréale à un soigneux criblage pour séparer les mauvaises graines; chacun sait que la paille de seigle fine et flexible se prête à différentes industries lucratives, notamment à la fabrication des chaises, des paillassons voire même des chapeaux.

Le seigle craint l'eau plus que le froment. L'inondation consécutive à la fonte des neiges suffit parfois pour compromettre la récolte dans les terres à sous sol imperméable.

Cependant il supporte les·froids rigoureux dans les terres que la gelée ne soulève pas ; il croît volontiers dans le sable, le calcaire léger et dans les terrains primitifs comme les micachistes feuilletés ou SÉGALAS du midi de la France.

Dans les sables amendés de la Campine, le seigle d'hiver semé au printemps, donne habituellement d'excellentes récoltes (1) de sorte qu'il suffit de le resemer en février ou en mars pour parer aux dégats de la gelée. Les seigles d'hiver ou d'été importés de Suède ou du Danemark ont donné de très beaux rendements, en Belgique comme en France.

La conservation des nouvelles variétés de seigle est très difficile parceque les fleurs voisines se fécondent entr'elles. Chez le froment seul, où la fécondation s'accomplit naturellement à *huit clos,* la fécondation croisée artificielle permet de créer et de fixer d'innombrables formes.

LE SARRASIN OU BLÉ- NOIR.

Cette céréale, qui n'appartient pas à la famille des graminées, offre d'après les recentes analyses de M. Lechartier (2) les mêmes variations que le blé dans la composition des cendres de la paille et du grain.

La silice est beaucoup moins abondante que dans la paille et l'épi de blé; par contre la potasse atteint parfuis un chiffre très élevé dans la paille. Les cendres des pailles présentent, suivant les années et les sols, de grandes variations, du simple au double dans la teneur en chlore, en acide phosphorique, en azote et en potasse. Au contraire les cendres du grain de sarrasin varient peu. Anomalie curieuse, parfois la paille devient plus riche que le grain en acide phosphorique.

La somme des éléments fertilisants que cette céréale

(1) *Journal de la Société centrale d'agriculture de Belgique* 1883 p. 91.
(2) *Académie des Sciences* 1881.

enlève au sol, serait plus élevée que pour une récolte de blé d'égal rendement. Grâce à sa végétation rapide et touffue, cette plante qui vient partout, prend son azote dans l'air et contient beaucoup de potasse, étouffe les mauvaises herbes et donne ensuite un excellent engrais. Ses feuilles et ses tiges spongieuses se décomposent immédiatement dans le sol et produisent des gaz qui asphyxient les insectes.

Dans les sols sablonneux comme la Campine, où le trèfle ne vient pas, le sarrasin est une plante des plus précieuses pour créer de l'humus et de l'engrais par l'enfouissement des récoltes en vert.

Dans le nord de la France, ce procédé fréquemment employé en ces dernières années, a donné des résultats inattendus au point de vue de la destruction ou de l'éloignement des parasites, notamment du *ver blanc, du ver gris, de la courtillière*, etc. On sème très dru au printemps, à raison d'un hectolitre par hectare, dans les terrains infectés; on laisse la plante végéter jusqu'à la floraison et on l'enfouït en vert. Ce procédé présente en outre l'avantage de préparer le sol pour la culture des plantes à dominantes de potasse et de magnésie, ces éléments étant extrait du sable et rendu assimilables par le sarrasin décomposé. Le sarrasin doit être semé tard parcequ'il est très sensible au froid; mais comme il accomplit en trois mois toutes les phases de sa végétation, il peut suppléer au déficit de la culture après des hivers rigoureux. Il peut suivre les céréales, le colza, le lin ; semé avec le trèfle ou la luzerne, il protège la levée de ces plantes sans préjudice pour le rendement. On recommande avec raison de ne pas tasser le sol avant de semer le sarrasin dont la jeune tige est abritée contre la gelée par les mottes de terre. Cependant le sol doit être bien préparé par plusieurs labours suivis de hersages.

INFLUENCE DES ENGRAIS SUR LES CÉRÉALES.

Les principes de la *doctrine des engrais chimiques* simplifient singulièrement le second terme du problème de la production intensive et de l'amélioration des céréales. L'engrais chimique à dominante d'azote et de phosphore permet, d'améliorer à la fois le rendement et la qualité du grain. Mais, pour procéder d'une façon rationnelle et lucrative, il faut opérer d'abord l'analyse du sol par la plante, suivant les procédés si simples et si sûrs de M. Ville. Car, si le sol contient déjà une réserve de potasse et d'acide phosphorique, comme il arrive souvent dans les terres argileuses ou dans les polders, ou si l'on dispose d'un excédant de fumier de ferme, qui restitue l'azote, il est inutile d'employer un engrais complet, dont le prix de revient s'élève parfois au double de celui qui peut suffire amplement aux besoins de la plante. Toutefois, nous n'hésitons pas à recommander sans réserve, dans les terres pauvres ou épuisées, l'emploi des formules spéciales, parce que nous avons pu, maintes fois, en constater l'efficacité dans les sols les plus divers (1).

Soit par exemple :

        Phosphate de chaux soluble . . . 200 kilog.
        Chlorure de potassium . . . . . 100 —
        Nitrate de soude . . . . 300 —
                                        ―――――――
                                        600 kilog.

Ces trois termes sont variables, suivant la nature et la composition du sol ; c'est ainsi que dans les terres légères, l'on peut remplacer avantageusement le nitrate, qui est entraîné par les pluies, par le sulfate d'ammoniaque (2), ce

―――――――

(1) Cette formule convient également à l'orge, au seigle et aux prairies naturelles.

(2) Cependant l'on a remarqué que le nitrate agit plus efficacement sur les céréales dans les terres légères, par les temps de sécheresse que le sulfate d'ammoniaque.

dernier sel a été appelé, avec raison, un corps *grimpant*, parce qu'il remonte toujours à la surface, en vertu de la capillarité. C'est pour cela que les eaux de draînage, qui contiennent toujours des nitrates, ne renferment pas de sels ammoniacaux.

Il est vrai que, dans les milieux poreux surtout, l'ammoniaque se transforme rapidement en nitrate par oxydation.

D'après de récentes expériences instituées dans des stations agronomiques d'Allemagne, cette transformation est indispensable pour permettre l'assimilation de l'azote par le végétal. Lorsque dans du sable préalablement traité par l'acide sulfurique bouillant, on introduit un engrais complet à base de nitrate, on obtient des céréales parfaites ; mais quand on substitue un sel ammoniacal au nitrate, le résultat est nul, si l'on ne favorise pas la circulation de l'air. Hasselbarth, en opérant sur *l'orge* dans du sable stérile, au moyen de solutions titrées, a constaté que les sulfates et chlorhydrates ammoniaux ne sont absorbés que pour 1/2 et ne donnent que 1/3 de récolte, tandis que les divers nitrates sont assimilés complétement. Les phosphates ammoniacaux ne sont absorbé que pour $1/7^e$ et ne donnent que $1/20^e$ de récolte. Mais le MARNAGE rend les sulfates et les chlorures ammoniacaux tout à fait assimilables, parce qu'ils se transforment en nitrates sous l'influence de la chaux.

Ces expériences sont concluantes et jettent de vives lumières sur l'assimilation des engrais et sur le rôle des amendements.

Les petites céréales de printemps (orge, avoine, seigle) sont moins exigeantes que le froment : 300 à 500 kilog. par hectare d'un engrais titrant 3 0/0 d'azote et 12 0/0 d'acide phosphorique, suffisent ordinairement à leurs besoins. Les engrais pour céréales peuvent se répandre à la main, à défaut de machine ; on les enterre à la herse et l'on peut semer immédiatement après. L'emploi des engrais azotés en couverture au printemps est très recommandable pour les céréales, surtout quand on craint l'entraînement par les pluies.

De nouvelles expériences de fumure, dit le prof. Wagner de Darmstad, prouvent que l'engrais potassique exerce une influence très sensible sur les céréales, plus sensible même que sur les betteraves et les pommes de terre. L'engrais phosphorique seul est nuisible sur les terres sèches ou dans les années sèches et détermine le jaunissement et la mort prématurée des plantes, si on ne lui associe l'azote et la potasse en quantité suffisante. En résumé, conclut le professeur, plus les plantes manquent d'eau et moins elles peuvent se passer d'engrais *complet.* Dans les sols pauvres, la brulure du blé est fatalement déterminé par les fortes fumures d'acide phosphorique, sans azote ni potasse.

M. Wagner affirme que rien ne rend de la vigueur aux semis languissant ou qui ont souffert du froid et des insectes, comme les *nitrates de soude.* Il les préfère au sulfate d'ammoniaque qui forme un sel volatil en présence de la chaux contenue dans le sol arable. Il en est de même du guano.

D'après le savant directeur de la Station agronomique du Nord, M. Ladureau, quelques cultivateurs, émerveillés des résultats qu'ils voyaient acquis par leurs voisins, au moyen de certains engrais chimiques, tels que les nitrates de soude et le sulfate d'ammoniaque, employés au printemps, comme complément à une demi-fumure de fumier de ferme, ont pensé pouvoir remplacer ce dernier par une dose plus élevée de ces produits. Le résultat qu'ils ont obtenu fut d'abord une récolte abondante en betteraves ou en blé; mais les betteraves, surtout celles fumées exclusivement avec du nitrate de soude, étaient de mauvaise qualité et furent refusées par les fabricants de sucre, ou acceptées avec de tares considérables; le blé versa avec plus de facilité que celui cultivé avec du fumier ou des engrais complets; chose beaucoup plus grave, leurs terres subirent par suite de l'emploi de ces engrais, une modification profonde qui se fit sentir durant plusieurs années, et à laquelle on ne put que très difficilement remédier. Cette modification consiste en ce que, la matière humique étant complétement brûlée, l'argile, le sable et les substances minérales proprement dites s'agglomérèrent sous l'influence des pluies d'hiver; le sol se tassa, devint blanchâtre et presque complètement imperméable à l'air, à l'eau et à la lumière.

Les champs ainsi maltraités avaient l'apparence et la dureté de la pierre, il fallait presque les travailler à la pioche. Des cultivateurs qui avaient eu ce désagrément chez eux, ont avoué que plusieurs années de soins, de travaux et de dépenses assez élevées en fumiers et autres engrais organiques, n'avaient pu remettre complètement leurs terres dans leur état primitif.

« Il est nécessaire, dit M. Ladureau, pour obtenir des engrais chimiques leur maximum d'effet utile, de ne les employer qu'avec discernement, et nous ne croyons à leur complète réussite qu'entre les mains des cultivateurs intelligents et suffisamment instruits pour connaître les besoins de leurs terres et des cultures qu'ils leur confient. Certains sols sont presque dépourvus d'acide phosphorique, d'autres manquent de potasse, d'autres de magnésie; sur presque tous, l'adjonction d'une certaine quantité d'azote a pour effet d'augmenter le rendement cultural; mais il faut éviter de faire au sol des avances trop considérables d'un de ces éléments, s'il n'en a pas besoin surtout. »

Il est très remarquable qu'après 40 années d'expériences, Lawes et Gilbert continuent à employer le nitrate de soude de préférence à d'autres sels dans la culture des céréales. Ce fait démontre une fois de plus la vérité de cet axiome qu'en agriculture, comme en matière médicale, le secret du succès est dans la *dosimétrie*, fondée sur l'expérience physiologique.

EXPÉRIENCES DE LAWES ET GILBERT.

Lawes et Gilbert ont calculé que la quantité d'ammoniaque nécessaire pour obtenir un excédant d'un hectolitre d'orge (64 kil. grain, 70 kil. paille) correpond à 2,25 et 2,50 kil., tandis qu'il s'élève à 5 kil. 6 (68 kil. grain 117 kil. paille) pour le blé.

Avec l'orge et le blé, ils ont recouvré en moyenne par l'analyse, un peu plus de *deux cinquièmes* de l'azote de l'engrais dans l'excédant du produit. De même pour les graminées des prairies. Pendant vingt années de récoltes consécutives d'orge et de blé, ils ont déterminé l'azote séparément dans le grain et dans l'épi. Il résulte de ces analyses que le mélange d'engrais minéraux avec les sels ammoniacaux permet de recouvrer environ un *tiers* de l'azote pour le blé, la *moitié* pour l'orge et pour l'avoine, et que *l'on recouvre beaucoup moins d'azote avec le fumier de ferme qu'avec aucun des engrais artificiels.* Les vingt-six variétés de blé rouge et blanc cultivées ont donné un rendement moyen de 36 hectolitres 83, l'hectolitre pesant en moyenne 76 kil. 40; et ces variétés ont toujours donné des grains plus lourds qu'on ne les observe d'ordinaire.

Voilà certes des résultats qui méritent d'attirer l'attention des cultivateurs parce qu'ils confirment rigoureusement les principes de la *doctrine des engrais chimiques.* A Rothamsted, les engrais azotés seuls ont fourni des résultats qui prouvent la richesse du sol en principes minéraux; toutefois l'addition de ces derniers principes élève le rendement moyen pour l'orge vannée à 42 hectolitres et à 3,550 kilogr. de paille. Cette orge a fourni par rapport au blé plus de la moitié de grain en plus, un sixième de paille et un tiers du rendement total en plus.

Pendant les années de sécheresse, le *nitrate de soude,* plus soluble et plus diffusible que les sels ammoniacaux, correspond à un rendement plus élevé; il agit probablement sur le sous-sol de manière à augmenter la surface susceptible d'absorber et de retenir l'humidité au profit des racines.

Lawes et Gilbert ont obtenu plus de résultats sur l'orge avec le nitrate de soude qu'avec le sulfate ammoniacal. M. Risler a également obtenu de bons résultats avec ce sel dans la culture des céréales.

L'emploi du tourteau a donné une récolte d'orge plus élevée que la moyenne, mais moindre, relativement à l'azote contenu, que celle fournie par les produits chimiques.

Il est à remarquer que, pour les céréales de printemps surtout, les engrais chimiques sont indispensables, parce que le fumier de ferme n'a pas le temps de se décomposer.

Quant aux céréales d'hiver, l'on peut faire dans les années humides, où le blé verse régulièrement dans certains sols (surtout après une fumure forte et fraîche), une expérience bien concluante pour démontrer l'infériorité et l'insuffisance du fumier employé *seul*. Il suffit d'associer une demi-fumure de 2 ou 300 kilog. d'engrais intensif à dominante d'acide phosphorique, 3 p. c. d'azote, 12 p. c. d'acide, pour avoir une récolte magnifique, un blé droit et ferme et un épi bien fourni. *La verse est due souvent à un excès d'azote et à un défaut des substances minérales*, surtout d'acide phosphorique, car la potasse ne fait généralement pas défaut dans les terres riches où la verse se manifeste. Si cependant *l'analyse du sol par la plante* révélait au cultivateur le défaut de potasse, il suffirait de compléter cette formule par l'addition de 5 à 7 p. c. de potasse. De cette façon on est assuré d'atteindre les résultats maxima dans la culture des céréales améliorées par la sélection et d'obtenir en moyenne à l'instar de MM. G. Ville, Lawes et Gilbert 30 à 40 hectolitres de froment, au lieu de quinze ou vingt, quarante ou quarante-cinq hectolitres d'orge et jusque quatre-vingts hectolitres d'avoine à l'hectare, comme nous l'avons vu pour l'avoine des salines.

C'est-à-dire, comme l'établissait parfaitement M. Ville dans ses dernières conférences, qu'avec un supplément d'engrais, qui peut ne pas dépasser *une centaine de francs,* on peut élever le rendement de telle sorte que le prix de revient de l'hectolitre soit diminué considérablement, sans préjudice pour la qualité.

Au contraire, la restitution rationnelle des éléments minéraux, des dominantes, doit favoriser l'action de la sélection artificielle et diminuer les écarts révélés par M. Grandeau dans la composition de l'avoine.

CULTURE DU BLÉ SANS FUMIER NI BÉTAIL.

Depuis 1871, les fermes de Blount et de Sweetdew près de Harlow, d'une contenance de 180 hectares, sont cultivées au moyen des engrais chimiques à l'exclusion du fumier. Elles n'ont pas d'animaux et vendent leurs récoltes sur pied, pailles et grains. Les engrais s'achètent à raison de 150 frs l'hectare et sont composés d'os, de nitrate de soude, de guanos, sous le contrôle du docteur Voelker, le chimiste de la Société royale de Londres.

Ces os pulvérisés et humectés, sont mélangés à la ferme avec la moitié de leur poids de phosphates minéraux. Après une fermentation de trois mois, les os sont dissous par l'acide libre des phosphates.

Les sols argileux ont été modifiés au préalable par le draînage et les labours profonds. L'emploi *exclusif* et raisonné des engrais artificiels a modifié favorablement la constitution du sol et réduit *les frais* du culture. M. Prout réalise un bénéfice moyen de 115 francs par hectare, tout en payant un loyer assez élevé de 125 francs.

M. Middleditch à Blundsdon, près Swindon, suit la même voie depuis 1876, et tire de sa terre un bénéfice de 167 frs par hectare dans les mêmes conditions.

Voici les chiffres des produits des ventes de blé par hectare dans les deux exploitations :

Chez M. Prout, en 1868	919 fr.	par hect.
1869	896	—
1870	949	—
1871	935	—
1872	689	—
1873	652	—
1874	680	—

Chez M. Middleditch les produits on dépassé parfois 1000 et 1050 francs par hectare.

Ces remarquables expériences ont été publiees par la *Société royale d'agriculture de Londres* et traduites par un membre de la *Société nationale d'agriculture de France* (1883).

INFLUENCE DE LA TEMPÉRATURE SUR LA VÉGÉTATION DES CÉRÉALES.

L'étude de la physiologie des céréales permet d'apprécier l'importance des *appareils enregistreurs* qui calculent automatiquement les sommes d'*énergie* qui sont transmises à la plante, sous les différentes formes de chaleur, de lumière, de pression, d'électricité. On a pu voir à l'Exposition de 1878, à quel point M. Redier avait perfectionné la construction de ces appareils (baromètre, thermomètre et électromètre enregistreurs, actinomètres) (1)

M. Boussingault a déterminé l'influence de la température sur la végétation du blé en mesurant le nombre de jours que l'orge exige sous diverses latitudes pour accomplir son évolution.

		tempér. moyenne
Santa-Fé de Bogota	122 jours	14° 7
Alsace	92 »	19°
Egypte	90 »	21°

(1) Une autre série d'appareils enregistrent par des pesées ou mesures de capacités, les gains et les pertes de *matière* ; tels sont les pluviomètres, la bascule physiologique, etc. Dans sa *Chimie et physiologie agricole*, M. Grandeau a consacré tout un chapitre à la description détaillée de ces appareils ; seulement l'on n'a pu trouver encore un instrument capable d'enregistrer *isolément* les rayonnements lumineux et calorifiques du soleil pour déterminer avec précision la part de chacun dans les phénomènes de la végétation. M. Van Rysselberghe de l'Observatoire de Bruxelles, avait exposé à Paris, en 1878, le *météorographe* de son invention qui grave lui-même parallèlement, sur une plaque à mesure qu'elles se produisent, les variations barométriques, thermométriques, les quantités d'eau tombées, la direction du vent et sa force. Il suffit d'étendre cette feuille métallique sur une presse pour obtenir les tableaux imprimés. (La météorologie et les stations météorologiques belges par le R. P. Van Tricht, Bruxelles 1880).

Le nombre de jours est d'autant plus grand que la température moyenne est plus basse. Mais la durée et l'intensité de l'insolation journalière, qui augmente avec l'altitude et l'élévation de la latitude, peut compenser la température et renverser cet ordre, comme nous l'avons vu plus haut pour le blé de Suède.

Cependant l'orge carrée n'exige que 1300 degrés pour mûrir au centre de l'Europe. En Ecosse et au nord de l'Allemagne, cette céréale exige 2000 degrés.

Adanson proposa, au siècle dernier, de mesurer la somme de chaleur nécessaire à l'évolution des divers végétaux en multipliant les températures moyennes de chaque jour par le nombre de jours de végétation.

Or, ces calculs réalisés par M. Boussingault sur divers points du globe lui révélèrent la constance approximative de cette loi : *que la durée de la végétation est en raison inverse de la température,* parce que la même plante exige la même somme de chaleur pour mûrir sous tous les climats. Ainsi le blé d'automne mûrit en Alsace en 137 jours par une température moyenne de 15°. A Paris 160 jours : température moyenne de 13° 4. En Thuringe 176 jours, température moyenne 11° 14. A Kington (Amérique du Nord) 122 jours, température moyenne 17° 2. Cependant M. Tisserand affirme que dans le nord, la plante utilise mieux la force solaire, au double point de vue de l'économie et de la quantité du rendement.

Les froments d'hiver exigent de 1,800 à 2,000 degrés, tandis que les froments d'été ne réclament que 15 à 1,800. Ces diverses exigences physiologiques ont amené la distinction des blés de mars et d'automne :

Le blé Victoria, de la Trinité, mûrit avec 1,500 degrés;

Le blé Victoria, de mars, 1,500 ;

Le blé de Brie, de Saumur, de mars, 15 à 1,600;

Le blé Hérisson, 1,600 ;

Le blé bleu de Noé, de mars, 1650;

Le blé rouge de Saint-Laud, 1700;

Le blé Galand Petanielle bl., 1700;

Le blé rouge ordinaire *et la plupart des blés d'automne*, 1,850;

Les blés rouges anglais et écossais, 1,900 et plus.

Ces moyennes ne s'éloignent guère des chiffres donnés par M. Hervé Mangon, sauf pourtant le froment pour lequel M. Hervé Mangon trouve pour une période de neuf années, une moyenne de 2365 degrés. Voici les chiffres donnés par ce dernier expérimentateur pour les autres plantes :

Avoine de printemps,	1826°
Orge	1810°
Fèves,	2210°
Sarrasin,	1600°

M. Hervé Mangon, en conclut que dans un climat doux et régulier comme celui du Nord-Ouest, il y a presque toujours avantage à faire de bonne heure, les semis d'automne.

M. Mangon en conclut aussi que l'on peut calculer exactement, un mois ou six semaines à l'avance, l'époque de la moisson en faisant chaque année la somme des degrés observés depuis les semis et en consultant les tableaux numériques de moyenne.

LA GELÉE ET LES CÉRÉALES

La résistance à la rouille et à la gelée est d'autant plus grande que la paille est d'une nature moins délicate et que la végétation est plus rapide, par suite d'une restitution rationnelle, d'un tallage modéré, d'une semaille moins précoce.

En ce cas, d'après Mathieu de Dombasle, le rendement s'élève parce qu'il n'y a pas de souffrance prolongée au printemps.

Le froment gèle moins facilement pendant la première période de la végétation que pendant la seconde, parce que le centre vital, placé d'abord où est le grain, est mieux abrité dans la terre ; mais quand la tigelle atteint la surface du sol, il se forme un nouveau centre vital d'où partent de nouvelles racines et des *talles,* tandis que le grain disparaît avec les premières radicelles.

Les céréales, dont la gelée ou toute autre cause a interrompu la germination, peuvent reformer une nouvelle tigelle lorsque la plumule n'a pas dépassé $0^m,015$ millim. et la radicelle 0,002 millim. (von Tautphoüs). La gelée ne déchire pas les cellules, mais modifie le protoplasme de telle sorte que les parois des cellules ne s'opposent plus à l'extravasation des sucs.

La gelée soulève et détruit les racines des céréales, comme le seigle et l'avoine des terres pauvres de l'Ardenne, des Fagnes et de la Campine. Nous avons vu (p. 174) quelle favorise au contraire la végétation du froment dans les terres fortes, convenablement labourées en automne et qui n'ont pas été emblâvées trop tôt.

LES MALADIES DES CÉRÉALES.

Le *charbon*, la *carie* et la *rouille* sont, avec *l'ergot*, les principales maladies de nos céréales, causées toutes les quatre par l'évolution d'un cryptogame parasite sur la tige ou sur l'épi.

L'ergot est une maladie localisée à quelques grains d'un épi tandis que le charbon et la carie envahissent l'épi tout entier.

L'ergot est produit par l'évolution du *claviceps purpurea* de la famille des *Pyrénomycètes* ; il commence par développer au sommet de l'avoine un mycélium mou et filamenteux secrétant une liqueur sucrée qui attire les mouches (sphacélium).

Puis apparaissent les spores ou conidies et, la fructification accomplie, un nouveau mycélium apparait, cette fois de consistance cornée et rappelant la forme d'un ergot mesurant jusque 3 centimètres. Cet ergot contient un poison énergique du groupe des alcaloïdes, qui jouit de la propriété spéciale de contracter les fibres musculaire *lisses* de l'uterus et des artères ; d'où ses propriétés hémostatiques et l'action locale qu'il paraît exercer sur le cœur, dont il ralentit les mouvements, comme la digitale.

La présence de l'ergot dans la farine engendre des maladies graves, dont le principal symptôme est la gangrène des extrémités, précédée de vertiges, de spasmes et de convulsions. L'ergotine entraîne aussi la paralysie et la chûte des poils chez tous les animaux domestiques.

L'apparition de l'ergot est singulièrement favorisée par les brouillards et l'humidité qui fait germer les ergots de l'année précédente et détermine le développement des réceptacles du *claviceps purpurea*.

L'ergot, qui s'attaque surtout au seigle, se montre aussi sur le froment, l'escourgeon et le maïs et sur plusieurs graminées des prairies humides.

Les différentes espèces de rouilles des céréales sont causées par des *urédinées* du genre *puccinia*; très remarquable par leur *polymorphisme* et leurs migrations, elles ont été étudiées avec soin dans ces dernières par les botanistes micrographes.

Ainsi les spores hivernantes de la rouille du blé ne peuvent se déveloper sur cette céréale, mais seulement à la face inférieure de certaines feuilles, comme celles de l'épine vinette. Là elle produisent un nouveau mycelium qui se couvre de réceptacles en forme de cupule, aux fond desquels apparaîssent les spores en chapelet, qui vont s'attaquer au blé. Transportées sur les feuilles par le vent, elles lancent leurs filaments à travers les stomates dans l'épaisseur du parenchyme et ne tardent pas à crever l'épiderme en répandant une poussière jaune ou rouge, formées d'innombrables spores d'été qui continuent à reproduire le cryptogame jusqu'à l'apparition des spores d'hiver.

Chaque espèce de rouille a des migrations différentes.

Ainsi la rouille ordinaire (puccinia coronata) jaune orangée, dont les taches sont éparses sur la feuille au lieu d'être rangées en séries parallèles, comme chez la précédente, vit sur les graminées des prairies et des chemins et sur les feuilles du nerprun d'après Du Barry. D'autres végètent d'abord sur les plantes qui croissent dans les moissons, c'est-à-dire les plantes *adventices,* comme la *puccinia straminis.* Cette découverte démontre la subordination des parasites des deux règnes et la haute importance des sarclages.

Le chaulage, très efficace contre la carie, est moins efficace pour combattre le charbon et absolument inefficace contre la rouille.

La physiologie comparée de ces cryptogames nous a révélé la cause de cette inégalité d'action.

Le champignon de la *carie* (*Tilletia caries*) fructifie à l'intérieur des grains (la farine devient d'un brun verdâtre et infecte), et les spores y restent adhérentes : les spores du charbon (ustilago), qui attaquent les glumes et les fleurs et donnent une poussière noire, sont en parties dispersées, au moment de la récolte, et les spores oranges de la *rouille,* adhérentes au grain, ne sont pas celles qui reproduisent la plante, mais bien les *téleutospores* qui ont germé et hiverné ailleurs. — Il faut qu'ils changent de plante nourricière pour germer ; les feuilles jaunissent et se dessèchent sous l'action du mycélium de la rouille qui perfore et épuise les tissus.

La *carie* et le *charbon* s'attaquent à l'épi où ils produisent des effets différents. Tandis que le *charbon* altère les glumes et les glumelles, rompt le grain et finit par vider l'épi, les spores de la *carie* se contentent d'en dévorer l'intérieur et de substituer leur substance fétide aux grains d'amidon.

La spore du *charbon* pénêtre dans la graine et se développe avec la plante. Celle de la *carie,* qui n'attaque que le froment et de préférence les blés tendres et les blés de mars, germe dans la terre et pénêtre dans la tige par le nœud inférieur au printemps. Les spores de la carie et du charbon, adhé-

rentes au grains ou au sol émettent des filaments qui se développent et montent avec la tige jusque dans la fleur.

Traitement du charbon et de la carie par le chaulage.

Chaulage au sulfate de soude ; par hectolitre de blé 640 gr.
de sulfate de soude dissous dans 9 litres d'eau bouillante et
2 kilog. de chaux vive que l'on éteint et qu'on laisse pulvériser à l'air. Puis, quand la dissolution du sel sodique
est tiède, on arrose le grain auquel on mêle peu à peu toute
la chaux en remuant bien. Cette méthode n'expose pas à des
accidents comme le chaulage au sulfate de cuivre et à l'acide
arsénieux.

Cependant, pour combattre en même temps les Acarus et
les Iules, qui dévorent le blé dans le sol, il est nécessaire
de le recouvrir d'une cuirasse empoisonnée. Le sulfate de
cuivre forme précisément, avec péricarpe, une combinaison
insoluble ; on l'emploie à la dose de 250 grammes dissous
dans 30 litres d'eau froide pour 1 hectolitre (Tremper un
quart d'heure).

Boussingault a constaté que si l'on dépasse 500 gr. de
sulfate de cuivre par hectolitre on empêche la germination
du blé. 150 gr. suffisent, d'après lui, pour une submersion
de 12 hect. Ces essais, entrepris uniquement en vue de
préserver la semence des attaques des parasites ont conduit
M. Nessler et Ladureau à déterminer le titre des solution
nutritives où l'on peut impunément plonger les semences
avant de les confier à la terre.

M. Ladureau a remarqué que le blé et la betterave qui le
précède, lèvent plus vigoureusement après une immersion
momentanée des grains dans des solutions d'acide phosphorique, de nitrate ou de sulfate d'ammoniaque. La graine
trouve ainsi immédiatement à sa portée les éléments fertilisants irrégulièrement répartis dans le sol. Seulement M. Ladureau a constaté que dès que ces solutions se rapprochent

de 5 p. c. d'eau, elles altèrent plus ou moins les propriétés germinatives, selon les espèces.

D'après Nessler, il ne faut jamais pour le froment dépasser 1 p. c. de sulfate d'ammoniaque. Il fixe même à 0,5 pour cent, la limite de concentration aqueuse des solutions salines pour pralinage.

Wolff a prouvé que la formation et la multiplication de la graine réclament surtout la présence de l'acide phosphorique offert au végétal dans un état facilement soluble. Le rendement en grains augmente par l'addition progressive de l'acide phosphorique; la paille n'est pas influencée de la même façon.

Les recherches de G. Ville, instituées au Museum de Paris sous le contrôle de l'Académie des Sciences en 1864 prouvent que dans le sable calciné la végétation naissante accuse nettement la présence d'*un cent millième* de phosphate de chaux dans l'engrais.

Ce phénomène s'explique quand on sait que l'absorption de cinq milligrammes d'acide phosphorique correspond à la formation de cinq à six grammes de paille. De même la végétation accuse nettement la présence dans le sol d'un demi dix millième d'azote. La potasse, la chaux et la magnésie, qui entrent également dans la composition du protoplasme des cellules animales et végétales, influencent au même titre l'évolution première des jeunes plantes dont la réserve alimentaire, contenue dans la graine, est épuisée.

D'après les dernières recherches de M. Dehérain à Grignon, pendant la première partie de leur développement, les jeunes plantes absorbent une quantité considérable de matières minérales.

Elles absorbent même, en quantités notables, des substances minérales qui ne paraissent avoir aucune influence avantageuse sur leur développement.

De toutes les matières minérales employées, la chaux est celle qui exerce l'influence la plus avantageuse.

En effet, des graines mises à germer dans de l'eau de fontaine évoluent normalement à la température ordinaire, tandis qu'elles ne se développent que très mal dans l'eau distillée. L'influence heureuse des sels de chaux est particulièrement sensible sur le développement de la racine.

La forme sous laquelle la chaux est présentée est loin d'être indifférente, elle exerce une action sensiblement plus avantageuse quand elle est combinée à l'acide ulmique que lorsqu'elle est unie à l'acide azotique, comme si cet acide ulmique concourait directement à la nutrition de la jeune plante.

Cependant, on ne peut pas admettre que l'addition de chaux étrangère à la graine soit *nécessaire* à l'évolution de la jeune plante, car en exposant des graines dans l'eau distillée à une température de 30 à 35°, on les voit souvent se développer normalement, sans qu'on puisse déceler de chaux dans les organes nouvellement formés.

Dans une solution nutritive, 230.4 milligrammes d'Ac. phosphorique produisent 5.81 gr. de grains et 11.054 paille, tandis que 97.7 milligr. d'acide ne donnent que 2.711 gr. de graines et 11.052 de paille.

Un sol qui renferme de 1/2 à 1 pour mille d'acide phosphorique attaquable et de 0,118 à 1,064 de potasse attaquable, peut se passer d'engrais minéral dans la culture du blé (Gasparin). Il faut tenir compte de ces données pour le pralinage afin de ne pas mettre en jeu des éléments inutiles.

Une longue expérience a révélé à divers agronomes l'efficacité du nitrate de potasse pour praliner les semences à l'exclusion des autres sels qui, comme le sel marin et les phosphates solubles, altèrent la graine ou entravent le cours de son évolution.

PLANTES ADVENTICES.

Bien des calculs et des spéculations scientifiques ont échoué devant ces éléments perturbateurs de la récolte dont l'agricultour instruit et prévoyant peut aisément combattre et prévenir les ravages par de bonnes façons du sol. Si la belterave a passé si longtemps, contrairement aux lois de restitution, pour une plante améliorante, c'est surtout parce quelle exige de nombreux sarclages, binages et labours, qui détruisent les mauvaises herbes, dont nos moissons sont infestées.

La mauvaise herbe livre constamment aux céréales une lutte pour l'existence des plus intense; il appartient au fermier de décider d'une victoire, à laquelle est subordonnée sa fortune et celle de ses enfants; pour cela il faut qu'il emploie l'armement moderne, c'est-à-dire les bonnes charues, les semoirs en ligne, les sarcloirs, les herses perfectionnées, quand la main d'œuvre coûte cher et fait défaut. Il faut aussi qu'il étudie les mœurs de ces plantes, leur mode de reproduction et de destruction.

Par exemple, il doit apprendre à distinguer les plantes vivaces, comme les chiendent, l'avoine élevée, les plantes bulbeuses, des plantes annuelles qui ne se reproduisent que par leurs graines. Il faut qu'il sache distinguer parmi ces dernières, celles qui servent *d'hotellerie* aux parasites des céréales, comme les borraginées et certaines graminées des moissons. Celles qui sont vénéneuses par elles mêmes, comme *l'ivraie enivrante* et la *nielle* (Lychnis githago), celles dont les graines mûrissent en même temps que le blé, ou dont les germes sont déjà dissiminés avant la moisson.

Celles enfin qui vivent en véritables parasites sur les racines du blé, comme le *mélampyre* des champs et les *odontides* des moissons.

Bref, le cultivateur doit être initié à la botanique agricole dont les instituteurs ruraux ignorent le plus souvent eux mêmes les premiers éléments.

L'envahissement des mauvaises herbes peut être favorisé dans certains sols par des semis trop clairs; il est incontestable en effet que plus le blé pousse dru, moins il laisse de champ libre à la mauvaise herbe; mais alors c'est au détriment du grain et l'on s'expose à la verse. Il importe donc, surtout dans les semis en ligne, de n'employer que des semences passées au crible mécanique pour éliminer les graines des plantes adventices.

LA BETTERAVE.

Sélection et restitution.

10,000 k. de betteraves à sucre enlèvent au sol en moyenne :

> 10 k. d'acide phosphorique
> 15 k. d'azote
> 40 k. de potasse
> 6 k. de chaux
> Cendres (total) 80 kilos

Ces quantités varient avec la nature du sol et la climatologie de l'année.

Une betterave contient pour cent :

	Minim.	Maxim.	Moyenne.
Substances sèches,	7.4	24.6	12.0
Substances protéiques,	0.6	2.6	1.1
Matières grasses,	0.06	0.6	0.1
Matières extractive non azotées,	2.9	13.4	9.0
Ligneux,	0.7	4.5	1.0
Cendres,	»	»	0.8

Pour les betteraves à sucre, les chiffres suivants sont relevés :

	Minim.	Maxim.	Moyenne.
Substances sèches,	10.2	21.8	18.5
Substances protéiques,	0.6	2.8	1.0
Matières grasses,	0.08	0.3	0.1
Matières extractives non azotées,	10.1	17.9	15.3
Ligneux	1.0	3.4	1.3
Cendres,	»	»	0.8

De même que la production du gluten dans le froment,

la production du sucre dans la betterave paraît intimement
liée à l'assimilation de l'*acide phosphorique* du sol. Cet acide,
nous l'avons vu, joue un rôle capital dans l'élaboration de
la cellule, dont l'évolution normale est entravée dès que les
phosphates font défaut. Il en est d'ailleurs absolument de
même chez le sanimaux ; le défaut de phosphore entraîne
un état de misère physiologique qui se manifeste, chez les
animaux domestiques, par l'anémie, le rachitisme, la scrofulose, la tuberculose et la stérilité. Il en est aussi de même
chez l'homme dont les fonctions les plus élevées relèvent de
la composition et de la nutrition du cerveau. Or, le cerveau
consomme du phosphore en raison directe du travail accom-
pli, comme nous le démontre à l'évidence l'analyse des urines.

M. Dubrunfaut, l'inventeur de l'*osmose sucrière*, s'est consacré depuis de longues années à l'étude de la question phosphorique dans ses rapports avec la genèse agricole. Il insiste
avec raison sur l'universalité de la loi de corrélation entre
la composition matérielle des organismes et la perfection de
leurs fonctions.

Lorsque l'on constate, dit-il, qu'une quantité presque
homœopathique de fer suffit pour restituer au sang ou à la
sève leurs qualités nourricières et régénératrices, on ne doit
pas s'étonner de voir dans le règne végétal, deux ou trois
éléments régir et régulariser la production agricole, à des
doses également infimes.

Or, parmi ces éléments minéraux, le phosphore et ses
composés dominent en quelque sorte l'évolution de la vie.
Partout où une opération organique importante est en voie
de s'accomplir, le phosphore apparaît comme élément dominant, comme la condition fondamentale, depuis la cellule
primitive de l'œuf ou de la levûre jusqu'au cerveau de l'homme.

Un fait bien remarquable, c'est la merveilleuse puissance
d'assimilation que possèdent les organismes pour cet élément,
même dans les milieux où l'analyse chimique en révèle à peine
de faibles traces. C'est ainsi, par exemple, que l'immense

population des océans assimile incessamment des millions
de kilogrammes d'acide phosphorique, bien que l'eau de mer
n'en contienne de traces appréciables qu'à une certaine profondeur. Des plantes, comme les Orchidées, puisent l'acide
phosphorique dans l'atmosphère au moyen de leurs racines
aériennes sans jamais toucher le sol. Il n'est pas étonnant
dès lors que la betterave et le blé parviennent à retirer du
sol des centaines de kilogrammes de phosphates, quand
l'analyse constate à peine l'existence de quelques dix-millièmes
d'acide phosphorique dans la terre arable.

Cette extrême diffusion du phosphore dans le sol n'empêche pas, il est vrai, les bonnes terres d'atteindre un
titre moyen de 5,000 kilogrammes d'acide phosphorique par hectare, ce qui représente plus de 10,000 kilogrammes de phosphates à l'hectare (1). Or, il est constaté aujourd'hui qu'une récolte moyenne de betterave
sucrière n'enlève pas plus de 70 kilogrammes. Mais toutes
les terres ne sont point de ce cas et les meilleures sont
rapidement dépouillées de phosphore en raison même de la
prodigieuse faculté d'assimilation des végétaux, exploitée et
surmenée par la culture intensive, qui peut tripler le rendement des céréales et des betteraves.

Aussi M. Dubrunfaut, d'accord avec M. Ladureau, n'hé-
site-t-il pas à proclamer que la question phosphorique renferme la solution du problème agricole, parce qu'il a constaté
que la restitution rationnelle de l'acide phosphorique n'influe
pas seulement sur le rendement, mais sur la qualité des
produits élaborés par la betterave et par le blé. Il a décou·
vert en effet, un rapport presque constant entre la quantité
du sucre et celle de l'acide phosphorique contenu dans la
racine, absolument comme M. Boussingault a constaté un
rapport constant entre l'acide phosphorique du blé et le
gluten.

(1) De Gasparin.

Depuis lors, M. Ladureau a remarqué que la proportion d'acide phosphorique dans les graines de lin de même provenance est sensiblement la même, et quelle atteint son maximum dans les graines de Riga, qui ont la plus grande valeur comme semence. (*Voir art. Lin.*)

L'analyse des graines de betterave (1) pourrait servir de contrôle pour aprécier la richesse variable des racines en acide phosphorique ; cependant ce procédé paraît moins sûr que les indications de l'analyse directe, préconisée par

---

(1)   GRAINE DE BETTERAVE

Analyse de H. Pellet

COMPOSITION CHIMIQUE.

Huile	7,682	à	6,378
Sucre et glucose	0	à	0
Cellulose, pectose, amidon	28,236	à	16,304
Matières albumineuses	10,181	à	14,700
» corticales	43,289	à	49,630
Cendres	10,612	à	12,988
	100,000		100,000

COMPOSITION DES CENDRES.

Potasse	16,4	à	24,2
Soude	10,4	à	8,9
Chaux	20,2	à	25,4
Magnésie	11,5	à	13,5
Acide sulfurique	2,8	à	4,0
Chlore	4,1	à	4,7
Acide phosphorique	17,4	à	8,4
Silice, oxyde de fer, etc.	17,2	à	10,9
	100,0		100,0

La graine de betterave ne peut lever convenablement que si la température moyenne s'élève d'une manière durable au dessus de 9° (Marié Davy).

M. G. Ville. On enlève un morceau de racine de
20 à 30 grammes, à l'aide d'une sonde en acier, au tiers de
la hauteur, à partir du collet ; la zone, à cet étage, possède
la richesse moyenne de toute la racine. Au-dessous de 13 p. c.
de sucre, une racine ne peut servir de portégraine. Pour
élaborer 100 kilogrammes de sucre, on a calculé qu'il faut
environs 1 kilogramme d'acide phosphorique ; tandis que la
potasse et la soude varient, non poids pour poids, mais équivalent pour équivalent, et correspondent environ à 5 ou
6 kilogrammes pour cent de sucre. La chaux et la magnésie
peuvent se substituer pour une petite part aux alcalis.
(*Voir p.* 239)

M. Dubrunfaut a complété ces observations par une étude
sur la fonction de la magnésie (1) dont la présence dans les
engrais paraît favoriser la fixation de l'ammoniaque sous
forme de phosphate ammoniaco-magnésien assimilable quoique insoluble. Un autre chimiste, M. Pellet, affirme que la
magnésie peut contribuer aussi à faire pénétrer dans les
plantes l'acide phosphorique nécessaire, sous la même forme
de phosphate ammoniaco-magnésien ou de phosphate de
magnésie seulement, comme on le trouve dans les cendres
des betteraves. La magnésie, en se substituant à la chaux,
diminue le poids des cendres de la betterave, parce que son
équivalent est beaucoup moins élevé. Ainsi l'on peut obtenir
artificiellement des jus contenant des quantités très faibles
de cendres, quoique la somme des acides-neutralisés reste la
même. Il peut être considéré comme démontré aujourd'hui,
par les expériences des stations agricoles de l'Angleterre et
de l'Allemagne et des agriculteurs chimistes du nord de
la France (2), que la betterave, peut fournir des récoltes très

____

(1) *Journal de la sucrerie indigène*, 1879-1880.

(2) *Journal des fabricants de sucre* 1879-1880. *Bulletins des stations
agronomiques de Proskau, Poppelsdorf, Halle,* etc. *Annales de la Société
royale d'agriculture d'Angleterre.* Travaux de MM. Lawes et Gilbert.
Compte rendus de la société centrale d'agriculture du Pas-de-Calais,
expériences commencées en 1871 par M. Pagnoul.

élevées en poids et en sucre, à l'aide de principes d'origine exclusivement minérale. A l'École de Grignon le plus fort rendement en racines et en sucre, a été obtenu par l'emploi de 400 kilogrammes de superphosphate à l'hectare. Monsieur Pagnoul, directeur de la station agricole du Pas-de-Calais, affirme d'une manière absolue, et ses expériences sont confirmées par de nombreux observateurs, que pour la betterave à toutes les époques de la végétation, les engrais chimiques donnent beaucoup plus de richesse saccharine et moins de matière saline que le fumier. MM. G. Ville, Fremy et Dehérain se sont livrés d'ailleurs à des expériences directes sur la betterave et les engrais dans des sols artificiels. Ils ont constaté ainsi que par les engrais chimiques seuls, sans humus ni matière organique, on peut produire des betteraves d'un poids normal et d'une richesse saccharine allant jusque 18 pour cent (1).

L'analyse chimique a démontré péremptoirement que l'abondance du fumier, c'est-à-dire de l'azote organique lentement assimilable, est plus nuisible que l'azote ammoniacal et nitrique, parce qu'il agit surtout à la fin de la saison et lorsque son action est favorisée par des pluies abondantes. Le rapprochement des plants, combiné avec l'emploi judicieux des engrais chimiques, donne presque partout d'excellents résultats. Les betteraves sont plus riches en sucre et plus pauvres en matières salines; et, par suite, pour un même rendement en poids, elles n'exigent qu'une dépense d'engrais beaucoup moindre.

Toutefois M. Pagnoul a constaté que certains sols renferment assez d'acide phosphorique pour rendre la restitution inutile pendant un temps donné. Alors l'addition des phosphates n'entraîne aucune élévation de rendement.

Le directeur de la station agronomique du Nord, Monsieur

____

(1) Comptes rendus de l'Association française pour l'avancement des sciences, 1875.

15.

Ladureau, tire de ses expériences les conclusions suivantes :

1º L'azote que l'on met parfois en trop grande quantité à la disposition des betteraves, soit sous forme de sels ammoniacaux, soit sous formes de nitrates ou de matières organiques diverses, tourteaux, guanos, etc., etc., est facilement absorbé et assimilé par les racines, lesquelles acquièrent sous cette influence un développement préjudiciable à leur qualité de plantes saccharifères.

2º L'écartement trop grand des betteraves excite le développement de leurs tissus cellulaire et fibreux au détriment de leur richesse saccharine.

3º La proportion d'azote qu'elles renferment varie en raison inverse de leur teneur en sucre.

Il montre, de plus, la fausseté de cette opinion généralement accréditée, que la culture des betteraves, pratiquée depuis un certain nombre d'années dans les terres fertiles du Nord, a fatigué ces terres et les a rendues impropres à cette culture.

« Ce n'est pas, dit M. Ladureau, par l'enlèvement d'une quantité relativement assez considérable de potasse et d'acide phosphorique, dont les terres du Nord sont, d'ailleurs, abondamment pourvues, que les betteraves cultivées aujourd'hui dans cette région ne renferment plus que la moitié de la proportion de sucre qu'elles avaient il y a vingt ans. C'est bien plus tôt parce que l'apport continuel fait par les cultivateurs, sur leur domaine, d'engrais presque exclusivement azotés, dans le but d'augmenter le poids de leurs récoltes, a enrichi le sol d'une telle proportion d'azote que les racines en trouvent trop pour leur végétation normale, et produisent alors un poids considérable de tissus cellulaires et de substances azotées, au lieu de produire du sucre.

« C'est une espèce d'indigestion, d'hypertrophie, produite par un excès d'aliment exclusif, et l'on peut dire que les indigestions sont aussi funestes au végétaux qu'au animaux.

De récentes expériences de M. Peterman, directeur de l'Institut de Gembloux, montrent à quel point le mode d'emploi des engrais chimiques peut influencer le rendement en poids et en sucre : Le savant professeur tire de recherches cet enseignement : « Qu'appliquer l'engrais artificiel à la surface du sol en se contentant de l'enterrer à la herse, est absolument insuffisant ». Nos conclusions sont formelles à cet égard, elles ne laissent pas le moindre doute. Pour trois années d'expériences, l'augmentation produite par l'engrais enterré a été :

En 1881 de 27.9 o/o
En 1882 de 3.1 »
En 1883 de 18.7 »

tandis que l'augmentation obtenue par la même dose d'engrais, mais enterrés par un labour, a atteint les chiffres suivant :

En 1881 . . . 85.1 et 118.3 o/o
En 1882 . . . 66.4 et 79.3 »
En 1883 . . . 33.3 et 41.1 »

PHYSIOLOGIE SPÉCIALE DE LA BETTERAVE A SUCRE

L'analyse chimique montre que la betterave contient beaucoup plus de bases en juin et juillet que pendant la seconde période de végétation qui correspond au développement du sucre.

La chaux, la potasse et la magnésie sont indispensables au début de la végétation pour neutraliser les acides organiques, cette fonction prédominante des bases explique peut-être pourquoi les variations dans leur quantité respective influent médiocrement sur le rendement. Ainsi la potasse, considérée à tort comme la dominante de la betterave, peut être partiellement remplacée, paraît-il, par la chaux et la magnésie.

Dans ces derniers temps les fabricants de sucre sont arrivé à cette conclusion que la racine est d'autant plus riche en sucre quelle contient plus de chaux combinée dans les tissus de tous ses organes.

Cette chaux combinée n'a pas seulement pour effet de donner des betteraves riches en sucre *sous le même poids*, mais aussi d'empêcher la diminution de cette richesse lorsque le volume de la racine augmente.

« Les betteraves ayant végété dans le sol argileux, à leur maturité, n'arrivent à posséder la richesse saccharine de la betterave ayant végété dans le sol calcaire que lorsqu'elles ont acquis, dans les tissus de chacune de leurs parties, la quantité de chaux contenue dans les betteraves qui ont végété dans le sol calcaire. »

« La décroissance de la richesse saccharine de la betterave, sous l'influence de son développement en volume ou en poids, correspond à une décroissance dans la quantité de chaux en combinaison avec l'acide carbonique contenu dans la partie limitée et relativement très restreinte du sol où végètent les radicules. » (*Journal des fabricants de sucre* 1883.)

MM. Dehérain, Payen et Violette ont établit que le tissu cellulaire est moins riche en sucre, mais contient plus d'eau et plus de matière azotée que le tissu vasculaire (1). Les betteraves seront donc d'autant plus riches que ce dernier tissu y sera plus développé, et que le tissu cellulaire le sera moins. Or, c'est le cas des betteraves améliorées Vilmorin, où le tissu vasculaire domine de beaucoup et où les différences de composition entre les deux tissus sont peu importantes. Dans les betteraves à collet rose, au contraire, le tissus cellulaire tend à se former en quantité surabondante, et, dans cette variété, il n'est pas riche. Il faut donc que par les procédés de culture on fasse en sorte que ce développement soit aussi modéré que possible, sans que néanmoins la croissance de la racine et la formation du sucre soient entra-

---

(1) La betterave est formée de zones concentriques et alternatives de ces deux tissus inégalement riches en sucre. Le tissus vasculaire augmente avec le sucre vers la pointe de la racine.

vées. Alors le tissu cellulaire, qui exige plus d'eau et de matière azotée que l'autre, souffre dans son accroissement : c'est pourquoi la betterave à sucre est généralement riche en sucre dans les terres pauvre en azote, comme en Silésie.

MM. Correnwinder et Isidore Pierre ont fait voir que c'est dans les feuilles que le sucre s'élabore pour s'accumuler ensuite dans la racine : chose facile à prévoir, puisque le tissu vasculaire de la racine n'est que le prolongement des vaisseaux des feuilles. Aussi les betteraves feuillues sont-elles toujours riches, quand cette abondance de feuilles tient à la nature même de la race et non à des conditions anormales de végétation.

En résumé, par le rapprochement des racines, combiné avec la sélection de la graine et l'emploi judicieux des engrais chimiques, l'on peut obtenir aujourd'hui la qualité et produire jusqu'à 8,000 ou 10,000 kilogrammes de sucre à l'hectare. Les sels minéraux, surtout les chlorures et les nitrates, doivent être employés avec discrétion, parce qu'ils immobilisent, dans les mélasses, de trois à cinq fois leur poids de sucre, en formant des combinaisons insolubles.

Le nitrate passe dans les jus, se concentre dans les bas produits et occasionne des déflagrations (1). La betterave a une grande tendance à absorber les matières salines au détriment du sucre. Cependant la potasse peut lui être offerte à l'état de chlorure, parce qu'elle se porte plus facilement que les autres dans les feuilles et dans le collet, *qui sont toujours éliminés,* tandis que le sucre prédomine vers la pointe de la racine (Violette), et ne se localise pas, comme les nitrates, dans les tissus. Si les nitrates de soude donnent de forts rendements en poids, en développant le tissu cellulaire, c'est toujours au détriment du sol et du rendement du sucre. Ils sont absorbés, mais ne sont pas assimilés, car ils se retrouvent presque intégralement dans les jus.

(1) Deux hommes ont été tués, à la sucrerie de Blandain, par la déflagration subite d'un bac de sucre extrait de betteraves fumées au nitrate de soude.

Les sels ne se concentrent dans le collet que lorsque la végétation s'arrête; alors on observe le maximum de richesse saccharine, il faut donc que l'engrais soit absorbé au *moment physiologique*. L'expérience prouve qu'une betterave qui pousse encore à la récolte est pauvre en sucre extractible. Le fumier, qui se décompose sans interruption dans les années humides, présente cet inconvénient et pousse au développement exagéré du tissus cellulaire des feuilles et des racines. Dans les années sèches au contraire, le fumier n'est pas absorbé, surtout dans les sols où le défaut de calcaire et d'*humus* entrave la nitrification. En mélangeant aux engrais chimiques des tourteaux et des engrais d'origine organique, dans les proportions d'un tiers ou d'un quart, on peut remplacer avantageusement le fumier, qui agit trop peu au début et trop à la fin de la seconde période de la végétation. La plupart des industriels du Nord en sont arrivés ainsi à exclure presque complètement le fumier de cette culture, et à le remplacer par ses engrais spéciaux qui se décomposent graduellement sans fermentation sensible.

En tout cas, il ne faut jamais dépasser 20,000 kilogrammes de fumier enfouis à l'automne, sauf à restituer au printemps de 500 à 800 kilogrammes des engrais chimiques en question. L'azote doit être absorbé deux mois avant la période active de la végétation; quand la plante a fleuri, elle n'absorbe plus guère de sels fertilisants. Il ne faut pas semer la graine en même temps que l'engrais, pour ne pas entraver la germination. Si l'on cultive exclusivement aux engrais chimiques, la moitié de l'engrais doit être enterré par un labour léger, sur lequel on sème l'autre moitié. Ce procédé permet d'obtenir de nombreuses récoltes, sans interruption et sans fumier, sur la même terre.

La culture du blé après betterave est remunératrice, parce que cette racine pivotante laisse reposer les couches superficielles du sol, où le blé s'alimente, et favorise le nettoyage et l'oxydation du sol et du sous-sol par les labours et les fréquents sarclages qu'elle exige (1). Or, l'oxydation favorise la dissolution des éléments fertilisants insolubles du sol et des engrais. Il se peut aussi que la betterave pivotante, comme la luzerne, joue le rôle de mineur, et ramène à la surface des éléments fertilisants du sous-sol. Enfin, par ses grandes surfaces foliacés, elle fixe l'azote et le carbone atmosphérique, sources précieuses d'humus et d'engrais.

M. G. Ville croit même pouvoir établir à cet égard une opposition complète entre le froment, qui tire de préférence son azote du sol, et la betterave dont la récolte accuse en fin de compte un excédent considérable d'azote; la betterave ne serait *améliorante*, comme le trèfle et la luzerne, qu'en raison de la fixation de l'azote atmosphérique par ses feuilles. Et *comme la quantité fixée est proportionnelle à la*

---

(1) L'usage de la houe à cheval, généralisé par la culture de la betterave à sucre, contribue avec les semoirs en ligne à élever le rendement du blé qui précède ou qui suit la betterave.

Il est certain que des sarclages exécutés au moment où le blé est envahi par les mauvaises herbes, un binage par les temps de hâle qui durcissent le sol et étouffent le jeune plant, sont les conditions essentielles d'une bonne récolte. Tous les jours chacun en fait l'expérience dans la culture des jardins. Il suffit de l'appliquer aux blés, qui en ont été jusqu'ici privés, pour s'assurer bon an mal an un surcroît de récolte d'un quart, sinon d'un tiers. Tous les ans vous entendez nos ruraux se récrier au printemps contre la sécheresse du sol, qui paralyse la venue de leur blé, ou contre les herbes parasites, qui les affament en enlevant leur nourriture. Ils voient parfaitement le mal, mais ils ne font rien pour y remédier. Le remède est tout trouvé, dit justement M. Perret : semez vos blés en lignes, comme les légumes de vos jardins, donnez leur un binage ou un sarclage en cas de besoin, ce qui leur arrive une ou deux fois au moins tous les ans, et vous accroîtrez vos récoltes d'un quart, sinon d'un tiers. La houe à main ne peut fonctionner assez rapidement pour ce travail en agriculture, soit! Mais la houe à cheval à trois rangs binera un hectare en quelques heures; la houe à cinq rangs ira encore plus vite. L'usage de la houe à cheval est donc, comme le semoir, un engin de première utilité pour la culture du blé. (Hervé. *Gazette des campagnes*).

vigueur de la végétation, plus la fumure serait forte et plus l'amélioration subséquente du sol serait grande; les éléments fertilisants de l'engrais constituant les matériaux mis en œuvre par le végétal, pour élaborer et fixer les éléments de l'air.

La quantité de sucre peut osciller dans la betterave, suivant les races et les engrais, entre 1 et 20 o/o. La betterave mammouth, qui atteint des proportions monstrueuses par la culture au nitrate de soude, ne contient que 1 o/o de sucre pour 1,2 o/o de cendres, où le salpêtre domine, au point qu'une betterave de 14 kilogrammes contient parfois 100 gr. de nitre. Les betteraves qui n'atteignent pas 10 o/o de sucre ne sont pas recherchées par l'industrie, qui obtient, par sélection, une production s'élevant de 10 à 18 o/o en moyenne, proportion dont elle n'utilise guère que la moitié.

En général, la proportion de sucre baisse rapidement dans les betteraves cultivées sur un même sol ; par contre, les betteraves françaises, qui ne donnent que 10 ou 12 o/o de sucre, exportées en Allemagne, produisent 15 à 16 o/o couramment (1). La réciproque est également vraie pour les betteraves qui nous viennent d'Allemagne; ainsi, M. Simon Legrand, en cultivant les betteraves mères en Allemagne, a produit une race très riche, dite *franco allemande*, qui vaut les meilleures races de *Silésie*.

Quoiqu'en ait pu dire M. Dubrunfaut, la qualité n'est pas incompatible avec la quantité ; si les betteraves de Silésie ne dépassent guère un rendement de plus de 4,000 kilogrammes de sucre à l'hectare, l'on peut, en combinant sagement l'emploi des engrais chimiques avec la sélection, obtenir facilement le double. En espaçant les lignes de 0^m,40, et les plants de 25 sur les lignes, le maximum du rendement ordinaire est de 10,000 pieds à l'hectare ; or, si la betterave donne 15 à 16 o/o de sucre, il suffit que les racines pèsent de

-----

(1) 1,925 kilog. de nitre à l'hectare pour 275,000 kilog. de racines.

5 à 700 grammes pour atteindre le rendement précité. Mais au préalable, il importe *d'analyser le sol* pour connaître les éléments qui lui manquent et les restituer en proportions définies.

D'après G. Ville 10,000 parties de betteraves contiennent :

	eau	azote	ac. phos.	potasse	chaux
Feuilles	9,265 »	32 »	6,6	16 »	7,45
Racines	8,625 »	39 »	11,4	45,8	4, »

Cette composition varie selon les sols, les qualités des races et les conditions météorologiques ; car, dans les années sèches les betteraves sont moins salines que dans les années humides. Un engrais-type de betterave à sucre doit contenir, au minimum, 5 o/o d'azote, 4 o/o d'acide phosphorique et 5 o/o de potasse, à la dose de 1000 kilog. à l'hectare, pour une formule ordinaire. Les 70 kilog. d'azote correspondent à peu près à ce qu'enlève une récolte.

Lorsque la betterave est revenue trop souvent sur la même terre, il faut augmenter, dit G. Ville, la dose de l'engrais de 50 % et en faire 2 parts : Sinon les récoltes deviennent précaires et les racines de mauvaise qualité.

	1re part : Couches profondes enfouies par labour spécial	2e part : couche superficielle
Superphosphate	200 kil.	400 kil.
Chlorure de potassium	200 —	200 —
Sulfate d'ammoniaque	100 —	140 —
Nitrate de soude	100 —	300 —
Sulfate de chaux	200 —	160 —

Dépense 4 à 500 francs, mais l'année suivante 100 kilogr. de sulfate d'ammoniaque suffisent pour obtenir 30 à 40 hecto-litres de froment.

Quand M. G. Ville a commencé ces expériences, à Vincennes, il a obtenu, dès la première année, sur une prairie retournée, une très belle récolte, mais les betteraves ne titraient que 8 ou 9 o/o en moyenne. Les années suivantes, les rendements se sont maintenus entre 35 et 50,000 kilog.

par hectare, mais la qualité a subi une amélioration progressive qui ne s'est pas arrêtée, au point qu'en 1876, ses récoltes titraient, en moyenne, de 14 à 18 p. c. de sucre.

Suivant les mêmes principes, M. l'ingénieur Caillet, directeur de Fives-Lille, a obtenu, en 1871 et 1872, avec les engrais chimiques, dans une ferme de Normandie, des betteraves qui titraient 15 p. c. de sucre, alors qu'avec le fumier de ferme leur richesse n'a été que de 10 à 11 p. c. Ainsi, dans les cultures de M. Pagnoul, le fumier n'a donné que des betteraves titrant 9 p. c. de sucre, tandis que les engrais chimiques ont donnés 14 pour cent.

M. Ville estime à 3 p. c., sur une récolte de 40,000 kilog., l'accroissement de richesse que peut donner l'engrais chimique, ce qui fait un total de 6,200 kilog. de sucre, valant de 6 à 700 fr. Le professeur du Muséum préconise le choix des racines pesant de 1,000 à 1,500 grammes, c'est-à-dire qu'il repousse les betteraves de Silésie et de Vilmorin, dont les rendements ne dépassent pas 25,000 kilog. à l'hectare ; il recommande de choisir des racines qui ne soient pas fourchues et des porte-graines titrant, pour le moins, 13 à 14 p. c. de sucre, sans jamais arrêter la sélection, c'est-à-dire en renouvelant tous les deux ans ces porte-graines.

L'inventeur de l'osmose, cette ingénieuse et féconde application des découvertes de Dutrochet et de Graham à l'industrie sucrière, M. Dubrunfaut, a résumé ses observations dans un ouvrage intitulé : « LE SUCRE *dans ses rapports avec la science, l'industrie, le commerce, etc.* »

M. Dubrunfaut a cherché à se rendre compte des modes particuliers d'assimilation de la betterave, de la qualité et des quantités d'éléments que les récoltes enlèvent au sol, de la valeur des produits nutritifs conversibles en travail, qu'elles engendrent.

M. Dubrunfaut affirme que les *mélasses sont les représentants chimiques des sels alcalins* et notamment des sels de potasse, en d'autres termes, que la constitution saline est pour les betteraves la seule cause productive de la mélasse.

En Russie, on obtient des racines qui peuvent rendre jusqu'à 10 p. c. de sucre raffiné; ce qui implique une richesse absolue et moyenne de 15 à 16 pour cent.

En Prusse, on retire 8 p. c. en sucre raffiné, ce qui correspond à une richesse moyenne de 12 à 13 p. c.

Dans les départements du nord de la France, on ne retire guère que 5 p. c. en sucre brut de diverses qualités, ce qui implique une richesse absolue de 7 à 8 p. c.

Or, dans ces conditions si différentes de richesse saccharine, le titre salin est représenté, dans tous les cas, par 0,7 à 1,2 pour cent; ce qui corrobore pleinement la manière de voir de l'auteur.

M. Dubrunfaut confirme l'influence fâcheuse qu'exercent les fortes fumures sur la qualité saccharine des racines. Il croit que la qualité des récoltes est incompatible avec la quantité dans la culture industrielle. En Russie, où l'on arrive au plus haut rendement en sucre, *on ne fume pas* et l'on récolte ainsi 16,000 kil. de racines seulement à l'hectare. Ce phénomène ne serait, du reste, que l'expression particulière d'une loi générale. La culture intensive de la vigne augmente partout le poids de récoltes au détriment de la qualité des produits : ainsi les vins de Suresne, classés, dans les siècles précédents, parmi les vins nobles, ont été transformés par l'agriculture perfectionnée en une abondante piquette.

« Pour les céréales, la culture intensive peut tripler et même quadrupler le produit agricole en grains; mais, dans ces conditions, le froment est nécessairement de qualité inférieure. »

Cependant, l'auteur, comme on pourrait s'y attendre, ne conclut pas à la condamnation des nouveaux modes de culture. L'art agricole moderne, dit-il, remplit finalement l'une de ses fonctions les plus importantes qui consiste à pratiquer le *travail le plus lucratif* et, le plus souvent, ce travail est lié à l'art de faire sortir du sol le plus grand produit, mais avec des modifications de propriétés qui se traduisent en distinction de qualités et de valeur pour le commerce, l'industrie et le consommateur.

En rapportant les nombres fournis par l'analyse chimique et les équivalents de chaleur à un hectare de terre qui produirait seulement 30,000 kil. de racines, on trouve que la force solaire fournit, à titre gratuit, 10,600 journées d'un cheval attelé, quand l'agriculture n'en fournit que 10. Le travail mécanique de l'homme se trouverait alors placé à un gros intérêt, puisqu'il produirait 1,060 pour 1.

Un hectare de terre qui produit 30,000 kil. de racines avec la culture ordinaire peut produire en froment, dans les mêmes conditions, 1,200 kil. de grain et 2,700 kil. de paille, soit en tout 5,900 kil. de matière sèche.

En admettant le chiffre de 15 p. c. de rendement de matière sèche pour la betterave, on constate que les céréales, plus épuisantes pour le sol, donnent un rendement moindre.

Aussi, dans un cas, celui des betteraves, le travail mécanique prélevé sur les agents naturels étant 1,060 fois celui qui est fourni par le travail de l'homme, ce travail, avec la culture des céréales, serait moins considérable d'un tiers, c'est-à-dire qu'il ne serait que de 710 pour 1.

La culture intensive permet d'obtenir à l'hectare plus de 60,000 kil. betterave, c'est-à-dire une production double. Mais ici intervient un élément nouveau dont il importe de tenir compte dans le calcul : c'est le fumier qui entraîne une surcharge de dépenses.

M. Dubrunfaut pense que l'une des fonctions importantes des fumiers consiste à fournir aux plantes racines la plus grande partie de leur carbone sous forme d'acide carbonique dissous, et surtout à l'état de *bicarbonates* alcalins; la potasse, la chaux et l'ammoniaque pénétreraient ainsi dans les végétaux où l'acide carbonique qui les sature serait immédiatement déplacé par les acides organiques. D'autre part l'eau qui imprègne les feuilles vertes favorise l'absorption de l'acide carbonique qui pénétrerait aussi dans les tissus à l'état liquide. Si les engrais chimiques seuls appliqués à la betterave réussissent, dit M. Dubrunfaut, on est obligé d'admettre *que la constitution alcaline du sol est favorable à une absorption incessante et considérable de l'acide carbonique de l'air* et que sa restitution serait assez rapide par *voie de diffusion* pour fournir aux sols arables tout ce qu'ils requièrent de charbon utile, à défaut de fumier. Ce dernier a l'avantage de fournir en abondance et sur place une proportion d'acide carbonique qui ne peut être fournie entièrement par l'atmosphère, comme pour les céréales. — Cette opinion nous paraît plus vraisemblable que celle de M. Dehérain. —

Dans tous les cas, le rapport du carbone apporté par le fumier, au carbone assimilé par les récoltes ordinaires de blé ou betterave, prouve qu'un supplément considérable est prélevé sur l'atmosphère, soit directement par les feuilles, soit indirectement par le sol.

La théorie qui attribue à la potasse une influence exclusive sur la richesse saccharine de la betterave est condamnée par l'observation des faits. L'appauvrissement des racines en sucre qui correspond au développement de la culture intensive, semble plutôt coïncider avec la présence de sels de potasse en excès.

Quelques frappants que paraissent les exemples invoqués par M. Dubrunfaut à l'appui de ses généralisations, nous ne craignons pas de nous inscrire en faux contre certaines d'entre elles, surtout en ce qui concerne la culture du blé et de la betterave. Peut-on considérer comme non avenues les expériences nombreuses réalisées depuis vingt ans sur ces plantes, au moyen des engrais chimiques.

Si l'addition des sels de potasse et de phosphore n'augmente pas le rendement des terres richement approvisionnées de sels minéraux, l'influence de ces sels répandus sur

des terres de peu de valeur est prépondérante « tant pour
la qualité des betteraves *qui ont acquis une richesse saccharine supérieure* que pour le rendement en poids de la récolte. »
Chose plus remarquable encore : les meilleurs rendements
et les plus riches betteraves ont été obtenus dans les parties
de terres qui ont été *fumées exclusivement avec les engrais
chimiques,* comme nous l'avons démontré précédemment.

On a toujours remarqué chez la plupart des inventeurs et
des spécialistes une tendance à s'exagérer la portée de leurs
découvertes ou de leurs spécialités; c'est Lemery ou Davy,
expliquant les phénomènes volcaniques, l'un par le soufre
pyrophorique qu'il avait préparé le premier, l'autre par la
combinaison du potassium qu'il avait découvert; c'est le
chimiste qui ne voit dans la vie que des séries de réactions;
c'est le physiologiste qui nie l'existence d'une âme inaccessible à ses procédés ordinaires d'observation.

M. Dubrunfaut partage, croyons-nous, cette faiblesse avec
les savants les plus illustres. Quand il fait jouer à l'endosmose un rôle si prépondérant dans l'absorption de l'acide
carbonique, au point de considérer les racines comme la
principale source de carbone pour les végétaux, son exclu-
sivisme nous confirme dans l'opinion que nous venons d'exprimer.

Peut-on, oui ou non, produire une plante de toute pièce
avec de simples composés chimiques sans recourir au fumier?
M. G. Ville a-t-il réussi, oui ou non, ses expériences dans le
sable calciné? Qui n'a vu dans une station agricole des plantes
terrestres, parfaitement développées, dont les racines bai-
gnant dans l'eau n'ont jamais touché le sol et ne s'alimentent que de produits chimiques?

A quelle source les premiers végétaux qui surgirent en si
grande abondance pendant la période houillère à la surface
du globe puisaient-ils leur carbone? Où certains végétaux
puisent-ils encore cet élément sinon, *exclusivement dans l'air,*
puisqu'ils poussent dans des rochers toujours arides, comme

l'arbre à lait, (*Galactodendron utile,* Colombie) ou qu'ils sont
dépourvus de racines terrestres, comme les orchidées et les
aroïdées épiphytes?

Nous avons démontré pourquoi la matière verte des
feuilles ne peut décomposer l'acide carbonique de l'air et
fabriquer le glucose ou l'amidon que sous l'action des rayons
solaires. M. Dubrunfaut reconnaît que, par les temps de
pluie, nécessairement nuageux, la sécrétion saccharine diminue en même temps que la racine crée beaucoup de tissus
au détriment du sucre ; ce qui implique la prédominance de
la combustion sur la fonction réductrice et assimilatrice de
la feuille.

Il est une cause de développement du tissu cellulaire au
détriment de la sécrétion du sucre trop peu remarquée selon
nous ; c'est la porosité excessive du sol qui empêche la racine
de pivoter normalement. Aussi les cultivateurs intelligents
se préoccupent-ils de tasser le sol par le rouleau après les
binages, même quand il présente une consistance naturelle,
comme dans le limon hesbayen.— Si l'amidon cesse de se former et se résorbe dans l'obscurité, il n'en est point de même
à la lumière diffuse. Ainsi un été chaud nuageux peut donner parfois des betteraves riches ; c'est ce que démontre
l'expérience de ces dernières années.

L'auteur remarque également que la sécrétion du sucre
est arrêtée, dès qu'on enlève les feuilles de la plante. L'expérience et l'observation s'accordent donc à mettre en évidence le rôle prépondérant de cet organe dans l'assimilation
du carbone, élément constitutif du sucre.

Si les années pluvieuses 1878 et 1879 ont donné dans ces
régions une betterave plus riche que l'année suivante où le
soleil fut si prodigue de chaleur et de lumière, peut-être
faut-il l'attribuer en partie au tassement du sol par les eaux,
qui fait pivoter les racines et à la régularité des conditions
atmosphériques anormales.

Les pluies prolongées à l'arrière saison, alternant avec les
longues périodes de sécheresse, sont nuisibles parce qu'elles

développent le tissu cellulaire des feuilles et des racines. M. P.-J. Briem de Griessbach a montré par des observations précises, qu'en 1876 où l'influence de la pluie s'est fait sentir d'une façon désastreuse, *la diminution du sucre a coïncidé avec la dépression atmosphérique*. Tandis que du 20 juillet au 20 août, période de sécheresse, le sucre s'élève de 12,8 à 17,2 degrés Balling, il tombe en 10 jours de 13,91 à 9,33 et ne se relève qu'avec le baromètre, dans la seconde quinzaine d'octobre ; alors la seconde végétation s'est arrêtée.

DATES des expériences	POIDS des racines	POIDS des feuilles	Poids des racines corresp. à 100 gr. de feuilles	PLUIE exprimée en $^{m/m}$	HUMIDITÉ du sol (eau %)	SOMME de chaleur en degrés C
	gr.	gr.				
10 juillet	46,75	134,00	34,9	46,6	12,0	199,4
20 —	128,67	203,4	63,2	14,8	8,3	192,1
31 —	130,50	142,5	91,6	0,1	5,4	238,4
10 août	134,25	71,5	187,8	3,7	2,8	226,9
20 —	137,54	94,0	252,7	0,0	2,8	207,8
31 —	300,01	159,0	188,7	59,2	7,8	194,9
10 septemb.	420.00	173,3	242,9	14,5	11.0	161,6
20 —	456,70	208,3	219,2	17.2	15,0	138,7
30 —	574.16	317,0	181,1	16,6	12,0	134,0
10 octobre	590,23	187,6	324,3	0,8	12,0	128,3
20 —	607.65	174,7	349,0	2,7	10,0	132.0
31 —	577,64	200,3	288,8	1,3	8,0	71,0

D'après Marié Davy ont peut estimer très approximativement le rendement éventuel de la betterave à sucre, toutes choses égales d'ailleurs par les calculs comparés de la chaleur et de l'éclairement reçus (1).

(1) La betterave lève mal quand la température moyenne de l'air descend à 8° et au-dessous, et la croissance de la jeune plante ne s'accentue bien qu'à partir de 9° de température moyenne diurne. D'un autre côté, la racine arrivée à la fin de la saison cesse de végéter utilement quand la température moyenne diurne descend à 13° et au-dessous.

C'est en partant de ces deux données que nous revenons sur les dix dernières années pour les comparer à l'année actuelle et mieux apprécier les caractères de cette dernière.

La betterave à sucre est un exemple frappant de l'*influence du milieu* sur les modifications anatomiques et fonction-

Le tableau suivant renferme dans une première colonne les dates à partir desquelles la température moyenne s'élève d'une manière assez durable au-dessus de 9° pour que le semis de betterave puisse lever convenablement, le sol étant d'ailleurs supposé en bon état de culture et d'humidité.

La seconde colonne renferme les dates de la fin de ce que nous appelons la première phase. Il n'y a pas de phases en réalité dans la végétation de la betterave ; le terme que nous employons est conventionnel, pour permettre de comparer la marche des températures en 1882 à celle des années antérieures : il correspond à une somme de 675° de chaleur diurne supérieure à 9° depuis la date du semis théorique.

I. — *Végétation des betteraves,* 1re *phase.*

Années.	Fin des semis.	Fin de la phase.	Durée.
1872	28 mars	4 juin	68 jours
1873	23 mars	2 juin	71 »
1874	17 mars	19 mai	63 »
1875	4 avril	30 mai	56 »
1876	27 mars	1 juin	66 »
1877	28 mars	4 juin	68 »
1878	8 avril	26 mai	48 »
1879	31 mars	14 juin	75 »
1880	1 avril	3 juin	63 »
1881	1 avril	4 juin	64 »
Moyennes	29 mars	1 juin	64 jours
1882	6 mars	11 mai	66 jours

La durée qui sépare ces deux dates est d'autant plus grande que la température de la saison est moins élevée au-dessus de 9° ; elle forme donc une bonne caractéristique de cette température. D'après la moyenne des 10 années antérieures à 1882, cette durée est de 64 jours ; les extrêmes sont de 75 jours en 1879 et de 48 jours en 1875. Elle est de 63 jours en 1874.

On remarquera la précocité de l'année 1882. Les semis de betteraves auraient pu être faits le 6 mars, en avance de 23 jours sur la moyenne des 10 années, et en avance de 11 jours sur l'année 1874 qui avait été la plus hâtive. Cette avance reste presque entière jusqu'à la fin de la première phase qui arrive le 11 mai 1882, alors qu'elle n'est survenue

nelles. Les pays froids l'ont CRÉÉE en la rendant bisan-

que le 19 mai 1874 et qu'elle est reculée au 1er juin d'après la moyenne des 10 années antérieures.

Les années les plus hâtives ne sont pas toujours celles pendant lesquelles la végétation de la betterave se prolonge pendant le plus grand nombre de jours. Cette végétation s'arrête dans nos pays, non plus, comme pour le blé, quand la somme de chaleur a atteint une certaine limite, mais quand la température moyenne diurne s'abaisse d'une manière permanente au-dessous de 13°. Or, l'abaissement de température en automne est très variable d'une année à l'autre.

II. — *Végétation des betteraves, 2ᵉ phase.*

Années	Date des semis	Fin de la végétation	Durées	Somme de chaleur
1872	28 mars	21 septembre	177 jours	2707
1873	23 —	12 octobre	203 "	2991
1874	17 —	19 —	216 "	3284
1875	4 avril	5 —	184 "	2962
1876	27 mars	19 —	206 "	3200
1877	28 —	21 septembre	177 "	2639
1878	8 avril	12 octobre	187 "	2972
1879	31 mars	28 septembre	181 "	2423
1880	1 avril	12 octobre	194 "	2936
1881	1 —	28 septembre	184 "	2665
Moyennes	29 mars	6 octobre	191	2878

III. — *Végétation des betteraves, d'après les semis.*

Dates des semis	Années	Durée de la végétation	Somme de chaleur
17 mars	1874	216	3284
23 —	1873	203	2991
27 —	1876	206	3200
28 —	1872	177	2707
28 —	1877	177	2639
31 —	1879	181	2423
1 avril	1880	194	2936
1 —	1881	184	2665
4 —	1875	184	2962
8 —	1878	187	2971

nuelle; quand le protaplasme est paralysé ou résorbé, le

IV. — *Végétation des betteraves d'après la maturité.*

Date de la fin de la végétation.	Années.	Durée de la végétation.	Somme de chaleur.
21 septembre	1872	177 jours	2707
21 —	1877	177 "	2639
28 —	1879	181 "	2423
28 —	1881	184 "	2665
Moyennes.		180 "	2608
5 octobre	1875	184 "	2962
12 —	1873	203 "	2991
12 —	1878	187 "	2972
12 —	1880	194 "	2936
19 —	1874	216 "	3284
19 —	1877	206 "	2639
Moyennes.		200 "	2964

Dans le second tableau suivant, nous avons inscrit les dates de la fin de la végétation utile de la plante dans les dix dernières années. L'année 1874, qui a eu le printemps le plus hâtif, a eu aussi l'automne le plus tardif pour la betterave; mais l'inverse n'est plus vrai pour l'année 1878 dont le printemps et l'automne ont été tardifs. On peut du reste le constater par le tableau III, dans lequel les années sont classées d'après les dates des semis théoriques. Les durées de végétation ne suivent pas toujours le même ordre, non plus que les sommes de températures moyennes diurnes. Il en est de même pour la fin de la végétation, comme le montre le tableau IV. Toutefois, les deux séries entre lesquelles nous avons partagé les dix dernières années dans le tableau IV, montrent que la durée de la végétation est surtout écourtée par la précocité des froids d'automne, et que les années à *automne froid* sont celles dans lesquelles la somme de chaleur diurne pendant la végétation de la betterave est en moyenne la plus faible. Ce sont donc sous ce rapport, et toutes choses égales d'ailleurs, *les moins bonnes*. Ce résultat général peut, toutefois, être modifié d'une manière très sensible par la répartition de la lumière et des pluies. La trop grande rareté des pluies peut entraver les premiers développements de la plante, mais la lumière n'a que peu d'effet dans cette période.

(MARIÉ DAVY. — 1 *Journal d'Agriculture pratique*).

sucre s'emmagasine dans les cellules (1). Les climats continentaux plus secs et moins nuageux, où les froids précoces succèdent aux étés chauds, favorisent la production et la conservation du sucre parce qu'ils accélèrent et ralentissent à point nommé la prolifération des cellules (2).

Betterave fourragère. Pour dévellopper le tissu cellulaire, il faut donc se préoccuper des conditions *physiques* du sol, opposées à celles qu'exige la *betterave à sucre.* Quant aux engrais *chimiques* l'on pourra les employer à plus forte dose sans inconvénient en évitant l'excès des nitrates. En effet, on a constaté que les bestiaux qui absorbent de grandes quantités de betteraves ou d'herbes fumées au nitrate, éprouvent tous les accidents consécutifs à l'absorption de ces sels, soif ardente, urines abondantes, etc. (Congrès de l'Association française pour l'avancement des sciences, section d'agronomie, 1879.) Cependant d'après M. Pagnoul on a fait une guerre injuste au nitrate de soude; il est probable, dit il, que l'azote, pour pouvoir concourir à la formation des principes constituants de la plante, doit être préalablement absorbé par les racines à l'état de nitrate, quelle que soit la forme sous laquelle on l'introduit dans le sol. Si donc on le donne directement sous cette forme, il s'assimile plus vite et provoque un développement plus rapide des feuilles; ce sel étant très-soluble se répartit plus uniformément dans la couche arable; enfin, comme l'a démontré M. Joulie, il a une tendance à descendre, ce qui ne peut que favoriser le

(1) C'est pourquoi les betteraves peuvent s'enrichir en sucre dans les silos, tandis qu'elles s'appauvrissent sous l'influence de la chaleur qui développe les racines.

(2) Le bulletin de la station agricole du Pas de Calais 1882 renferme des observations très précises et très neuves sur la chimie et la physiologie de la betterave à sucre, notamment une série de tracés visant à déterminer l'influence des variations de température, de pression et d'éclairement sur la production du sucre.

M. Dureau directeur du *journal des fabricants de sucre* de Paris vient de publier également un excellent résumé des dernières recherches scientifiques : « La culture de la betterave à sucre » 1884.

pivotement de la racine. Ce qu'il faut éviter, c'est son abus et ce qu'il faut proscrire absolument, c'est son emploi dans les derniers mois de la végétation.

Les nitrates répandus dans le sol, en quantité modérée et avant les semailles, se retrouvent dans la racine en quantité de plus en plus faible et il n'en reste plus que des traces lorsque la betterave est mûre. L'abus du fumier, au contraire, pourra en laisser des proportions considérables au moment de la récolte.

M. Pagnoul invoque comme preuve, la composition de deux betteraves à sucre, cultivées l'une avec nitrates, dans des conditions convenables, l'autre sur un sol qui jamais n'avait reçu aucune trace de ces sels, mais où on avait fait abus d'un fumier riche.

	Engrais avec nitrate.	Abus de fumier.
	gr.	gr.
Poids de la racine	820	4,920
Sucre p. 100 poids	13,51	4,42
Sels alcalins, id.	0,402	1,066
Nitrates, id.	0,042	0,728
Sels p. 100 de sucre.	2,97	24,12
Nitrates, id.	0,31	16,47

(Congrès sucrier de St-Quentin).

COMPOSITION CENTÉSIMALE DES BETTERAVES	BETT. FOURRAG.			BETT. SUCRE.		
	MINIM.	MAXIM.	MOY.	MINIM.	MAXIM.	MOY.
Substances sèches.	7,	24,0	12,	10,	21,8	18,
" protéiques.	0,6	2,6	1,	0,6	2,8	1,
Matières grasses.	0,06	0,6	0,1	0,08	0,3	0,1
Matières extractives non azotées	2,9	13,4	9,	10,1	17,9	15,3
Ligneux	0,7	4,5	1,	1,	3,4	1.3
Cendres.	"	"	0,8	"	"	0,8

Maladies. Le docteur Marker de Halle et d'autres savants allemands affirment que la FATIGUE du sol pour la betterave, résulte de l'épuisement du sous-sol en *potasse* et coïncide invariablement avec la présence d'un parasite invisible de l'ordre des vers (*nématode*, dont plusieurs espèces vivent en parasites dans les organes des animaux domestiques) qui attaque les dernières ramifications des racines ; précisément les parties par lesquelles le végétal tire ses aliments du sol.

Cette manière de voir confirme absolument la théorie physiologique que nous avons émise sur les causes du parasitisme. La betterave est sujette aux attaques de toute espèce d'insectes, parmi lesquels les *vers blancs* et les *vers gris*, c'est-à-dire les larves des hannetons et des noctuelles exercent les plus grands ravages.

Le parasite, connu sous le nom de *ver gris*, fait aussi beaucoup de mal aux plantes potagères. Cette chenille, que les cultivateurs prennent pour un ver, attaque profondément les racines des betteraves aux pieds desquelles elles hivernent. (*Plusia gamma*).

Le papillon pond en juin et choisit instinctivement les plantes les plus chétives pour déposer ses œufs. Il attaque aussi les céréales, le seigle surtout; l'appétit de cet insecte, pour deux racines de substances aussi différentes, est partagé par un autre parasite de la betterave, *l'agriote*, coléoptère de la famille des taupins, dont la larve ressemble à un ver de farine.

La larve d'un autre coléoptère plus petit, appelée aussi *ver blanc* (*atomaria linearis*) ronge le pivot et les feuilles de la betterave au mois de mai et de juin, surtout par les temps secs. Heureusement il cause peu de dommages sous nos climats, car la science est impuissante à le combattre.

Le grand ver blanc (*mans*) est facile à détruire depuis que l'Entomologie a révélé les mœurs du hanneton. La femelle pond en juin à un ou deux centimètres de profondeur, de préférence dans les céréales, colza et prairies artificielles.

Si ces terres n'ont pas été déchaumées avant le 15 septembre, la larve qui vit à la surface du sol, y pullule.

Il suffit donc de procéder de juillet en septembre à un *déchaumage* soigné pour détruire complétement ces larves qui vivent trois ans et descendent dans le sol pendant l'hiver pour remonter au printemps.

On a remarqué qu'après le 15 mai les larves de tout âge sont réunies à la surface à 2 ou 3 centimètres de profondeur; c'est donc un moment particulièrement propice pour les détruire.

Les cultivateurs du Nord de la France détruisent tous les insectes cryptophages de la betterave en mélangeant le tourteau ou l'huile de *cameline* à leurs engrais.

—

FRAIS DE CULTURE ET PRODUITS MOYENS D'UN HECTARE
DE BETTERAVE SUCRIÈRE EN BELGIQUE.

Frais

Frais de culture et de récolte	255 frs
Semences	30
Engrais	250
Loyer et impôts	210
Frais généraux sans intérêts	35
	751

Produits

45,000 kil. racines à fr. 22 les 1,000 kil., reste (sans les feuilles) à 10 o/o de tare , ... 891 frs

—

L'osmone, l'élution et la diffusion.

Si la culture de la betterave est entrée, grâce aux découvertes de la chimie agricole, dans une voie de progression continue, la fabrication de sucre paraît également appelée à se perfectionner indéfiniment sous l'impulsion de la chimie.

Tout le monde connaît aujourd'hui les procédés généraux

d'extraction du sucre de la betterave, qui consistent à clarifier d'abord le jus par l'eau de chaux dont les écumes entraînent en partie les matières albuminoïdes et les sels; opération suivie de la décoloration par le charbon d'os et de l'évaporation dans le vide. La *pulpe* retient, d'après Peligot, la majeure partie des sels calcaires. Le *jus* renferme beaucoup de phosphates, dont 10 à 15 p. c. de cendres de phosphate de magnésie. Cette séparation naturelle des minéraux est due à l'insolubilité des sels de chaux.

Il y a quelques années, l'application de l'*osmose*, dont l'exercice fut aveuglement entravé au début par le fisc, permit de séparer le sucre et les sels *qui s'opposent à sa cristallisation*.

Ainsi l'on put tirer parti des mélasses provenant de l'extraction du sucre de troisième jet et restituer au sol les sels soustraits par la betterave en quantité si considérable. Cependant, dans la pratique, ce procédé offrait de grands inconvénients. Il se perdait encore beaucoup de mélasse, et les eaux des osmoses, qui contenaient les sels fertilisants, s'écoulaient en pure perte dans les sucreries. Aussi un grand nombre de sucreries continuaient d'envoyer leurs mélasses à la distillation.

Les mélasses qui résultent de la fabrication du sucre brut des betteraves contiennent 10 à 12 pour cent de sels de potasse, avec 5 à 6 p. c. de potasse pure et environ 1,9 p. c. d'azote. Il y a donc une quantité considérable de matières nutritives des plantes qui se trouvent dans ce produit. La potasse seule est retirée et utilisée, tandis que l'azote ammoniacal et organique s'échappe par les hautes cheminées des fours à salins des distilleries de mélasse, sans pouvoir être rendu au sol d'où il vient. La quantité d'azote que l'agriculture perd annuellement par cette voie est immense et se chiffre par millions.

Chaque million de kilog. de mélasse rendu chez le distillateur entraîne une perte de 19,000 kilog. d'azote, repré-

sentant une valeur de 45,700 francs; et il faut 76,000 kil.
de sulfate d'ammoniaque, ou 126,000 kilogr. de salpêtre du
Chili, ou 190,000 kilog. de guano à 10 pour cent d'azote
pour le remplacer (1).

Le procédé de l'élution, adopté d'abord en Allemagne
par les fabricants de sucre, constitue un progrès des
plus sérieux sur l'*osmose,* parce qu'il rend à l'agriculture
tous les principes qui ont contribué à la formation du sucre
dans la betterave et permet de retirer de la mélasse presque
tout le sucre cristallisable qu'elle contient.

Ce procédé consiste tout simplement dans la transformation de la mélasse en saccharate de chaux.

Ce sel est épuisé par l'alcool à 35°, qui élimine les sels
alcalins et laisse le sucrate presque pur.

D'après Bodenbender, 100 kilog. de mélasse traités par
le procédé de l'élution rendent au sol :

15,8 kilog. de matières organiques solubles ;

1,0 kilog. d'azote facilement assimilable :

4,0 kilog. de potasse combinée à des acides organiques.

Ainsi la sucrerie peut, en joignant cet engrais liquide aux
pulpes, aux écumes de défécation et aux lessives engrais,
rendre aujourd'hui à la ferme à peu près intégralement tout
ce que la betterave en exporte, puisque le sucre n'est pas
formé aux dépens du sol mais de l'air.

Ces résultats merveilleux au point de vue de la doctrine
de la restitution ne sont pas les seuls, du reste, auxquels
l'industrie betteravière et sucrière soit redevable à la science.
Tout récemment le procédé de la *diffusion* a supplanté également, en Allemagne, l'ancien système des presses hydrau-
liques, qui avait pour but de déchirer les parois de la cellule
par le rapage, afin d'en extraire le contenu par un procédé
mécanique. La diffusion, au contraire, laisse la cellule in-

____

(1) *Annales agronomiques,* juillet 1879, *Extraction des sucres de
mélasse par Bodenbender*.

tacte autant que possible pour exploiter les propriétés osmogènes de ses parois.

Les betteraves découpées en tranches minces sont épuisées par l'eau tiède, de sorte que, en vertu des lois de la diffusion les corps cristallisables seuls, sucre et sels, passent dans le jus, laissant l'albumine dans les résidus. Ces résidus, appelés *cossettes* ou pulpes de diffusion, ont été analysés avec le plus grand soin par des chimistes allemands, notammcnt par M. Petermann, directeur de la station agricole de Gembloux. Il résulte de ces analyses que lorsque ces nouvelles pulpes, qui présentent l'inconvénient de retenir beaucoup d'eau, sont épuisées par la presse, elles constituent pour le bétail un aliment des plus riches et des plus faciles à conserver (1).

D'après M. Simon Legrand, soixante bœufs engraissés avec les pulpes ensillées depuis un an lui ont donné plus de bénéfices que soixante autres bœufs engraissés avec de la pulpe ordinaire. La pulpe de diffusion est moins acide, plus facile à digérer par suite de la coction qu'elle a subie et dépouillée des huiles essentielles infectes. La betterave de qualité moyenne contient environ 1 p. c. de matière azotée dont la moitié environ de matière albuminoïde assimilable. Cette albumine, qui paraît seule nutritive, est retenue dans la pulpe par la diffusion, tandis que les autres principes azotés cristallisables, nitrate, asparagine et bétaïne, sont éliminés avec les sels. Au contraire, les pulpes obtenues dans les presses ont perdu une partie de l'albumine, 0,38 p. c., que l'on retrouve dans les écumes de défécation. Le seul inconvénient que présente le pulpe de diffusion est, nous l'avons dit, sa teneur en eau trop élevée au point de vue de la relation nutritive des éléments de la

______

(1) *Recherches de chimie et physiologie appliquées à l'agriculture; analyses des matières fertilisantes et alimentaires*, 1872-82. Bruxelles Mayolez, éditeur, 1883. *La sucrerie indigène* août 1879.

ration. Il appartient à l'industrie sucrière, qui semble ne point devoir s'arrêter dans la voie du progrès, de remédier à cet inconvénient, car, les données de l'expérience confirment de plus en plus les indications de l'analyse chimique qui nous montrent dans cette pulpe un aliment complet pour le bétail à l'engrais et les vaches laitières (1).

Certains cultivateurs ont même observé que les vaches produisent de meilleur lait avec la pulpe de diffusion qu'avec la betterave fourragère. (*Journal de la société centrale d'agriculture de Belgique,* séance du 14 avril 1884.)

Concluons avec M. le baron T'Kind de Rodenbecke, que la betterave ne fait pas seulement du *sucre,* mais qu'elle fait de la *viande* au moyen des pulpes qu'elle fournit, comme elle fait du *pain* en préparant les terres à la production du blé (*Annales parlementaires,* avril 1884).

POMMES DE TERRE.

Cette culture a fait l'objet d'études approfondies parce qu'elle constitue aujourd'hui, avec le blé, la base de l'alimentation du peuple et que *la maladie* qui l'a frappée depuis une quarantaine d'années, a déterminé de véritables famines. Pour conjurer ce fléau, les savants se sont appliqués à étudier la physiologie et pratiquer la sélection de ce précieux tubercule, ce qui les a conduit à découvrir la cause de la maladie.

La pomme de terre présente sur le blé le grand avantage de puiser des aliments dans le sol longtemps après la moisson. Or, comme il résulte à l'évidence de dernières recherches de Lawes en Angleterre et de Dehérain et Schlœsing en France, que les pluies enlèvent beaucoup plus d'azote à la terre arable que les récoltes, on peut en conclure que

(1) Voir *La diffusion* par M. J. Cartuyvels, professeur à l'Institut agronomique de Louvain et Renotte, chimiste, 2ᵉ édition, Fonteyn, édit. Louvain.

toute culture qui se prolonge jusqu'en automne, en continuant à mettre en œuvre les principes fertilisants azotés solubles, est une culture économique et rénumératrice. Sous ce rapport le maïs est la seule céréale qui puisse se comparer à la pomme de terre, dont la pauvreté en principes albuminoïdes est largement compensée par la propriété de convertir une grande proportion d'éléments fertilisants en matières alimentaires pour l'homme. Lawes fait observer avec raison que tandis que chaque boisseau de froment correspond à la production de 100 livres de pailles, les fanes de la pomme de terre représentent en poids une quantité négligeable. Mais la pomme de terre est malheureusement beaucoup plus sujette à la maladie que le blé.

Il n'est peut-être point de culture où l'on n'obtienne des résultats plus frappants et plus immédiats par les engrais chimiques.

Le fumier, s'il n'est pas bien consommé, pousse au développement des feuilles au détriment du tubercule, qui devient aqueux et lardacé, par suite du développement de l'albumine aux dépens de l'amidon. Rien ne prédispose davantage la pomme de terre à la pourriture et à la maladie. D'ailleurs, le fumier a le grand inconvénient de servir de véhicule aux parasites.

L'engrais chimique, au contraire, employé avec discernement, donne de bons rendements en qualité et en quantité, à tel point que, dans certaines régions du nord de la Belgique, les agriculteurs dédaignent aujourd'hui les pommes de terre cultivées à l'engrais de ferme (1).

L'expérience m'a confirmé, dit M. le baron de Caters, qu'il faut éviter d'employer l'engrais d'étable, *mais exclusivement l'engrais chimique pour pomme de terre, tant pour combattre la maladie que pour obtenir la qualité.*

---

(1) *Journal de la Société centrale d'agriculture,* bulletin du mois de décembre 1880 ; séance du conseil administratif.

On calcule la composition de l'engrais chimique sur les bases suivants :

Une récolte de 20,000 kil. enlève au sol

    64 kil. d'azote,

    36 „ d'acide phosphorique,

    112 „ de potasse.

D'où la formule d'engrais :

    Azote   4 0/0,

    Acide phosphorique   4 0/0,

    Potasse   12 0/0,

de 500 à 1000 kil. d'engrais par hectare.

Cette formule, diffère de celles de M. G. Ville, qui préconise l'emploi des *nitrates* et recommande de varier les doses d'azote suivant que la pomme de terre succède à des cultures très épuisantes en azote, comme le froment et le colza, ou non épuisantes, comme les légumineuses.

Les dernières expériences de *l'école d'agriculture de Montpellier* tendent à prouver qu'en ce qui concerne la potasse, la restitution de cet élément ne devient nécessaire que lorsque le sol ne contient pas 1 pour mille de potasse (1).

Engrais Ville.

Phosphate de chaux . . . . . . 400 kil.

Nitrate de potasse . . . . 300 „

Sulfate de chaux . . . . . . 300 „

                           1000 kil.

Il faut enterrer l'engrais par un labour superficiel avant de planter. La culture des pommes de terre exige un sol léger, sec et poreux. Les terres fortes et humides prédisposent à la maladie. Alors les tubercules offrent une enveloppe mince

(1) Barral, *Journal de l'agriculture*, Mars, 83.

et une chair farineuse ; la quantité de fécule peut varier de 6 à 25 pour cent suivant le sol et la race (1).

D'après le rapporteur de l'enquête ouverte à la Chambre des Communes en Angleterre, la pomme de terre *regent* est la meilleur de toutes quand elle est saine, la plus nutritive et la plus digestive. Les *Dunbar* et les *Victoria*, qui contiennent de 20 à 22 pour cent de fécule, sont les plus appréciées sur le marché de Londres, ainsi que les rouges d'Allemagne. Puis viennent la *Champion* qui fabrique trop de *cellulose* et l'*Earlyrose* qui se décompose rapidement par la maladie.

Le rapporteur constate que les variétés qui ne fleurissent pas, ou dont les fleurs avortent, conservent longtemps leur qualités, comme le *Regent*, parce que son pollen ne peut effectuer de croisement, tandis que le *Victoria*, par exemple, perd ses caractères au bout de deux ou trois ans. M. Shuter conclut pour la pomme de terre, comme nous avons conclu pour le blé : « il vaut mieux améliorer les variétés existantes par sélection que de chercher des variétés nouvelles par les semis. Toutefois, dans la pratique courante ce principe n'est pas absolu. Ainsi en Belgique l'on a obtenu des pommes de terre exemptes do la maladie par des semis d'Allemagne (2). La variété, dite *chardon*, est très recherchée par la grande culture, parce qu'elle donne jusqu'à 350 hectolitres par hectare.

Dans ces derniers temps l'on a recommandé avec raison la culture de la variété *magnum bonum* qui est très résistante à la maladie la premiere année et de l'*Eléphant blanc*, qui

(1) 10,000 parties de pommes de terre contiennent d'après G. Ville :
Eau 7,373,40, azote 45,20, acide phosphorique 9.20, potasse 33,50, chaux 1,90.

M. Maerker a signalé récemment le danger de l'emploi *exclusif* du nitrate de soude dans la culture de la pomme de terre dont il augmente le produit en poids mais diminue la richesse en fécule (*Station exper. de Halle* 1882-3).

(2) *Ibid.* Journal de la Société centrale d'agriculture.

peut donner des rendements considérables; mais sur le marché belge, les variétés indigènes sont les plus appréciées parce qu'elles ne se délitent pas à la cuisson, sont généralement jaunes et farineuses et qu'elles peuvent donner sur fumure intensive de 30 à 35 mille kil. à l'hectare.

La betterave et le lin, qui sont des plante pivotantes, vont chercher leur nourriture dans le sous-sol où la potasse, répandue à la surface, n'arrive que très difficilement. On comprend donc que la répétition de la culture finisse par épuiser le sol, à moins de labours profonds et fréquents. Mais il n'en est pas de même pour la pomme de terre, et s'il est vrai que le paratisisme se développe en raison inverse de la restitution, et que le fumier lui serve de véhicule, il suffira d'y substituer, dans bien des cas, *la culture intensive aux engrais chimiques* pour triompher du fléau.

C'est ce que M. Ville a tenté à la ferme de Vincennes, avec le plus grand succès. En 1867, à la ferme de Vincennes, on avait planté de pommes de terre plusieurs carrés contigus dans un sol très sableux. Ces carrés avaient été traités différemment. Les uns étaient riches en potasse et en phosphate et pauvres en azote; dans d'autres, où l'azote dominait, ces mineraux faisaient défaut.

La maladie, produite comme on le sait, par des sporules de champignons, apparut sur certains carrés, tandis que d'autres étaient épargnés. Le vent avait dû cependant répandre partout les sporules. Il résulte de ce fait que les sporules ont besoin de certains éléments pour se développer. Or, les carrés riches en azote ont été atteints tandis que ceux où prédominaient la potasse et les phosphates, étaient indemnes. Les faits observés depuis confirment les expériences de 1867.

M. Dupressoir, opérant sur les pommes de terre, faisait déposer directement sur les tubercules quelques centilitres de superphosphate de chaux à 16 o/o d'acide phosphorique. Les pommes de terre ainsi traitées n'ont pas été malades. Dans le milieu du champ plusieurs billons ont été semés sans l'addition de cet engrais ; les tubercules ont été atteints par la maladie. Quatorze de ses voisins, opérant dans un sol identique par les méthodes ordinaires, ont également eu leurs pommes de terre malades.

Il résulte de nombreuses expériences faites en Belgique, sur des terres nouvellement défrichées, que la pomme de terre de semis est préservée dans un sol vierge, alors que la maladie sévit partout ailleurs.

Que conclure de ces faits? Que dans les terres où l'on a cultivé pendant un nombre d'années plus ou moins considérable ces tubercules, la vitalité diminue, parceque certains principes manquent. A l'appui de cette opinion, citons le rapport adressé dernièrement par un savant anglais, M. Robert Bell, aux Sociétés scientifiques de Glasgow. « L'épidémie, dit-il, se développe absolument de la même manière que les maladies qui affectent l'espèce humaine. C'est aux sujets dont la vitalité est diminuée par une cause quelconque qu'elle s'attaque de préférence. » D'après ce savant, il faut que la pomme de terre soit d'abord malade pour que ce champignon s'attaque à la plante.

C'est également un naturaliste anglais, de la Société royale de Londres, qui a découvert la cause de la maladie de la pomme de terre daus l'évolution du cryptogame appelé *phytophtora infestans*.

Il y a plusieurs années déjà que ce naturaliste avait découvert les détails caractéristiques de l'évolution du *phytophtora*, et signalé ce parasite comme étant la cause déterminante du fléau. M. de Bary, dont les observations ont si largement contribué à faire connaître la reproduction et l'évolution des cryptogames parasites de toute espèce, a découvert que les taches brunâtres qui accusent sur les feuilles la présence de la maladie de la pomme de terre sont formées de filaments, munis le plus souvent à leur extrémité d'une cellule mère, à l'intérieur de laquelle se forment les semences ou *conidies*. Quand ces semences sont mises en liberté, elles tombent sur les feuilles ou sur le sol. Alors à la faveur d'une goutte de rosée ou de pluie, elles s'animent d'un mouvement spontané et nagent quelque temps en s'aidant de deux prolongements filiformes, ce qui leur a valu le nom de *zoospores*; puis elles germent en émettant des tubes qui pénètrent dans la tige ou dans le tubercule souterrain à travers la pelure. Ce sont ces filaments, appelés *mycelium*, qui, après avoir hiverné dans les tubercules, reproduisent la maladie l'année suivante en remontant dans la tige nouvellement formée.

Ces différentes phases de l'évolution du *phytophtora* sont admirablement représentées dans les tableaux publiés par le docteur Ahles, professeur à l'École polytechnique de Stuttgard (1). Ces planches sont accompagnées d'un texte explicatif, où le professeur expose les dernières observations faites sur les champignons parasites des plantes cultivées, notamment sur la *rouille* des céréales, sur l'*ergot* du seigle, sur l'*oïdium* de la vigne.

La maladie de la pomme de terre ne se reproduit donc pas, comme la *carie* des froments, par des spores adhérentes à la plante, mais par les tubes de *mycelium* venant à l'intérieur du tubercule. Ce n'est qu'en été que le parasite fructifie et que ses spores tombent sur le sol et sont entraînées par les vents dans l'atmosphère. Voilà pourquoi le chaulage à la chaux, à l'acide arsénieux et au sulfate de cuivre ou de fer, qui tuent les germes de la maladie des céréales (carie), sont inefficaces.

Le professeur Jensen de Copenhague ayant remarqué que

(1) Vier Feinde der Landwirthschaft. Das Mutterkorn und der Rost des Getreides. Die Kartoffel und Traubenkrankheit. Zugleich als Erlauterung der vier Wandtafeln der Pflanzenkrankheiten von doctor W. Ahles, Professor an der polytechnischen Schule, zu Stuttgart. — Loraner. Manuel des maladies des plantes.

Journal de la Société centrale d'Agriculture de Belgique 1877. Les maladies des plantes de la grande culture, conférence donnée par M. le Dr Peterman de Gembloux.

le sable retenait mieux ses semences invisibles que les terres fortes où la maladie sévit davantage, en a conclut que le meilleur moyen de conjurer la maladie de la pomme de terre consiste à ameublir la terre forte pour empêcher les petites mottes de se former et à rendre plus épaisse la couche de terre qui sépare les feuilles du tubercule. Dans ce but il établit des *buttages de protection* dès que les taches se montrent sur les feuilles.

Ces buttages doivent avoir une épaisseur de 13 à 14 centimètres et sont précédés d'un premier buttage *plat,* d'une hauteur de 11 centimètres. De la sorte la pomme de terre croît sous un véritable talus à l'envers duquel on aura soin d'incliner ses feuilles.

Il ne faut arracher les pommes de terre que 3 semaines après le dessèchement des feuilles; sinon la maladie peut prendre une grande extension. Les fanes ne seront coupées et enlevées que lorsque le dessèchement des feuilles sera très avancé. Six jours après cette opération seulement on procèdera à l'arrachage.

Dans les petites cultures on fera le buttage plat et le buttage de protection au moyen d'une bèche.

Dans les grandes cultures, on se servira de la charrue buttoir, *le protecteur*, dont la construction est rigoureusement conforme au système préconisé.

Les tubercules étant souvent les véhicules de la maladie, il a grand avantage à reproduire les pommes de terre par semis comme on le fait à Berlin, à Londres et à Paris.

Le parasite de la pomme de terre offrant les plus grandes analogies avec l'oïdium de la vigne, on avait espéré pouvoir lui opposer le même remède, le soufre; mais le mycelium de l'oïdium vit sur l'épiderme de la feuille, sans jamais pénétrer à l'intérieur, et se nourrit au moyen de suçoirs, sans émettre à l'intérieur des tubes inaccessibles au poison.

Les résultats obtenus à Vincennes à l'aide des engrais chimiques démontrent qu'il faut se préoccuper tout d'abord de la restitution des éléments fertilisants *minéraux* pour *prévenir* la maladie :

« Que l'on aille au champ d'expérience de Vincennes, écrivait, en 1867, M. le marquis d'Avrincourt, on y verra une pièce de pommes de terre, divisée en cinq parties se touchant. La première n'a pas une feuille malade, la deuxième est rongée par la maladie; la troisième est aussi malade que la deuxième, et la cinquième ressemble à la première et à la troisième. » (*Journal des fabricants de sucre*, 15 août 1867).

Le contraste était, en effet, saisissant. A la récolte, l'état des tubercules justifia l'indice tiré de l'état des fanes.

La maladie a sévi sur les parties du champ qui manquaient de minéraux : terre privée de potasse, maladie ; terre privée de phosphate de chaux, maladie ; terre épuisée, et par conséquent privée des deux à la fois, maladie. « Je crois, dit M. Ville, qu'à l'influence défavorable résultant de l'absence des minéraux dans le sol, il faut ajouter encore l'abus des engrais azotés. »

Dans la grande enquête faite en 1845, sous les auspices de la Société d'agriculture, on lit, page 3.

« *Les fumures les plus abondantes et les plus directement appliquées* sur les pommes de terre *ont coïncidé* plusieurs fois *avec le maximum du mal.* »

Et dans l'*Histoire de la maladie des pommes de terre*, par M. Payen, page 35 :

« Les fumures ordinaires appliquées directement sur cette culture *ont très souvent paru prédisposer* à la maladie. »

Or, l'azote étant l'élément qui domine dans le fumier, ces deux indications viennent à l'appui de notre première proposition.

Chez M. Jacob, à Saint-Chresto-en-Jarrêt, la maladie s'est manifestée sur les trois récoltes, mais avec une intensité très inégale ! Elle a fait son apparition plutôt sur la partie qui avait reçu du fumier que sur celle soumise au régime de l'engrais complet.

Ces faits sont de tous points conformes à ceux recueillis à Vincennes.

Mais le fait le plus significatif qu'on puisse invoquer est certainement celui rappelé par M. Liebig.

L'éminent chimiste rapporte qu'ayant institué trois cultures de pommes de terre dans des caisses remplies de tourbe, l'une des caisses n'ayant reçu comme engrais que des sels ammoniacaux, c'est-à-dire de la matière azotée; la seconde que des phosphates et de la potasse, alors que la tourbe de la troisième était à son état naturel, la maladie n'attaqua que les tubercules venus dans la tourbe, sans engrais, et ceux venus dans la tourbe qui avait reçu des sels ammoniacaux.

Le docteur Kamrodt, de Lanesfort, qui a fait des essais multipliés, est arrivé à peu près à la même conclusion. Il a constaté que les engrais formés de phosphate de chaux et de matière azotée à haute dose étaient favorables au développement de la maladie, alors que les mêmes phosphates, sans matières azotées, n'offraient pas les mêmes inconvénients.

La démonstration la plus frappante de la théorie que nous avons formulée sur la cause première des maladies des plantes cultivées, repose sur ce fait, que les parasites de la vigne et de la pomme de terre, qui exercent de si terribles ravages en Europe, existaient en Amérique de temps immémorial sans occasionner de sérieux dégâts; et cependant l'on n'ignore point qu'au Pérou, les indigènes pratiquent la culture intensive du tubercule dont ils obtiennent deux récoltes par an avec quelques poignées de guano. On peut en conclure que ces maladies résultent de la *dégénérescence de la plante,* soit par défaut d'*acclimatation* ou de *nutrition.* Sous nos climats et dans nos sols humides, la pomme de terre devait offrir plus de prise aux attaques du champignon.

En principe il suffirait donc, pour prévenir les maladies, de se conformer aux lois d'*hérédité* et d'*adaption,* qui nous enseignent qu'un organisme ne peut impunément changer de milieu et de nourriture, surtout quand il est affaibli déjà par des prédispositions héréditaires. L'*alimentation intensive* dirigée avec discernement est, dans ces conditions, le seul agent qui puisse, *avec le choix de milieux et de reproducteurs,* rétablir l'équilibre rompu.

Il est donc permis de conclure que l'étude du parasitisme en agriculture est entièrement subordonnée à la physiologie et à la connaissance des lois de la *restitution.*

« Ni au Pérou, ni au Mexique, dit M. Mayne Reyd, on n'a jamais entendu parler de la maladie des pommes de terre. Elle ne paraît pas s'y être jamais montrée. A l'appui de cette assertion, il rapporte que depuis trois ans qu'il plante sur sa ferme de Frogmore-House, en Angleterre, des tubercules expédiés directement d'Amérique et provenant de souche absolument saine, les *papas* mexicains ne présentent aucune trace de maladie, tandis que dix autres variétés semées dans le même champ et traitées avec les mêmes soins, sont toutes plus ou moins atteintes de la pourriture. Ce n'est pas tout : Pendant que les autres sortes ne dépassent pas un rendement de cinq tonnes à l'acre, ou de 12,700 kilogrammes par hectare, les pommes de terre du Mexique en donnent plus du double, sans autre travail que celui de la charrue. »

« Dans le nombre des tubercules de cette sorte ainsi obtenus, il s'en trouve par centaine qui pèsent plus d'une livre anglaise ou 453 grammes, plusieurs même atteignent une livre et demie. Bien qu'ils aient passé l'hiver dans des fosses en terre creusées simplement dans le champ même, ils sont aujourd'hui parfaitement sains, depuis la pelure jusqu'à l'intérieure. Rien ne fait craindre qu'ils soient attaqué plus tard. »

Un de nos agronomes les plus distingués de la Campine nous écrit qu'il trouve dans sa culture une démonstration éclatante de nos idées : « Ces causes premières, il faut les chercher, comme vous le dites, dans un défaut de nutrition, excès d'eau, défaut de matières minérales, surtout des phosphates, excès de matières azotées, etc., etc. Je remarque

que les pommes de terre cultivées à la méthode campinoise n'émettent plus, après plusieurs générations, que des germes tellement faibles qu'on a l'habitude d'en mettre 3 à 4 dans le même paquet pour obtenir avec sûreté une bonne levée. — Cette année, tous les choux-navets, choux-raves, pommes de terre, cultivés dans les jardins qui sont toujours forcés avec un excès de matières fécales, sont malades de pourriture; tandis que les mêmes cultures en plein champ sur terres fumées aux boues de rue (qui sont riches en cendres) ou bien avec du fumier ordinaire auquels j'ai joint des sels de potasse et du superphosphate, sont restées saines et tout à fait indemnes des maladies. Le fait est tellement patent et remarquable, que les plus retors des cultivateurs du pays sont obligés d'en convenir. — D'un côté des hectares ravagés, d'autre part un nombre considérable d'hectares de choux, de navets et de pommes de terre qui sont restés sains. » (1)

M. Shuter a présenté récemment au parlement anglais une nouvelle série d'observations sur la dégénérescence et la sélection des pommes de terre. En général, dit-il, il ne faut pas planter en terres pauvres des tubercules obtenus en terres riches, mais planter en terre riche les tubercules, produits en terre pauvre, qui contiennent beaucoup de cellulose et peu de fécule.

Le producteur de pommes de terre, dit M. Shuter, doit toujours chercher à satisfaire les goûts du public, et avoir présent à l'esprit les exigences du sol et du climat où il opère. Règle générale : Les variétés nouvelles obtenues à l'aide des semis demandent plusieurs années pour arriver à la maturité de leur développement, et quand elles y sont arrivées, on se trouve souvent en présence d'un produit qui n'a aucune valeur marchande. C'est donc du temps perdu. »

(1) *Journal de la Société centrale d'agriculture de Belgique.* Janvier 1883.

Comme pommes de terre, M. Shuter proscrit les hâtives ; elles peuvent rester saines, mais ne valent plus grand chose comme aliment ; elles deviennent noires et le public n'en veut plus.

Les pommes de terre qui germent rapidement, perdent leurs qualités nutritives. C'est le défaut de la *champion*.

Enfin les pommes de terre produites en vue du marché de Londres ne doivent pas être de petit volume ; tout tubercule qui passe à travers un crible dont les mailles ont un pouce trois quarts, réalise un prix incomparablement inférieur à celui des gros tubercules qui ne le traversent.

Les remarquables et fécondes expériences instituées sous la direction du docteur Koch, de Berlin, pour l'étude des germes des maladies contagieuses, établissent que la pomme de terre constitue un *milieu de culture* très favorable à l'évolution et à la prolifération des MICROBES en général (1). Il importe donc de veiller à ce que l'on ne plante et ne manipule que des tubercules sains, chez lesquels la prédominance des matières azotées, par exemple, ne favorise point l'évolution de ces organismes inférieurs qui jouent un si grand rôle dans la genèse des maladies contagieuses de l'homme et des animaux domestiques.

----

(1) Notamment du vibrion de la putréfaction ou vibrion septique de Pasteur qui serait *anaerobie* et se reproduirait aisément sous terre à l'intérieur des tubercules et des racines féculentes. Ce vibrion, d'après Koch serait le même qui produit l'*œdème malin.* Les maladies charboneuses seraient également favorisées dans leur évolution par la présence dans le sol des matières féculentes qui servent d'aliment et de lieu de propagation au microbe.

A l'Ecole de Berlin, la pomme de terre constitue avec la gélatine et les *peptones* les milieux de culture par excellence pour étudier les bactéries qui forment souvent ainsi des colonies distinctes et visibles à l'œil nu. M. Koch qui a découvert le microbe de la *tuberculose* et peut-être du *cholera* a largement contribué à perfectionner et à préciser la méthode de Pasteur.

D'après M. Louis Gossin, professeur à l'école départementale de l'Oise, il suffit de laver à grande eau les tubercules dégelés, puis de les faire sécher pour les convertir en une pulpe de bon goût que l'on peut utiliser de toutes façons. Cette préparation, dit-il, se fait d'elle-même si les tubercules restent étendus pendant quelque temps sur un gazon ou sur un pavé; la pluie les lave et le soleil les dessèche, on peut les garder dans un lieu sec un temps indéterminé. Des voyageurs assurent qu'au Pérou on les fait geler souvent à dessein pour les conserver ainsi.

En résumé, ce procédé consiste.

1° A laver à grande eau les pommes de terre dégelées.

2° A les faires sécher lentement dans un courant d'air, étendues, par exemple, sur le plancher d'un grenier.

NAVETS.

Avec Lawes et Gilbert on peut évaluer comme suit la composition d'une récolte de turneps à l'hectare :

Matière organique sèche	3,500 kilog.
Potasse	140 »
Phosphate de chaux	54 »
Sulfate de chaux	44 »

Les autres éléments minéraux sont négligeables. Dans la rotation des turneps avec les céréales, les animaux de la ferme qui consomment les turneps, restituent non-seulement la presque totalité des éléments minéraux, mais encore une très-forte proportion de l'azote sous la forme d'engrais que réclament les céréales (Ronna).

Dans la matière organique des rations, *la moitié du carbone et un quart* au plus *de l'azote* sont perdus pour la ferme par la respiration et le développement des animaux; cette perte

est remplacée par l'importation d'aliments commerciaux.
L'enlèvement du phosphate de chaux varie suivant l'âge des
animaux ; mais les alcalis retournent presque intégralement
au sol, surtout si l'on a recours aux aliments préparés du
commerce. Il ne s'agit donc que de restituer de la matière
organique, de l'acide phosphorique, de l'acide sulfurique et
de la chaux. Le tourteau convient admirablement aux turneps en remplacement du fumier, et on le distribue à la
volée. Le superphosphate apporte l'acide phosphorique et
l'acide sulfurique avec la chaux. On le sème avec la graine.

Les phosphates forment depuis 50 ans en Angleterre la
base de l'alimentation des *turneps* et des *rutabagas* (1) dans
la rotation des navets avec les céréales.

C'est pourquoi, il existait dans ce pays depuis le commencement du siècle des moulins à pulvériser les phosphates.

On pulvérise également aujourd'hui les *feltspath* pour
restituer la potasse qui domine dans le *turneps,* mais ces
engrais ont peu d'action sur son développement, phénomène
que Gilbert explique par le rôle physiologique spécial de
l'acide phosphorique sur les racines dans un espace et une
période limités.

« *Un excès d'azote dans le sol correspond à un excès de feuilles
et à une réduction dans le poids des racines.* La formation de
la racine exige une production considérable de fibre chevelue
aux environs immédiats de la surface, production que favorise
singulièrement l'acide phosphorique. Mais, *si le turnep est
cultivé en vue de la graine ou de l'huile, les conditions du sol, de
fumure et de saison se rapprochent beaucoup de celles du blé,* et
le développement de la plante se modifie en conséquence. »

Tandis que le rendement du blé, cultivé en Angleterre

(1) Le *rutabaga* ou navet de Suède présente sur le *turnep* le grand
avantage de donner d'énormes racines et de végéter dans des terres
légères, comme celles de la Campine : Se sème en mars et se repique en
mai.

sur un sol sans fumier, n'a pas varié après trente-deux années consécutives, le rendement des navets, dans les mêmes conditions, est tombé après quelques années à zéro. Pour le navet, *l'humus est de première nécessité* ; le rendement dépend selon Lawes et Gilbert, de la matière carbonée fournie au sol par l'engrais. Pour le blé, l'excédant du rendement, obtenu pendant un grand nombre d'années consécutives, dépend de l'azote fourni par l'engrais du sol. Ainsi 100 kil. de tourteau, renfermant 5 kilogr. d'azote et 80 à 90 de matière carbonnée, n'augmentent pas plus le rendement en grain qu'*un sel ammoniacal* renfermant 5 kilogr. d'azote, mais pas de matière carbonnée. De même le résultat d'une fumure de 35,000 tonnes de fumier enfouie chaque année dans le même sol a été invariablement inférieur à celui de 250 kil. de sels ammoniacaux, tandis que cette fumure a donné des rendements maxima de turneps par l'addition pure et simple du phosphate de chaux semé avec le grain.

Les turneps, affirment Lawes et Gilbert, ont la faculté de convertir les déchets inutiles des céréales, la paille, etc., en une nourriture succulente pour les animaux.

M. Dehérain ne manque pas de voir dans ces observations de Lawes et de Gilbert, une preuve de plus en faveur de la théorie de de Saussure, dont il croit trouver la démonstration dans la culture du maïs et du trèfle.

Mais avant d'admettre que *certaines plantes se nourrissent de substances organiques,* avant de croire que le règne végétal n'a pas pour fonction essentielle *d'organiser le règne minéral* nous avons le droit d'exiger des preuves directes, des expériences précises et de ne pas nous contenter d'hypothèses.

Il nous parait infiniment plus rationnel de croire que les exigences des plantes-racines, dont ont vise à développer le tissus cellulaire, en matières hydro-carbonées, tiennent à des conditions physiques spéciales.

En tous cas, les expériences indirectes de M. Dehérain (qui constate par exemple qu'après une récolte de maïs ou de

trèfle une quantité considérable de carbone a disparu du sol)
exigent une confirmation expérimentale plus rigoureuse.
Par exemple, il serait bien facile de comparer les résultats
obtenus *par les cultures dans l'eau* où les racines tremperaient d'une part dans une solution purement minérale et
d'autre part dans une solution organique des mêmes bases.

Rappelons à ce propos que les recherches de M. Grandeau
sur la *dialyse* végétale prouvent que la matière noire, extractible
par l'ammoniaque du sol arable ou de l'humus, ne traverse pas
les parois cellulaires des racines. Cependant en soumettant
depuis à la dialyse le sol lui même, M. Peterman de Gembloux
a constaté qu'il renferme *en abondance* une matière organique
qui traverse par diffusion la membrane végétale. (1)

Les Anglais évitent l'emploi du fumier frais dans la culture des turneps, parce qu'il sert de véhicule aux parasites.
D'après M. Lejeune, ils recoupent le fumier d'étable mélangé
avec de la chaux vive à plusieurs reprises pour obtenir un
engrais décomposé, avant de le charrier dans les terres. Cette
préparation vise à prévenir les ravages d'un parasite redoutable pour la famille des *crucifères*, l'*Antomie du chou*, dont
la larve attaque la plante par la racine.

« La femelle de ce diptère dépose probablement ses œufs
dans les tas de fumier et les matières végétales en décomposition, de sorte que les terres abondamment fumées sont
plus sujettes à être ravagées par l'anthomie que les terres
pauvres. Dans la Flandre, on craint de labourer profondément pour le navet et de lui consacrer d'abondantes fumures;
on préfère employer le purin, le guano et d'autres engrais
du commerce et travailler la terre très superficiellement (2). »

(1) *Bulletin de la station agricole de Gembloux* 1882.
(2) La Flandre utilise depuis longtemps le *navet* en culture dérobée,
après céréales ; l'on obtient de cette façon deux récoltes par an, dans
les climats du nord, sans préjudice pour le sol, si l'on a soin de veiller
à la restitution. — Le navet demande une température relativement peu
élevée, une saison pluvieuse et, par conséquent, une hauteur d'eau de
pluie notable sur le sol (Lawes).

La production ne s'élève pas au delà de 22,000 kil. de racines par hectare, tandis que dans les localités où la maladie n'exerce pas ses ravages, on peut obtenir 50,000 à 60,000 kil. (Lejeune.)

Enquête faite dans la Flandre Orientale (château de Welden) sur la valeur des engrais chimiques, comparativement aux engrais de ferme, 1868.

CHAMPS D'EXPÉRIENCES POUR NAVETS.

Le terrain sur lequel les expériences ont été faites, est sabloneux et aride, il est peu profond et repose sur un sous-sol de sable blanc sillonné de veines épaisses de pierres ferrugineuses. Ce terrain n'a jamais produit que des arbres chétifs et rabougris ; enfin, son élévation au-dessus des terres environnantes le rend presque stérile pendant les chaleurs de l'été. En juillet 1868 ce terrain fut divisé en neuf parties égales et on y a semé des navets pour fourrages. Malheureusement les mois d'août et de septembre furent d'une sécheresse désespérante et bien des fois l'on eût des craintes pour la réussite de l'expérience. — Après une arrière saison des plus sèches, la récolte se fit le 24 novembre.

Cette culture a donc été entreprise dans de mauvaises conditions, car les navets demandent pour prospérer une terre fraîche et profonde et un temps humide et chaud. Malgré ces mauvaises conditions de terrain et d'humidité, les résultats obtenus furent remarquables :

Engrais flamand. . . .	30,000 k.	Différence en plus			15,000 k.
» intensif. . . .	42,800	»	»		27,800
» complet . . .	40,300	»	»		25,300
» azote	26,100	»	»		11,100
» minéral. . . .	8,500	»	en moins		6,500
» sans potasse . .	33,800	»	en plus		18,800
» sans phosphate .	32,600	»	»		17,600
Guano du Pérou. . . .	96,300	»	»		21,300
Sans engrais	15,000	»	»		»

Il suffit de la simple inspection de ce tableau pour reconnaître que l'azote manque dans le sol, puisque 72 kilogr. d'azote ont produit 11,100 kilogr. de navets tandis que l'engrais sans azote a produit 6500 kilogr. de moins que la terre sans aucun engrais.

Ici se présente une remarque des plus curieuses ; c'est qu'en comparant ces chiffres entre eux, on arrive par voie synthèse à connaître l'effet produit par chacun des sels contenus dans ces engrais.

En effet, en comparant l'engrais sans potasse à l'engrais azoté, nous trouvons que les 60 kilogr. d'acide phosphorique du premier produisent 7,700 kilogr. de navets. L'addition suivante le démontre :

La richesse naturelle du sol produisant   .   .   .   .   15,000 k.
72 k. d'azote ayant produit.   11,000
60 k. d'acide phosphorique produisent   7,000

Ce qui donne pour le produit total de l'engrais .   .   .   33,800

Pour l'engrais sans phosphate on arrive aux chiffres suivants :

Richesse naturelle du sol .   .   .   .   15,000 k.
74 k. d'azote ont produit   11,400
90 k. potasse produiront   6,200

Produit total de l'engrais sans phosphate.   .   .   .   32,600

En combinant ces chiffres on arrive au produit de l'engrais complet :

Richesse naturelle du sol .   .   .   .   15,000 k.
60 k. acide phosphorique   7,700
74 k. azote   11,400
90 k. potasse   6,200

Produit total de l'engrais complet   .   .   .   .   40,300 k.

COLZA.

D'après Wolf, une récolte de 3,000 kil. de paille et de 25 hectolitres de graines (2,000 kil.), contient :

71 kil. azote,
41 » d'ac. phosphorique,
47 » de potasse.

L'engrais complet pour colza est à peu près le même que celui pour la betterave soit :

400 kil. superphosphate
350 » nitrate de soude
250 » sulfate d'ammoniaque
150 » chlorure de potassium à 80°

Quand on restitue au sol l'engrais pour colza, dit M. G. Ville, il suffit d'ajouter en couverture, l'année suivante, 100 kil. de sulfate d'ammoniaque, pour obtenir une belle récolte de blé.

Cette plante, sujette aux mêmes maladies que le navet, exige un sol riche et un engrais à dominante d'azote.

Elle donne dans certains sols d'alluvions, comme les polders belges, des rendements extraordinaires sans engrais. Cependant, cette plante ne souffre point l'humidité persistante.

La graine contient, en moyenne, 50 o/o d'huile et donne un rendement de 30 à 35 o/o. Son tourteau, riche en azote, sert non seulement à alimenter le bétail, mais à la fumure du colza même. C'est ainsi qu'en Normandie, un savant chimiste s'étant aperçu que le colza avortait sur un certain sol parce que les fleurs avaient une tendance à DOUBLER, fit disparaître cette aberration par des fumures intensives au tourteau. Les siliques et les pailles doivent retourner au sol.

M. Ladureau vient de découvrir un procédé certain pour déterminer l'âge et la puissance germinative des graines oléagineuses. Les huiles neutres des graines mûres développent dans la germination la chaleur nécessaire à l'éclosion des germes, en se dédoublant en glycerine et en acides gras. Cette transformation s'effectue spontanément dans les graines qui ne peuvent germer en temps voulu; elles renferment une huile d'autant plus acide que leur âge est plus avancé. Le degré d'acidité, c'est-à-dire de *rancissement*, permet donc d'évaluer l'âge de la graine et l'affaiblissement de son pouvoir germinatif (1).

____

(1) Parasites : Le colza appartenant à la famille des crucifères comme le navet a les mêmes parasites; le principal parasite du colza est l'altise ou puce de terre. Il est de trois [espèces : une jaunâtre, une bleue et une verte (haltica sinuata, crucæ et brassicæ). Si l'on sème dans un sol bien fumé, où la jeune plante se développe vigoureusement, on entrave également le développement du parasite, l'insecte est vaincu par la plante.

CULTURE DU LIN.

Les cultivateurs de lin auront bientôt à compter, paraît-il, avec l'Amérique comme les producteurs de grain. Des sociétés se constituent aux Etats-Unis pour améliorer cette culture très négligée jusqu'ici, pour acheter des semences de choix en Irlande et en Russie et pour étudier et enseigner la culture de cette plante textile.

Le lin est une plante du nord; sa culture se pratique avec succès dans les polders de la Flandre et dans les sols d'alluvion; comme celle du colza, elle exige une terre riche, mais elle est moins exigeante en azote qu'en acide phosphorique et surtout en potasse; cependant l'azote ne peut être indifféremment restitué sous toutes formes. Le fumier donne souvent une fibre grossière, tandis que l'azote rapidement assimilé de l'engrais chimique donne une fibre fine, longue et solide. C'est particulièrement dans les polders du littoral belge, plus ou moins épuisés par une culture intensive sans engrais, que la nécessité de la restitution d'un engrais *complet* pour la culture du lin se manifeste. Là les phosphates et la potasse produisent des effets merveilleux parce que ces deux éléments font généralement défaut les premiers.

M. Joulie a étudié l'adaptation des engrais à différents sols, en analysant simultanément le sol et la plante, méthode que nous avons préconisée depuis longtemps dans le journal de la *Société centrale d'agriculture de Belgique*. Il a constaté l'extrême variabilité des éléments fertilisants de cette plante. Des analyses de lin en fleur ont présenté des variations s'élevant à plus de 60 pour cent du chiffre maximum fourni. Dans les bonnes récoltes, les rapports entre les quatre termes de l'engrais dans la plante sont environ de 1 d'acide phosphorique, 2 d'azote, 3 de potasse pour 1 1/2 de chaux; dans une mauvaise récolte, au contraire, la quantité de potasse diminue tandis que l'azote et la chaux augmentent. L'analyse de la plante permettrait donc seule, d'après lui, de trouver l'élément de fertilité qui manque.

Le lin est la seule plante dont la graine gagne en vieillissant ; celle d'un an ne vaut rien. Pour obtenir une filasse fine on enlève la tige après la floraison ; pour obtenir la graine on attend au contraire que toutes les têtes soient mûres. L'hectare rapporte de 3 à 600 kil. de d'huile siccafilasse et 8 à 13 hectolitres de graines, contenant 22 p. c. tive. Les tourteaux favorisent l'engraissement du bétail, mais communiquent à la longue un mauvais goût à la graisse qu'ils liquéfient.

La fibre se sépare par le rouissage ; 1/6 de la récolte est perdu chaque année par ce procédé insalubre dont la réussite dépend de l'action atmosphérique. Ces inconvénients seront bientôt conjurés par la science. Déjà l'on a vu figurer à l'Exposition de Bruxelles de 1880 un système de séparation de préparation mécanique et chimique qui donne une fibre excellente et une paille intacte et très riche. Le lin est broyé vert sans rouissage ; puis, débarrassé de sa paille, il est saponifié en quelques heures. La paille restituée est d'une richesse exceptionnelle en azote et en minéraux.

En voici l'analyse faite récemment à la station agricole de Hasselt :

	Paille de lin.	Paille de froment.
Eau	12,99	14,3
Mat. albuminoïdes . .	7,69	4,5
Matières grasses. . .	3.22	4,5
Matières extractives . .	37,19	1,4
Matières minérales . .	12,47	5,3
Cellulose	26,44	37,8

Les *engrais chimiques*, qui ne peuvent servir de véhicules aux parasites comme le fumier, ont permis d'arrêter l'invasion du puceron qui occasionne la *brûlure du lin.*

Les expériences de M. Ladureau, l'ont amené absolument aux mêmes conclusions que les recherches de M. le docteur Marker, sur la fatigue du sol de la betterave.

La brûlure coïncide toujours avec la présence d'un petit

puceron voisin du phylloxera; la maladie se propage avec l'insecte et diminue ou disparaît par l'emploi des engrais chimiques à base de *potasse*. Ici, l'engrais de ferme paraît être le véhicule du parasite en même temps que la cause première de la maladie, par sa pauvreté en potasse; or, depuis longtemps déjà, M. Ville attribuait la multiplication des maladies de la *pomme de terre et de la vigne, dont la potasse est précisément la dominante,* à l'insuffisance de la restitution de ce principe qui n'existe qu'en *minime quantité dans le fumier.*

Le puceron du lin, comme la nématode de la betterave, ne doit pas être considéré comme la cause, mais le symptôme d'une maladie provoquée par l'absence de minéraux. Les cultivateurs qui se livrent à la culture du lin pourront désormais le faire revenir plus souvent dans leurs assolements sans avoir à redouter la terrible brûlure. « Il leur suffira, dit M. Ladureau, d'employer d'abord des engrais à dominante de potasse, tels que ceux que préconise M. G. Ville, puis de suivre leurs champs avec soin, et s'ils y remarquent en grande quantité un petit ver jaune ou un petit puceron long et noir, c'est-à-dire le *thrips*, sous la forme de larve ou de nymphe, de l'arroser immédiatement avec de l'eau pétrolée ou avec une solution d'acide phénique brut très étendue, ou avec tel autre insecticide dont l'usage pourra faire reconnaître l'efficacité. »

Quand la plante malade, qui n'a pas été complètement tuée par l'action double d'une chaleur intense et des attaques de l'insecte, a trouvé dans le sol des sels de potasse, des phosphates et de l'azote immédiatement assimilable, elle peut, par l'absorption de ces éléments, végéter avec assez de vigueur pour triompher des assauts des parasites.

M. A. de Meulenaere avait constaté dès 1870 dans la Flandre Orientale que les engrais chimiques permettent d'obtenir des récoltes successives de lin sur une même terre, contrairement à la tradition. D'après ses expériences, l'engrais minéral suffirait, même en Flandre, pour obtenir le meilleur lin.

Tous les lins traités à l'azote, dit-il, se distinguent par le développement des feuilles et des tiges, mais ils sont exposés à la verse et à la pourriture; au contraire, le lin qui n'a reçu que de l'engrais minéral, a des tiges d'une finesse extrême, l'écorce est mince et transparente et le bois est à peu près absent.

A poids égal de matière sèche, il a rendu un produit supérieur au premier et sa valeur marchande s'est élevée à 50 centimes de plus le kilogramme (1).

M. le comte de Limburg Stirum a obtenu dans ses bruyères défrichées des Ardennes belges plusieurs récoltes de lin superbes au moyen des engrais chimiques. Il en résulte que l'on peut aujourd'hui transformer à volonté des terres épuisées par la culture ou naturellement stériles, en sols capables de porter les récoltes les plus épuisantes (*Journal de la Société centrale d'Agriculture de Belgique*, décembre 1874).

Cependant l'analyse prouve que le lin enlève moins de principes minéraux à la terre que le trèfle. S'il épuise rapidement le sol, c'est qu'il lui ne restitue rien. En effet 3600 kil. de lin enlèvent 26 kil. d'acide phosphorique, 39 kil. de potasse, 17 de chaux et 10 de magnésie tandis que 10,000 kil. de trèfle rouge enlèvent 56 d'acide phosphorique, 195 de potasse, 192 de chaux et 69 de magnésie; mais il restitue une bonne partie de ces éléments (Wolff).

Le blé qui soustrait presqu'autant d'éléments que le lin au sol lui restitue par ses racines et son chaume 3900 kil. de matière sèche contenant 26 d'azote, 13 d'acide phosphorique, 21 de potasse, 86 de chaux (Weiske).

(1) Les engrais chimiques et les terrains sablonneux des Flandres, par A. de Meulenaere, Gand 1870.

FRAIS DE CULTURE ET PRODUITS MOYENS D'UN HECTARE
DE LIN EN BELGIQUE.

Frais de culture et de récolte	50 frs
Semences	160
Engrais	150
Loyer et impôts	210
Frais généraux	30
Total	600

HOUBLON, TABAC ET CHANVRE.

Tout le secret de la culture du houblon est dans l'imitation
de la nature, qui nous offre cette plante seulement dans les
vallées fertiles, bien arrosées à sous sol perméable, tournées
à l'Est ou au Midi. L'excès de fumier, qui développe la végétation, donne des tiges molles et des fleurs qui avortent et
moisissent par les brouillards. Les fleurs femelles, qui servent
seules à aromatiser la bière, doivent être éloignées des plantes
mâles pour éviter la fécondation.

On recommande également de ne choisir que des boutures
de souche provenant des houblonnières renommées, comme
celles d'Alost en Belgique, d'écorcer les perches, d'user de
fils de fer pour la conduite, de combattre la moisissure par
le soufrage, le miellat par des lavages répétés et de sécher
les cônes au moyen d'air chauffé, comme en Allemagne, au
lieu d'employer les tourailles à feu direct.

« Chaque année, dit le *Rapport* adressé dernièrement au
ministre de l'Intérieur de Belgique par M. Ad. Damseaux
(1882), nos houblonnières sont menacées ou attaqués par des
ennemis divers et jusqu'ici la science ne s'est guère occupée
de ces apparitions ni de leurs causes (1).

(1) Principaux parasites : Les larves de l'*agriote* (coléoptère) et de
l'*hépiale* (lépidoptère) qui dévorent les racines et les tiges du houblon.

La *brûlure* est due à un petit acarus rouge.

Le *blanc* ou moisissure (*podosphaera castagnei*), qui est analogue
ou identique à l'*oïdium*, s'attaque aux feuilles et aux cônes et n'est
qu'une forme de passage d'un champignon qui vit sur d'autres plantes.

Cependant le *miellat* que l'on avait attribué jusqu'ici à un puceron, dont la présence coïncide toujours avec le développement de la maladie, ne serait dû, d'après des observations plus précises, qu'à un approvisionnement insuffisant d'eau dans les tissus du végétal. Ce serait une sorte de DIABÈTE végétal, dû aux intempéries de l'été, aux gelées tardives, aux brouillards secs; souvent une pluie abondante suffit pour faire disparaître la maladie, qui ne résiste pas à des lavages répétés. Parfois le miellat est suivi d'une autre maladie, la SUIE, qui est produite par un champignon (*Fumago Salicino*). Avant l'établissement de l'impôt sur la culture du *tabac;* cette culture constituait l'une des industries agricoles les plus rénumératrices et les plus prospères de notre pays.

Le tabac est, comme le chanvre, une plante des plus sensibles à l'action des engrais chimiques. Un engrais à dominante d'azote et de potasse exerce sur ces deux cultures un effet magique; mais il faut redouter dans la culture du tabac l'abus du *nitrate de soude*. La feuille de tabac saturée de ce sel brûle mal. Le nitrate de potasse, au contraire, active la combustion, comme dans le tabac turc supérieur (tabac do Smyrne). M. de Meulenaere a constaté que, dans une année froide et humide, les pieds de tabac, fumés à l'engrais chimique intensif, n'ont souffert ni du froid, ni de l'humidité surabondante des mois de mai et de juin, tandis que ceux engraissés au fumier d'étable n'avaient pas poussé une feuille en six semaines. L'engrais intensif peut produire jusque 3000 kil. de tabac à l'hectare. Le tabac contenant jusque 20 grammes de magnésie par kilogr. l'addition de ce sel peut être utile dans certains sols. Des chimistes ont constaté un rapport constant entre l'azote de l'engrais et la force du tabac, due à la nicotine, dont nos tabacs indigènes contiennent jusque 8 %.

Voici les formules d'engrais complets les mieux adaptées à cette culture très-intensive :

Tabac

Superphosphate . . . . 600 kil.
Nitrate de potasse . . . 800
Sulfate de chaux 300
Sulfate de magnésie . . . 100

Il va de soi que les rapports de ces éléments varient suivant les sols, comme pour les autres cultures, où l'*analyse du sol par la plante* permet au cultivateur d'employer l'engrais chimique en connaissance de cause.

Chanvre, le même engrais que le colza. Cette dernière plante convient spécialement pour l'établissement des champs d'expériences dans les écoles primaires parce qu'elle accuse par sa taille et sa coloration les moindres variations dans les quantités et les rapports des 4 termes de l'engrais chimique.

SYLVICULTURE.

Les dernières expériences de la Société d'Émulation des Vosges établissent que pour les essences forestières, comme pour les légumineuses, l'engrais azoté est plus souvent nuisible qu'utile ; mais que l'engrais minéral favorise l'accroissement des principales essences et que son action est plus sensible sur les semis que sur les plantations. Ce qui s'explique aisément quand on sait que l'azote n'entre dans la composition du bois que pour 1 °/₀ en moyenne, tandis que les minéraux sont en proportion triple et même quintuple dans l'écorce.

M. Grandeau a analysé d'une façon très complète dans les Annales de la station agronomique de l'Est les travaux d'Ebermayer et de l'école forestière de Tharand, sur la *statique chimique des forêts*. Ces admirables recherches ont établi la composition chimique des divers organes de chaque essence d'arbre, aux diverses époques de la végétation ; elles permettent de calculer exactement les quantités d'éléments fertilisants que ces essences enlèvent à l'atmosphère et au sol, sous forme de bois et d'écorce et qu'elles lui restituent sous forme de feuilles ou d'éléments gazeux.

Elles établissent sur des observations précises le rôle physiologique de la couverture des forêts, les lois de la formation du bois, tant au point de vue physique qu'au point de vue de la restitution.

Il résulte de ces analyses que le produit fixe et le produit caduc, c'est-à-dire la matière organique à exporter et le résidu feuilles, sont sensiblement égaux.

Ainsi le bois de hêtre donne par an :

        50 0/0 de bois et 50 0/0 de résidu
    l'Epicéa 55 0/0   »   45 0/0   »
    le Pin 51 0/0   »   49 0/0   »

La quantité de carbone fixée par année est évaluée en moyenne à plus de trois mille kilogrammes, ce qui est peu de chose relativement à certaines récoltes, telles que le maïs, qui peut fixer en quatre mois au delà de quinze mille kilogrammes de carbone correspondant à cinquante-cinq mille kilogr. d'acide carbonique, soit vingt-sept mille huit cents mètres cubes de gaz (Grandeau, la nutrition de la plante).

Quantité de carbonne fixée annuellement par hectare.

ESSENCES	Carbone du bois	Carbone des feuilles	Quantités totales
1	2	3	4
	KIL.	KIL.	KIL.
HÊTRE . . .	1,586	1,416	3,002
EPICEA. . .	1,790	1,292	3,082
PIN . . .	1,664	1,410	3,074
TOTAUX .	5,040	4,118	9,158
MOYENNES .	1,680	1,373	3,053

La couverture a trois fonctions principales : 1° Elle joue le rôle d'éponge et régularise le régime des eaux; elle peut absorber plus du double de son poids d'eau avant d'atteindre la saturation et de laisser imbiber le sol. C'est pourquoi les sécheresses et les inondations résultent fatalement du déboisement des montagnes. La couverture diminue l'évaporation de l'eau qu'elle a transmise au sol, à tel point que cette déperdition d'eau ne s'élève pas à 1/5 des rases campagnes : Si l'on enlève la couverture du sol, l'évaporation en dépit du couvert des arbres, s'élève à 1/2. — 2° Elle entretient la perméabilité du sol en le préservant du tassement par la pluie, dans les sols sablonneux, et de l'endurcissement par la chaleur dans les sols argileux et marneux ; elle remplace donc le labour. 3° Enfin elle produit elle-même le fumier par formation continue de l'humus saturé de minéraux.

Cette production naturelle d'humus est par excellence l'agent de fertilisation de nos landes Campinoises où le pin, ie bouleau et le chêne végètent parfaitement, surtout lorsque le sous sol argileux imperméable se rencontre à une faible profondeur (1 m. à 1 m. 50, — Van de Putte). Quand les eaux du sous sol tourbeux s'opposent au développement de l'appareil radiculaire des arbres, les aulnes et les peupliers favorisent l'assèchement à l'état de taillis. Le bouleau qui est le moins exigeant en matières minérales est aussi le plus volontaire dans les sols sablonneux. Puis vient le pin, dont les racines pénètrent plus profondément dans le sol pour en extraire les éléments minéraux fertilisants (1).

Voici le tableau *comparé* de la composition minérale et organique des principales cultures et des forêts publié par M. Ebermayer :

(1) Bouleau. Cendres % { tige,   0,85
                         { rameaux, 1,32

    Chêne   " { tige,   1,66
                         { rameaux, 1,82

    Sapin   " { tige,   1,15
                         { rameaux, 1,38

PAR AN ET PAR HECT. par total récolté	QUANTITÉ TOTALE DES MINÉRAUX	VÉGÉTAUX	POTASSE	AC. PHOSP.	CHAUX
kilog. 5480 foin	319 kil.	Tréfie	102 k.	31,35	111,80
» 4580 »	299 »	Prairie	76	23,71	49,41
» 1840 grain » 2940 paille	169 »	Pois	22	27,10	47,14
» 14640 tuberc. » 7320 fanes	265 »	Pomme de terre	120	36,	37,
» 1840 grain » 3640 paille	174 »	Froment	29	21,	9,25
(5 % total cendres)	215 { 30 bois 185 déchets	Hêtre	15	13,	96,43
(1 % total cendres)	158 { 23 bois 135 déchets	Pins	9	7,8	70,

Il faut donc six fois plus de matières minérales aux hêtres et aux sapins pour produire les litières des forêts que pour produire le bois.

W. Schulze a montré par l'analyse des terres à sapins qu'il existe un rapport constant entre la fertilité et la quantité de matières minérales, les plus fertiles contenant toujours entre 0,051,10 p. c. d'acide phosphorique et de potasse. Les forêts produisent chaque année environs trois mille kilogr. de carbone dont la moitié de déchets,

Les parties les plus jeunes des plantes en général sont les plus riches en sels : les matières minérales augmentent à mesure qu'on se rapproche de la cime : dans le bois, la proportion des matières minérales augmente de l'intérieur vers l'extérieur ; dans l'écorce c'est le contraire. Les organes les plus riches en engrais, sont les feuilles, puis l'écorce, les branches et le tronc. Avec l'altitude on voit diminuer les matières minérales dans tous les végétaux. Aussi les prairies qui donnent 6 p. c. de cendres dans les régions inférieures, n'en donnent que 3 p. c. et moins, dans les pâturages des hautes montagnes.

Les feuilles sont les organes les plus riches en minéraux et en azote ; mais avant de tomber ces principes émigrent en grande partie vers le bourgeon, situé à la base du pétiole, c'est-à-dire qu'ils refluent vers le torrent de la circulation générale.

Un phénomène très remarquable, c'est l'échange qui s'accomplit alors entre les minéraux inertes de la sève, chaux et silice, et les sels fertilisants de la feuille prête à tomber ; tandis que celle-ci abandonne à la circulation les phosphates et les matières azotées nécessaires à l'évolution du protoplasme, la sève se débarrasse dans la feuille mourante de ses matériaux inutiles. De telle sorte que la feuille morte est toujours plus riche en chaux et en silice que la feuille verte.

C'est toujours la même pondération calculée qui réalise par les moyens les plus simples, à tous les degrés de l'échelle de la vie, les fins les plus admirables et les plus variées.

Inutile d'ajouter, qu'avec les minéraux et l'azote, émigrent en même temps les principes immédiats de la feuille, glucose, amidon, tannin, pour former la réserve alimentaire et approvisionner les tissus pendant l'hiver. Ces principes immédiats qui restent sont décomposés lentement par l'oxydation en acides de l'humus. Les feuilles se colorent et se décolorent à l'automne par la décomposition de la matière colorante de la chlorophylle en ses deux principes constituants, jaune (phylloxantine : Fremy) et vert bleuâtre (chlorophyllane $C_{19}H_{22}Az_2O_2$: Hoppe Seyler).

« La moyenne de la tenneur en matière azotée des feuilles vertes est de 12,36. Elle se rapproche de la composition du foin de trèfle (13 à 15), elle est égale à celle du foin des Alpes (12,21), supérieure au bon foin de prairie dont le taux en matières azotées n'est que de 10 1/2 p. c. et à plus forte raison au foin de qualité moyenne qui ne dépasse guère 8 p. 100. « Il résulte de là que le feuillage des arbres contient autant d'éléments nutritifs pour moutons, chèvres ou bœufs que le bon foin de prairie, et vaut mieux que le foin médiocre. Un quintal de feuillage vert équivaudrait donc, comme valeur nutritive, à un quintal de foin. »

Cependant il importe de remarquer que les feuilles mortes conservent encore une part préponderante des matières minérales fertillissantes et même des principes albuminoïdes; sans ces derniers principes la décomposition des principes immédiats hydrocarbonés ne s'effectuerait que très difficilement. La culture forestière a donc sur les autres cultures l'immense avantage d'élaborer pour ainsi dire exclusivement les matériaux de l'atmosphère, de former une épaisse couche d'*humus* et d'enrichir naturellement le sol de la presque totalité des principes puisés à de grandes profondeurs dans le sous sol, ce qui ressort nettement d'ailleurs du tableau suivant.

TENEUR EN EAU ET TAUX DE L'AZOTE ET DES CENDRES p. 100.	CHATAIGN.		BOULEAU		MERISIER		ROBINIER	
	Feuilles de mai.	Feuilles d'octob.	Feuilles de mai.	Feuilles d'octob.	Feuilles de mai.	Feuilles d'octob.	Feuilles de mai.	Feuilles d'octob.
EAU . .	72,00	44,80	67,50	50,25	70,00	54,20	73,50	55,40
AZOTE .	2,12	0,62	2,51	0,49	2,00	0,11	3,59	0,70
CENDRES	1,28	1,38	1,24	2,28	2,32	3,28	2,33	5,16

Les différentes essences forestières contiennent en *moyenne* 1 p. 100 de leur poids en cendre. La couverture en contient 5,60 p. 100 pour les essences feuillues, 4,50 p. 100 pour les épicéas et 1,46 seulement p. 100 pour les pins.

COMPOSITION des CENDRES	Cendres du HÊTRE futaie de 120 ans		Cendres de l'ÉPICÉA futaie de 120 ans		Cendres du PIN futaie de 100 ans	
	Bois	Couverture.	Bois	Couverture.	Bois	Couverture.
	KILOG.	KILOG.	KILOG.	KILOG.	KILOG.	KILOG.
Potasse . . .	4,65	9,87	4,06	4,82	2,60	4,84
Soude . .	0,91	1,99	0,48	1,68	0,21	2,04
Chaux . . .	14,42	81,92	9,15	60,94	10,04	18,87
Magnésie . . .	3,85	12,22	2,03	6,95	1,70	4,80
Oxydes de fer et de manganèse . .	0,25	5,11	4,67	3,42	0,11	4,07
Acide phosphorique .	2,87	10,45	1,45	6,41	1,07	3,68
Acide sulfurique .	0,22	3,62	0,72	2,10	0,26	1,69
Silice. . . .	2,41	60,36	"	49,60	0,55	6,53
Chlore . .	0,02	"	"	"	"	"
Sommes. . .	29,60	183,54	22,56	135,92	16,54	46,52
Totaux . . .	215,14		158,48		63,06	

Les Allemands ont constaté que la méthode généralement usitée en Belgique d'exploitation des forêts est radicalement vicieuse, et que la forêt peut se régénérer elle même par un système savamment calculé de coupes et d'éclaircies ; chez nous, au contraire, ainsi que l'a constaté récemment à la Chambre un député libéral, l'on suit toujours l'ancienne méthode dite à *tire et aire* qui consiste à couper successivement de proche en proche tous les arbres d'un triage, de manière à laisser le terrain nu. On ne réserve généralement qu'une vingtaine d'arbres par hectare ; ce sont ceux qui se distinguent par leur belle venue.

Lorsqu'on a ainsi fait place nette et rasé un triage, les vents, le soleil brûlant attaquent les individus que l'on a voulu conserver et que ne protège plus le voisinage des autres. Aussi ne tardent-ils pas à périr.

Du reste ce procédé exige une plantation tout à fait nouvelle, et pendant les premières années qui suivent la coupe, le sol, qui n'est plus couvert par le feuillage, se dessèche, se brûle, perd ses qualités premières et ne les regagne que difficilement.

Les variations, dans l'accroissement des arbres, suivant que le couvert est plus ou moins épais, s'expliquent : 1° Par l'influence de la lumière, plus favorable à la végétation, quand elle pénètre profondément dans la forêt ; 2° Par la production d'acide carbonique dans la décomposition des substances qui forment l'humus ; il se produit ainsi sous le couvert des arbres de faible dimensions, une notable quantité d'acide carbonique que les arbres dominants décomposent lorsque l'étage inférieur de végétation ne forme pas un massif assez intense pour l'intercepter et en ralentir la production.

Ces observations relevées par M. Gournaud l'on conduit aux conclusions suivantes :

1° La lumière lorsqu'elle frappe le sol après avoir été tamisée dans le feuillage, stimule la production de l'acide carbonique dans les décompositions qui engendrent l'humus en même temps que la décomposition de ces gaz par les parties vertes ;

2° L'accroissement des futaies se ralentit, bien que leurs

parties vertes s'étalent librement dans l'air atmosphérique sous l'impression directe des rayons lumineux, lorsque le couvert inférieur formé par les arbres de moindre dimensions intercepte trop complètement l'accès de la lumière sur le sol et diminue son action replexe sur la cîme des futaies.

3° Le couvert formé par le taillis affaiblit cette action reflexe de la lumière sur la végétation des futaies plutôt par sa composition que de toute autre manière, puisque, après l'éclaircie qui supprime les rejets obliques, les rejets verticaux que l'on conserve, n'y mettent pas obstacle.

4° L'humus sous un couvert trop intense perd une partie de son efficacité et présente cette analogie avec le fumier de ferme qui, trop profondément enterré, reste inerte pendant plusieurs années.

Ces données, établies par des faits positifs, ajoute M. Gournaud, montrent combien on peut améliorer la végétation des futaies en agissant sur la composition, la consistance et la durée de l'étage des sous-bois et doivent être désormais admises comme des vrais principes de la sylviculture.

Au congrès de la Société des agriculteurs de France, M. Barbié du Bocage engageait récemment les propriétaires de terrains dont le revenu ne paie plus aujourd'hui la rente qu'on a le droit d'espérer, à les affecter à la culture forestière. L'appauvrissement des forêts dans la zône tempérée du Nord amènera sous peu un déficit dans le bois d'œuvre dont la consommation devra se restreindre : Créer des forêts sur notre sol constitue donc aujourd'hui une exellente et patriotique spéculation, dont nos descendants nous sauront gré un jour. L'Amérique du Nord s'est déboisée avec une rapidité inouïe par l'effet de la colonisation agricole; le territoire des Etats-Unis souffre déjà de cette pénurie de matière ligneuse, à tel point que des mesures législatives pour rendre le reboisement obligatoire sont à l'ordre du jour dans certains Etats. L'une des plus grandes difficultés que rencontre l'emigrant pour s'établir dans la prairie du

Far West, c'est le manque de bois de construction, de clôture et de chauffage.

Le Canada, dont la richesse forestière était admirable, l'a follement gaspillée en exploitant ses bois à la façon du fils de famille qui s'empresse de dissiper, sans souci de l'avenir, l'héritage réalisé. M. Barbié du Bocage estime que la zône tempérée du Nord fournit chaque année au reste du monde au moins pour un millard et demi de bois. Or, la Finlande, la Russie, la Suède, le Norvège. le Canada, une fois épuisés, auront besoin, par suite de leur climat glacial, de trois fois plus de temps que la France, l'Allemagne ou l'Autriche pour reconstituer leur domaine forestier.

M. Du Bocage en conclut que c'est à la France qu'il appartient de lutter contre la grande famine qui se prépare. Nous estimons que la Belgique pourrait y contribuer aussi pour sa part. On se demande avec raison si le déboisement du littoral belge en particulier, si richement boisé il y a quelques siècles n'a pas contribué à modifier sensiblement comme en Amérique notre régime metéorologique.

CULTURE MARAICHÈRE ET FRUITIÈRE.

« L'engrais liquide est le nerf de l'arboriculture et de la culture maraîchère, » écrivait tout récemment encore un praticien distingué (1). En effet nous avons vue que le *jus du fumier* contient presque tous les sels fertilisants. Boussingault, Girardin et Barral ont prouvé que les parties liquides des déjections de l'homme et des animaux sont relativement plus riches, comme il ressort du tableau suivant :

homme	urine	excrément	azote urine	azote excrement
par an et par tête	litre	kil.	kil.	kil.
moyenne. . .	1024	93	8,9	1,7
cheval . . .	1250	5730	14,3	27,9
bœuf. . . .	2994	9370	13,3	36,6
mouton . . .	288	311	1,4	1,9

(1) Dumas. Traité pratique de culture maraichère. Paris.

Ces chiffres expliquent l'efficacité extraordinaire des eaux d'égout dans la culture potagère et les bénéfices réalisés par les maraîchers aux portes des grandes villes. En Chine, notamment à Macao, à Canton, à Schanghaï, les maraîchers approvisionnent gratuitement de légumes frais pendant toute l'année les familles européennes qui leur permettent de vider leurs fosses d'aisance (1). Ils recueillent aussi dans le même but les déchets des cheveux et de la barbe; Isidore Pierre évalue à 700,000 kil., la matière utile ainsi recueillie chaque année dans tout l'Empire. Ce peuple industrieux n'a donc pas attendu les révélations de la chimie pour réaliser la plus stricte application des lois de la circulation de la matière, ce qui explique la densité extraordinaire de la population.

Si l'engrais humain et le fumier l'emportent sur les engrais chimiques dans la culture des légumes, c'est à *cause de la chaleur que sa fermentation développe* et de *l'humidité qu'il conserve*. C'est pour la même raison que les irrigations par les eaux d'égout donnent des rendements si extraordinaires. Les légumes seuls se prêtent à l'irrigation continue parce que l'on évite les feutrages du sol par des labours fréquents; tandis que les prairies ne peuvent être retournées sans cesse (2).

Toutefois l'on peut restreindre l'emploi du fumier et le remplacer très économiquement dans certaine conditions par

(1) Robinet. Société centrale d'agriculture de France, 1868.

(2) Dans la plaine de Gennevilliers, l'emploi des eaux d'égouts a donné par hectare 5000 kil. de carottes, 80,000 kil. de betteraves fourragères, 15000 kil. de haricots, 75000 kil. de choux; le raygrass a donné 15000 kil. par hectare, tandis qu'auparavant il ne donnait que 1500 kil. au maximum; la culture maraîchère a donné jusqu'à 8000 fr. par hectare de produits bruts. Nous voyons donc se vérifier à la lettre la prédiction de M. Flanckland, annonçant que l'on assisterait chaque été à la transformation des eaux d'égout en FRUITS et en CRÉME; la baguette magique de la science a méthamorphosé les agents les plus vils, les plus redoutables en sources de vie et de richesse pour l'humanité.

des engrais chimiques rapidement assimilables et répandus
à doses fractionnées en couverture. « 1200 kil., à l'hectare,
d'un engrais contenant 7 à 8 d'azote, 4 à 5 d'acide phosphorique soluble et 5 à 6 de potasse, produisent un effet que ne
donnera jamais le fumier. On répand l'engrais en couverture
quand la plante est bien levée, on l'entasse légèrement si
c'est possible et on arrose abondamment. Il est préférable de
mettre l'engrais en deux fois à 20 ou 25 jours d'intervalle,
cela dépend d'ailleurs du temps que la plante doit rester sur
terre. Comme la quantité d'engrais est assez forte, il ne faut
jamais exposer à son contact les graines nouvellement ger-
mées, ce serait les tuer infailliblement. »

« Cet engrais convient à toutes les variétés de légumes ;
les carottes, les salades, toutes les espèces de choux, etc.,
atteignent les plus grandes dimensions et sont toujours
d'exellente qualité. »

M. de Meulenaere a obtenus dans la Flandre Orientale des
résultats vraiment extraordinaire sur les choux fleurs d'un
engrais composé comme suit : A l'hectare : .

600 kil. phosphate acide
200 » nitrate de potasse
400 » sulfate de chaux

il recommande de forcer la dose d'azote dans les sols sablonneux (1).

Sur les asperges le résultat n'a pas été moins remarquable
à raison de 30 kilogr. d'engrais complet par are. Le meilleur
effet a été obtenu par l'engrais suivant : A l'are :

5 kil. superphosphate
8 » nitrate de potasse
2 » sulfate d'ammoniaque
5 » sulfate de chaux

(1) « Nous avions essayé pendant 4 ans la culture de ce légume en
épuisant vainement tout ce que le fumier et les engrais liquides pou-
vaient fournir. »

La parcelle au fumier a coûté 15 francs, plus la main d'œuvre, tandis que la parcelle aux engrais n'a coûté que 9 francs avec moins de main d'œuvre. Nous signalons ces résultats aux directeurs de la grande aspergerie des environs de Hasselt, qui ont réussi a implanter cette lucrative industrie agricole dans notre sable campinien. (*Journal de la Société Centrale d'agriculture de Belgique*. Novembre 1883).

L'expérience des arboriculteurs démontre également l'efficacité du purin employé, même à dose concentrée, au mois de janvier. Il ne faut pas craindre de brûler les arbres, dit M. Dumas, cela n'arrive jamais et l'on obtient ainsi une végétation luxuriante des arbres rabougris, même pour *les résineux*. M. le comte S. de Limburg Stirum a obtenu également des effets merveilleux du guano dans la plantation de jeunes chênes, à raison de quelques poignées déposés au fond de chaque fosse et recouvertes d'un peu de terre.

Nous avons obtenu sur les sapins des résultats très remarquables, au moyen de la formule suivante :

> 600 kil. de superphosphate
> 400 „ de salpêtre
> 400 „ de plâtre cuit

Le pralinage de la graine, au nitrate de potasse, favorise singulièrement la levée.

On a recommandé pour les arbres fruitiers, la formule de l'engrais pour pommes de terre et maïs, qui convient également pour la vigne et les topinanbours :

> 4 à 5 d'azote
> 4 à 5 d'acide phosphorique
> 12 à 14 de potasse
> 15 à 20 de chaux

à raison de 100 gr. à un kilo, suivant la grosseur.

On fait autour du tronc une fouille circulaire de 15 à 30 centimètres de profondeur, on y sème l'engrais, on le mêle avec la terre et on recouvre. Cette opération se fait à l'automne.

C'est de cette manière qu'il faut traiter tous les arbres et arbustes d'un jardin de rapport ou d'ornement. Quand le sol est pauvre en azote, il faut élever l'azote de l'engrais de 5 à 8.

Il importe aussi de savoir si l'on a affaire à des plantes *calcicoles* ou *calcifuges*.

Certaine plantes, telles que le *pin maritime*, le *châtaignier*, la *bruyère*, et la *grande fougère de bois* manifestent une véritable aversion pour la chaux. On a constaté en 1870 que lorsqu'une terre contient plus de 3 o/o de chaux le châtaignier, la bruyère et la fougère de bois disparaissent infailliblement. Voilà donc trois plantes capable de nous renseigner, comme des chimistes, sur la teneur en chaux de la terre. Chose curieuse, le châtaignier, qui prospère sur un sol contenant moins d'un demi pour cent de chaux, contient néanmoins 50 o/o de chaux dans ses cendres. Si l'on force la plante à végéter misérablement dans un sol calcaire, le poids de ses cendres augmente et la chaux se substitue aux autres éléments fertilisants (Exp. de Fliche et Grandeau).

Par contre, il existe des arbres calcicoles, comme le pommier, qui en contient 75 o/o dans ces cendres. Par une étrange anomalie, le poirier qui appartient à la même famille et dont les cendres ont une composition analogue, semble parfois redouter la chaux. En général, dit un éminent professeur d'arboriculture, M. Dubreuil, « le calcaire est l'ennemi de tous les fruits à pepins quand il prédomine dans le sol. » Cette généralisation nous parait très absolue, car les arbres fruitiers prospèrent généralement dans les sols calcaires.

Sans doute, l'*excès* de chaux empêche l'assimilation en quantité suffisante des autres éléments fertilisants. Tel n'est point le cas pour certaines plantes de la famille des *légumineuses*, comme la *luzerne* et le *sainfoin*, qui prospèrent sur nos roches calcaires.

En vérité, la plante seule peut nous renseigner sur ses

besoins, et ses besoins varient, non seulement avec les espèces, et les familles, mais avec les races et les variétés surtout chez les végétaux cultivés. Ainsi, l'on trouve en Champagne une exellente petite poire dite Rousselet, qui est née et qui prospère dans un sol éminemment calcaire, contrairement aux autres variétés signalées par M. Dubreuil.

Si l'arbre pousse à bois par exubérance de sève, il suffit de lui couper le pivot, ou de le déplanter sans ménager les racines pour le replanter immédiatement.

En Angleterre, tous les poiriers greffés sur franc sont déplantés tous les quatre ans (1).

Nous avons obtenu depuis plusieurs années des résultats très remarquables par l'emploi pur et simple du nitrate de potasse ou *salpêtre* dans la culture des fraises et des vignes en serre froide. Dans certaines conditions, il peut être avantageux d'ajouter à l'engrais un peu de superphosphate et de sulfate de chaux. C'est en mélangeant ces trois éléments dans les rapports de 6, 5 et 4 que l'on a obtenu au château de Welden des fraises de primeur en quantité beaucoup plus considérable et beaucoup plus grosses que par les engrais liquides et le fumier. Le même engrais chimique employé à raison de 500 grammes par mêtre carré pour les vignes a fait mûrir le raisin pendant les plus mauvaises années. On remarque d'ailleurs que *toutes les plantes précoces ou délicates résistent beaucoup mieux aux intempéries quand on les traite aux engrais chimiques*.

Depuis l'invation du phylloxera on commence à remplacer de plus en plus le fumier par les engrais chimiques dans les vignobles. Voici les conclusions du rapport de la commission nommée dernièrement à Romont (Suisse) pour étudier l'emploi de ces engrais dans la culture de la vigne : « La vigne se trouve bien d'une certaine quantité d'azote ; si l'on dépasse

(1) Conférences sur la culture et la taille des arbres fruitiers par D. Buisseret. Louvain 1880.

ses besoins elle absorbera ce qu'on lui donne, mais ce sera au profit du végétal plutôt qu'à celui de la fructification, dont la *qualité* souffrira.

« Plus l'azote sera abondant dans le sol, et plus les résultats en seront désastreux, si les autres éléments, et notamment l'acide phosphorique et la potasse, viennent à faire défaut. — Ce qui arrive souvent avec le fumier de ferme. Depuis huit ou neuf ans le docteur Bezencenet a *abandonné le fumier* de ferme dans ses vignes d'Aigle et d'Yvorne : « Je suis très content, écrit-il, d'avoir remplacé le fumier par le super-phosphate potassique ; cette année (1883) ma récolte moyenne a dépassé celles de mes voisins dans d'assez notables proportions. »

Les engrais chimiques ont encore une heureuse influence pour favoriser le développement des raisins et pour combattre les maladies de la vigne ; ils entrâvent le développement du noir ou anthrachnose, et à l'heure actuelle c'est eux qu'on oppose au phylloxera. Le *fumier de ferme*, dit M. Joulie, appliqué en trop grande abondance donne aux racines une succulence, une richesse en azote qui en font un excellent aliment pour l'insecte parasite. *L'acide phosphorique*, au contraire, donne une végétation plus ferme et un bois plus dur. On a de plus constaté un fait, déjà remarqué en Allemagne, c'est que la maturité du raisin avait été avancée.

Les ouvrages traitant de la culture de la vigne recommandent tous de fumer les provignures ; en théorie chacun était d'accord sur ce point, mais en pratique, il était presque impossible aux ouvriers de porter avec eux le fumier de ferme nécessaire pour cela. Un sachet d'engrais chimique résout la difficulté. On ne doit jamais coucher un provin sans y mettre environ 150 grammes d'engrais.

L'on recommande pour la vigne les engrais azotés d'origine organique, tels que les chiffons de laine qui agissent d'une manière lente et continue, ne surexcitent pas la végétation en développant le bois aux dépens du fruit. Un engrais chimique qui restituerait annuellement au sol ce que le vin exporte, produirait un effet plus sûr. La formule indiquée plus haut pour les arbres fruitiers a donné d'excellents résultats, si l'on supprime la potasse, le rendement diminue des 3/4. Elle est exportée chaque année sous forme de vin (tartrates potassiques).

L'azote doit dominer à l'état de nitrate pour pénétrer aux extrémités des racines, car la vigne qui s'accommode de tous les sols va puiser souvent très profondément les éléments fertilisants.

On croit aujourd'hui, après de longue recherches infructueuses, pouvoir préserver la vigne des atteintes du phylloxera par la culture intensive et rationnelle. En tous cas, on ne peut inoculer l'insecte de la vigne sur des ceps bien portants. L'on est donc en droit de supposer que la *culture forcée, l'excès des coupes, le rapprochement exagéré des plants, le défaut d'assolement,* ont épuisé la vigne ; c'est pour cela qu'elle succombe aux attaques de ces ennemis. Avant le phylloxera, c'était la *pyrale* et l'*oïdium* que la science a vaincu par l'échaudage des œufs et par le soufre. Demain ce sera peut-être un autre ennemi. Ici comme ailleurs, si la science ne prend pas bientôt la place de l'empirisme, inconscient de ce qu'il fait, et toujours prêt à tuer la poule aux œufs d'or, l'agriculteur sera vaincu par la nature.

Si le vigneron ignorant n'avait pas laissé son sol s'appauvrir par un grand nombre de récoltes, sans lui restituer les éléments indispensables, la potasse et le phosphore, il ne verrait pas aujourd'hui la ruine et la misère à sa porte sous la forme du parasite. Existe-t-il un plus frappant exemple pour démontrer la subordination absolue de toutes les industries agricoles à la science des lois de la chimie biologique (1).

(1) L'*oïdium*: Observation de M. Chevalier, sécretaire de la Société de pomologie de Seine-et-Oise :

Aux environs de Versailles, dans un jardin abandonné, une vieille

La *sélection des races* par l'importation des vignes étrangères paraît devoir remédier en partie au fléau, de concert avec l'*irrigation prolongée* et l'action toxique pour l'insecte des *sulfocarbonates* (1).

En général, on recommande pour les légumes et les arbres fruitiers ou forestiers, l'importation des graines originaires des hautes latitudes, comme pour les plantes de la grande culture. Nous avons vu que plus on remonte vers le nord, plus le coloris de la végétation augmente, plus les graines, les fleurs, les feuilles se foncent, plus les principes aromatiques des fruits et des légumes se développent. En Norwége, le tabac, le céleri, le persil, le cerfeuil, l'oignon et les plantes aromatiques sont plus forts et plus odorants que chez nous. La flore des montagnes est également plus riche de parfums.

Les feuilles des végétaux grandissent, dit M. Griesbach, comme pour absorber plus de rayons solaires; elles contiennent plus de chlorophylle, et par suite réduisent plus d'acide carbonique, et fabriquent plus d'amidon, de sucre, de fécule, d'essences, etc. Les proportions des matières azotées restent à peu près invariables.

Un principe de physiologie végétale dont l'ignorance est

vigne non taillée était couverte d'*oïdium*; les sarments étaient stériles depuis longtemps, quand, après avoir nettoyé les ceps et taillé la vigne, M. Chevalier fit répandre sur la platebande de l'engrais Ville complet, mélangé par un bon labour.

Dès la première année, on obtenait ainsi une petite récolte exempte d'oïdium et une bonne végétation qui permit de rétablir régulièrement tous les coursons.

Au printemps suivant, une nouvelle fumure à l'engrais Ville a fait disparaître les dernières traces d'oïdium, *sans soufrage*, quoique, par le temps humide qu'il faisait, toutes les vignes *du voisinage en fussent atteintes*. « J'attribue, dit M. Chevalier, tous les bons résultats obtenus « à l'engrais chimique *à base de potasse* employé sans aucune autre ad- « dition d'engrais. La végétation est splendide, et, je le répète, il n'y « a aucune trace d'oïdium, bien que je me sois abstenu avec intention de « soufrer. «

(1) Journal d'agriculture pratique, 1879-1884.

très préjudiciable aux horticulteurs et aux forestiers, c'est que les arbres souffrent beaucoup de la transplantation *pendant le sommeil hibernal.*

Si l'on déplante des chênes et ormes, par exemple, encore en pleine sève, au commencement d'octobre, on remarquera que la cicatrisation commence avant l'hiver et qu'il se forme de nombreuses radicelles. Ce fait nous paraît important à signaler aux cultivateurs. M. Alphonse Karr, qui jouit d'une véritable notoriété comme horticulteur — il s'est établit comme tel pendant plusieurs années à Nice — l'a déjà relevé (1).

Un autre principe dont il n'importe pas moins de tenir compte, c'est que les arbres se livrent sous terre par leurs racines une lutte pour l'existence des plus vives, et que chaque espèce d'arbre est douée d'un système radiculaire qui entraîne des besoins spéciaux.

En ce qui concerne les arbres d'ornement et les plantes exotiques, les engrais intensifs suivants donnent dés résultats constants et souvent extraordinaires. Par are :

    10 kil. superphosphate de chaux.

    10 kil. salpêtre.

    6 kil. plâtre cuit et moulu.

En terminant ce chapitre consacré aux monographies des cultures les plus importantes, nous tenons à constater que si

---

(1) La transplantation ne doit pas avoir lieu pendant le sommeil absolu des plantes, mais pendant que la sève travaille encore ou lorsqu'elle se réveille, c'est-à-dire à l'automne ou au printemps. — Si vous faites subir une épreuve violente à un végétal, dont la sève est complètement suspendue, il n'aura pas la force de supporter l'épreuve. — Les plantations d'hiver sont mauvaises et font perdre beaucoup d'arbres. Transplantez à l'automne, et si, à l'hiver, il vous plaît d'arracher quelques arbres transplantés, vous verrez aux racines de petits filaments blancs, des racines rudimentaires que les jardiniers appellent le chevelu et qui se sont formées avant le sommeil des plantes. (Alph. Karr, *Promenade hors de mon jardin.*)

les découvertes de la chimie agricole dispensent l'agriculteur de suivre servilement les lois de l'assolement, il ne faut pas cependant dédaigner les conquêtes de l'empirisme, qui avait parfaitement observé l'avantage de faire alterner, par exemple, des espèces appartenant à des familles différentes, des plantes pivotantes avec des plantes à racines superficielles, et des plantes vivant aux dépens de l'air avec des plantes vivant aux dépens du sol.

FLEURS.

On vend depuis quelques années, dit M. Maillard, à grand renfort de réclames, un engrais destiné spécialement aux fleurs, dont le prix est fort exagéré. M. Jeannel avait donné en 1872, une formule dans laquelle figuraient le phosphate et le nitrate d'ammoniaque (1). Quatre grammes de ce produit dissous dans un litre d'eau suffiraient pour arroser chaque semaine de 7 à 40 plantes, suivant la grosseur. On se sert bien plus économiquement d'un engrais qui contient :

> 6   k. de superphosphate
> 3   k. de sulfate d'amm.
> 3   k. de nitrate de potasse
> 0,3 k. de sulfate de fer

10 grammes de cet engrais dans un litre d'eau peuvent servir pendant une semaine pour 10 à 30 pots de fleurs; c'est une dépense de moins de 2 centimes.

(1) Azotate d'ammoniaque, 380 grammes; biphosphate d'ammoniaque brut, 310 gr. ; azotate de potasse brut, 260 gr. ; biphosphate de chaux en poudre fine, 50 gr. ; sulfate de fer ou couperose verte, 10 gr. Total 1,000 grammes.

On pulvérise ce mélange et l'on conserve à l'abri de l'air. On fait dissoudre à raison de 1 à 3 grammes par litre d'eau et l'on arrose deux à trois fois par semaine, en alternant avec de l'eau pure.

A l'aide de cet artifice à la portée de tout le monde, on peut se passer de bonne terre et faire pousser les plantes d'agrément dans le sable ou dans la mousse.

CHAPITRE V.

Légumineuses. Les fèves et les pois. Les tréfles. Les prairies artificielles et naturelles. Méthode de Goetz et de Lawes et Gilbert. Les prairies de l'Oise, de la Somme et de la Marne, de la Flandre et du Milanais. L'assolement danois et la production du bétail.

LA SÉLECTION DES LÉGUMINEUSES (1)

Avant la découverte de la pomme de terre, les pois et les fèves jouaient dans l'alimentation de l'homme et des animaux un rôle plus considérable parfaitement justifié d'ailleurs. L'analyse chimique démontre que les légumineuses constituent l'aliment végétal le plus riche et le plus complet tandis que la pomme de terre, qui ne contient guère que de la fécule, ne fournit point à elle seule à l'organisme assez d'azote et de phosphore pour reconstituer le sang, les nerfs et les muscles. Beaucoup d'agronomes pensent qu'avant peu ces légumineuses reprendront dans l'alimentation la place usurpée par le tubercule, dont la dégénérescence s'accuse par les maladies parasitaires. Nous sommes persuadés que cette transformation du régime alimentaire des classes rurales contribuerait largement à l'amélioration de la race, car la biologie démontre que l'aliment est, avec l'exercice, le principal facteur de la sélection physique. Malheureusement le *coëfficient* de *digestibilité* des fèves et des pois chiches est peu élevé, de sorte qu'il n'y a guère que les estomacs robustes des campagnards qui puissent en retirer toute l'énergie disponible. Le périsperme des fèves et des pois secs contient des produits cellulosiques qui, comme nous le verrons plus loin, abaissent plus ou moins, suivant la race, le cœfficient de digestibilité.

(1) Nous avons déjà insisté sur la physiologie générale de cette famille en traitant de la germination du pois, de l'assimilation de l'azote par les feuilles et de la doctrine des engrais chimiques.

Si, par la sélection continue des races connues, l'on parvenait à obtenir des variétés à périspermes moins coriaces et à grand rendement, on rendrait incontestablement le plus grand service aux classes nécessiteuses. M. L. d'Ounous signalait dernièrement dans le *journal d'agriculture progressive* les variétés hâtives de haricots de l'Ariège qui ne restent que 4 mois en terre et qui donnent jusque 30 hectolitres à l'hectare dans des terres silicieuses. Lorsqu'elles sont bien fumées, ces terres débarassées de leurs herbes adventices produisent, l'année suivante, une abondante récolte de céréales.

L'on confond d'ordinaire sous le nom de *fèves*, la fève, *vicia major*, la fève de marais et la féverole. *V. Equina.*

Un agronome distingué des Polders belges, M. Van de Putte, a publié sur la culture des fèves et des féveroles une monographie très complète dans le journal de la *Société Centrale d'Agriculture.*

La féverole est assimilée à une jachère dans la rotation parce qu'elle n'enlève presque rien à la couche superficielle du sol, laisse un bon résidu azoté et ameublit les terres fortes. Cependant elle épuise le sous-sol, car elle pivote profondément. Cette disposition s'accuse dès les premiers jours de la végétation. La fève talle comme le blé, mais ce tallage est sans utilité parce que les rameaux secondaires fleurissent trop tard et sont étouffés (1).

(1) La fécondation dans la fleur de la fève est influencée par les circonstances météorologiques, contrairement à la fécondation du blé, qui se faisant à huis-clos est pour ainsi dire à l'abri de l'humidité. (La fleur du blé est emprisonnée par ses glumes et la fécondation a déjà eu lieu lorsque la glume s'ouvre pour laisser passage aux étamines et anthères devenues inutiles. La poussière jaune que les anthères laissent tomber encore en abondance à ce moment est du pollen non utilisé; on peut se convaincre du fait en supprimant les anthères au moment où elles sortent hors de la glume, l'ovaire n'en reste pas moins fécondé).
Aussi la fécondation est souvent contrariée dans les fèves par les

M. Gayot a publié dans le journal d'*Agriculture pratique*
une étude sur la valeur alimentaire comparée de *l'avoine*, de

pluies qui arrivent à ce moment critique ; l'humidité ne fait cependant
grand mal que quand les semis sont trop drus et que la lumière ne
pénètre pas suffisamment.

Dans nos Polders, nos cultivateurs ont le tort de viser à des semis
drus qui étouffent les mauvaises herbes et évitent des sarclages répétés,
il est vrai, mais qui donnent moins de rendement en grain.

La fève végète de préférence dans les terres fraîches chargées de
matières organiques, qui facilitent la dissolution des substances minérales dont elle fait une grande consommation ; elle ne craint pas les
terres imperméables.

Dans les Polders, on la considère comme culture améliorante ; jamais
on ne la fume, elle sert toujours de préparation pour une culture d'orge
ou de blé.

Bien réussie, son rendement en grain peut équivaloir le rendement
d'une culture de blé ; en moyenne il n'est que les 3/4 d'une culture de
blé qui est beaucoup moins chanceuse.

Sur 85,000 hectares exploités dans les Polders, le froment compte
12,800 hectares, l'orge 8,700 hectares et les fèves et féveroles 6,500 hectares ; nulle part ailleurs ont voit la culture de cette plante prendre ce
développement.

Beaucoup de vieux Polders (entre Dunkerke et Furnes), jadis fertiles
pour les fèves, portent maintenant de si mauvaises récoltes de cette
plante, qu'on a été obligé d'en abandonner la culture.

Ces mêmes terres reçoivent cependant de fortes fumures à l'engrais
liquide de ville et au nitrate, donnent de magnifiques récoltes de
betteraves et, après, de très beaux blés. Il y a donc là un phénomène
d'épuisement qui persiste pour les fèves, nonobstant les engrais essentiellement azotés qu'on applique, mais qui sont insuffisants pour restituer la matière minérale nécessaire pour obtenir une belle récolte des
féveroles.

Un champ de fèves bien venu se présente comme forêt en miniature,
forêt annuelle, possédant une surface de développement de feuilles très
considérable, dont le couvert étouffe les plantes parasites phanérogames,
mais favorise une végétation cryptogamique, qui tapisse le sol à la faveur de l'ombre.

Ce grand développement des feuilles permet peut-être à la plante de
puiser des quantités appréciables d'ammoniaque ou de composés azotés
de l'atmosphère, phénomène qu'il faut bien admettre pour expliquer le

la fève et *du maïs*. Les expériences qu'il invoque prouvent que la fève est le meilleur et le plus économique adjuvant de l'avoine (1).

M. Atwater a communiqué tout récemment à l'académie des sciences de Paris une note d'où il résulte que le maïs jouit comme la fève à un très haut degré, du pouvoir de s'emparer de l'azote des sources naturelles, ce serait l'inverse pour l'avoine et la pomme de terre. (Comptes rendus, tome XCVIII).

La fève, poids pour poids, vaut plus que l'avoine;

	Substances protéiques	Matières grasses
Il y a dans 100 kil. d'avoine	12	6
» » maïs	10	9
» » de fèves	25	1 1/2

Donc, *le double* d'albuminoïde et beaucoup moins de graisse que l'avoine et le maïs. Aussi la pratique a-t-elle trouvé avantageux d'ajouter du maïs, des tourteaux et du son aux fèves, pour remplacer la graisse. Dans ces conditions le cheval peut fournir un travail considérable grâce à la prédominance de l'albumine dans la ration. En Angleterre et en Flandre, on donne depuis longtemps la féverole aux chevaux pour une double ration d'avoine. Fèves, fèveroles et fèves de marais se valent comme nourriture et peuvent servir également-

peu de besoin en engrais azotés de beaucoup de légumineuses et essences forestières.

Les fèves laissent leurs feuilles sur le sol, qui tombent en grande partie avant la récolte; leurs racines profondes, un chaume abondant et très ligneux, retournés dans le sol, divisent et allègent celui-ci mieux que pourrait le faire du fumier pailleux et le préparent pour une culture de blé ou d'orge. (*Journal de la Société Centrale d'Agriculture* 1880.)

(1) M. Pasquay recommande de faire tremper la fève de 8 à 12 heures dans l'eau froide et d'utiliser l'eau de lavage ; car le lavage appauvrit rapidement *toutes les substances alimentaires* (1877, tome II).

ment à l'alimentation de l'homme. Mêlée avec le froment elle fournit un exellent pain. M. Sacc affirme avec raison que, sous notre ciel inconstant, on devrait en semer toujours pour éviter la disette qu'amène l'avortement du blé.

La féverole produit jusque 50 hectolitres et rapporte le plus dans les années pluvieuses ; elle supporte les sols les plus forts, les fumures les plus intenses et les plus récentes. Elle ne craint que les terres sèches et humides.

Dans ces terres là, le *pois* la remplace avantageusement ; on en obtient de beaux rendements dans les sables de la Campine au moyen des engrais chimiques. M. le baron de Caters a fait à ce sujet des expériences concluantes ; cependant l'on remarque que dans les sols pauvres en matières organiques, les pois sont attaqués par la *bruche*. Cet espèce de charençon brun, tacheté de blanc, pond à la fin de l'été un œuf sur chaque pois mûr. La larve vide peu à peu les cotylédons, en creusant une galerie voilée à la suture de deux cotylédons, sans attaquer directement l'embryon. La bruche de la féverole (*B. Granarius*) creuse sa galerie en sens opposé, c'est-à-dire perpendiculairement à la face de la jonction des cotylédons ; c'est pourquoi elle n'altère pas sensiblement, comme la précédente, la faculté germinative.

Le pois contient de 32 à 47 p. c. de fécule, de 16 à 27 p. c. de matières albuminoïdes ; plus de 1 à 3 de graisse, 6 à 8 de sucre, 20 de ligneux et 20 d'eau environ.

La farine de pois doit s'employer seule. Mélangée avec le froment, comme celle de la féverole, elle donne un pain dur et sec. Par contre, la paille extraordinairement riche en potasse, comme celle de la fève du reste, est tellement hygroscopique qu'on ne peut la fourrager que par le sec.

Les pois contiennent surtout de la *caséine végétale*, (légumine) en fait de matière protéique, à tel point que les Chinois s'en servent pour fabriquer du fromage. Les pois gris qu'on sème en automne, servent à l'alimentation du bétail. Les pois, comme les fèves, sont aussi riches en phosphate de chaux qu'en azote.

Tous les agronomes qui ont visité le laboratoire de la rue de Buffon, dirigé par M. G. Ville, ont pu s'assurer que le pois peut accomplir toutes les phases de sa végétation dans du sable calciné, qui n'a reçu que des engrais minéraux, *sans azote, ni humus*. Cependant les expériences de M. Van de Putte dans la Campine tendent à démontrer que dans la pratique agricole la présence de l'humus est nécessaire pour obtenir un bon rendement des pois et des fèves, comme elle est indispensable pour assurer la végétation du trèfle. Néanmoins on peut considérer comme démontrée par les recherches expérimentales de G. Ville que les pois n'ont pas besoin d'engrais *azoté* dans un sol arable; ils donneraient même un rendement supérieur en paille et en grains avec l'engrais minéral qu'avec l'engrais complet.

Les expériences que nous avons instituées dans le sable ne confirment pas absolument ces résultats. Si l'emploi du sulfate d'ammoniaque ne paraît point favorable aux légumineuses, il n'en est pas toujours de même du salpêtre qui favorise indubitablement la levée et la végétation des plantes de cette famille. Nous continuons cette année à l'Université les expériences que nous avions instituées déjà dans ce but, parceque nous ne pouvions admettre *à priori* que l'azote, qui se retrouve à l'état de nitre dans toutes les terres arables, peutêtre nuisible à cette culture. — Ce qui ne nous empêche pas d'admettre la fixation de l'azote par les feuilles, qui reduisent probablement les nitrates, formés dansl'atmosphère et déposés à leur surface par la pluie, la rosée ou les brouillards. D'après les nouvelles mensurations opérées par le Dr Schneider, le trèfle, en raison de sa surface foliacée fixe 20 fois plus de rosée que les céréales et 10 fois plus que les pommes de terre, ce dont s'aperçoivent du reste tous les chasseurs à l'arrière saison, en pénétrant dans un champ de trèfle. La fixation de l'azote serait donc, dans cette hypothèse, *proportionnelle à la surface d'absorption*; malheureusement cette interprétation n'explique pas les propriétés améliorantes des fèves et des pois, à moins d'admettre que les feuilles de ces légumineuses n'absorbent plus que les autres (v. p. 168).

En tous cas, les expériences rapportées dans la *Zeitschrift des land Vereins* de Munich et celle de M. Schultz à Lupitz prouvent que certaines légumineuses, comme le *lupin*, fixent de l'azote atmosphérique dans des sables stériles (p. 166), C'est là désormais un fait acquis à la sciences agricole, fait dont l'importance capitale n'échappera à personne. Peu importe aux cultivateurs la façon dont cet azote est fixée, si le problème de la culture améliorante est pratiquement résolue. En montrant que l'on peut faire végéter des pois dans du sable calciné sans azote, M. G. Ville avait tranché le premier la question, mais telle était la puissance du préjugé que la valeur capitale de cette expérience fut méconnue.

Cependant dès 1867 le professeur A. Thaër avait institué à l'université de Giessen un champ d'expérience aux engrais chimiques, dont il analysa le sol et les récoltes pendant sept ans.

Ces récoltes donnèrent un excédant de plus de 100 livres d'azote sans que la teneur en azote de la terre eut varié. Il en conclut que l'azote des récoltes était dû à l'atmosphère dans la proportion de 55 o/o (1).

En dehors de ces considérations, il devient d'ailleurs absolument impossible d'expliquer aujourd'hui la conservation de l'azote dans un sol arable, en présence des récentes expériences de M. Dehérain à Grignon et de MM. Lawes et Gilbert en Angleterre.

Il résulte en effet des travaux de ces savants que le sol arable perd annuellement par la nitrification et le drainage naturel ou artificiel, des quantités d'azote beaucoup plus considérables que celles prélevées par les récoltes. Dans ces

(1) *Tageblatt der 51 Versammlung deutscher Naturforscher*, Kassel 1875. Chacun sait que l'illustre Thaër a réussi à fertiliser la plupart de ses terres improductives dans sa ferme des Mogelins par les engrais verts.

conditions, un sol arable soumis à des labours fréquents ne tardérait pas à présenter la stérilité la plus absolue, s'il n'existait dans la végétation même une source continue de restitution d'azote, comme de carbone.

L'humus du sol ne peut suffire à opérer cette restitution car il contribue plus encore à la déperdition de l'azote par la nitrification continue qu'il provoque, qu'à sa fixation. Cette conclusion ressort nettement de nombreuses expériences de laboratoire et notamment des belles recherches de M. Berthelot.

CULTURES AMÉLIORANTES.

Trèfles, luzernes, sainfoin, lupins, prairies naturelles et artificielles.

La thèse de M. Dehérain nous paraît fort compromise par les dernières études entreprises, en Allemagne, sur l'appareil radiculaire des légumineuses, M. Fraas constate que le trèfle rouge ordinaire ne forme, après la première année, qu'une racine simple.

« Le trèfle rouge est une plante pivotante, et néanmoins. contrairement aux idées qui ont cours à ce sujet, il prépare très-difficilement sa nourriture dans le sous-sol. Quant au trèfle incarnat, il émet de nombreuses racines qui n'ont pas de tendance à s'enfoncer, et ce fourrage ne donne une récolte abondante que lorsque les couches supérieuresd u sol sont bien pourvues de matériaux nutritifs. La luzerne et le sainfoin seuls pénètrent et s'alimentent dans les profondeurs du sol. »

M. Dehérain convient que, tandis que toutes les récoltes autres que les légumineuses épuisent le sol, il n'a pu découvrir d'appauvrissement en azote pendant la végétation de ces dernières. Heiden a constaté depuis que *plus ces récoltes sont abondantes plus elles enrichissent le sol et le* sous-sol *en azote.* Il a confirmé également l'inefficacité absolue des sels ammoniacaux sur la végétation du trèfle.

Nous avons signalé la prédominance des graminées et la
diminution des légumineuses dans une prairie qui a reçu
des engrais azotés. Lawes et Gilbert, en employant des sels
ammoniacaux seuls, ont constaté que 100 de foin renfer-
maient 88,34 de graminées et 0,24 de légumineuses seulement; avec des engrais minéraux seulement, les graminées
n'ont plus représenté que 66 pour cent du poids de la récolte
et les légumineuses, parmi lesquelles dominait le trèfle blanc
d'un excellent rapport, sont montées à 24.09 pour cent.
Cette proportion s'est élevée jusqu'à 40 pour cent, par une
addition de sels potassiques, auxquels les légumineuses sont
particulièrement sensibles. La prairie sans engrais renfermait environ 74 pour cent de graminées et 6,80 de légumineuses (terre argileuse).

Un fait plus remarquable encore, c'est la disparition des
mauvaises herbes de la prairie, plantains, oseilles, renoncules,
centaurées, etc., sous l'influence de l'azote. Toutes ces
plantes, comme les légumineuses, cèdent invariablement le
pas aux graminées. Il s'opère ainsi un triage naturel, une
véritable sélection par l'engrais.

L'antagonisme entre les légumineuses et les graminées,
depuis l'herbe de prairie jusqu'aux céréales, est donc constant. Tandis que les légumineuses souffrent de l'application
directe des engrais azotés, surtout des engrais ammoniacaux, le contraire s'observe toujours avec les graminées ;
ce fait est d'autant plus étrange que ces dernières tiennent
relativement peu d'azote, même, comme le font remarquer
MM. Lawes et Gilbert, quand elles suivent une légumineuse très azotée, qui élève sensiblement leur rendement
en azote, tout en appauvrissant considérablement le sol
en éléments minéraux. Ainsi, l'on a calculé que le
trèfle violet enlève au sol, par hectare, 177 d'azote, 39 d'acide
phosphorique et 144 d'alcalis, alors que le froment ne prend
que 55 d'azote, 25 d'acide phosphorique et 40 d'alcalis.
Cependant Lawes constate que la couche arable *peut gagner*

beaucoup plus d'azote par une culture de trèfle que n'en réclame la céréale qui lui succède. (*Agricultural Gazette.*)

Le trèfle violet, appelé improprement trèfle rouge en Belgique, abandonne, par hectare, un résidu minéral d'environ :

    19 kil. d'acide phosphorique.
    100 » de chaux,
    175 » de matières minérales diverses.

L'analyse chimique démontre que le foin de trèfle lavé par les pluies perd, à l'instar du fumier, la moitié de son azote.

Le trèfle enlève donc, en moyenne, trois fois plus de matières minérales que les céréales, mais il contient trois fois plus d'azote.

10,000 kilogrammes de trèfle sec contiennent, suivant Isidore Pierre, 70 kil. d'acide phosphorique, 300 kil. de chaux, 200 kil. de potasse, soit 570 kil. de matières minérales, plus 223 kil. d'azote.

D'après Wolf une bonne récolte de 6000 kilogrammes de trèfle enlève 128 kilogrammes d'azote, 34 d'acide phosphorique, 117 de potasse et 115 de chaux.

Il n'est donc pas étonnant que le trèfle épuise à la longue les couches du sous-sol. Le limon hesbayen qui donnait jadis des récoltes de 75 mille k. en trois coupes, comme le polder du pays de Waes, ne produit plus aujourd'hui que 20 à 30 mille kil. à l'hectare. On attribue surtout ce phénomène à l'épuisement du sous-sol en potasse. L'expérience a démontré en effet que dans certaines cultures, où le sol se refusait absolument à porter le trèfle, une restitution abondante de potasse et parfois de phosphate de chaux suffisait pour faire disparaître cette *fatigue*. Le sulfate et le nitrate de potasse, qui sont très diffusibles, sont indiqués dans ce cas pour *guérir* le soussol. Lawes affirme qu'au États-Unis l'emploi du plâtre continue à augmenter largement le produit du trèfle et du froment qui lui succède.

L'on a préconisé avec raison l'usage de semer du trèfle dans les céréales pour utiliser l'azote de l'air et *du sol* à l'arrière saison. L'avoine et l'orge surtout permettent d'avoir les plus beaux trèfles parceque leur feuillage est moins touffu et moins élevé que celui du froment.

Chacun sait que c'est de l'introduction du trèfle en Flandre au 17e siècle que date la culture alterne, qui a si puissamment contribuée à développer la prospérité agricole de notre pays. Cette culture, qui n'engage qu'un mince capital, donne un fourrage plus riche et plus abondant que la prairie naturelle et prépare admirablement la culture du blé, en améliorant la terre par la genèse de l'humus et la fixation de l'azote (1).

Dans une séance récente, un membre de la *Société centrale d'Agriculture de Belgique* apportait, à l'appui de cette grande découverte de M. G. Ville, un nouvel argument trop peu remarqué, tiré des cultures de M. Mercier, qui était arrivé à se passer de fumier en marnant ses terres et en retournant ses trèfles en vert (2).

Des résultats de cette nature ne tendent à rien moins qu'à

(1) En Flandre on fume les trèfles avec des cendres de tourbe c'est-à-dire avec des engrais minéraux (26 hectol. par hectare).

(2) Le père de M. Mercier, ancien ministre, était fermier. Il avait plusieurs enfants. L'un d'eux a adopté l'un des plus beaux assolements qui existent dans l'arrondissement de Nivelles, l'assolement de huit ans. La jachère, le seigle, le trèfle, le froment, l'avoine, une légumineuse, féverolle ou trèfle, et enfin du froment. Il nettoyait parfaitement ses terres. A la fin de juin il semait des vesces. Quand ces vesces avaient atteint leur complet développement et qu'elles étaient en fleurs, il les retournait ; il mettait de l'escourgeon, puis du seigle et enfin du trèfle. Il obtint ainsi un trèfle admirable. Il en vendait la première coupe, mais il laissait pousser la deuxième, la retournait et mettait alors du froment. Il a cultivé ainsi pendant je ne sais combien d'années sans employer un atome de fumier.

(Communication de M. Maubille à la *Société Centrale d'Agriculture de Belgique*, 1884, Janvier.)

démontrer d'une façon péremptoire la thèse fondamentale de M. Ville : à savoir qu'avec des engrais minéraux seuls, sans restitution d'azote, on peut arriver à cultiver des céréales, dont l'azote est la dominante.

Mais il importe de faire un choix judicieux entre les diverses espèces de trèfle, suivant la nature du sol. Ainsi le trèfle ordinaire ne prospère que dans les bonnes terres tandis que le trèfle de Suède ou *hybride*, dont les racines sont plus superficielles, ne dépend pas de la nature du sous-sol et n'est pas sensible au froid et à l'humidité. Il convient admirablement pour les terres fraiches et les prairies irriguées, mais ne vient pas dans les terres maigres, où le trèfle *incarnat*, bien fumé, végète parfaitement.

Ce dernier trèfle est particulièrement recommandable par sa précocité, mais donne un fourrage moins délicat, surtout dans les pays du Nord.

La luzerne, qui dure cinq ans, donne un rendement annuel moyen de 7,000 kil. fourrage sec, soit 3,500 kil.

Elle enlève au sol :

Acide phosphorique	284 kil.
Chaux et magnésie.	1,158 »
Potasse et soude	813 »
	2,255 kil.

La luzerne laisse au sol 132 kil. d'acide phosphorique et 1,200 kil. de minéraux divers. Le sainfoin laisse 43 kil. d'acide phosphorique pour 450 kil. de minéraux divers.

Le sainfoin, qui dure trois ans, donne un rendement annuel de 4,000 kil. de fourrage soit 1,200 kil., qui prélèvent :

Acide phosphorique	88 kil.
Chaux et magnésie.	312 »
Potasse et soude	88 »
	488 kil.

plus le regain des deux premières années qui contient 94 kil. de minéraux, dont 10 kil. acide phosphorique.

Le sainfoin, comme le *lupin*, végète dans les sols les plus arides et donne un bon fourrage, tant sec que vert. Les vaches nourries au *sainfoin*, donnent du lait et du beurre de meilleure qualité. Cette plante redoute l'humidité mais craint moins le froid que la luzerne.

On sait que le sulfate de chaux exerce une grande influence sur les luzernes et sur les trèfles qui sont, d'ailleurs, des plantes *calcicoles*, comme la plupart des légumineuses. Le sulfate de chaux se décompose dans le sol avec une grande rapidité, car on n'en retrouve plus de trace au bout de peu de temps dans les couches superficielles du sol ; la chaux qu'il contient se combine en partie avec l'acide carbonique, tandis que l'acide sulfurique, résultant de sa décomposition, se combine à la potasse insoluble du sol pour former du sulfate de potasse qui pénètre dans des couches profondes, où il sert probablement d'aliment aux racines des légumineuses. Ce phénomène fournirait l'explication de l'action fertilisante du plâtre sur les légumineuses.

Dans une récolte de luzerne, la proportion de l'acide sulfurique peut atteindre jusque 44 kilogrammes. La luzerne, qui plonge des racines à de grande profondeurs, fixe rapidement le sol et utilise l'acide phosphorique, le seul élément fertilisant que l'on retrouve avec la chaux dans les dunes.

On a préconisé avec raison cette culture dans les sables du littoral et dans tous les sables calcareux de l'époque tertiaire comme le terrain Bruxellien.

Le résidu minéral, déposé par les légumineuses dans les couches superficielles du sol, est extrait des couches profondes par leurs racines pivotantes. Ce sont de véritables *mineurs* du règne végétal. J. B. Lawes constate que le trèfle rouge, la luzerne et le sainfoin produisent plus de fortes récoltes, *sans engrais* et laissent plus de résidus fertilisants que le trèfle blanc et les vesces.

Les pois, le trèfle blanc, le trèfle incarnat, le trèfle jaune des sables, la minette ne produisent pas comme les vrais trèfles, la lassitude du sol par la répétition de culture, parce que ces légumineuses s'alimentent dans les couches superficielles. Mais le trèfle ordinaire, la luzerne, le sainfoïn, en fouillant le sous-sol, le divisent et l'ameublissent de telle sorte qu'ils tiennent souvent lieu de labour et de fumier pailleux. Par leur feuillage abondant, qui fixe l'azote de l'air et enrichit le sol, ils étouffent les plantes parasites et remplacent des sarclages et des binages. Ce n'est donc pas à tort qu'on les a appelés des plantes améliorantes.

Les légumineuses parasites, telles que les vesces, qui étouffent les céréales, sont vaincues dans *la lutte pour l'existence,* quand on fait intervenir l'engrais chimique à base d'ammoniaque, c'est-à-dire quand on applique à *dose fractionnée* la formule pour *céréales.* Ce fait curieux ressort à la dernière évidence des expériences de M. Belpaire, d'Anvers, dans la Campine. (1)

Le seigle semé *dans une lande aride* avait tallé régulièrement sous l'influence d'une première dose d'engrais chimique, lorsqu'à un moment donné l'on vit brusquement son évolution entravée par l'invasion d'un parasite (*vicia hirsuta*) Aussitôt l'ingénieur agricole fit appliquer une nouvelle dose *fractionnée* d'engrais chimique, ce qui fit disparaître en peu de temps, au grand ébahissement des cultivateurs d'alentour, la plante malfaisante dont la multiplication détruit si souvent les espérances du fermier. Dès lors, la végétation reprit son cours normal et le parasite fut étouffé à son tour par la plante aux dépens de la quelle il végétait dans le sol, grâce à l'insuffisance de l'élément azoté.

Nous ne connaissons pas d'exemple plus concluant de l'antagonisme, que nous signalions en commençant, entre ces deux familles, que la *sélection par l'engrais* stérilise ou développe au gré de l'agriculteur. Ce fait confirme également d'une façon topique la theorie que nous avons émise

(1) *Journal de la Société centrale d'agriculture de Belgique.* 1880.

sur les causes premières du parasitisme, à savoir que
le parasite ne se développe, *en général*, que lors qu'une
perturbation quelconque dans la nutrition normale du
végétal, et particulièrement dans sa *nutrition minérale*,
développe un milieu favorable à l'évolution d'un germe,
toujours présent dans la semence, dans le sol, dans l'air
ou dans le fumier.

Le parasite n'est alors que l'expression *sensible* de la
rupture de l'équilibre stable. La même loi s'observe dans
les maladies parasitaires de l'homme et des animaux. Pourrait on expliquer autrement comment des animaux de même
espèce, exposés aux mêmes causes *d'infection*, résistent ou
succombent a l'invasion des germes qui évoluent dans leur
sang? C'est ce qui ressort à l'évidence des merveilleuses
découvertes de M. Pasteur et notamment de ses dernières
recherches sur les zoonoses.

Ce sont les milieux de culture qui déterminent l'évolution,
la fonction des germes des parasites et assurent le triomphe
de l'un ou de l'autre dans la lutte pour l'existence.

Les récoltes de légumineuses, semées dans les céréales,
peuvent être rangées dans la catégorie des récoltes dérobées.
Il y a longtemps déjà que M. Damseaux a fait connaître
le procédé suivi en Saxe pour l'exploitation des terres
sablonneuses.

Aussitôt que la floraison du seigle a eu lieu, on sème du
lupin jaune à raison de deux hectolitres par hectare, en passant dans les dérayures qui séparent les planches, et, à la
récolte du seigle, le champ est garni d'une emblavure de
lupin s'élevant à la hauteur ordinaire à laquelle on fauche
la céréale. Un semis qui s'effectue dans des conditions pareilles ne saurait être toujours uniforme, comme bien on
pense. Mais alors on a soin, avant l'enfouissement du lupin,
d'appliquer du fumier d'écurie aux endroits dénudés.

Le seigle étant enlevé, le lupin se développe vigoureusement et on l'enfouit à la charrue, lorsque la majeure partie

des plantes a fleuri, c'est-à-dire fin août ou vers la mi-septembre. C'est alors qu'on applique les engrais concentrés (superphosphate de chaux, farine d'os, guano), et que l'on prépare la nouvelle emblavure du seigle.

Le chiendent (*triticum repens*) pullule dans le Saxe, comme dans toutes les terres sablonneuses ; mais il est étouffé par le lupin, et le labour profond surtout, que l'on applique à l'automne, combat efficacement la propagation de la redoutable plante.

Un agronome belge, M. Denis Verstappen, a expérimenté avec le plus grand succès cette méthode en Belgique et obtenu de 35 à 40 mille kilogrammes de lupin à l'hectare, à raison de 3 hectolitres de graines de semences au maximum (1). Toutefois, pendant les années 73, 74 et 75, remarquables par leur sécheresse, le lupin n'a point levé, tandis que le trèfle jaune de Sibérie brave les intempéries des saisons et croît dans les sols les plus arides.

L'*anthyllis vulneraria* est une plante fourragère qui croît spontanément dans nos dunes du littoral, et qui opère, dit-on, chez nos voisins d'Outre-Rhin, de véritables miracles dans les contrées sablonneuses et arides. C'est une plante vivace ; elle donne son plus grand rendement pendant

(1) « M. Verstappen, de Diest, qui cultive cette plante avec le même succès, nous écrit M. Vande Putte, l'a donnée à ses chevaux, et s'en trouve très bien. On peut admettre aussi que le lupin est un excellent préservatif contre la cachexie des moutons, en tout cas c'est leur contre nourriture de prédilection et qui les engraisse parfaitement si on a soin de donner la plante quand les gousses sont déjà formées.

» Comme fourrage, l'ensemencement doit commencer avec le mois d'avril afin d'assurer la formation des gousses avant de l'employer. Comme engrais vert, l'ensemencement peut être plus tardif, la plante continue à croître jusqu'à ce que les premières gelées arrivent. »

Les propriétés fertilisantes du lupin étaient fort appréciées des Romains. « Le lupin prévient les disettes et les famines, écrit Columelle. Il ne demande rien à la terre et lui accorde plus que le meilleur fumier. » (Col. II. 16, XI.)

l'année qui suit le semis; on la sème une année pour la
récolter l'année suivante en une seule coupe, ordinairement
très abondante. Elle est habituellement suivie du *seigle*, pour
lequel elle forme une excellente préparation. On peut la
semer dans les blés d'automne et dans les blés de mars, ou
bien encore mélangée avec d'autres plantes légumineuses ;
trèfle violet, trèfle blanc, minette ou ray-grass, ce qui vaut
peut-être mieux quand on veut la faire consommer en vert,
car, à part les moutons, les animaux la préfèrent *sous forme
de foin.*

L'anthyllis jouit d'une immunité précieuse vis-à-vis de la
cuscute, qui ravage les trèflières, sans doute grâce à sa grande
force de végétation. Après la récolte du seigle, qui suit
ordinairement l'anthyllis, on obtient une autre récolte pleine
de cette plante, provenant spontanément des graines tombées
à terre l'année précédente et formant une excellente pâture
pour les moutons, ou un précieux engrais vert qui améliore
le sol et augmente le rendement des récoltes futures.

Il est indispensable de plâtrer quand on la cultive dans
des sols exclusivement silicieux, comme la Campine, où
l'emploi de la Kaïnite et des nodules est indiquée comme à
Lupïtz ; moyennant 600 kilos de kaïnite, M. Schültz est parvenu à obtenir la mise en valeur des terres sablonneuses absolument stériles, cultivées en lupin, en trèfle vulnéraire et
diverses autres légumineuses qui enrichissent le sol en azote.

En général on peut dire que c'est dans les terrains tourbeux et léger que les sels potassiques, tels que les sulfates et
les chlorures, offrent le plus de garantie d'action quand ils
sont associé à la chaux (Wein et Maerker).

LA SÉLECTION DES PRAIRIES.

Il y a en Belgique 3 espèces de prairies :
Les prairies irriguées.
Les prairies à pâture exploitées par les engraisseurs.

Les prairies ordinaires faisant partie des cultures.

Les premières sont enrichies annuellement par le limon que déposent les irrigations. Elles ne sont fauchées qu'une fois et pâturées ensuite jusqu'à la fin de l'année. Ce sont les plus riches, les seules où la *restitution* soit opérée complétement.

Les secondes, pâturées dès le mois d'Avril à raison de deux têtes de gros bétail par hectare environ, se rapprochent des prairies hollandaises. Le bétail ne les quitte que pour aller à la boucherie.

Enfin les troisièmes, qui font partie des exploitations, sont souvent les plus pauvres parce que le fermier ne comprend pas la nécessité de les fumer et utilise ailleurs le fumier de ses animaux.

Cependant si l'agriculteur doit viser surtout à produire de la viande et du laitage, pour résister à la concurrence étrangère et remédier au défaut de main-d'œuvre, il faut qu'il apporte un soin particulier à la création, à l'entretien et à l'amélioration de ses pâturages.

En pratique, nous sommes bien loin de compte, car parmi toutes les cultures il n'en est pas de plus négligée, que celle des graminées des prairies ; à tel point que la plupart de nos agriculteurs n'ont jamais songé à fumer sérieusement les leurs, parce qu'ils considèrent cette opération comme un gaspillage d'éléments fertilisants. C'est là une grave erreur d'économie et de comptabilité agricole, contre laquelle on ne saurait assez protester.

Non seulement il importe de fumer largement ses prairies, et de les fumer avec discernement pour obtenir la sélection *naturelle* des plantes, mais il est très avantageux aussi d'améliorer la qualité des herbages par la sélection artificielle, c'est-à-dire par le choix des semences.

Le temps et l'argent dépensés dans ce but rapportent un intérêt plus sûr et plus considérable peut-être, que toute autre opération culturale. Mais ceux-là seuls qui sont initiés à la chimie agricole, peuvent mesurer tous les degrés du *cycle vital*, du règne minéral à la plante et de la plante à l'animal, et apprécier la rigoureuse exactitude de cette affirmation, paradoxale aux yeux des paysans.

A quoi bon dépenser de l'argent pour faire pousser une herbe qui vient toute seule! Ainsi raisonnent les fermiers ; ils ignorent que la valeur alimentaire de cette herbe, sa qualité et sa quantité sont rigoureusement proportionnelles aux quantités d'éléments fertilisants contenus dans le sol. Plus la plante, qui n'est après tout qu'une machine à fabriquer les aliments des animaux, trouve de ces matériaux dans le sol, plus elle peut soustraire à l'atmosphère de ces principes hydrocarbonés et azotés, qui forment la viande, et le lait; car c'est dans l'air, il ne faut pas l'oublier, qu'elle puise presque exclusivement la matière première qui formera plus tard du sang, de la chair et des nerfs. Et de même que dans une *mine*, les machines d'extraction ne retirent leur charbon qu'en proportion du combustible actionnant leurs organes, de même le végétal ne puise dans l'air le charbon des aliments, qu'en raison des minéraux qu'il trouve à sa portée dans le sol.

Seuls les pays où le fumier retourne à la prairie, comme la Hollande et le pays de Herve, ne connaissent point de crise agricole aujourd'hui. De ce fait seul découle un grand et fécond enseignement pour nos agriculteurs.

Nous croyons avoir suffisamment insisté sur la *sélection par l'engrais des légumineuses*. Il nous reste à étudier les qualités respectives des principales graminées de la prairie au point de vue de la qualité alimentaire, de la valeur du rendement et des exigences physiologiques.

PRAIRIES FRANÇAISES

La société des agriculteurs de France a ouvert, depuis l'exposition de 1878, une enquête sur l'établissement des prairies temporaires à base de graminées dont les semences sont choisies et mélangées selon les exigences de chaque exploitation agricole. Il résulte de cette enquête que ces cultures sont déjà pratiquées avec succès dans plusieurs départements.

Dans la Nièvre, ces herbages contribuent puissamment à la prospérité des fermes et on y élève les *bœufs blancs* nivernais, charolais, qui sont ensuite achetés par les sucreries du Nord. Les graines, prises sur les feuilles tout simplement, sont semées dans une céréale de printemps, avec addition de 6 à 10 kilogr. de trèfle blanc à l'hectare. Ces herbages sont pâturés dans une proportion qui varie de une à deux têtes de bétail par hectare, soit 400 à 900 kilogr. de poids vif. Ils durent huit ou dix ans sans recevoir de fumure, mais seulement un *chaulage énergique*, et on leur fait succéder quatre récoltes de blé et avoine avant de les reconstituer pour une nouvelle période; on obtient aussi de magnifiques récoltes sans épuiser la fécondité du sol, que les déjections des animaux suffisent à rétablir pendant l'engazonnement. Dans une autre partie du département de la Nièvre, où l'agriculture est plus progressive, on a amélioré le système en achetant au dehors les mélanges de légumineuses et de graminées qui doivent servir de semences. On fauche ces prairies la *première et quelquefois la deuxième année*, et on y récolte 3,000 à 5,000 kilogr. de foin sec à l'hectare; on les fait ensuite pâturer les années suivantes. Dans la Haute-Marne les prairies temporaires à graminées variées prennent de l'extension et tendent généralement à remplacer les mélanges de trèfle blanc et de *ray-grass* préalablement en usage. Elles sont créées avec beaucoup de soin et semées dans une terre bien préparée qui a reçu une fumure de 30,000 à 40,000 kilogr. de fumier de ferme. Ce qui correspond à une fumure complète de 1,200 kilogrammes d'engrais intensif à l'hectare, soit :

400 kilogr. de phosphate de chaux.

200 kilogr. de nitrate de potasse.
250   —   de sulfate d'ammoniaque.
350   —   de sulfate de chaux.

Suivant les instructions de M. G. Ville, on peut employer l'engrais de deux manières différentes: le répandre en une seule fois, à l'automne; ou en deux fois, 600 kilogr. à l'automne et 600 kilogr. au printemps.

M. Ville affirme même qu'il suffit d'employer la moitié de chacune de ces doses pour une fumure ordinaire.

D'après les indications fournies par le rapport auquel nous empruntons ces renseignements, le système des prairies temporaires est fort apprécié dans l'Allier et dans d'autres régions d'élevage où elles occupent parfois un tiers dés terres en culture.

Les prairies n'y durent que 3 ou 4 ans et les mélanges sont formés de *ray-grass d'Italie*, *de trèfles violets* et *hybrides*, de *fromental*, de *houlque*, de *minette* et de *trèfle blanc*; fauchées les deux premières années, elles sont pâturées ensuite et suivies d'une récolte de plantes sarclées ou de céréales d'hiver. Ces prairies peuvent donner un foin de 4,000 kil. à l'hectare, et nourrir ensuite, pendant six mois, un animal de 700 kil.

Dans l'Oise, où l'on pratique la culture alternative du blé et de la betterave, l'on considère aujourd'hui les prairies artificielles comme le moyen le plus efficace de lutter contre l'invasion des céréales de l'Amérique. Dans la Creuse, on remplace le fumier par les composts et les engrais chimiques, plâtres, phosphates, et l'on obtient 6,000 kil. en première coupe. Parfois même, elles entrent dans l'assolement pour remplacer une sole de blé, ce qui diminue la main-d'œuvre et augmente les produits du bétail.

Les mélanges employés dans les Dombes sont variés et comprennent le dactyle, la houlque, la flouve, la phléole, le vulpin, los fetuques diverses, le ray-grass d'Italie et d'Écosse, le paturin, l'agrostis d'Amérique et les variétés de trèfles, de coucou, etc.

La prairie vaut d'autant plus que l'on a multiplié les espèces de mélange; alors la sélection s'opère d'elle-même par l'engrais et, suivant la nature du sol, telles ou telles espèces l'emportent sur les autres dans la lutte pour la vie, par le fait de l'adaptation.

Dans le département du Nord, M. Vander Colme a introduit également des pâturages annuels dans son assolement triennal : Betterave, blé et herbe. Il est dispensé ainsi d'acheter des engrais et obtient un rendement supérieur de 10,000 kil. de betteraves et de 9 hectolitres de blé aux rendement du pays.

Son mélange est formé de trois trèfles et de trois ray-grass, d'après le système écossais. A l'heure qu'il est, l'Angleterre fait entrer les prairies temporaires à base de graminées, pour un quart dans les assolements, afin de produire de grandes quantités de viande et lutter avantageusement contre l'importation américaine.

L'Allemagne, l'Italie, la Russie et le Danemark ont aussi introduit la prairie temporaire dans l'assolement. En 1878, la *Société centrale de Belgique* a reçu des semences anglaises de fourrages qui ont donné de superbe résultats.

Parmi les résultats les plus rémunérateurs, obtenus dans la création des prairies par l'application rigoureuse des lois de la *sélection* et de la *restitution*, nous signalerons ceux qui ont été contrôlés par l'Institut agronomique de Paris, à la ferme de St-Quentin. Des prairies de graminées, semées l'automne 1878 dans un sol argilo-silicieux, où ne poussaient que de mauvaises herbes, en étaient le 5 juillet à leur deuxième coupe d'herbe, de 30 à 40 centimètres de hauteur, après en avoir donné de plus d'un mètre.

L'on peut donc s'attaquer aux sols les plus arides, sables ou calcaires, par la création de prairies de graminées et transformer des terres acquises à vil prix, en terres de bonne qualité qu'on peut revendre quelques années après au prix de 4,000 fr. l'hect.

Ces expériences sont destinés à apporter une véritable révolution en agriculture, car elles montrent la possibilité de fertiliser en peu d'années les plus mauvaises sols, *en se passant de bétail et de fumier*. Jusqu'à présent, les expériences réalisées conformément aux principes de la doctrine des engrais chimiques, avaient donné lieu à de nombreuses déceptions au début, tant par le fait de l'inexpérience des agronomes que par la culture prématurée des céréales dans les terres mal préparées. La création des prairies de graminées évite ces écoles malheureuses, et conquiert définitivement les plus mauvais sols à l'agriculture.

Il faut varier les engrais et les graines suivant la nature des sols que l'analyse chimique et la nature de la flore révèle. Ainsi dans les sols cités plus haut, la présence de la potasse ayant été reconnue par la croissance spontanée des légumineuses du genre trèfle, on s'est préoccupé d'enrichir le sol de phosphate et d'azote à raison d'une fumure, de 300 francs.

On calcule qu'une récolte de 4,500 kilogrammes de foin contient :

> 64 kil. d'azote ;
> 60 kil. de potasse ;
> 19 kil. d'acide phosphorique.

Les foins d'été secs renferment de 6 à 8 pour cent de matières minérales qui diminuent avec l'altitude, de telle sorte que les foins des montagnes n'en contiennent souvent que la moitié.

D'après ces données, M. Maillard, de Paris, a composé un engrais de 3 pour cent d'azote, 5 pour cent d'acide phosphorique, 3 pour cent de potasse, qu'il applique à raison de 500 à 1,000 kil. à l'hectare, suivant les besoins ; ordinairement la moitié à l'automne et la moitié au printemps pour les prairies inondées (1).

---

(1) Dans les terres humides et poreuses il faut mélanger l'engrais chimique à des matières organiques, sous forme de *compost*.

Cet engrais, dit-il, ne représente pas la restitution totale en azote et en potasse, parce que les graminées fixent l'azote atmosphérique à peu près comme les légumineuses, et que le moindre excès de potasse favorise immédiatement le développement des légumineuses aux dépens des graminées. L'acide phosphorique seul est intégralement restitué ; quand il manque au sol, l'herbe n'en contient plus suffisamment pour développer les os des animaux et favoriser la sécrétion du lait, dont les cendres sont riches en phosphates.

Le défaut de phosphore dans le sol des prairies s'accuse particulièrement en Sologne, par l'insuffisance du système osseux et le développement anormal des tissus mous, chez le bétail au vert.

Le phosphate de chaux bibasique, à la dose de 4 pour cent, sature l'acidité des prairies anciennes, humides ou à sous-sol tourbeux. Le phosphate bibasique (précipité) vaut mieux dans ces conditions que le phosphate acide (soluble) (1).

Voici les résultats obtenus par M. Desmousseaux à Clichy, qui montrent la prédominance des variétés de plantes suivant la nature des engrais, conformément aux résultats obtenus par Lawes et Gilbert.

PARCELLES		ENGRAIS	RÉCOLTE EN FOIN
Un hectare	A	Sans engrais.	2,500 kil.
de	B	Potasse 88 fr.	3,800 —
vieille	C	Nitrate de soude 120 fr.	5,600 —
prairie.	D	Engrais complet 83 fr. .	5,100 —

(1) Tout le monde sait, dit Liebig, qu'une application de cendres fait pousser le trèfle, et qu'après une fumure d'autres espèces se développent dans une prairie. Une fumure de phosphate acide de chaux provoque le développement presque exclusif du *ray grass français* (arenatherum avenaceum). J'ai remarqué d'ailleurs que les espèces changent avec les conditions de l'atmosphère et du sol (Lettres sur l'agriculture).

B · Foin composé surtout de légumineuses.
C   Il n'y a que des graminées.
D   Très bon foin, graminées avec légumineuses.

L'épuisement du sol se trahit par l'apparition des moisissures et autres végétaux inférieurs, l'acidité est indiquée par les joncs et les carex. Alors il faut, pour assainir le sol, enlever les eaux stagnantes, soit par le draînage, soit par des tranchées et des fossés d'écoulement; il faut user avec réserve de ce dernier moyen pour ne pas arriver à l'assécment. On donne à l'automne un bon coup de herse pour rompre le feutrage formé par les racines et les mousses, et on répand 5 à 600 kil. de phosphate fossile ou même encore 300 kil. de phosphate précipité; si la terre n'est pas riche en matières organiques, on se trouvera mieux de l'emploi de l'engrais suivant : Au printemps, on sème 500 à 800 kilogrammes, contenant 3 à 4 de potasse et 10 à 12 de phosphate de chaux précipité. Il est rare qu'au bout de deux années de ce traitement, le résultat ne soit complet; les renoncules, ciguës, colchiques, mousses, prêles et autres herbes nuisibles ont disparu. On cesse alors l'emploi du phosphate bibasique ; 500 kilogrammes d'engrais suffisent dans la suite pour maintenir la fertilité. Il va sans dire qu'on ne devra pas négliger les soins matériels, éviter l'engorgement des fossés et canaux d'écoulement et surveiller le drainage s'il y a lieu. Dans les environs d'Anvers, où les terrains sont fréquemment inondés, M. le baron de Grüben est parvenu à se débarasser en deux mois de la mousse par des applications d'engrais chimiques. « L'herbe était fine et serrée, dit M. l'ingénieur Schmitz, haute et abondante d'une façon exceptionnelle (1). » Quand la prairie est destinée uniquement à la production du foin, il est bon de lui donner, aussitôt la première coupe enlevée, un engrais ammoniacal.

Cet engrais sera dissous et répandu à l'aide d'un tonneau

____

(1) *Bulletins de la Société centrale d'agriculture,* janvier 1882.

d'arrosage à raison de 10 kil. par mètre cube d'eau environ. Dans les prairies qu'on fait pâturer après une première coupe, il y a intérêt à développer la production des légumineuses, aussi, l'engrais sera-t-il moins azotés, mais riche en phosphate soluble et surtout en potasse. Ce mode d'emploi est le même que pour le précédent. Les gazons et les pelouses demandent les mêmes soins que les prairies, mais comme on ne tient pas au produit, il faut donner des engrais très ammoniacaux ; si la mousse s'y montrait, on augmenterait la dose de phosphate. Ils doivent être fauchés assez souvent pour qu'aucune plante n'y fleurisse ; on emploiera l'engrais trois ou quatre fois par année, et il sera d'autant plus abondant qu'on arrosera davantage. On obtiendra de la sorte de meilleurs résultats qu'avec le fumier qui est trop lent et sert de véhicule aux plantes nuisibles.

En ce qui concerne la potasse, les recherches de l'Ecole d'agriculture de Worms tendent à démontrer la supériorité du sulfate sur le chlorure de potassium. A raison de 400 k. à l'hectare, le sulfate a donné une augmentation de rendement de 47 p. c. et le chlorure, à raison de 600 kilog., une augmentation de 31 p. c. seulement. Après l'hiver, l'emploi de ce dernier sel a donné un résultat nul.

Les graminées les plus rustiques, les hâtives et les plus productives pour les terres pauvres sont les suivantes :

Houlque laineuse ;
Dactyle pelotonné ;
Fromental ;
Fetuques.

Le dactyle et le fromental fleurissent en même temps, mais le premier conserve seul ses grains à la maturité.

Ces graminées qui ne durcissent qu'après la floraison, acquièrent, dès la seconde année, des racines pivotantes qui pénètrent jusqu'à 60 cent. de profondeur ; elles fleurissent à la mi-mai et donnent à cette époque une première coupe

de 9,000 kilogr. ; au commencement du mois d'août, une
seconde coupe de plusieurs milliers de kilogr., et le regain
peut être ensuite pâturé par le bétail, jusqu'en hiver. Ainsi
l'on évite par la précocité des rendements les pertes occasionnées par les pluies de juin, de fin d'août et de septembre.
Tous les agriculteurs pratiques apprécieront la haute importance de ce résultat en économie rurale.

Si les foins sont mouillés ou se vendent mal (1), on n'hésite
pas à les *ensiller*. De la sorte on obtient des fourrages frais
en hiver, le foin ne fermente ni ne moisit pas dans les silos
bien tassés. Il suffit alors d'y mélanger un peu de sel.

Il était curieux de voir à Saint-Quentin et à Clichy le contraste des prairies cultivées de la sorte et les prairies voisines, qui n'offraient encore qu'une herbe de quelques centimètres, quand les graminées cultivées atteignent un mètre
de hauteur.

Le système d'assolement, qui consiste à placer des plantes
fourragères en tête de l'assolement, permet d'enrichir impunément le sol au début, sans s'exposer aux inconvénients
qu'entraine par exemple la culture des céréales, exposées à
la verse par l'excès d'azote. Plus tard, lorsque les engrais
phosphatés et d'origine organique sont parfaitement assimilés par le sol, ces dangers ne sont plus à craindre.

SÉLECTION DES SEMENCES.

Les monographies les plus complètes des graminées fourragères de France ont été publiées dans les *Annales de l'Institut agricole de Beauvais* (2), dirigé par les Frères de la
doctrine chrétienne. Le directeur de l'Institut et de la station
agronomique de l'Oise, frère Eugène Marie, a réuni à ce
sujet d'innombrables observations, notamment sur les grami-

(1) L'exportation du foin vers l'Angleterre ne se pratique plus. Depuis
1879 ce pays est approvisionné par le Canada qui fournit le foin à Londres à meilleur marché que la Belgique (Keelhoff).
(2) Annales de la Station agronomique de l'Oise.

nées communes qui contribuent le plus à améliorer *la qualité* des fourrages, telles que la flouve, la houlque, le vulpin des prés, etc. Ses études portent à la fois sur les rapports qui existent entre les divers éléments de la plante ; dimensions, poids, avant et après dessiccation, richesse en azote et substances enlevées au sol par la végétation. L'expérience l'amène ainsi à donner des formules de mélanges appropriées aux différents sols et fondées sur la connaissance approfondie des propriétés de chaque espèce.

Ainsi, par exemple, il nous apprend que le *vulpin des prés* se distingue par sa précocité, sa reproduction rapide, son foin odorant et nutritif. Il ne craint ni la chaleur ni l'humidité, et rend de grand services dans les prairies humides. Il n'atteint son développement qu'au bout de trois ou quatre ans. — C'est, dit J. B. Lawes, l'une des meilleures graminées productive et tenace qui maintient, avec la *flouve odorante*, sa position dans la bataille pour la vie et resté parmi les trois ou quatre dernières survivantes quand les autres succombent sous la fumure expérimentale (M. Evershed 1882. Lecture faite au Club des fermiers de Londres).

La *Houlque laineuse*, cette plante si commune, peu estimée du bétail sur un limon humide, où son tissu spongieux et son duvet cotonneux retiennent l'humidité, devient de qualité supérieure sur un terrain calcaire et fertile. Cette plante précoce est alors recherchée par tous les bestiaux, et les éleveurs l'égalent et la préfèrent souvent aux ray-grass ; seulement il faut la semer en mélange, sinon elle forme des touffes isolées qui arrêtent la faux et dégarnissent le terrain au profit des mauvaises herbes ; la houlque se trouve dans la proportion de 75 o/o dans les pâturages célèbres de la vallée de la Bray où l'on produit le meilleur beurre de Paris, et dans le Roussillon, la valeur des prairies est estimée en raison de l'abondance de la houlque qui fournit, dans une bonne terre, 7000 kil. de foin sec à la floraison en perdant 67 p. c. d'eau. 100 parties de ce foin donnent 6 p. c. de cendres où dominent la potasse, la chaux ou la silice suivant la nature argileuse, calcaire ou sablonneuse du sol (1).

La houlque doit être associée à d'autres graminées à saveur saline ou acide, parce que le sucre et le mucilage dominent dans ses tissus, ce qui diminue l'appétence du bétail, surtout des chevaux. Associée avec d'autres graminées ou à des papillonacées, elle donne comme dominante d'excellents fourrages dans tous les sols ; elle croît même spontanément dans les dunes. Comme la houlque a des racines traçantes, elle s'accomode mieux du sulfate d'ammoniaque que du nitrate de soude comme engrais.

Voici les formules des mélanges qui donnent les meilleurs résultats, d'après l'éminent professeur de Beauvais, dans des sols analogues à ceux de nos landes campiniennes.

Mélanges pour les terres arides ou de Bruyère dans le but d'obtenir de meilleurs pâturages.

La dépense ne s'élève guères à plus de 50 francs.

Houlque laineuse .	. 6 k.	30 a.	fr.	4 00
Ivraie d'Italie.	. 5	10		4 00
Ivraie vivace .	. 4	8		3 00
Fromental .	. 6	6		6 00
Dactyle pelotonné .	. 6	15		10 20
Fétuque durette .	. 4	10		8 00
Fléole des prés .	. 2	20		1 60
Flouve odorante .	. 2	5		3 20
Pimprenelle .	. 2	6		1 20
Lupuline .	. 2	16		2 25
Trèfle des prés .	. 2	16		3 40
Trèfle blanc .	. 2	16		4 40
	43 k.	158 a.	fr.	51-25

(1) En moyenne 6000 kil. de foin enlèvent 369 kil. de cendres qui se décomposent comme suit (Institut de Beauvais).

　　　　　　Silice　　　　　　　　108 52
　　　　　　Chaux　　　　　　　　 34 06

A cette association de graminées pour prairies naturelles, on ajoutera, si la terre est marnée : Avoine jaunâtre, fétuque ovine, fétuque rouge, paturin commun, paturin des prés, lotier corniculé, brome des prés et sainfoin.

Mélanges pour terrains humides, à sous-sol tourbeux.

Houlque laineuse .	. 6 k.	30 a.	fr.	4 20
Fléole des prés .	. 1	10		1 30
Ivraie vivace .	. 6	12		5 40
Vulpin des prés .	. 2	4		3 20
La crételle . .	. 1	5		2 30
Agrostide d'Amérique .	2	20		1 80
Fétuque des prés .	. 2	4		3 20
— élevée .	. 4	8		6 40
Vulpin genouillé .	. 2	3		3 20
Dactyle pelotonné .	. 4	10		5 20
Paturin commun .	. 2	10		3 00
Flouve odorante .	. 2	5		3 20
Trèfle blanc .	. 2	16		4 40
— hybride .	. 2	10		3 30
	38 k.	147 a.	fr.	50 10

Dans de telles conditions, les frais de semis, par hectare, varient de 40 à 45 francs.

La fétuque durette, la brome des prés, le lotier major, la minette, complèteront et bonifieront le mélange précédent.

Le trèfle blanc et le trèfle des prés augmentent singulièrement la valeur de ces pâturages, surtout dans les années humides où les renoncules et les laiches tendent à se développer outre mesure.

Magnésie	14 21
Peroxyde de fer	0 99
Potasse	127 53
Acide phosphorique	31 59
— sulfurique	19 99
Chlorure de potassium	28 79

Lorsque l'eau est en trop grande abondance dans le terrain et qu'il est difficile de le draîner, la glycérie flottante, l'alpiste roseau, la gesse des marais, la catabrose aquatique, le lotier velu, la luzerne tachée, le trèfle fraisier, seront ajoutés aux plantes précédentes, et augmenteront la qualité et le rendement des fourrages.

Ces herbes fourragères et plusieurs autres du tableau doivent être recueillies avec soin, puisqu'elles ne se trouvent pas dans le commerce ou se vendent à des prix très-élevés.

INFLUENCE ET TRAITEMENT DU SOL.

L'expérience démontre qu'il importe dans la préparation de faire suivre la charrue d'une fouilleuse pour ne pas ramener le sous-sol à la surface tout en effectuant un labour profond. Ces indications sont surtout nécessaires en Campine ou en Flandre, où le sous-sol étant complètement stérile, le labour profond peut-être nuisible.

Dans les terrains humides, le draînage est recommandable partout où il y a une pente suffisante. Partout ailleurs on creusera des fossés, comme dans les Polders de l'Escaut. Si la terre contient de l'oxyde de fer ou des végétaux aquatiques parasites — ce qui arrive souvent dans nos *pays-bas* — il faut employer les drains les plus larges et modifier progressivement la nature du sol par des composts ou du terreau.

Les phosphates acides exercent sur la croissance des graminées une influence dominante dans les défrichements. M. le comte de Limburg-Stirum en a obtenu des résultats merveilleux sur des marsages dans les bruyères de St-Jean (Ardennes) et constate que si ces cultures tendent de nouveau à se restreindre, c'est parce que le sol est épuisé en acide phosphorique. Les phosphates fossiles des Ardennes françaises qui ne coûtent que 4 à 5 francs les 100 kil. pris au moulin ont produit une véritable révolution dans les landes de la France et sont appelés à jouer un rôle identique dans les défrichements de la Campine et des Ardennes. Mais, comme le fait remarquer M. Lecouteux, ce n'est guère que dans les terres de bruyère et dans les prairies tourbeuses et acides que le phosphate minéral, simplement pulvérisé, peut être employé avec succès à l'état naturel.

Dans les terres argileuses trop froides et trop compactes, l'amendement par la chaux est nécessaire préalablement à tout essai. La chaux réchauffe et divise le sol qui ne se trouvait point dans les conditions favorables à l'assimilation des engrais par la plante. Il est toujours très avantageux, sinon indispensable, pour les prairies *de faire pâturer le regain par le bétail.*

Chacun sait que l'herbe qui croît dans les terrains secs constitue un fourrage plus riche que celle des terres humides, en dépit des apparences. Ainsi les terres fertiles de la Normandie donnent un sainfoin qui atteint 75 centimètres, tandis que les terres sèches du plateau de la Beauce, il ne s'élève pas à la moitié. C'est la même plante, cultivée dans les deux cas sur un terrain calcaire; mais les analyses d'Isidore Pierre montrent que le fourrage de la Beauce est beaucoup plus riche en principes immédiats nutritifs. L'écart nutritif est encore plus grand si l'on analyse les plantes en vert. De même les herbes de la Famenne donnent en Belgique un fourrage très riche sous un petit volume qui convient surtout aux petites races à courtes cornes et ne convient pas aux races lymphatiques hollandaises à grand coffre.

Le petit fourrage de la Beauce est tellement substantiel qu'il détermine chez le bétail qui s'en nourrit des accidents pléthoriques, maladies qui, suivant Isidore Pierre, se manifestent parfois sous la forme charbonneuse. Ce chimiste a même observé que, lorsqu'il survient des pluies pendant l'épizootie, on voit le mal diminuer comme par enchantement. Alors, suivant lui, la nourriture, devenue plus aqueuse et par le fait même moins substantielle, prévient la cause de l'épidémie. Cette appréciation n'est pas incompatible avec les découvertes de MM. Pasteur et Toussaint, qui parviennent à modifier à volonté l'évolution des germes de la maladie en modifiant le milieu nutritif. (1)

S'il est vrai que l'on peut arriver par des modifications de milieu à transformer la bactérie ordinaire du foin, appelée jadis *infusoire*, en bactérie charbonneuse, comme l'affirme le Dr Buchner, l'observation d'Isidore Pierre acquerrait la plus haute portée.

Il serait très intéressant à ce point de vue de comparer la terre et la flore des prairies de la Beauce à celles des prairies du pays de Herve où les maladies charbonneuses sont confinées chez nous, comme dans les *champs maudits*. D'après M. Phocas Lejeune la terre des pâturages de Herve et de Battice est formée d'une argile silicieuse et fraîche où dominent la flouve, le dactyle, la crételle, la fétuque des prés, la houlque, les paturins, les agrotis, le trèfle rouge et le coucou. Puis viennent l'ivraie vivace, la fléole, le vulpin.

Dans les prairies argileuses du Furne Ambach c'est au contraire *l'ivraie vivace et la fléole*, qui prédominent sur les graminées précédentes. L'analyse des bons foins hollandais accuse la prédominance de la *flouve et de l'agrostis* vulgaire puis de la houlque, de la crételle, des paturins et du trèfle rouge. Dans les foins de qualités inférieures, récoltés dans les terres pauvres et trop humides, ces graminées dominantes sont remplacées par la houlque velue, les vulpins, et les dactyles, qui ne tardent pas à faire place eux-mêmes aux rumex aux plantains, aux carex et aux renoncules.

Il est prouvé que les fourrages trop aqueux favorisent le développement des tissus mous et du tempérament lymphatique. Ce fait est particulièrement frappant en Belgique dans les régions humides des polders où le gibier

---

(1) Cependant, d'après MM. Pasteur et Bouley, l'humidité en ramollissant les fourrages, n'aurait d'autre effet que d'empêcher les blessures de la bouche par où les microbes s'introduisent dans le sang.

lui-même, c'est-à-dire l'animal livré à la sélection naturelle, subit l'influence du milieu (1); tandis que, dans les régions ardennaises, les moutons et les porcs acquièrent une chair ferme et parfumée, due aux qualités substantielles et aromatiques des herbes de la montagne.

L'homme lui-même subit à son insu l'influence du sol et de l'aliment, et rien n'est plus frappant que la similitude des formes pesantes et des allures indolentes du cheval et de l'homme des *Pays-Bas*. L'influence est telle que des chevaux élevés dans des prairies voisines, humides et sèches, accusent des différences profondes dans leur constitution.

EXPÉRIENCES DE LAWES ET GILBERT (2)

Il résulte des longues expériences et des analyses de Rothamsted que le foin de graminées contenant une forte proportion de matière sèche indique un degré avancé de maturité et un développement des chaumes, tandis que l'élévation des matières minérales dans la matière sèche correspond au développement des feuilles. Les matières minérales augmentent avec les légumineuses et diminuent avec les graminées. Preuve que ces dernières absorbent moins d'aliments fertilisants tout en épuisant d'avantage les couches superficielles.

Une forte proportion d'azote indique une végétation luxuriante plutôt qu'un degré suffisant de maturité. L'azote, dans ces conditions, correspond parfois au défaut d'autres éléments et n'est point suffisamment élaboré pour être bien digéré. Le foin des légumineuses ne présenterait pas cet inconvénient. Les analyses de M. Segelcke de Copenhague démontrent que l'élévation de la cellulose dans la matière sèche correspond aussi avec un degré d'élaboration impar-

(1) Les chasseurs remarquent que les lièvres des polders humides ne présentent souvent pas la raideur cadavérique après la mort.
(2) Voir p. 317.

faite. *Plus la proportion de cellulose est élevée, moins celle des matières azotées, des matières grasses et minérales est importante.* L'inverse s'observe quand la teneur en cellulose est faible.

Les sels ammoniacaux contribuent plus activement que les nitrates à la sélection des graminées et à l'élimination des légumineuses. Lawes et Gilbert se trouvent bien du mélange de nitrate de soude et de sulfate d'ammoniaque. A Rothamsted le sulfate d'ammoniaque a exclu par sélection naturelle toutes les légumineuses et les mauvaises herbes, à l'exception des *Rumex* et des *Achilées*, tandis que le nitrate de soude laissait encore prédominer les *plantains*, la *centaurée noire*, les pissenlits et les renoncules. Les graminées ne profitent de l'engrais minéral qu'au point de vue de leur précocité et de leur maturité. L'analyse des cendres prouve que c'est à la potasse d'abord, puis à l'acide phosphorique que l'engrais minéral, *mélangé à l'azote*, doit son efficacité.

L'emploi des engrais artificiels sur les prairies, dans les Alpes suisses et bavaroises, a montré que les vaches nourries du foin produit par ce mélange d'engrais artificiels donnaient deux fois et demie autant de lait que celles recevant du foin de prés non fumés. De plus, on a constaté une avance de trois semaines pour la maturité du foin.

Le Dr Märker affirme que *les sels de potasse agissent de la même façon que les phosphates sur la maturation, si le sol est assez riche en chaux. L'absence ou l'insuffisance de chaux dans la terre arable peut donc suffire à expliquer dans certains cas l'insuccès des expériences.* Le défaut d'acide phosphorique peut également paralyser l'action des sels de potasse sur la végétation.

La cendre de bois, qui est très riche en potasse, constitue un excellent engrais pour les prairies acides, dont elle fait disparaître les plantes aigres en favorisant la croissance des différents trèfles.

MM. Lawes et Gilbert sont arrivés aux conclusions suivantes dans leurs expériences sur la fumure des prairies :

1° Avec ou sans engrais azoté, la potasse détermine toujours un accroissement notable de récolte, et, si l'on interrompt son emploi, le rendement diminue sans que l'azote soit sensiblement changé ; le fourrage est alors riche en albuminoïdes, mais de mauvaise qualité.

2° En présence de l'ammoniaque, la culture devient essentiellement herbacée, et la potasse est à peu près sans action sur la composition botanique de l'herbage ; mais, avec elle, la maturation s'effectue mieux et le produit est meilleur.

3° Sans ammoniaque, la potasse favorise le développement des légumineuses aux dépens des graminées, et les caractères de la culture se modifient profondément, quand on cesse de l'employer.

M. Dehérain déclare n'avoir point réussi à reproduire ces expériences à Grignon. Sans doute (il est permis de le supposer après les observations de M. Marker sur les causes d'inefficacité de la potasse) les conditions du sol étaient différentes. C'est ainsi qu'il y a 25 ans, le baron Thénard n'obtint aucun résultat de l'emploi du noir animal dans une terre arable.

L'analyse lui montra que le sol avait transformé le phosphate de chaux assimilable en phosphate de fer et d'alumine insoluble.

Cette métamorphose expliquait parfaitement comment les phosphates peuvent ne produire aucun effet dans certains cas, alors même qu'ils sont offerts au sol sous une forme très assimilable. Dans une communication plus récente à l'académie (19 mai 1884) M. Dehérain constata que le sol de Grignon est riche en phosphates immédiatement assimilables, c'est-à-dire en *phosphates de protoxydes solubles dans l'acide carbonique*. Ce qui expliquerait pourquoi l'addition des phosphates n'y produirait pas plus d'effet que celle de la potasse.

D'après Lawes, le *fauchage* d'une prairie a pour effet de consommer la potasse du sol, plus vite que le phosphate et le *pâturage* produirait l'effet opposé parce que l'animal prélève très peu de potasse et beaucoup de phosphate de chaux. Le sol des *vieilles prairies de Rothamsted d'où vingt récoltes de foin avaient été enlevées sans aucune restitution, contenait encore deux fois autant d'azote qu'on en trouve dans la terre arable* soit environ deux tonnes et demi d'azote par hectare.

Il en résulte que l'usage de ROMPRE les vieilles prairies de temps en temps pour les mettre en culture est des plus recommandables. *En recouvrant le sol d'une végétation permanente,* la prairie s'oppose à la déperdition continue des nitrates dans les sous-sol par les eaux souterraines. Or, nous avons vu que, d'après Lawes, la déperdition de l'azote par cette source serait beaucoup plus considérable que par l'exportation des récoltes. Les anglais n'ont pas attendu cette découverte pour transformer en prairie une bonne partie de leurs terres épuisées. Depuis 1870 plus de *cent mille* hectares ont été convertis de la sorte (1).

D'après ces indications une bonne formule économique d'engrais complet préconisée pour prairie est la suivante :

400 à 600 kil. de kaïnite
200 kil. de poudre d'os

bien mélangés de terre de compost et répandues à l'automne de préférence. L'azote se restitue le plus économiquement sous forme de salpètre du Chili à raison de 100 ou 200 kil. par hectare, s'il est jugé nécessaire. L'usage du sel ordinaire n'est point recommandable. Le chlorure de Sodium favorise, il est vrai, la dissolution des silicates insolubles à bases fertilisantes, mais il occasionne une forte déperdition d'engrais en produisant le *lessivage* du sol. De plus il produit par échange de bases la formation de chlorures nuisibles de magnesium et de calcium.

(1) L'*Avenir de l'Agriculture*, 2⁰ édit. éditeur Ramlot, Bruxelles 1883.

L'expérience de plusieurs années montre que si la composition minérale du foin varie avec les engrais, elle ne varie guère avec les vississitudes des saisons. Le fumier de ferme de bonne qualité a une action plus lente, mais donne une qualité supérieure à l'herbe plus fournies d'espèces variées.

PRAIRIES IRRIGUÉES.

ANALYSES DU FOIN.

Nous croyons inutile d'insister sur l'efficacité des irrigations sur les prairies. Nous avons vu en traitant des *eaux d'égout* les prodigieuses récoltes de ray-grass que l'on obtient par ce moyen en Angleterre. (1) Mais il importe de faire remarquer que l'eau ordinaire constitue également un agent de restitution, surtout de l'élément azoté. — Ainsi l'on a calculé, pour les irrigations du midi de la France que 10,000 kil. d'eau cèdent 16 grammes d'azote, soit un total de 24 kil. par hectare et par an.

Or, le foin d'un hectare en enlève 184 kil., dont une partie disparaît pendant la dessication de l'herbe. Les expériences de MM. Dehérain et Nantier sur la maturation de l'avoine montrent que dès que les graminées jaunissent, l'assimilation s'arrête, la chlorophylle cesse de fonctionner, tandis que la combustion continue. L'analyse prouve que la perte porte particulièrement sur la matière azotée. (*Cultures du champ d'expérience de Grignon.* Paris 1879. Masson, édit.)

Dans la Campine l'on calcule que l'irrigation correspond à environ 300 kil. d'engrais. Malheureusement cet art est resté chez nous en enfance comme le constate M. l'ingénieur Keelhof, dont nous avons déjà rapportée les lucratives expériences (p. 143). Plus de 3000 hectares de bruyères ne valant

____

(1) En Angleterre, le gouvernement a avancé plus de 200 millions de francs pour encourager les travaux de draînage dont plus de 100 millions pour l'Irlande seule.

que 130 fr. ont été transformées en Campine et vendus à
3500 fr. l'hectare, grâce à ses procédés (1).

D'après Wolff, les prairies irriguées par les rivières rendant
en Allemagne environ 4000 kilogrammes de foin et regain à
l'hectare, enrichissent la ferme, par hectare de pré et par
an, de :

51	*kilogrammes d'azote*	
67	»	potasse
53	»	chaux
12	»	magnésie
16	»	acide phosphorique
16	»	acide sulfurique
77	»	acide silicique.

Un hectare de prairie restitue ainsi la potasse soustraite

(1) L'analyse du foin de la Campine des prairies irriguées des environs
de Turnhout a donné à la station agricole de Gembloux :

Composition
minérale.   Analyse organique.   Analyse botanique.

Composition minérale		Analyse organique		Analyse botanique
Chaux	15,78	Eau	14,80	Le foin se composait de
Magnésie	5,37	Mat. protéique	7,89	bonnes espèces ; Trifolium
Potasse	34,48	Mat. grasses	2,65	repens — festuca ovina —
Soude	4,59	Extract. non az.	43,72	festuca pratensis — Dac-
Ox. fer	0,33	Cellulose	25,52	tylis glomerata — holcus
Acide phos.	6,03	Mat. minér.	3,54	mollis — alopecurus pra-
— sulfur.	4,84		98,12	tensis — anthyllis vulne-
Chlore	15,18			raria — kalaria cristata —
A. salyc.	16,76			achillée millefeuille — pas
	103,36			de jonc ni de carex.

Ces analyses montrent que le foin est de bonne qualité, bien que le
titre en protéine n'atteigne pas la moyenne établie par Kuhn. Il renferme 6 p. c. en plus de matières solubles non azotées et 3 p. c. de
moins de cellulose. — La composition minérale est normale. Le rapport qui vient d'être adressé au Ministre de l'intérieur constate que la
dernière campagne a été très favorable aux propriétaires faisant pâturer
leurs irrigations. Le betail, acheté à bon compte, s'est bien revendu.
Le revenu net par hectare pâturé a varié de 140 à 180 fr. et la valeur
foncière des irrigations se maintient à un prix relativement élevé.

par les exportation des produits de 13 hectares 80, et seulement l'acide phosphorique de 2 hectares 13.

Dans ces conditions 20 hectares de prairie suffisent pour compenser le double des pertes en potasse et le tiers des pertes en acide phosphorique occasionnées par les cultures les plus intensives, l'exportation du grain, du lait et du bétail de 117 hectares.

Or il faut se rappeler, dit Wolff, que l'étendue qui produit 1000 kilogrammes de grain (75 ares) emportant 5 kilogrammes 5 de potasse, peut livres 10,000 kilogrammes de pommes de terre et 20,000 kilogrammes de betteraves dont l'exportation soustrait huit et quinze fois autant, soit 44 et 82 kilogrammes de potasse.

Wolff conclut que le déficit en potasse est toujours moins à craindre qu'en *acide phosphorique :*

1° Parce que les récoltes en enlèvent moins.

2° Parce que le sol arable en contient davantage.

Wolff constate aussi que l'emploi du *guano* sur les prairies est rarement avantageux parce qu'il provoque trop exclusivement le développement des graminées au détriment des plantes feuillues plus riches en principes nutritifs comme les légumineuses.

« Le guano du Pérou convient surtout aux plantes oléagineuses et aux pommes de terre. »

Les récentes recherches de Koenig et Krauch en Prusse sur les irrigations prouvent que l'eau est dépouillée par le sol des matières minérales qu'elle renferme en raison directe de l'élévation de sa température ou de celle du sol, mais que ce phénomène est très variable pour chaque élément.

A leur avis, tout indique que les plantes prennent directement dans l'eau les éléments minéraux dissous dont elles ont besoin *excepté la potasse* qui est absorbé par la terre. L'engrais à dominante de potasse favoriserait l'élémination de la chaux par les eaux. L'engrais à dominante de chaux l'élémination de la potasse. L'irrigation aurait également pour effet d'enlever les acides du sol comme elle dessale les polders.

Les eaux d'égout, d'après Lawes et Gilbert, accroissent les herbes grossières ou rustiques, telles que le chiendent, l'ivraie vivace, la houlque et le *poa trivialis*.

Les autres graminées seraient étouffées par ces espèces qui végètent avec une vigueur extraordinaire. Cependant nous avons vu les prairies de Gennevilliers, *ensemencées* de *ray grass*, ont donné d'excellents rendements de ce fourrage. (Voir p. 361, Irrigations de Milan.)

Les cendres de foin renferment pour cent :

Potasse	maximum	56.
	minimum	7.
Chaux et mag.	maximum	45.
	minimum	11.
Ac. phosph.	maximum	21.
	minimum	4.
Ac. silicique.	maximum	63.
	minimum	10.

Dans le Schleswig-Holstein, Emmerling et Wagner ont mis admirablement en lumière les conséquences du défaut de minéraux dans le sol, au point de vue de la production du blé et de la viande.

Les défaut de bases dures, *chaux* et *magnésie* dans le sol des prés empêche le développement du squelette des animaux; d'autre part, à defaut de bases alcalines l'évolution régulière de l'humus est entravée ; la prairie devient acide et dissout des silicates qui concourent au développement des herbes de mauvaise qualité.

Les prairies donnaient un bétail chétif, mais engraissant vite; or l'engraissement hâtif est un symptôme de *misère* physiologique. Emblavées en céréales, ces terres produisaient un grain vitreux contenant peu de farine mais une paille abondante et tendre.

L'analyse du sol de ces prairies comparée avec celle d'un

bon sol du voisinage a donné les résultats suivants : 100,000 parties de terre contiennent :

	Sol de la prairie				Bon sol
Potasse	15	.	.	.	38
Soude	13	.	.	.	19
Chaux	139	.	.	.	45
A. phosph.	103	.	.	.	88

Analyse du foin comparé avec un foin normal.
100 parties de foin renferment :

Analyse organique.	Eau	16,23	16,80
	Cellulose	27,12	28,46
	Graisse	2,15	2,02
	Protéine	6,96	8,60
	Matières nutritives non azotées	40,12	36,99
	Cendres	7,42	7,13

Les cendres contiennent p. 100 :

Analyse minérale	Acide phosphorique	5,11	7,28
	Chaux	6,50	9,83
	Magnésie	2,91	8,07
	Oxyde de fer	1,65	0,79
	Potasse	26,30	37,30
	Soude	4,20	1,11
	Acide silicique	41,82	21,37
	Acide sulfurique	5,09	3,13
	Chlore	11,06	11,45

Le premier foin contient donc moins de chaux, de potasse, de magnésie et de phosphates, et *plus de silice, de fer et du soude*. Il contient moins de substance albuminoïde et plutôt plus de graisse et de substance non azotée soluble.

M. Barral s'est livré depuis plusieurs années à des recherches sur la composition des fourrages verts; il a reconnu, contrairement à l'opinion généralement admise, que la matière azotée varie de 1 à 4 pour cent des matières sèches, et que les dernières coupes fournissent les fourrages les plus azotés.

Les anciens agriculteurs de la Flandre avaient déjà découvert et pratiqué la double sélection des prés par le choix des graines et des engrais.

Dans son mémoire sur les prairies des Flandres, Van Aelbroeck, dit que les meilleures plantes pour les prairies et qu'on semait de préférence pour en créer de nouvelles, étaient la fléole des prés, nommée par les flamands lammer steert (queue d'agneau), le vulpin des prés ou vosse steert (queue de renard); le paturin des prés ou bemb gras; la fétuque élevée ou knoop-gras et le trèfle rampant. On semait 26 livres de Gand par bonnier, 6 livres de fléole, 6 livres de vulpin, 6 livres de paturin, 4 livres de fétuque et 4 livres de trèfle. Le choix de ces graines, c'est-à-dire la sélection artificielle de la prairie était indiquée aux agriculteurs par la composition des meilleures prairies de la Flandre, c'est-à-dire, par la sélection naturelle des graminées.

M. Van de Putte signale également les beaux résultats obtenus par la prairie dans les polders épuisés.

Règle générale, dit-il, *plus un polder est sableux et moins bien il conserve sa fertilité*. La matière organique subit dans le sable une décomposition rapide ; ni les matières minérales solubles, ni les divers composés azotés ne sont absorbés ou retenus par le sable. Si la terre végétale jouit à un haut degré de cette faculté d'absorption, c'est à l'humus et à l'argile perméable qu'elle doit cette propriété.

Beaucoup de polders où l'on a abusé de la culture du lin, du colza, des fèves et des betteraves, sont devenus incapables aujourd'hui de produire encore des récoltes.

Il est heureux alors si le sol présente de la facilité pour s'enherber et, dans ce cas, on dispose du moyen aussi sûr qu'économique pour reconstituer la matière organique.

D'après M. Van de Putte, la majorité des terres du Furnes-Ambacht et du nord de Bruges présente cette prédisposition, qui dépend beaucoup plus de la faculté qu'a le sol de retenir un certain degré d'humidité pendant l'été que de sa richesse en matières minérales solubles.

On devrait toujours remettre en prairie permanente les terres plus ou moins fatiguées de cultures qui sont aptes à s'enherber. Malheureusement, les premières années d'établissement rapportent quelquefois peu, et le locataire très pressé pour défricher une prairie ne se risque qu'à son corps défendant pour en établir.

Dans les polders plus sableux, plus secs et perméables, la prairie rentre pour l'ordinaire dans l'assolement régulier et dure seulement de trois à cinq ans ; la terre fait ainsi une nouvelle provision d'humus qui permet une nouvelle période de culture granifère.

Depuis nombre d'années on a défriché, dans le littoral, une étendue considérale de prairies permanentes : la culture a profité ainsi de l'humus accumulé par une longue suite d'années de végétation pérenne ; beaucoup se sont enrichis à ce système aux dépens de l'avenir. Mais aujourd'hui on s'aperçoit qu'on a sacrifié la poule aux œufs d'or. Les seules fermes prospères encore sont précisément celles qui ont conservé la plus grande étendue de prairies naturelles ou artificielles, et qui sont à même de donner actuellement une grande extension à l'élève du bétail.

La culture si éminemment améliorante de toutes les légumineuses fourragères y réussit en général, sans qu'on soit obligé d'appliquer des engrais spéciaux, grâce à un sol profond, argileux, légèrement calcaire et chargé de matières organiques. (Voir p. 356. Traitement des dunes des polders.)

La culture des prairies artificielles de légumineuses silicoles est seule recommandable dans les sables campinieu où les graminées végètent misérablement. Quant aux prairies basses nous avons vu quels beaux résultats il serait possible d'en obtenir par une irrigation et une restitution rationnelle.

Régénération du sol arable par la prairie permanente.

Depuis une vingtaine d'années, un agriculteur alsacien dont nous avons analysé ailleurs les fécondes expériences, a préconisé une méthode de culture suivant laquelle il serait possible d'arriver, en peu d'années, et avec les seules ressources dont chaque cultivateur dispose, à doubler les productions du sol et à procurer de serieux bénéfices aux cultivateurs en détresse.

L'auteur de la nouvelle méthode de culture (c'est ainsi qu'il la désigne) établit qu'il est possible d'obtenir 30 hectolitres de blé à l'hectare au prix moyen de 7 à 11 fr. l'hectolitre : le foin, dans la proportion de 10,000 kil. à 20,000 kil. à l'hectare, soit de 2,000 à 4,000 bottes de 5 kil. et les autres produits dans des proportions équivalentes.

Cette méthode est basée sur une production intensive de prairies permanentes et sur l'enfouissement d'engrais vert, particulièrement du trèfle semé dans les céréales et enfoui à l'automne comme supplément d'engrais pour la production de nouvelles céréales.

Le trèfle utilisé, comme il est dit, par ses parties foliacées, est très riche en azote. Ce principe est, comme chacun le sait, l'élément le plus cher de ceux que fournit l'industrie. Quant aux racines qui se décomposent dans le sol, elles y laissent les principes minéraux qu'elles ont puisés dans les profondeurs.

Le trèfle vert est donc un engrais complet.

« En somme, concluent les rapporteurs, M. Goëtz établit ses prairies en leur attribuant une grande partie de l'engrais disponible aux dépens des autres cultures. Mais ce sacrifice n'est que momentané et par la production quadruple ou quintuple du fourrage obtenu, on ne tarde pas à produire l'engrais en bien plus grande grande quantité. » (1)

(1) *Journal d'Agriculture progressive.* Rapport de M. Vianne, juillet 1880.

Expérimentée depuis plusieurs années, en Normandie, par les soins de *la Société centrale d'agriculture de la Seine inférieure*, cette doctrine a donné les mêmes résultats que ceux enregistrés par les rapporteurs de la *Société centrale d'agriculture de France*. Ces rapports ont été publiés en 1882 dans les bulletins de *la Société centrale d'agriculture de Belgique*.

Au surplus, voici l'opinion de M. Chevreul, l'illustre chimiste français :

Les principes sur lesquels repose l'économie rurale de M. Goëtz concernent les faits suivants :

1° Profondeur des labours et ameublement du sol.

2° Le bon choix des plantes.

3° L'époque la plus favorable à la coupe des foins.

« La condition que M. Goëtz s'est proposé de remplir, dit M. Chevreuil dans la formation de sa prairie, la simultanéité de la floraison des espèces qui la composait afin que les espèces fauchées soient arrivées à la floraison me paraît excellente d'après les observations que je vais exposer.

« C'est à l'époque de la floraison que les plantes herbacées présentent leurs principes immédiats, et bien entendu ceux qui servent efficacement à la nourriture des animaux herbivores, les plus uniformément répandus dans toutes les parties de la plante qui s'élève au-dessus du sol. Cette époque de la végétation est donc la plus favorable à la récolte d'un foin de bonne qualité.

« Si l'on attendait la maturité, le foin serait d'une qualité tout à fait inférieure, par la raison que la graine ne peut plus se former et attendre la maturité qu'en s'assimilant les principes les plus nourissants, qui étaient répandus dans tout le végétal. En un mot, elle s'est nourrie elle même aux dépens de ces principes. Aussi le foin d'une herbe dont les graines sont mûres, en perdant sa sève; est devenu plus ligneux. Cette observation explique pourquoi les graines sont si précieuses par leur qualité nutritive.

M. Goëtz commence par ameublir le sol aussi profondément que possible à l'aide de charrues fouilleuses.

Comme complément indispensable, il fume très abondamment ses terres ainsi préparées et sème à l'automne ou au printemps (de préférence à la première époque) des graminées de choix, en nombre variable et fleurissant en même temps. Le moment de cette floraison est celui que l'auteur choisit pour une première coupe produisant de 5 à 9000 kil. à l'hectare. Une deuxième coupe, qui a lieu fin juillet ou au commencement d'août, en produit 5000 ou 6000 kil. D'où résulte un rendement annuel de 10,000 à 15,000 kil. à l'hectare. Cette quantité de fourrage de très bonne qualité, peut même aller jusqu'à 20,000 kil. et au-delà, et cela sans le secours des irrigations et dans les années les plus sèches. Outre le foin récolté, on peut toujours compter sur un bon pâturage d'arrière saison.

« M. Goëtz ajoute que pour obtenir de pareils résultats, la prairie doit recevoir pendant deux, trois ou quatre ans, selon l'état de la fertilité de la terre, au début, toute la quantité de fumier résultant de la consommation du foin qu'elle a produit. Puis arrivée au degré de la plus grande production, elle ne reçoit plus que la moitié du fumier obtenu.

« Si un hectare de prairie nourrit deux têtes de gros bétail, il est nécessaire de lui donner toute cette quantité de fumier. Plus tard, le fumier d'une tête suffit, et la production ne baisse pas. Le fumier d'une ou deux bêtes, si l'on en nourrit trois, devient alors disponible pour les autres terres de la ferme ou pour créer de nouvelles prairies.

« Ce qu'il y a de remarquable, ajoutent les rapporteurs, c'est que M. Goëtz établit d'excellentes prairies dans des terres sans valeur, des landes ou des sables par exemple. Tandis que tous les prés hauts ont été desséchés pendant les années de sécheresse, les prairies de Goëtz ont donné plusieurs coupes et les animaux qui ont mangé de ce foin *le préfèrent à tous les autres*. Par l'abondance de l'engrais et par l'ameublissement du sol à une grande profondeur, on nourrit amplement les plantes. »

On a jeté les hauts cris quand nous avons signalé pour la première fois ces résultats dans le sein d'une société agricole où de vieux praticiens se targuaient de leur expérience pour nous opposer des fins de non recevoir (1).

Depuis lors les résultats obtenus en Belgique, notamment sur les anciennes dunes de l'Escaut appartenant à M. le vicomte Vilain XIIII, sénateur (2) ont répondu pour nous. L'herbe y atteignait, après une periode de sécheresse, jusque 1 mètre 70 cent. de hauteur. L'on n'y avait cependant appliqué d'autre engrais que le purin. Mais cet engrais, à dominante d'azote, convient particulièrement aux graminées à grand rendement de feuilles, surtout dans les prairies élevées à sol sablonneux.

Les prairies temporaires peuvent être semées au printemps dans une céréale quelconque ou dans un sarrazin, et sont moins exigeantes pour la préparation du terrain, les graminées à graines fines s'y trouvant en très petites quantité. »

D'après Lawes, l'avoine jaunâtre et la pubescente, herbes douces et fines se développent spontanément dans les sols calcaires bien amendés et fumées ainsi que la flouve adorante et le vulpin des prés. Ces dernières plantes végètent aussi parfaitement dans des sols plus humides et plus froids avec le paturin et la fétuque des prés, l'ivraie vivace et la houlque.

Il n'est guère de sol qui ne se prête à la création d'une prairie naturelle ou artificielle par la sélection des graines et des engrais. Ainsi dans le Luxembourg, on obtient de forts beaux résultats dans certains cantons d'un mélange de trèfle avec une graminée telle que la *fléole*. « Si le trèfle pousse « bien, la fléole reste en arrière et donne une herbe fine et « serrée qui augmente le rendement et la valeur du four- « rage. Mais si le trèfle fait plus ou moins défaut, la fléole « se développe vigoureusement. »

(1) *Société centrale d'agriculture de Belgique*, 1880-81.
(2) Ibidem. 1883. Les foins ont été exposés à Bruxelles chez M. Nestor D'Argent, parvis St-Gudule.

GRAMINÉES DE CHOIX   MÉTHODE GOETZ   ANALYSE

Rendement, 10,000 kil. par hectare minimum.   Prairie Mère 1 hectare.   Du sol par les plantes.

25 ares.

1re COMPOSITION.	QUANTITÉS	PRIX
1. Brome des prés .	. k. 7,500	fr. 13,50
2. Dactyle pelotonné .	5,000	12,50
Prix total pour 25 ares		fr. 26,00

25 ares

2e COMPOSITION.	QUANTITÉS	PRIX
1. Avoine élevée .	. k. 16,000	fr. 28 80
2. Vulpin des prés. .	1,250	4 40
3. Dactyle pelotonné .	3,000	7 50
Prix total pour 25 ares fr.		40 70

25 ares.

4o COMPOSITION.	QUANTITÉS.	PRIX
1. Fétuque des prés.	. k. 1,250	fr. 3 15
2. Dactyle pelotonné .	1,250	3 15
3. Ray-grass . . .	2,250	2 85
4. Flouve odorante . .	1.000	2 60
5. Paturin des bois . .	0,500	1 35
6. Paturin commun. .	0,500	1 25
7. Vulpin des prés . .	1,000	3 50
8. Brome des prés . .	2,000	3 60
Prix total pour 25 ares		fr. 21 45

25 ares

3o COMPOSITION.	QUANTITÉS.	PRIX
1. Fétuque élevée. .	k. 0,525	fr. 1 55
2. Fétuque des prés .	0,625	1 55
3. Ray-grass .	2,250	2 85
4. Dactyle pelotonné .	. 3,000	7 50
5. Flouve odorante .	1,000	2 60
6. Paturin des bois .	0,650	2 05
7. Paturin commun .	0,750	1 90
8. Vulpin des prés .	1,259	4 40
Prix total pour 25 ares		fr. 24 40

25 ares.

Cinquième composition destinée à regarnir les semis qui ne contiendraient pas assez de plantes.

5o COMPOSITION	QUANTITÉS	PRIX
1. Flouve odorante .	k. 1,000	fr. 2 60
2. Vulpin des prés .	2,000	7 00
3. Paturin des bois .	1,000	2 70
4. Paturin des prés . .	1,000	2 00
5. Houlque laineuse .	3,000	4 50
Prix total pour 25 ares fr.		18 80

GRAINES POUR PRAIRIES PERMANENTES ET TEMPORAIRES.

Formules anglaises publiés par l'agence centrale des agriculteurs de France.

PRAIRIES TEMPORAIRES

Graminées et tréfles pour prairies de 1, 2, 3 ou 4 ans
Mélange spécial pour un an (23 k. à l'hect.)

Dactyle pelotonné	Tréfle des prés		
Ray-grass vivace	Tréfle blanc	Prix à l'hectare	**55 fr.**
Ray-grass italien	Minette		

Mélange spécial pour deux ans (27 kil. à l'hectare).

Dactyle pelotonné	Tréfie des prés		
Ray-grass vivace	Tréfle blanc	Prix à l'hectare	**70 fr.**
Ray-grass italien	Minette		
Fléole des prés	Tréfle hybride		

Mélange spécial pour trois ou quatre ans (36 kil. à l'hect.)

Vulpin des prés	Fléole des prés		
Dactyle pelotonné	Tréfle des prés		
Fétuque des brebis	Tréfle viv. des prés	Prix à l'hectare	**85 fr.**
Fétuque des prés	Tréflé blanc		
Ray-grass vivace	Minette		
Ray-grass italien	Tréfle hybrique		

PRAIRIES PERMANENTES

36 kilog. graminées et 14 kilog. tréfles par hectare.
Mélange de graminées et légumineuses, préparé spécialement pour sols crayeux forts.

Agrostis traçante	Fétuque durette	Paturin commun
Vulpin des prés	Ray-grass du Pacey	Tréfle rampant
Dactyle pelotonné	Ray-grass de Sutton	Tréfle des prés
Fétuque des prés	Minette	Tréfle hybride
Fétuque fausse ivraie	Fléole des prés	

Mélange de graminées et légumineuses pour terres glaises fortes.

Agrostis traçante	Fétuque élevée	Minette
Flouve odorante	Fétuque hétérophyle	Fléole des prés
Vulpin des prés	Fétuque durette	Paturin commun
Dactyle pelotonné	Ray-grass de Sutton	Tréfle rampant
Fétuque des prés	Ray-grass de Pacey	Tréfle des prés
Fétuque fausse ivraie	Ray-grass de Pacey	Tréfle hybride

Mélange de graminées et de légumineuses pour terres moyennes

Achillée mille-feuilles	Fétuque fausse ivraie	Minette
Vulpin des prés	Fétuque des prés	Fléole des prés
Flouve odorante	Fétuque rouge	Paturin commun
Cynosure crételle	Fétuque des brebis	Paturin des prés
Dactyle pelotonné	Ray-grass de Sutton	Trèfle rampant
Fétuque élevée	Ray-grass de Pacey	Trèfle des prés
Fétuque durette	Ray-grass vivace	Trèfle hybride

Mélange de graminées et de légumineuses pour sols légers sabloneux.

Flouve odorante	Fétuque des brebis	Minette
Achillée mille-feuilles	Fétuque rouge	Paturin des prés
Avoine jaunâtre	Fétuque à petit^{es} feuil.	Paturin des bois
Cynosure crételle	Ray-grass de Sutton	Trèfle rampant
Dactyle pelotonné	Ray-grass de Pacey	Trèfle des prés
Fétuque durette	Ray-grass vivace	Trèfle hybride
Fétuque des prés	Lotier corniculé	

Mélange de graminées et de légumineuses pour sols caillouteux.

Flouve odorante	Ray-grass de Sutton	Paturin des prés
Cynosure crételle	Ray-grass vivace	Trèfle rampant
Dactyle pelotonné	Ray-grass de Pacey	Trèfle des prés
Fétuque rouge	Minette	Trèfle hybride
Fétuque des prés	Fléole des prés	
Fétuque durette	Paturin vivace	

Mélange de graminées et légumineuses pour sols calcaires

Avoine jaunâtre	Fétuque fausse ivraie	Minette
Achillée mille-feuilles	Fétuque hétérophylle	Paturin des bois
Flouve odorante	Fétuque rouge	Paturin des prés
Cynosure crételle	Ray-grass vivace	Trèfle rampant
Dactyle pelotonné	Ray-grass de Sutton	Trèfle des prés
Fétuque durette	Ray-grass de Pacey	Trèfle hybride

Mélange de graminées et trèfles pour prairies permanentes.
Spécialement préparé pour pacages de moutons.

Flouve odorante	Fétuque des brebis	Minette
Achillée mille-feuilles	Fétuque des prés	Paturin des prés
Avoine jaunâtre	Fétuque traçante	Persil des moutons
Cynosure crételle	Ray-grass vivace	Trèfle blanc vivace
Dactyle pelotonné	Ray-grass touj. vert	Trèfle des prés viv.
Fétuque durette	Ray-grass de Pacey	Trèfle hybride

« Le semis de prairies permanentes peut-être fait indifféremment au printemps ou à l'automne, mais pour obtenir un bon résultat, il faut, autant que possible, semer en terre nue, et non pas parmi des céréales, comme beaucoup de personnes le font : Ce n'est pas d'ailleurs une perte, car la prairie semée seule au printemps peut donner trois et même quatre coupes la première année.

« On doit, autant que possible, semer sur un terrain ferme et bien ameubli et nettoyé, avant la pluie ; on sème d'abord les 36 kilog. graminées que l'on enterre par deux coups de herse donnés en long et en travers, ensuite on sème les 14 kil. trèfles et fléole que l'on enterre par un léger coup de herse, ou par un coup de rouleau. Il est d'ailleurs toujours bon de rouler de suite après le semis.

Comme le faisait observer très judicieusement M. Roelants dans un mémoire présenté au Congrès agricole de Liége en 1879 (1), nous connaissons aujourd'hui, grâce aux découvertes de la botanique, quelles sont les conditions géologiques et climatériques exigées par les différentes graminées fourragères : Quelles sont les graines à employer et pour les *prés à faucher* et pour les prairies destinées à être *paturées par le bétail.* Les premières sont en général des plantes qui atteignent un grand développement tandis que les secondes jouissent surtout de la qualité de repousser rapidement. Comme pureté et puissance de germination, ajoute M. Roelants, les meilleures graines sont celles des *Lolium italicum, Lolium perenne* et *phleum pratense*; Les *poa trivialis* et le *poa pratensis* ainsi que la *fétuque des prés* aiment les terrains gras, tandis que le brome mou et l'agrostide vulgaire sont les plantes favorites des terres pauvres. »

A ce propos, nous ne saurions trop insister sur la néces-

---

(1) Compte-rendu des travaux du Congrès agricole de Liége, 1879, p. 285. Liége, L. de Thier, édit.

sité d'herboriser au préalable les sols que l'on désire enherber. Les graminées dominantes qui croissent spontanément fournissent les indications les plus précieuses sur le
choix des semences.

M. Roelants constate également que *les engrais nouveaux
font pousser un fourrage magnifique sur les terrains les plus
ingrats* et que dès la première année ils fournissent la nourriture à un nombre relativement considérable d'animaux de
ferme.

Dans le pays de Herve, où la composition du sol varie
beaucoup, l'on voit la flore se modifier avec le sol, tantôt
formé de craie, de marne, d'argile, de sable ou de limon.
L'altitude et le climat peuvent exercer aussi sur la prairie
une influence très appréciable.

Ainsi le climat du Limbourg s'écarte considérablement
de celui du Furnes Ambach qui est plus tiède et plus uniforme, comme celui de l'Angleterre (climat marin). Tandis
que dans le pays de Herve, le climat est plus variable et plus
froid, plus sujet aux gélées hâtives et tardives et à la sécheresse.

Plus un sol est homogène et profond, toutes choses égales
d'ailleurs, et plus il s'enrichit en azote par la prairie permanente. C'est ainsi que *le sol* des prairies de l'Illinois en
Amérique contient 10 mille livres d'azote par acre (Voelker).
Chacun sait que ces prairies végétaient spontanément depuis
des siècles sans autre engrais que celui des bisons et des
fauves.

Contrairement aux prairies de légumineuses, les prairies
permanentes de graminées n'ont présenté à Rothamsted aucun
signe d'épuisement au bout de 25 ans, lorsqu'on leur resti-
tuait abondamment *des engrais minéraux sans azote.* Au contraire, le produit en foin a été augmenté de beaucoup. Il est
vrai, dit Lawes, que la quantité d'azote du sol avait beaucoup
diminué dans la couche superficielle, mais *absolument rien ne
prouve que l'atmosphère n'a pas été la source de l'azote enlevé
par les produits* (J. B. Lawes, *Agricultural Gazette,* 1881).

LES PRAIRIES DE LA LOMBARDIE, DU DANEMARCK
ET DE L'IRLANDE.

Quand Arthur Young visita l'Italie à la fin du siècle dernier, il fut frappé, dit M. Sagnier, du luxe déployé à Lodi par les nombreuses familles rurales. Après avoir étudié le pays il put s'écrier : « De l'eau, du trèfle, des vaches, du fromage, de l'argent et de la musique, voilà comment s'enchaînent les éléments de tout cet éclat. »

La *Marcite* ou prairie d'hiver est une création exclusive du milannais. Elle est inondée l'hiver par une nape légère et mobile qui le met à l'abri des gelées. Elle donne généralement *six* coupes à partir de décembre ou janvier. Celles qui reçoivent les eaux d'égoût de la ville donnent jusqu'à *huit* coupes. Le produit moyen des premières est de 15,000 kil. Les autres dépassent 20,000 kil. Les luzernes irriguées donnent jusque 22,750 kil. de foin par hectare (*L'agriculture en Italie,* par Emile Sagnier).

Ce n'est pas la fertilité du sol qui a fait la richesse des irrigations de la Lombardie, depuis l'antiquité jusqu'à nos jours. C'est uniquement, dit M. Gaetano Cantoni, l'industrie de ses habitants « qui, par une habile appropriation des eaux, a su corriger les défauts d'un climat sec et chaud et acquérir cette production proverbiale qui s'est maintenue, malgré toutes les vissicitudes politiques auxquelles ce pays a été en proie. »

De tout ce qui précède, il résulte que le pâturage est nécessaire pour exploiter lucrativement les irrigations, il améliorante améliore considérablement le gazon et permet d'économiser souvent la moitié de l'engrais chimique. L'observation prouve que l'irrigation, le draînage, le choix des plantes et les engrais *mettent les prairies à l'abri des oscillations variables des années de sécheresse et d'inondation.* (Bulletin du Conseil sup. d'agr., de Belg. année 1880.) Les rendements y sont non-seulement plus élevés qu'ailleurs mais plus soutenus.

En Danemarck, où l'on vise particulièrement l'élevage du bétail, on n'hésite pas à mettre une terre arable en prairies fumée et ensemencée. Cependant il n'existe pas, en Danemarck, de prairies permanentes ; l'air n'est pas assez chargé d'humidité pour permettre cette création. On fait, en général, des fourrages qui durent deux, trois ou quatre ans et succèdent à l'avoine dans la rotation. L'assolement de huit années est le plus répandu :

Ex : 1re année Jachère ;
2e   »   Blé ;
3e   »   Orge :
4e   »   Raves et turneps ;
5e   »   Orge ;
6e   »   Avoine ;
7e   »   Trèfle ;
8e   »   Herbage ;

« Les vaches sont au piquet dans les herbages et leur période de lactation commence en novembre et finit en septembre, afin d'obtenir le plus de beurre en hiver lorsqu'il coûte le plus cher sur le marché de Londres. Cette heureuse innovation est due au professeur Segeleke dont les cultivateurs Danois suivent scrupuleusement les instructions » (1).

Dans ce petit pays, où les cultivateurs sont assez instruits et unis pour adopter toutes les réformes utiles et envoyer au

(1) Autrefois, dit le journal *l'Industrie laitière,* on exportait l'orge et l'avoine, maintenant le Danemarck les garde pour nourrir les vaches en hiver ; au lieu d'expédier le blé en grain, on en fait de la farine et on conserve le son ; le Danemarck, qui exportait autrefois tous les tourteaux, ainsi que le constatait, en 1864, M. Tisserand, en importe pour près de 19 millions de francs. L'agriculture nationale s'est rendue à l'évidence des chiffres, et elle a renversé l'ordre naturel des choses.

Il existe, en Danemarck, des écoles de laiterie, où les jeunes filles apprennent de bonne heure à évaluer la richesse du lait et à se servir des appareils perfectionnés qui permettent d'en extraire le plus de beurre.

parlement des représentants de l'agriculture, une véritable révolution a été opérée en quelques années dans les procédés de culture et dans le commerce des céréales en vue de la production la plus lucrative.

C'est également grâce à l'initiative et aux efforts persévérants d'un seul homme, M. le chanoine Bagot, qu'une reforme analogue de l'économie rurale de l'Irlande est en voie de s'accomplir. « Encouragés par la faveur croissante obtenue sur les marchés anglais par le beurre frais importé d'Irlande les *herbagers* irlandais, dit M. De la Tréhonnais, ont dirigé leur attention vers la production du lait. Déjà la production irlandaise est arrivée à faire à l'importation des beurres français une concurrence menaçante. » Ces renseignements n'intéressent pas moins la Belgique, qui importe des quantités de beurre considérables sur la place de Londres et n'a point compris jusqu'ici la toute puissance de l'association et de la science pour adapter rapidement son économie rurale aux exigences de la situation.

« Cette heureuse révolution, dit le *Journal de l'agriculture*, est principalement due aux efforts d'un seul homme qui, animé d'un grand esprit de patriotisme désintéressé, d'une volonté de fer et d'un enthousiasme chaleureux que rien n'arrête, a réussi à transformer la production du beurre en Irlande, en faisant passer sa conviction et ses préceptes dans l'esprit de ses compatriotes. Cet homme de bien à qui l'Irlande devra un jour élever une statue, c'est le révérend chanoine Bagot.

« C'est à ses efforts persévérants que l'on doit l'établissement de l'école de laiterie de Munster, en Irlande. C'est encore à lui qu'on doit la création de laiteries ambulantes qui vont de commune en commune, instruire par des démonstrations pratiques les populations rurales dans l'exercice raisonné de l'industrie laitière : la mulsion, le traitement du lait, l'écrémage mécanique et la fabrication du beurre. Il s'occupe actuellement de la fondation de sociétés coopératives dans les centres herbagers. Il a inauguré dernièrement l'établissement d'une société qui a réuni plus de 2000 vaches appartenant toutes aux intéressés. L'usine a été construite en six semaines, une machine de 10 chevaux actionne tout le matériel séparateur de crême, barattes, distrubition d'eau. Le personnel est fourni par l'Ecole de Munster. »

Chacun sait que le climat chaud et humide de l'Irlande est particulièrement favorable à la production de l'herbe. De là le nom de *Verte Erin* que lui ont donné les poëtes, sans se douter qu'un jour, quand l'ère de la science, c'est-à-dire de l'observation et de la réflexion, aurait succédé au règne de la force brutale et des arts, ce tapis de verdure deviendrait pour leur pauvre patrie une source de force, de richesse et par conséquent de liberté.

Tant, il est vrai, que les révolutions lentes et pacifiques de la science sont irrésistibles et dominent, à l'insu des législateurs, toutes les combinaisons et les convulsions politiques (1).

CHAPITRE VI.

LE BÉTAIL.

Lois de la production animale : Ration d'entretien et de production. — Coefficients de digestibilité ; lait, viandes et tourteaux.

« Les animaux domestiques sont des machines et l'agriculteur qui les exploite est placé dans des conditions plus

(1) Pour plus amples renseignements sur la création des prairies naturelles et artificielles nous renvoyons au récent ouvrage de M. Heuze : Les *pâturages*, les *prairies naturelles* et les *herbages*. (Librairie de la Maison rustique, Paris). — Le lecteur y trouvera les renseignements détaillés dans lesquels nous n'avons pu nécessairement entrer ici. Nous nous permettrons cependant de le mettre en garde contre certaines formules, notamment les mélanges pour terrain *sablonneux* où l'auteur fait entrer à tort des plantes comme le trèfle violet. 23.

avantageuses que l'industriel qui emploie les machines inertes; car, loin de perdre leur valeur par le fonctionnement comme celles-ci, les premières ne font qu'en gagner, puisqu'ainsi que l'enseigne la nouvelle doctrine zootechnique, il ne doit jamais y avoir d'amortissement du bétail, l'agriculteur pouvant toujours s'en défaire lorsqu'il a atteint son maximum de valeur.

« Le mode de nutrition du bétail doit varier suivant que l'on veut en obtenir du travail, de la viande, du lait, de la laine, etc. Or, pour que l'agriculteur puisse tirer des animaux le plus grand produit net possible, il faut qu'il connaisse *le fonctionnement des machines dont il dispose et la composition des matières premières qu'il emploie.* »

Ainsi s'exprime M. Garola dans son *Traité sur l'alimentation des animaux de la ferme.*.

C'est de l'ignorance où l'on était au sujet de l'alimentation du bétail, dit-il, qu'est né cet axiome de l'ancienne école : *le bétail est un mal nécessaire,* nécessaire parce que seul il peut fournir à l'agriculture les engrais qui lui sont indispensables. Mais, depuis que la science est venue éclairer cette question, les idées des agriculteurs se sont peu à peu modifiées et aujourd'hui ils admettent tous, sauf les rares représentants de l'ancienne doctrine, que la base fondamentale de l'exploitation lucrative du sol est l'entretien judicieux et l'alimentation rationnelle du bétail. »

Il en est donc absolument pour l'animal comme pour la plante.

La science, en nous révélant le mécanisme de leur fonctionnement, nous permet de réaliser des bénéfices sûrs et rapides, à condition de ne rien abandonner au hasard et de substituer partout, le plus possible, la pratique *consciente* et le calcul, aux manœuvres inconscientes et aux inspirations irréfléchies de l'empirisme.

Du jour où l'homme aura pénétré complétement *les lois qui régissent la vie,* il pourra commander à la nature, dont il fut si longtemps le jouet maltraité.

L'aurore de ce jour ne paraît pas éloignée, si lon considère les prodigieuses conquêtes réalisées par les sciences naturelles en moins d'un demi-siècle dans le domaine de la biologie. La portée de ces découvertes se manifeste particulièrement dans l'application de la LOI de la conservation et de la circulation des atomes à l'alimentation et à la sélection des animaux.

Nous l'avons dit, le *rationnement* et *l'exercice* combinés suivant des lois précises, nécessaires, permettent de produire à volonté des animaux de travail ou de rente, et d'élever ou restreindre, dans des limites déterminables à l'avance, le rendement en chair, en graisse, en lait, en beurre, en fromage, en laine, etc.

La chimie nous a révélé que les aliments comme les organes des animaux se résolvent en quatre termes :

> Matières albuminoïdes,
> Matières grasses,
> Hydrates de carbone,
> Minéraux,

ces derniers n'entrant, à part le squelette, que pour une part infinitésimale dans la composition des tissus.

Nous avons vu que ces quatre termes sont fabriqués et réunis par les végétaux : sur les quatre, trois sont élaborés par la plante aux *dépens de l'air*; les minéraux seuls sont empruntés par elle au sol arable.

Dumas en avait conclu que l'animal se borne à assimiler ces principes immédiats sans les décomposer ni les transformer pour régénérer ses organes.

Nous avons vu que Liebig, d'autre part, était persuadé que l'*albumine* n'est qu'un aliment plastique, destiné à régénérer les tissus, tandis que les graisses et les hydrates de carbone servent à produire de la chaleur.

D'où la classification erronée d'aliments *plastiques* et d'aliments *respiratoires*.

Aujourd'hui il est reconnu que l'albumine peut jouer le rôle d'aliment complet, c'est-à-dire d'aliment plastique, respiratoire et régérateur de travail. Cependant ce rôle qu'elle joue presque exclusivement chez les animaux carnivores, ne peut convenir longtemps aux omnivores, comme l'homme, et aux herbivores, comme les animaux domestiques. Il faut pour chaque espèce un mélange déterminé *d'eau*, de *matières albuminoïdes,* de *matières grasses* et *hydrocarbonées.* Les stations agricoles de l'Allemagne se sont illustrées surtout en cherchant à déterminer avec précision *cette relation nutritive* pour chaque espèce d'animaux domestiques.

Or, l'analyse chimique démontre que les plantes, ces merveilleux ouvriers chargés d'organiser la matière et d'alimenter le règne animal aux dépens de *l'air*, présentent précisément, dans leurs divers espèces, les rapports nutritifs les-plus convenables aux diverses espèces domestiques.

Les naturalistes allemands, après de longue et consciencieuses recherches, ont trouvé que le rapport nutritif le plus favorable au point de vue de la digestion et de l'assimilation du bétail est de une partie d'albumine pour 5 parties de graisses et d'hydrate de carbone, il se trouva que précisément ce rapport est établit dans la composition chimique de *l'herbes des prés.*

On a limité aujourd'hui le terme de *rapport nutritif* au rapport existant entre la *protéine* et les *matières non azotées solubles,* c'est-à-dire assimilables.

Rapports nutritifs	je une herbe / graines de céréales } 1 : 5	Graines de légumin. / drèche, germes d'orge, vinasses	} 1 : 3 ou 2
	foin . . . 1 : 8	Tourteaux d'huiles	} 1 : 1

Rapport utile, varie entre 1 : 2. 1 : 7.

Relation nutritive du foin normal	14 eau 8 albumine (matière protéique) 41 hydrate de carbone 5 graisse

En moyenne le foin de trèfle qui contient 16 p. c. d'eau, renferme 14 p. c. de matières protéiques; le foin le plus riche des prairies 10 p. c., les feuilles vertes séchées 13,36 p. c., les feuilles mortes 6 p. c. au maximum.

Les matières protéiques diminuent avec l'âge des organes. Exemple : feuille printemps 25 p. c.; août 10 p. c.

Etant donné que l'animal est une *usine* exigeant à la fois du combustible et des matières premières pour la fabrication, il faut se préoccuper d'opérer sans cesse une double restitution. Plus cette restitution sera faite avec discernement et plus l'agriculteur réalisera de bénéfices.

La quantité d'aliments qui sert à faire marcher le moteur s'appelle la *ration d'entretien*

Celle qui sert à obtenir le produit fabriqué s'appelle la *ration de production.*

Autant de produits divers que l'on vise à obtenir, autant de rations de production différentes.

La notion des *dominantes,* appliquée à la production intensive s'applique donc aux animaux comme aux plantes et ramène aux mêmes lois les conditions de la production par les deux règnes.

En dépit de la complexité des phénomènes de la nutrition animale, on est arrivé à donner des formules aussi nettes des quantités respectives des quatre éléments organiques nécessaires aux besoins de chaque animal dans ses différentes phases d'évolution et de production, que les formules des 4 éléments minéraux appliqués à la production intensive des végétaux. Dans le tome II de ses « Entretiens, » M. Ville démontre par des exemples frappants comment on a pu, par cette alimentation raisonnée, sextupler le produit en doublant la ration, obtenir, par exemple, 100 kil. de viande de 2 porcs, tandis qu'il faut bien 14 de ces animaux s'ils sont nourris exclusivement de pommes de terre pour atteindre le même nombre de kilogrammes.

M. Kühn rapporte que six bœufs pesant en moyenne

552 kil. chacun, soumis à une alimentation très riche en matières grasses, se sont accrûs de 635 kil., alors que six autres bœufs, qui pesaient en moyenne 580 kil., soumis à une alimentation ordinaire, n'ont gagné dans le même temps que 430 kilogrammes.

La somme des dépenses par kilogr. de viande est d'autant plus faible que l'accroissement a été plus considérable. Toujours la théorie de culture intensive : animal nourri abondamment, culture économique et rémunératrice. Les tableaux d'équivalence des aliments de Khün et Wolf, contiennent sous ce rapport d'utiles renseignements pour les éleveurs.

Les légumineuses comme le trèfle, qui sont plus riches en *albumine* que l'herbe, déterminent parfois un véritable gaspillage de nourriture, surtout quand on les fauche de bonne heure.

Le trèfle, avant la floraison, présente un rapport nutritif de *un à trois,* rapport trop resseré, que l'on peut compenser en introduisant de la paille hachée dans la ration.

En général, abstraction faite de l'eau, plus la plante est jeune plus elle contient d'azote et moins de cellulose. Et la cellulose qu'elle contient est plus digestible (soluble).

Les herbivores et surtout les ruminants ont d'ailleurs la propriété de rendre la cellulose soluble et de la digérer comme les autres hydrates de carbone. La nature prévoyante les a doués dans ce but de quatre estomacs et d'un canal digestif d'une grande longueur.

Certains tourteaux offrent un rapport plus resserré encore, comme celui du colza, du lin d'œillette, etc., de 1 à 2 ou même de 1 à 1. Aussi ne peuvent-ils entrer qu'à titre de mélange dans les rations où ils remplissent un office précieux en apportant l'albumine. Ils servent à compenser l'écart en sens inverse apporté dans la ration nutritive par des aliments peu azotés, comme la paille, la pomme de terre, le riz, etc.

L'animal décompose par jour et par kilogramme de poids

vivant de 1 à 3 grammes d'albumine suivant l'intensité du régime alimentaire. Cette albumine est appelée albumine de circulation. Voit a constaté que l'albumine se décompose d'autant plus qu'il y en a davantage dans la ration, ce qui produit alors une dépense inutile. Il a trouvé que pour une partie d'albumine qui se fixe il y en a deux qui se décomposent.

L'analyse des excréments montre qu'il s'élimine chaque jour par les urines une quantité d'azote sensiblement égale à la quantité absorbée de cette façon.

La proportion des acides phosphorique et sulfurique de l'urine s'accroît aussi en raison directe de la décomposition de l'albumine. C'est ainsi que l'on a pu s'assurer d'une manière certaine que l'exercice corporel n'augmente pas notablement le dédoublement immédiat de l'albumine, contrairement à ce que l'on croyait généralement, car l'albumine a été jusqu'ici l'étalon servant à calculer la valeur nutritive de l'aliment. Elle est la principale source du sang, par conséquent des tissus et, au dire des allemands de l'Ecole de Voit, de la production du mouvement, c'est-à-dire du travail.

La ration doit être doublée pour les animaux de travail pour un effort de 12 heures. Soit un cheval de 400 kilogr. qui consomme pour son entretien 6 kilogrammes 66 de foin (aliment type) ou l'équivalent; il exigera pour 12 heures, 13 kilogrammes 32 grammes; pour 10 heures la ration sera diminuée d'un sixième, et ainsi de suite.

Les moutons donnent 1 kilogramme de viande pour 9 kilogrammes de foin, les porcs peuvent donner 1 kilogramme avec moins de 5 kilogrammes de substances sèches.

Pour gagner 1 kilogramme de viande par jour ou produire 10 litres de lait, le gros bétail doit absorber 10 kilogrammes de foin en plus de la ration d'*entretien* qui s'évalue pour un bœuf au 60ᵉ de son poids : Soit un bœuf de 800 kilogram. ration d'entretien 1,60=13 kilogrammes 33. Il faut doubler la ration pour atteindre 1000 kilogr. en 150 jours.

Les mauvaises laitières utilisent incomplètement la ration de production et en détournant une partie à leur profit pour faire de la graisse.

Une vache laitière enlève à l'hectare le *triple* d'azote d'un bœuf à l'engrais, qui gagne en poids 1 kilogramme par jour et restitue par le fumier les matières que le lait enlève en partie.

Une vache laitière qui donne 12 litres de lait par jour (à raison de 2 1/2 vaches à l'hectare) enlève en 20 semaines de chaque hectare 30 kilogrammes d'azote, 35 d'ammoniaque et 8 kilogrammes de phosphate de chaux pour le lait seul. Aussi les riches pâturages s'épuisent-ils rapidement par les vaches laitières et non par les animaux à l'engrais, qui ne prennent que le tiers d'azote et restituent les minéraux.

Le lait de vache est l'aliment complet par exellence et possède le pouvoir de production le plus élevé : il contient ; eau 85 à 90 o/o ; beurre 3 à 4 o/o ; caséine 3 o/o ; sucre de 2 à 5 ; sels 0,5 à 0,7.

Rapport nutritif : Lait des herbivores = 1 à 4, 5 ; des carnivores, 1 à 3.

Le lait de vache contient plus de fromage et moins de sucre que celui de la femme, celui de la chèvre plus de beurre et de fromage ; — celui d'ânesse, moins de beurre et de fromage, mais plus d'albumine et de sucre que celui de l'espèce humaine (1).

(1) *Des falsifications du lait.* — « L'importance du lait dans l'alimentation quotidienne rend nécessaire les essais qui peuvent en faire découvrir les falsifications. Dans ce but on a vulgarisé l'emploi du lactomètre, suffisant à dévoiler la fraude quand l'eau de mélange est en quantité notable, mais qui cesse de rendre des services quand l'addition a été faite dans des limites restreintes. D'ailleurs, indépendamment de toute altération, on doit noter que le lait n'a point partout la même richesse ; que ces principes varient avec les conditions physiologiques et alimentaires des bestiaux sans compter une infinité d'autres circonstances. Ainsi la vache qui vient de mettre bas donne un lait plus abondant mais plus pauvre ; la stabulation agit dans le même

Ce dernier rapport nutritif nous révèle pourquoi le lait d'ânesse présente des qualités nutritives supérieures aux autres dans certaines conditions.

En général, plus la proportion *se resserre*, c'est-à-dire, plus

sens, toutes choses égales d'ailleurs. Le trèfle donne un lait de meilleure qualité que la luzerne, les choux... Le sol riche l'emporte sur le sol pauvre. Enfin les soins que le cultivateur a mis à croiser les races ont leur influence sur la qualité du lait. Il faudrait donc bien se garder d'accuser *à priori* de fraude le fermier dont le lait sera reconnu pauvre à l'emploi du lactomètre. Avant d'apprécier un lait il faut connaître la richesse moyenne de ce liquide dans la contrée. Ainsi on a trouvé en Angleterre que tout lait doit donner 11 pour cent de résidu pour être livré à la consommation. Ce chiffre comprend 2,50 de matières grasses et 9 de substances solides (caséine, sucre, sels). Il importe donc de recueillir divers échantillons que la vigilance des employés permettra de considérer comme purs de tout mélange, et d'en rechercher la richesse moyenne en principes solides et gras.

« Indépendamment de tout mélange le lait pourra varier de densité par soustraction de la crème. Un lait écrémé est plus dense. Ici encore il faudra connaître la densité moyenne avant et après l'écrémation. Mais comme il est facile de ramener la densité à son chiffre normal, on comprend que cette recherche est secondaire par rapport à l'analyse chimique. Quand la fraude est peu habile, elle peut toutefois la révéler. Le lait renferme par litre 24 ou 26 grammes de matières protéiques avec 52 grammes de lactine et 38 à 40 grammes de beurre; on trouve que le rapport de l'azote assimilable au carbone des aliments respiratoires s'y établit sensiblement dans la proportion 100 : 1560. On peut exprimer la même pensée en disant que pour 1,00 de matière protéique, le lait contient en moyenne 3,80 de matières hydro-carbonées. C'est un rapport de grande importance, sur lequel l'attention du lecteur doit être particulièrement fixée.

« Mais ce rapport paraît devoir se modifier, et il se modifie, en effet, dans les rations alimentaires du bétail, à mesure que l'animal se développe, et jusqu'à ce qu'il ait atteint sa croissance. A cet égard, M. Boussingault a été conduit par ses travaux, à admettre que pour 100 grammes d'azote assimilable, les animaux adultes, dans les races chevaline et bovine, doivent trouver, en moyenne, 2 kilogrammes de carbone respiratoire. Cela correspond à 5 kilogrammes de matières hydro-carbonées pour 625 grammes de matière protéique ou 8 parties en poids des premières pour une des dernières. (M. E. Marchand)

le rapport entre la protéine et la substance organique totale devient étroit, plus la digestibilité de l'albumine augmente. C'est ainsi que l'albumine digérée peut varier de 35 à 75 pour cent dans les fourrages.

Les Allemands ont construit, en se fondant sur ces données, des tableaux donnant les divers *coefficients* de digestibilité des fourrages et des rations (1).

La partie non digérée des corps extractifs non azotés possède dans son ensemble une composition centésimale voisine de la lignine (cellulose incrustante) : 55 o/o de carbone au lieu de 44, comme la cellulose ordinaire et l'amidon (2).

Les ruminants digèrent très bien la cellulose jeune non incrustante ; les carnivores digèrent aussi mieux la graisse. La quantité totale des principes végétaux des fourrages, solubles dans l'eau bouillante (extrait aqueux), fournit une mesure relative de la portion de corps extractifs non azotés susceptibles de digestion.

L'école française s'inscrit partiellement en faux contre les *coefficients de digestibilité* que les Allemands se sont efforcés d'obtenir par l'analyse comparée des aliments et des déjections aux différents âges et pour les différentes races d'animaux.

Il est certain que ces coefficients varient plus ou moins suivant les individus et les races, et surtout suivant l'âge de l'animal et des plantes. En général, le *coefficient de digestibilité du végétal est inversement proportionnel à la richesse en*

(1) Applications of the Laws of developpenmt and heredity to the improvement and breeding of domestic animals, by Marly Miles, late professor of agriculture in the Michigan state agricultural college. London, Trubnes.

(2) Quantités de cellulose dissoute et digérée, d'après Khun dans :

Paille d'avoine	55 pour cent.
— de blé	55 " "
— de fèves	36 " "
Foin de trèfle	39 " "
— de pré	60 " "

cellulose brute et directement proportionnel à la jeunesse de la plante. De même, les plus jeunes animaux sont les machines à plus fort rendement, parce qu'il jouissent de la plus grande puissance digestible pour l'albumine.

Si la puissance digestive varie beaucoup avec l'espèce et la race, il en est de même de la précocité pour l'engraissement et de la fécondité laitière que l'on peut développer par *la sélection. Il suffit de nourrir très fortement l'animal en bas âge pour favoriser le développement des tissus mous aux dépens des tissus osseux.* Ainsi l'on obtient des animaux précoces, de petite taille, moins robuste, mais qui donnent plus de graisse et de lait.

De même *la reproduction hative* donne des produits plus mous et plus précoces au point de vue de la production de la graisse et du laitage.

M. Gayot a constaté qu'en ajoutant de l'albumine sous différentes formes à la ration des jeunes herbivores, notamment sous forme de sang desséché, on obtenait une élévation de poids de 31 kil. 400 en 78 jours au dessus du poids obtenu par voie d'engraissement ordinaire (*Journal d'agriculture pratique p.* 96. 1883).

Les vaches nourries à la jeune herbe donnent beaucoup plus de lait, parce que la composition de cette herbe diffère de celle du foin. Les fourrages verts des prés gras contiennent *plus d'eau* et de *graisse*; et l'*albumine* s'y trouve unie dans les rapports les plus assimilables. Il en est de même du trèfle; avant la floraison, l'albumine présente un coefficient de digestibilité de 73 o/o d'après Wolff, qui s'abaisse à 56 o/o après la floraison; ce coefficient diminue encore dans le foin bien que la proportion se resserre par l'élimination de l'eau (trèfle vert 13 o/o, séché 21 o/o, trèfle mûr 7 à 8 o/o).

La sécrétion du lait diminue dès qu'on passe de l'herbe au foin. Pour prévenir cette diminution il suffit de rétablir artificiellement *le rapport nutritif* en ajoutant au foin en proportion définie les *matières grasses et protéiques* qui lui manquent. L'empirisme pratiquait depuis longtemps au hasard cette *alimentation intensive* quand il ajoutait à la ration du son et des farines.

Les graines de céréales sont en effet très riches en matières grasses et protéiques comme il ressort du tableau de Wolff (1). Mais, leur prix de vente rendant l'opération onéreuse, on y a substitué maintenant les TOURTEAUX, également riches en *substances sèches, en graisse et protéine,* sans excès de cellulose.

Ces tourteaux constituent un excellent *engrais complémentaire*, si l'huile en a été extraite, *par compression*, et si la graine oléagineuse a été décortiquée. Sinon la graisse manque et le tourteau renferme beaucoup de matières non assimilables.

L'addition de ces tourteaux aux foins trop mûrs, dont les graines ont enlevé l'azote, aux foins gris que les champignons ont également appauvri en azote ainsi qu'aux foins lavés

(1)	Protéine	Graisse	Hydrates de carbone
Froment	13,2 0/0	1,6 0/0	67,9 0/0
Epeautre	10 »	1,4 »	56,6 »
Farine de froment	12 »	1,1 »	72,8 »
Son	14,5 »	3,5 »	59,6 »
Germes d'orge	19,4 »	1,7 »	45

	Matières protéiques.	Matières grasses	Subst. extract. non azotees.
Tourteaux d'arachides décortiquées	40 0/0	6 0/0	24,5 0/0
Tourteaux de sesame	31,1 »	10,7 »	22 »
» coton décortiqué	31 »	12,3 »	18,3 »
Tourteaux de coton non décortiqué	17,5 »	5,5 »	14,9 »
Tourteaux de palme	16,1 »	9,5 »	55,4 »

La protéine domine dans les premiers, la graisse et les matières extractives non azotées dans ceux de palme.

La graisse et la protéine sont unies dans les rapports les plus convenables chez ceux de sésame et de coton.

Dr Knüsel, de Lucerne.

par les pluies, donne toujours un bon résultat. A part le tourteau de colza qui dégage par l'humidité une huile éthérée désagréable, les tourteaux doivent être donnés *délayés* pour favoriser la digestion des matières solubles dans l'eau.

Il suffira de faire l'analyse du foin et de la comparer à celle de l'herbe pour déterminer la quantité de ces aliments qu'il faut ajouter à la ration et leur degré d'humectation.

Dans ces conditions les inconvénients signalés par l'empirisme (relâchement, stérilité, etc.), ne sont point à craindre.

La pratique des éleveurs est unanime pour reconnaître que dans la ration d'entretien il suffit que la matière grasse soit le tiers do la protéine 1 : 3, et la protéine, à son tour, le cinquième de la somme de la matière grasse et des hydrates de carbone 1 : 5 ; mais dans les rations d'engraissement il faut élever d'un tiers la matière grasse, de façon à passer du rapport 1 : 3 à l'expression 2 : 3 et, dans le rapport de la protéine, à la somme de la matière grasse et des hydrates de carbone, de l'expression 1 : 5 à l'expression 1 : 3. On se rapproche ainsi de la composition du lait, sans en atteindre la richesse (G. Ville).

D'après le Dr Knüsel une vache de 500 kilos, poids vif, absorbe par jour :

    11-15   kilos de substances sèches, et avec celles-ci :

1000-1350 grammes d'albumine digestible (protéine),

 200-350   grammes de graisse digestible, et

    5-7   kilos d'hydrates de carbone digestible (fécule, dextrine, sucre, ligneux, etc.).

Une vache, du même poids, a besoin pour se nourrir de 15 kilos de bons foins de plaine. Ceux-ci contiennent en moyenne :

    12 1/2 kilos de substances sèches ;

    800   grammes de matières protéiques digestibles.

    150   »   »   grasses   »

    6 1/2 kilos d'hydrate de carbone   »

La comparaison de ces deux analyses suffit pour établir le défaut d'équilibre des éléments du foin de la ration.

Si l'on admet que les principes azotés perdent un tiers au poids en passant à travers le tube digestif, et en estimant à 2 francs le kilogr. l'azote passé dans les digestions, si nous admettons, avec les tables de Wolf, qu'il faut 36 grammes d'azote pour constituer 1 kilogr. de viande de bœuf, nous en conclurons que si ces 36 grammes ont été extraits du tourteau de coton, ils ont exigé une dépense de 0 fr. 149 ; tandis que s'ils ont été puisés dans l'orge en farine, ils ont exigé une dépense de 0 fr. 673.

Différence par chaque kilogramme de viande produite 0 fr. 425, et pour un bœuf de 400 kil. poids net, 210 francs.

Les cultivateurs d'Outre-Manche consomment déjà trois millions de quintaux métriques de tourteaux de coton par an.

Au cours actuel, l'azote de son revient à 7 fr. 28 le kil. Voyons quel bénéfice il y aura par jour et par vache à substituer au son le tourteau de coton vendu au détail. M. de Villepin fait le calcul suivant :

« Un litre de lait contient 6 grammes 5 d'azote ; pour une production de 10 litres, on dépensera 0 fr. 27 avec le tourteau de coton et 0 fr. 64 avec le son ; — différence à l'avantage du tourteau, 0 fr. 37 par 10 litres, ou par vache, donnant cette quantité de lait par jour. »

LOIS DE LA PRODUCTION DE LA CHAIR, DU TRAVAIL ET DE LA GRAISSE.

Les découvertes de l'école de Munich reposent entièrement sur le dosage des principes constitutifs des aliments et des excréments solides, liquides et gazeux de l'organisme. Après de longs tâtonnements, Voit et Bisschoff ont prouvé que l'*urine donne la mesure exacte de la transformation des matières albuminoïdes du sang et des organes*, et que l'*azote* des aliments assimilés n'est point éliminé par une autre voie. Dès lors, dit le Dr Wolff, on possédait une méthode sûre pour rechercher *les lois de la production de la chair musculaire*, ou celles des transmutations et de la fixation de l'albumine. Ces lois furent établies par de nombreuses recherches sur l'homme et sur les animaux domestiques, faites dans les principaux laboratoires de physiologie de l'Allemagne et dans les nouvelles stations expérimentales d'agriculture.

Pour résoudre le problème, il suffit de comparer la teneur en azote de toutes les pertes avec la quantité de ce même élément renfermée dans la ration. Cette comparaison révèle, s'il y a eu, et dans quelle proportion, formation de chair ou s'il y a eu perte. De même l'analyse chimique des fourrages, des sécrétions et des excréments, indique la proportion de corps minéraux qui a été retenue ou rejetée. Tous les produits gazeux de la respiration et de la transpiration sont mesurés dans la chambre respiratoire de Pettenkoffer, perfectionnement très ingénieux de l'appareil inventé par Regnaul et Reisset pour mesurer l'oxygène consommé, l'acide carbonique exhalé et les variations de la quantité d'azote. Cet appareil, qui permet de déterminer le rôle de la graisse et de l'eau dans l'organisme, amena récemment les disciples de Pettenkoffer à formuler *les lois de la formation de la graisse*.

On sait que Lavoisier avait entrepris de résoudre le problème de la combustion animale en enfermant un animal dans une enceinte, puis en calculant la chaleur produite pendant un temps donné par la fonte de la glace. Il recueillait d'autre part les produits de la respiration, et pesait l'acide carbonique pour connaître la quantité de charbon consumé. En comparant les deux produits, il ne trouva pas le rapport cherché ; mais, par contre, il vit que lorsque l'animal en expérience *travaille*, la consommation d'oxygène est *deux fois et demie plus considérable* qu'au repos, et que l'élimination d'acide carbonique est plus considérable encore.

Lavoisier vit aussi qu'il ne se produit pas seulement de l'acide carbonique, mais de l'eau, dans la respiration et il

calculait comme si l'animal eût brulé du carbone pur.
Barral et Reisset, qui perfectionnèrent son appareil, abou-
tirent au même résultats, et se persuadèrent avec M. Boussingault, qu'une partie de l'azote des aliments est éliminée par
la peau et les poumons sous forme d'azote et d'ammoniaque.

En réalité l'oxygène consommé pendant le travail d'un
muscle n'est pas en rapport avec l'acide carbonique exhalé,
comme le croyait Lavoisier, et l'urée, qui permet de mesurer
l'intensité des transformations de l'albumine, n'augmente
guère pendant le travail.

Loi de la formation et de la transformation de la graisse.
L'excitation nerveuse et musculaire active énergiquement la
décomposition de la graisse, et par suite *l'élimination de
l'acide carbonique et de la vapeur d'eau* grâce à l'élévation de
la température. La chaleur, une demi obscurité, un tempérament lymphatique favorisent au contraire l'engraissement en
ralentissant la combustion interne.

La graisse se forme en partie dans l'organisme aux dépens
de l'albumine de circulation qui se dédouble en *urée*, en
graisse et en glucose; la graisse des aliments reste inaltérée,
et se dépose partiellement dans les tissus.

La graisse ralentit la désassimilation des tissus; quand
elle est fixée dans les organes, elle remplit le rôle d'agent
conservateur de l'albumine, en entravant la transmutation
de celle-ci; — la graisse concourt donc *à la production de la
chaire musculaire*. Un animal gras décompose moins d'albumine qu'un sujet pauvre en graisse.

LA SAIGNÉE augmente d'abord l'absorption de l'oxygène,
l'élimination de l'acide carbonique et la décomposition de
l'albumine ; elle a donc pour effet de diminuer la dépense en
graisse, ce qui explique pourquoi la propention à l'engraissement est d'autant plus marquée que l'organisme est moins
pourvu de sang.

C'est ici le cas de distinguer entre la pléthore normale
résultant d'un excès de matériaux propres à la constitution

des *tissus* et à la production de l'énergie, et la pléthore anormale, souvent accompagnée de stérilité, constituée par l'excès de matériaux calorifiques comme la graisse, et le manque de matériaux plastiques. L'obésité implique une *misère physiologique*, une accumulation de matière *morte*, car la graisse n'est pas un tissus *organisé*, mais un simple dépôt de matière *organique*.

La graisse provenant du dédoublement de l'albumine est plus facilement détruite que celle existant en nature dans le fourrage. Les herbivores digèrent la graisse en proportion beaucoup plus élevée que les carnivores ; par contre l'in-fluence conservatrice qu'exerce la graisse sur l'albumine est moindre chez les herbivores que chez les carnivores. En expérimentant sur un chien, dont la ration d'entretien était de 1500 gr. de viande, on a pu remplacer 1000 grammes de viande par 200 grammes de graisse, les deux tiers de la ration.

Cet exemple prouve la possibilité de réaliser des économies considérable dans l'alimentation, quand on établit un rapport judicieux entre les divers principes nutritifs.

De même que la graisse, les hydrates de carbone, c'est-à-dire *les féculents et les sucres*, économisent l'albumine. De plus « ils concourent à réduire la dépense en graisse en occasionnant le dépôt complet, dans les tissus, des corps gras existant dans la ration et de ceux provenant de la décomposition de l'albumine. »

Les hydrates de carbone exercent même sur l'albumine une influence conservatrice plus considérable que les graisses; mais celles-ci contiennent à poids égal plus de combustible et par conséquent engendre plus de chaleur. Pour simplifier l'expression du rapport entre les graisses et les hydrates de carbone, Wolff propose de convertir dans la formule nutritive, les matières grasses en amidon, en les multipliant par 2 1/2, parce que la combustion de la graisse produit 2 fois 1/2 plus de chaleur que celle d'une égale quantité d'amidon. Mais l'École française refuse de souscrire à cette formule, parce que les choses ne se passent pas dans l'organisme comme dans le laboratoire; elle distingue donc la graisse de l'amidon et du sucre. De plus, elle tient compte de la *cellulose* qui se dédouble souvent dans l'organisme en glucose et en eau, comme l'amidon et la dextrine, lesquels présentent, du reste, la même composition centésimale. Comme les hydrates de carbone, les graisses se transformeraient en sucre « et ce serait finalement *le sucre seul* qui serait directement brûlé dans la respiration et converti en *acide carbonique*. » — « Ce qui différencie essentiellement les hydrates de carbone des graisses, dit le Dr Wolff, c'est qu'ils ne peuvent apparemment se transformer en celle-ci, ni conséquemment se fixer dans le corps. » Cette opinion est en contraduction formelle avec les expériences de Liebig et de Boussingault.

Formation de la chair: transformation de l'albumine des tissus. Plusieurs expérimentateurs avaient signalé l'augmentation de l'*urée* dans l'urine pendant et après l'exercice musculaire. Pettenkoffer et Voit s'inscrivent en faux contre ces observations: ce n'est pas *l'exercice*, mais la *nourriture* qui modifie l'élimination de l'urée.

Plus la ration est riche en albumine, plus la décomposition est activée, et plus l'urée résultant de cette transmutation est abondante.

L'urine contient en effet une quantité d'azote exactement proportionnelle à la quantité d'albumine décomposée en vingt-quatre heures.

L'urée qui résulte de la décomposition de l'albumine des tissus est insignifiante; ce que prouve l'analyse des urines d'un animal complètement à jeun. Ce serait donc une erreur de croire que le corps est soumis à un rapide échange organique, et que tous les organes se régénèrent en quelques semaines. Les principes cristallisables de l'urine considérés jusqu'ici comme des matériaux provenant de la démolition organique, ne seraient en majeure partie que les produits de dédoublement de l'albumine liquide et non organisée. Tandis qu'une quantité correspondante à 70 ou 80 pour cent de *l'albumine de circulation* serait décomposée en vingt-quatre heures, à peine une proportion de 0,8 pour cent d'albumine des organes se détruirait dans le même temps. Cependant certains éléments cellulaires, tels que les globules sanguins et les cellules des glandes mammaires se détruisent et se régénèrent rapidement quand leur activité est exaltée.

En général toutes les circonstances qui élèvent les transmutations de l'albumine paraissent favoriser sa fixation. Cependant quand la transmutation est excessive, notamment à la suite d'une absorption trop forte *d'albumine ou d'eau*, la nutrition en souffre.

Il existe des moyens directs d'économiser sur la quantité d'albumine de la ration.

Par exemple, on a vu chez des bœufs la fixation de l'albumine s'élever à 30 pour cent du poids total de ce principe contenu dans la ration, en portant la ration ordinaire de 8,93 à 9,73 kilogr. tandis que l'albumine fixée n'était auparavant que de 10 pour cent.

Rappelons également que la graisse déjà fixée dans le corps, et la graisse renfermée dans les aliments, économisent l'albumine, en réduisant la décomposition et en favorisant la fixation dans les tissus. Il en est de même pour les aliments hydrocarbonés.

Production du travail. Si les observations précédentes basées sur le dosage de l'urée sont bien interprétées, *la combustion de l'albumine des* TISSUS ne peut évidemment engendrer l'énergie visible des organes. Le Dr Wolff affirme que la *combustion de la graisse*, qui est activée par le travail, ne peut pas contribuer davantage à la production de la force musculaire, parce que la transformation *de la ·chaleur en travail* est impossible dans l'organisme, à moins d'entraîner des alternatives mortelles d'échauffement et de refroidissement.

Bien que la transformation de l'albumine ne paraisse pas plus intense pendant le travail qu'au repos, tandis que la combustion de la graisse et des autres éléments hydrocarbonés augmente, l'école de Munich affirme que le dédoublement de l'*albumine de circulation*, c'est-à-dire de l'albumine non organisé est la source principale du travail mécanique des organes. — On sait que la dissociation de l'albumine engendre de la chaleur, — « L'oxygène, dit le Dr Wolff, « n'est pas la cause de la décomposition des substances « nutritives; celle-ci s'observerait encore en l'absence de « tout effort mécanique... L'oxygène n'est attiré que posté- « rieurement par les produits de la dissociation, et la cha- « leur émise n'est qu'une manifestation de second ordre. » En effet, la quantité d'oxygène absorbée pendant le travail ne correspond pas à la quantité d'acide carbonique exhalé.

« Un muscle qui travaille dégage plus d'acide carbonique qu'il n'absorbe d'oxygène. » .

« Un muscle au repos absorbe plus d'oxygène qu'il n'exhale d'acide carbonique. »

Il n'y a donc pas fixation et transformation directe d'oxygène dans les tissus. Si l'urée n'augmente pas pendant le travail, c'est que l'énergie visible qui se manifeste résulte de la transformation de l'énergie potentielle accumulée dans l'organisme par suite des décompositions antérieures de l'albumine. Nous avouons ne pas comprendre cette *explication*.

Wolff ne paraît pas être plus familiarisé avec la *thermodynamique* que la plupart des physiologistes anglais et français qui trahissent à chaque instant leur ignorance en ces matières par une impropriété de termes significative.

Si les expériences de Pettenkoffer confirment les recherches de Voit sur l'urée et prouvent qu'il n'y a point de fixation immédiate d'oxygène dans les tissus, elles établissent cependant que l'absorption de l'*oxygène augmente et diminue avec le travail musculaire*, ce qui resssort du tableau suivant :

		Jeûne		Alimentation	
		Repos.	Travail.	Repos.	Travail.
O.	Absorbé,	743,0	1072	867,0	1006,0
A. carb.	Expiré,	695,0	1137	930,0	1134,0
Urée.	Excrété.	26,3	25	37,2	37,3

Il en résulte clairement que si l'excrétion de l'urée n'augmente guère par le travail musculaire, l'absorption d'oxygène augmente avec l'élimination de l'acide carbonique.

Les idées accréditées par l'autorité de Liebig ont laissé de si profondes racines dans les esprits, qu'hier encore, des savants s'obstinaient à voir dans la combustion de la substance azotée des éléments musculaires, la seule cause du travail corporel de l'homme et des animaux.

Les travaux de MM. les docteurs Fick Wislicenus, de Zurich, ont renversé complétement l'échafaudage des anciennes doctrines. De même que la quantité de cendre minérales, engendrées par la combustion d'une pièce de bois, peut servir à déterminer la quantité de ce bois, qui a été brûlée, de même la quantité d'urée, en solution dans les urines, pourrait servir à reconnaître la somme des matières azotées (albumineuses) dévorées par la combustion.

Se fondant sur ces données, MM. Fick et Wislicenus ont fait sur eux-mêmes une série d'expériences concluantes en opérant l'ascension du mont Faulhorn, dans les Alpes bernoises.

La veille de l'ascension, ces messieurs adoptèrent un régime alimentaire exempt de toute matière azotée et le continuèrent jusqu'au lendemain soir. Pendant ce temps, ils se nourrirent exclusivement de gâteaux d'amidon frits dans la graisse et de sucre dissous dans du thé. Or ils trouvèrent qu'une semblable nourriture suffisait amplement pour leur donner la force nécessaire à leur expéditon, car ils ne ressentirent aucun épuisement. L'examen chimique des urines leur prouva qu'il n'y avait eu aucune augmentation notable dans la destruction des constituants azotés de leur corps. Après avoir fait la somme des combustions effectuées, ils concluent d'abord que : La combustion des substances azotées ne peut pas être la seule source du pouvoir musculaire, car nous avons ici un exemple d'hommes accomplissant plus de travail que la quantité correspondante de chaleur qui pourrait être produite par l'albumine.

En outre, ils constatent que l'oxydation des substances albuminoïdes n'est pas la source principale du pouvoir musculaire, puisque, dans le cas présent, les substances, dont la combustion produit la force musculaire, sont les substances non azotées, les graisses et les hydrates de carbone.

Déjà les expériences des deux savants suisses ont été invoquées par nous dans le *Journal de la Société centrale d'agriculture de Belgique,* pour combattre les idées professées à Grignon sur l'équivalence des aliments. Depuis lors, nous avons eu le plaisir de voir se confirmer notre manière de voir par les physiologistes les plus distingués. Voici dans quels termes le *Traité de physiologie* de Küss et Duval apprécie la valeur de ces expériences :

« Si donc le travail musculaire est de la chaleur transformée, il doit avoir pour source les combustions qui produisent de la chaleur, et le muscle ne doit plus être considéré que comme un appareil qui brûle, *non pas sa propre substance,* mais qui sert de lieu de combustion aux matériaux qui produisent chaleur ou travail : L'expérience directe devait trancher la question. Après quelques expériences peu concluantes de Lehman et de Speek, après quelques essais plus démonstratifs de Bischoff et de Vogt, Fick et Wislicenus résolurent le problème par leur expérience mémorable ».

Nous croyons n'avoir rien à changer dans l'état actuel de la science, à ces lignes publiées en 1875 dans le *Journal de la Société centrale d'agriculture de Belgique.*

Au surplus, il nous suffirait d'invoquer à l'appui de notre thèse les conclusions des dernières recherches de MM. L. Grandeau et A. Leclerq, directeur du laboratoire de la Compagnie des petites voitures de Paris, sur la source du travail musculaire. Nous pensons, disent ces auteurs, que les résultats obtenus par Wolff ont été mal interprêtés et que ses propres expériences, confirmées par les nôtres, prouvent que les matières azotées ne sont les éléments générateurs du travail mécanique, mais quelle réside pour la grande partie dans la chaleur développée par la combustion des matières amylacées (1).

En résumé, l'école de Munich enseigne que l'albumine seule peut contribuer directement dans l'organisme à la production de l'énergie visible, et que les principes immédiats des aliments, qui ne serve pas à produire du travail ou de la chaleur, se déposent directement dans les tissus sans décomposition. De plus, elle dénie non seulement aux hydrates de carbone la faculté d'engendrer de la force musculaire, et de contribuer directement à la régénération organique, mais elle leur conteste même la faculté de contribuer directement à l'engraissement. Des expériences récentes semblent infirmer, en effet, les observations faites précédemment sur l'engraissement des bœufs et des oies, et sur la production de la cire chez les abeilles. Du moins, il paraît prouvé que les chiens et les abeilles ne continuent à produire des matières grasses que jusqu'au moment où s'épuise l'albumine approvisionnée dans l'organisme, en dépit d'un régime riche en fécule et en sucre.

---

(1) Études expérimentales sur l'alimentation du cheval de trait. 2° mémoire in-4° Paris 1883. MM. Grandeau et Leclerc en concluent qu'il faut élargir la relation nutritive de la ration du cheval jusque $\frac{1}{6.5}$ au lieu de $\frac{1}{4.5}$, formule admise jusqu'à ce jour pour indiquer le rapport des substances protéiques aux substances hydrocarbonnées. M. Samson s'inscrit en faux contre cette conclusion au nom de l'expérience. En admettant même, dit-il, que la source du travail musculaire fut dans les matières ternaires, une si forte proportion de ces matières dans la ration a pour effet d'abaisser leur coefficient de digestibilité.

Les abeilles qui cessent d'édifier leurs gâteaux, faute d'albumine, deviennent très actives et produisent beaucoup de cire quand on les nourrit avec des œufs.

Dans vingt-deux expériences faites sur des chiens, la production en graisse était toujours proportionnelle, non à la quantité de substances hydrocarbonées ingérées, mais bien à la quantité d'albumine décomposée.

Le résultat fut tout autre, il est vrai, pour les porcs; le Dr Wolff avoue que, si les dernières expériences sont exactes, la production de graisse ne peut s'expliquer chez eux sans admettre l'intervention directe des substances hydrocarbonées. Il est à désirer que de nouvelles observations tranchent bientôt la question; car les recherches de MM. Dumas, Milne Edwards, Boussingault, Perzooz, etc., présentait certainement des garanties d'exactitude, et comme le dit fort bien le Dr Wolff, en se plaçant à un point de vue opposé au nôtre, « les composés organiques des liquides en circulation étant les mêmes et les agents anatomiques, exerçant partout le même rôle physiologique, les phénomènes de décomposition doivent concorder dans leurs caractères généraux. » Depuis que nous avons formulé cette appréciation les travaux de Riche et de Lacaze Duthiers sur l'alimentation et le mode d'accroissement des galles du chêne ont montré que l'amidon qui forme *à lui seul* presque toute la masse centrale des galles est transformé successivement en graisse par la larve qui l'habite. De plus les nouvelles expériences sur l'alimentation des porcs rapportées par M. Barral à la *Société centrale d'agriculture de France* et les expériences du professeur Soxhlet citées par M. Grandeau sur l'alimentation du porc par le ris (1) ont conduit aux même conclusions.

(1) *Journal d'agriculture pratique,* p. 607 tome 1.82. On sait que le ris ordinaire est très pauvre en graisse et très riche en amidon. *Pour un porc adulte mi-gras on obtient un excellent engraissement, dit M. Soxhlet, avec un fourrage très pauvre en graisse et dont la relation nutritive est de 1/11.* C'est là une donnée précieuse pour les éleveurs.

En ce qui concerne la production *du travail* ou de l'énergie
musculaire, il résulte des travaux de MM. Müntz et Gérard
sur la valeur alimentaire du foin que l'influence du fourrage
est plus grande que celle de l'individualité de l'animal et que
l'analyse chimique permet d'apprécier plus rigoureusement
que les caractères botaniques la valeur du foin. Ils sont
arrivés à ces conclusions par les méthodes rigoureuses tracées
par Lavoisier et si brillamment inaugurées par Dumas et
Boussingault, en déterminant par l'analyse chimique la
composition de chaque espèce de foins, les quantités ingérées,
absorbées et éliminées sous différentes formes chez le cheval.
C'est-à-dire en recueillant toutes les déjections et en cherchant
à établir par différence la somme d'éléments fixés par l'organisme. Comme nous le verrons plus loin ces conclusions ne
sont point non plus conformes à celles des Allemands (1).

(1) *Bullet. de la Société nationale d'agricult. de France, Mars* 1883.
M. Reisset s'inscrit en faux contre les conclusions de Voit et de
Pettenkoffer en se fondant sur les dernières expériences qu'il a faites
avec M. Regnault par la méthode *directe* et *indirecte* sur la respiration
des animaux de diverses classes.
« Voit a montré récemment, dit Pettenkoffer, qu'un pigeon qui a
« été nourri pendant des mois, avec une proportion déterminée de
« pois, avait éliminé par les excréments, des reins et des intestins,
« tout l'azote de la nourriture, *ni plus, ni moins.*
« De tels faits doivent être pris en considération et ne peuvent plus
« être passés sous silence.
« Il eût été du devoir de Reisset d'y conformer sa prétendue élimina-
« tion d'azote. Au lieu de cela, il a exposé de nouveau son ancienne
« méthode, avec ses résultats connus, sans examiner les travaux alle-
« mands. »
« J'avais résolu de laisser sans réponse la note de M. Pettenkoffer,
dit M. Reisset, lorsque j'ai reçu communication d'un travail important
publié, à Vienne, par MM. Seegen et Nowak (1); ce travail a pour
titre : *Essais sur l'excrétion d'azote gazeux formé aux dépens des
substances albuminoïdes transformées dans le corps.*
« Les auteurs discutent et critiquent la méthode expérimentale, in-

(1) *Archives de Physiologie de Pflüger,* t. XIX, Bonn, 1879.

RÔLE DES SELS MINÉRAUX.

Des recherches qui présentent également un vif intérêt
au point de vue de la physiologie générale de la nutrition,

directe, adoptée par MM. Pettenkoffer et Voit ; ils singnalent plusieurs
causes d'erreurs graves et déclarent que *l'appareil de Pettenkoffer est
tout à fait impropre à mettre en évidence la totalilé des facteurs de
l'échange des éléments à l'état gazeux*, et particulièrement *l'élimination de l'azote.*

« MM. Seegen et Nowak ont cherché à perfectionner nos méthodes :
employant un appareil qui nous semble établi dans les meilleures conditions, ils ont entrepris une série d'expériences, dont les résultats ont
été résumés par eux de la manière suivante :

« 1° Dans toutes nos recherches, il y a eu élimination d'azote gazeux
« du corps de l'animal ; ce résultat démontre d'une manière indubita-
« ble que l'organisme *animal peut éliminer sous forme de gaz une
« partie de l'azote devenu libre par suite de la transformation des
« substances albuminoïdes.*

« 2° L'élimination de l'azote est, pour le même animal, et dans des
« limites assez étroites, proportionnelle à la durée de l'expérience et
« au poids de l'animal.

« 3° Dans nos expériences, les lapins ont fourni l'élimination d'azote
« la plus faible : elle varie entre 0 gr. 004 et 0 gr. 005 par heure et par
« kilog. du poids de l'animal ; pour les autres animaux, l'élimination
« d'azote varie entre 0 gr. 007 et 0 gr. 009 par heure et par kilogr. du
« poids de l'animal.

« 4° La proportion de l'azote total éliminé était assez forte dans
« certains essais. La quantité la plus forte que nous ayons obtenue
« (pour cinq lapins en quatre-vingt-dix-huit heures) était de 4 gr. 7. »

« Quant à l'expérience, dite *fondamentale*, qui consistait à nourrir
un pigeon pendant plusieurs mois avec des pois, régulièrement analysés, elle semblerait bien ébranlée sur sa base. En effet, le bilan de
l'azote, établi par M. Voit, se trouverait inexact. Ce chimiste avait fait
les déterminations d'azote par combustion de la matière avec la chaux
sodée. Mais voici que MM. Seegen et Nowak démontrent qu'on ne peut
pas obtenir tout l'azote des substances *albuminoïdes* en opérant ainsi,
ils ont déterminé l'azote dans un grand nombre de ces substances, soit
à l'état d'ammoniaque, par la chaux sodée, soit volumétriquement par
la combustion avec l'oxyde de cuivre. La différence des résultats obtenus, comparativement, par les deux modes opératoires, n'est pas la
même pour tous les corps albuminoïdes, mais on peut admettre qu'elle

ont été faites au laboratoire de l'Université de Bonn, pour déterminer le rôle particulier des sels minéraux dans l'organisme.

Elles ont mis en évidence l'influence prédominante des

est à peu près égale à 10 pour 100 de la proportion totale de l'azote. Pour la légumine, en particulier, MM. Seegen et Nowak ont trouvé 14,30 d'azote par la chaux sodée et 16,5 par l'oxyde de cuivre, soit une différence de 15 pour 100 de l'azote total.

« De pareilles déclarations devaient être nécessairement combattues et contredites : cependant plusieurs des adversaires ont fini par admettre avec Seegen et Nowak, que *le procédé de M. Dumas donne seul des résultats exacts et précis.*

« Cette dernière conclusion est trop absolue et ne peut être admise sans réserves. En ce qui concerne l'analyse des blés, je dois rappeler que, dans un Mémoire *sur la valeur des grains alimentaires* (*Annales de Chimie et de Physique*, 3ᵉ série, t. XXXIX, p. 35), j'ai dosé comparativement l'azote par les deux méthodes, et j'ai signalé la concordance rigoureuse des résultats numériques obtenus.

» En résumé, nous considérons les critiques de MM. Pettenkoffer et Voit, comme mal fondées et inadmissibles. La méthode indirecte a donné, entre leurs mains, des résultats incomplets ou inexacts ; suivant MM. Seegen et Nowak, la célèbre expérience de M. Voit, qui *devait prouver l'impossibilité d'une élimination* d'azote, à l'état gazeux démontrerait simplement que cette élimination a eu lieu.

« Il y aurait justice à revenir aux travaux de M. Boussingault, sacrifiés, ainsi que les nôtres, avec trop d'empressement (*Journal d'Agriculture pratique*, t. 1ᵉʳ, p. 118 et 119 ; 1876).

« Je résume les autres faits consignés dans mes recherches.

« Pour 100 d'azote mis en circulation par les aliments :

13,7 se retrouvent dans les produits fixes, viande, suif, toison ;

58,3 se retrouvent dans les excréments ;

28,0 *sont exhalés par la respiration.*

D'après le récent travail de M. Müntz et Viet : *Le circulus de l'azote dans l'économie rurale*, le bétail ne fixerait qu'une minime partie, environ 12 % de l'azote contenu dans les fourrages.

Boussingault évaluait le chiffre de l'azote fixé à 1/3 environ, les deux autres tiers allant au fumier ou se perdant par la respiration. D'après le chimiste allemand Henneberg, dont le témoignage était récemment invoqué par M. Schlœsing, sur cent de l'azote fixé par les fourrages, un bœuf ne fixerait que 11,30 environ et le reste se retrouverait dans les déjections.

sels de potasse sur les sels de soude dans la nutrition. Des chiens du même âge ont été nourris d'égales quantité de viande hachée et épuisée de sels par le lavage ; l'un des chiens reçut en supplément du chlorure de sodium et l'autre du sel de potasse (4 à 6 grammes par jour), ce qui correspond quantité de potasse contenue dans la viande fraîche. Au bout de 26 jours, le second chien acquérait une augmentation de poids deux fois et demie plus grande que celle du premier ; à la fin de l'expérience, le chien qui n'avait reçu que des sels de soude était malade et amaigri, l'autre était en parfaite santé.

Alors on intervertit l'expérience, et ce fut au tour de celui-ci de perdre ses forces, tandis que le premier regagnait rapidement l'embonpoint et la santé.

Les mêmes résultats ont été obtenus sur des porcs à l'Académie agricole de Poppelsdorf. D'autres recherches ont prouvé que la potasse influe plus que l'acide phosphorique sur l'effet nutritif des fourrages.

Boussingault avait attribué depuis longtemps à la présence de la potasse l'influence bienfaisante des légumes verts au printemps. On a attribué à la même cause l'action stimulante que le café et le thé exercent sur la nutrition. Tandis que la potasse entre dans la composition des nerfs et des muscles, la soude se retrouve normalement dans les liquides de l'organisme. Cependant, le lait dose trois, quatre, et jusqu'à cinq fois plus de potasse que de soude, alors que la cendre du sang accuse une teneur en soude trois fois et jusqu'à cinq fois plus élevée que la teneur en potasse. Le Dr Wolff fait remarquer à ce propos que le lait, qui forme un aliment complet, ne pourrait pas suffire à la nutrition s'il offrait la composition minéral du sang.

Ces analyses confirment l'opinion émise par les anatomistes, à savoir que le lait résulte de la fonte des cellules glandulaires des mamelles. Le sel marin favorise, d'après les recherches de Voit, la diffusion et la transmutation de l'albumine, accélère l'échange organique et contribue à la formation des cellules.

L'albumine injectée dans le rectum d'un animal n'est absorbée que si l'on y ajoute du sel marin : le chlore qu'il contient favorise la formation de l'acide chlorhydrique auquel le suc gastrique doit son acidité (Bidder et Schmidt) (1).

(1) Tout végétal contient du sel dans des proportions variables, et les animaux retirent de leur alimentation végétale une portion du sel dont ils ont besoin, mais une portion insuffisante. Cent livres de foin sec contiennent six onces de sel ; cent livres de trèfle en contiennent cinq onces ; cent livres de paille en contiennent une once et demie, et cent livres de pommes de terre fraîches ou de navets en contiennent un dixième d'once. Un bœuf qui mange trente livres de foin par jour n'absorbe donc pas encore deux onces de sel. Or, par vingt-quatre heures, un bœuf évacue cinq onces de sel dans son urine ; en outre, il en perd une autre quantité par les excréments et la transpiration cutanée, mais nous ne croyons pas que la quantité de sel ainsi évacuée ait été déterminée scientifiquement. Quoi qu'il en soit, il est évident que la quantité de sel absorbée par un bœuf dans sa nourriture ordinaire est tout-à-fait insuffisante à réparer les pertes de l'organisme. L'urine du cheval contient plus de cinq pour cent de matières salines, dans lesquelles le sel entre pour la plus forte part, et cependant le foin dont se nourrit le cheval n'en contient qu'une minime quantité, et il s'en trouve à peine quelques traces dans l'orge et dans l'avoine. Pour les porcs et les brebis, le cas est tout-à-fait le même.

On a fait de nombreuses expériences pour déterminer la quantité de sel qu'il convient de donner aux animaux domestiques. Pénétré de l'importance de cette question, le gouvernement français chargea, il y a quelques années, une commission composée d'hommes pratiques et d'hommes de science de faire des recherches et de dresser un rapport à ce sujet. Dans ce rapport, la commission fixa les chiffres suivants comme minimum de la quantité de sel à fournir journellement aux animaux dans des conditions ordinaires.

Pour un bœuf de labour ou une vache laitière 2   onces
Pour un bœuf engraissé à l'étable. . . . . 2 1/2 à 4 1/2   ″
Pour les porcs à engraisser. 1   à 2
Pour les moutons en troupeau . . . . . 1 1/2 à 2/3 d'once
Pour les chevaux et les mulets. 1   once
Non seulement le sel est un article de nourriture agréable et utile,

Le Dr Wolff ne dit pas pourquoi ce sel est surtout nécessaire dans l'alimentation des herbivores ; c'est sans doute
parce qu'il favorise l'assimilation des sels minéraux contenus
dans la ration végétale. Il rend solubles les phosphates et
agit sur les sels potassiques, en leur cédant son chlore et en
s'emparant par substitution de leurs acides (phosphates,
carbonates, sulfates). On sait, en effet, que c'est en partie
sous forme de sels de soude que ces acides sont éliminés par
les urines (Bunge).

RÉSUMÉ DES TRAVAUX DE L'ECOLE ALLEMANDE.

Avec la patiente et la minutieuse exactitude qui distinguent
les savants allemands, les disciples de Pettenkoffer et de

mais, dans certaines maladies, il constitue presque un remède spécifique. Dans ces maladies parasitiques auxquelles les moutons sont si
sujets, telles que dans la pourriture du foie (parasites dans le foie),
dans la bronchite vermineuse (parasites dans les voies respiratoires),
dans les accidents morbides causés par les vers des intestins et de
l'estomac, le sel est un remède infaillible, en même temps qu'un excellent moyen préventif. Les vers intestinaux, qui parfois infestent le
rectum des chevaux et y produisent de l'irritation, disparaissent par
une injection d'une solution d'une once de sel dissoute dans un litre
d'eau. Mais, ajouté à la nourriture ordinaire des animaux, le sel est le
plus utile des préservatifs de la santé de nos animaux domestiques.

FARMERS REVIEW.

En général les plantes terrestres ne contiennent pas de sels de soude
dans leurs cendres. M. Dehérain a cherché à déterminer les causes qui
empêchent la soude de passer dans les végétaux en expérimentant sur
des haricots enracinés dans l'eau. Dès que la soude est mélangée à
d'autres sels elle ne pénètre plus, à moins qu'elle ne se trouve en quantité notable. M. Dehérain en conclut que l'absence de soude dans les
végétaux est due à ce que cette base ne se trouve pas répartie dans le
sol en quantité suffisante pour dominer sur les autres sels.

A priori cette explication nous paraît très insuffisante et nous
croyons qu'il existe d'autres causes qui expliquent l'antipathie des
plantes terrestres pour cette substance dont la présence en excès dans
le sol suffit pour faire périr la plupart de nos plantes cultivées. Le sel
marin n'agit favorablement qu'en facilitant la décomposition ou la dissolution des éléments fertilisants du sol ou de l'engrais.

Voit ont évalué pour chaque période de l'existence des animaux domestiques la relation des éléments du fourrage.

Ils se sont attaché ensuite, par l'analyse comparée des aliments et des déjections, à déterminer les coefficients de digestibilité de chaque aliment pour chaque espèce animale. Ce qui les a amenés à constater tout d'abord qu'on ne peut évaluer l'équivalent nutritif d'un fourrage en se fondant simplement sur sa composition, sans tenir compte d'une foule de circonstances, telles que le degrés de maturité du végétal, la présence des fibres, de la cellulose, des matières extractives, etc.

Si l'on paye certain foins dans les pays d'élevage comme la Hollande, trois fois plus chers que d'autres c'est que l'empirisme à constaté depuis longtemps le grand écart qui existe entre les coefficients de digestibilité d'un même fourrage, Kühn a reconnu que cet écart peut varier de 39 à 79 o/o et qu'il est dû à la nature des herbes beaucoup plus qu'à leur teneur en matières albuminoïdes. On a même réussi à mettre tout récemment en lumière ce fait capital que les mauvaises herbes, les plantes dites *aigres,* renferment plus d'albumine *digestible* que les bonnes. D'où il résulte que la détermination du coefficient de digestibilité est insuffisante et parfois même tout à fait fausse, quand elle se fonde uniquement sur l'analyse chimique sans contrôle physiologique (1).

Enfin, en cherchant à évaluer le parti que peut tirer chaque race des aliments digérés, on a découvert qu'à puissance digestive égale, les races précoces ont une plus grande faculté d'assimilation que les autres, et qu'elles dépensent moins qu'elles n'absorbent. D'autres physiologistes avaient constaté déjà que chez les bovidés le poids des poumons relativement au poids du corps diminue à mesure que les races deviennent plus précoces, et que par suite l'élimination de l'acide carbonique est diminuée en proportion.

(1) Travaux de la station agricole de Wageninge.

Production de la laine. Recherches de M. de Villepin directeur de la ferme école de la Piletière (Sarthe).

La viande et la laine sont formées par la nourriture de l'animal, et c'est dans cette nourriture que ces deux produits puisent les éléments qui les constituent. De ces éléments, le plus précieux, le plus important, le plus cher est l'azote ; il peut donc être pris pour terme de comparaison entre la viande et la laine, pour établir leur exigence respective en nourriture et, par suite, quelle est la plus économique à produire.

Commençons par une analyse de la laine.

D'après le docteur Edward Heinden, la laine brute contient :

Humidité	10,443
Matières grasses	27,018
Matières minérales	1,028
Sable	1,914
Laine pure	59,597
	100,000

D'autre part, d'après une analyse de Marcker et E. Schulz, la laine pure, séchée à 100 degrés, renferme :

Carbone	49,25
Hydrogène	7,57
Azote	15,86
Souffre	3,66
Oxygène	23,66
	100,00

Si donc 100 de laine pure contiennent 15,86 d'azote, 59,597 en contiennent 9,50. Telle est la quantité d'azote dans 100 de laine *brute*. Or, la viande fraîche, sans os, n'en renferme que 3,5 pour 100. Le rapport entre la viande et la laine est donc le même que le rapport entre les nombres 3,5 et 9,5, c'est-à-dire 2,75.

Que conclure de là? « Que la production d'un kilogramme

de laine brute nécessite près de trois fois plus de fourrage que la production d'un kilogramme de viande, c'est-à-dire que la laine coûte trois fois plus cher à produire que la viande. » Voilà ce que dit l'analyse.

TABLEAUX DE KUHN.

Progression à suivre pour obtenir le maximum de rendement.

A : de lait : B de viande et de graisse.

A : RATIONS EFFECTIVES EMPLOYÉES.

DANS UNE ÉTABLE DE 20 VACHES.

Ration par jour et par tête.	Substances sèches kil.	Matières protéiques. kil.	Matières grasses. kil.	Substances extractives non azotées. kil.
2 kil. foin de trèfle	1,665	0,280	0,070	0,760
1.500 foin de pré	1,285	0,125	0,045	0,575
0.500 foin	0,430	0,040	0,008	0,120
3.500 paille d'orge	3,000	0,225	0,070	1,145
2.500 paille de blé	2,145	0,050	0,037	0,715
1,000 balles	0,855	0,045	0,015	0,320
25,000 betteraves	3,650	0,375	0,088	2,260
	13,030	1,140	0,333	5,895

PROGRESSION DES RATIONS.

	Substances sèches. kil.	Matières protéiques. kil.	Matières grasses. kil.	Substances extractives kil.
1				
Ration primitive	13,03	1,14	3,333	6,235
1.75 seigle égrugé	1,50	0,19	0,035	1,175
	14,53	1,33	3,368	7,418
2.				
Ration primitive	13,03	1,14	0,333	6,235
2.08 de son	1,82	0,285	0,065	1,050
	14,85	1,425	0,398	7,285

3.

Ration primitive	13,03	1,14	0,333	6,235
1.005 tourteau	0,833	0,285	0,095	0,245
	13,863	1,145	0,438	6,480

4.

Ration primitive	13,03	1,14	0,333	6,235
1.200 tourteau	1,02	0,335	0,125	0,290
	14,05	1,475	0,458	6,525

B. ENGRAISSEMENT.

1re PÉRIODE.

Ration par jour et par tête de 500 kil. kil.	Substances sèches kil.	Matières protéiques kil.	Matières grasses kil.	Substances extractives non azotées kil.
25 betteraves	3,000	0,275	0,025	2,250
2 paille d'avoine hachée. 2,500 paille d'avoine donnée à la fin du repas du soir.	3,586	8,112	0,090	1,602
4 foin de trèfle rouge	3,360	0,536	0,128	1,140
1,500 son de seigle	1,312	0,205	0,046	0,756
0,250 farine de lin	0,220	0,566	0,190	0,486
2 tourteaux de colza	1,700	0,564	0,092	0,042
0,050 sel	0,050	"	"	"
	13,228	2,258	0,571	6,277

L'ENGRAISSEMENT EST EN PLEINE ACTIVITÉ.

2ᵉ PÉRIODE

Ration par jour et par tête de 500 kil. kil.	Substances sèches kil.	Matières protéiques kil.	Matières grasses kil.	Substances extractives non azotées kil.
30 de betteraves	3,600	0,330	0,030	2,700
2 paille d'avoine hachée.				
2 paille d'avoine donnée à la fin du repas du soir	3,428	0,100	0,080	1,424
4 foin de trèfl° roug°	3,360	0,536	0,128	1,148
1,500 son de seigle	1,312	0.205	0,046	0,756
3 tourteaux de colza	2,550	0,849	0,285	0,729
0,500 farine de lin	0,441	0,103	0,185	0,080
0,067 sel	0,067	"	"	"
	14,758	2,123	0,754	6,837

L'ENGRAISSEMENT ARRIVE A SON TERME.

3ᵉ PÉRIODE.

Ration par jour et par tête de 500 kil. kil.	Substances sèches kil.	Matières protéiques kil.	Matières grasses kil.	Substances extractives non azotées kil.
25 betteraves	3,000	0,275	0,025	2,250
1,500 paille d'avoine hachée				
1,500 paille d'avoine donnée à la fin du repas du soir	2,571	0,075	0,060	1,068
4 foin de trèfl° roug°	3,360	0,536	0,128	1,140
2 orge égrugée	1,714	0,200	0,046	1,282
2,500 tourteaux de colza	2,125	0,707	0,237	0,606
0,750 farine de lin	0,651	0,163	0,277	0,130
0,083 sel	0,083	"	"	"
	13,514	1,956	0,773	6,476

La chair des animaux bien nourris, contient un quart de parties nutritives de plus que celle des animaux maigres ou élevés avec parcimonie.

COMPOSITION DE LA VIANDE GRASSE

COMPARÉE A LA VIANDE MAIGRE

	Substance musculaire	Graisse	Cendres	Eau
Viande de bœuf gras	356	239	15	390
» maigre	308	81	14	597
Différence en faveur du bœuf gras	+ 48	+ 158	+ 1	— 207

	BŒUF MAIGRE			BŒUF GRAS.		
	Cou.	Travers.	3 premières côtes.	Cou.	Travers.	3 premières côtes
Eau	77,5	77,4	76,5	73,5	03,4	50,5
Graisse	0.9	1,1	1,3	5,8	16,7	34,0
Cendres	1,2	1,2	1,2	1,2	1,1	1,0
Substance Musculaire	20,4	20,3	21,0	19,5	18,8	14,5
Substance Sèche	22,5	22,6	23,5	26,5	36,6	49,5

Un bœuf bien nourri, qui augmente d'un kilo par jour, donne un produit brut journalier de *deux francs* par sa viande et son fumier (50 kilos par jour). Le gain brut sur 730 jours, par exemple, s'élèverait donc à 1460 francs. Or. M. Lecouteux a montré qu'un hectare de fourrage peut produire à lui seul 730 rations par an (1). M. Lecouteux ajoute que le bétail ne doit pas être produit partout à cette manière intensive pour donner des bénéfices.

« Personne n'admire plus que moi, dit M. G. Ville, les merveilles de l'art et ses impérissables création; mais, dites-moi, n'est-ce pas aussi un grand art celui qui sculpte la vie, qui manie, non pas la matière morte, inerte, sans réaction,

(1) *Journal d'agriculture pratique*, 15 juillet 1883.

ni résistance, mais de marbre animés, qu'il faut tailler dans le vif, qu'il faut modeler jusque dans le sang, dans les nerfs, dans le mouvement et la résistance de la volonté ! »

« A l'époque où vivait Balkwel, on a cru que le choix des reproducteurs avait plus d'importance que le régime, mais on a reconnu depuis que c'était là une erreur, et que, de ces deux moyens, le régime est, en somme, le plus efficace pour retirer les meilleurs résultats des opérations sur le bétail. »

Les dernières expositions du bétail en France et en Belgique ont mis en lumière les résultats aussi rapide qu'inèspérés obtenus par la sélection intelligente des races indigènes. Les Français ont réussi, à l'heure qu'il est, par une application judicieuse des lois de la zootechnie, à obtenir des races indigènes aussi précoces que le Durham.

Or, cette transformation tend à diminuer le volume du squelette et des membres au bénéfice des parties du corps, où l'on trouve le plus de viande de qualité supérieure. Ce qui fait que les Français ne songent plus guère à substituer la races Durham à leurs races indigènes, comme on s'efforce encore de le réaliser chez nous faute d'avoir étudié comme eux les principes de l'amélioration de la race et la fixation des qualités acquises par la sélection.

La race charolaise figurait au concours en première ligne; après elle, la race limousine qui s'améliore d'année en année et paraît destinée à dépasser bientôt la première. Le prix d'honneur a été décerné dernièrement pour un bœuf de 46 mois pesant 940 kilos.

Pour ce qui concerne les races ovines, indépendamment des races étrangères, on a beaucoup remarqué la transformation du mérinos du Soissonnais en animal de boucherie, transformation prédite par le professeur de zootechnie, M. Samson. Cette production est déjà devenue une industrie importante dans le Soissonnais.

En résumé, les concours du Palais de l'Industrie ont consacré le triomphe de la science sur la routine dans l'élevage, de cette science, que beaucoup de nos agronomes continuent à traiter dédaigneusement de théorie, alors que tous ses principes reposent sur l'expérience et l'observation.

En 1880, le premier prix de la Société Sarlabot, association libre formée à Bruxelles, par les bouchers de la capitale, à été décerné à un bœuf franc-comtois pesant 1162 kilos appartenant à M. Jules Hoyois de Bauffe.

Le premier prix de quatre lots a été adjugé à des bœufs de race nivernaise appartenant également à M. Hoyois, qui passe avec raison pour l'un des éleveurs du pays les plus experts.

Or si nos renseignements sont exacts, et nous avons tout lieu de les croires tels, la viande du bœuf Durham s'est vendue à 80 centimes la livre, tandis que la viande du Franc-Comtois s'est vendue à 1 franc 30. Ce qui veut dire que les bouchers qui ne recherchent que la qualité de la viande et non le poids, ont trouvé la viande de ce Durham de qualité inférieure parce qu'elle contenait beaucoup trop de graisse.

Ce résultat présente un double enseignement dont les éleveurs feront leur profit. Il montre une fois de plus les avantages de l'initiative individuelle et de la liberté d'association sur la routine administrative ; il confirme également la supériorité des races indigènes françaises améliorées par la sélection sur les meilleures races étrangères abandonnées à elles-mêmes. C'est en apprenant à compter de plus en plus sur eux-mêmes et à tirer meilleur parti de leurs propres ressources que les individus, comme les sociétés, progressent le plus sûrement dans la lutte pour l'existence.

Si dans l'élevage du bétail, la *sélection* doit tendre à développer la précocité, les tissus mous, l'activité de la sécrétion mammaire, elle doit viser au contraire à développer la charpente osseuse, à créer de forts tendons et des muscles très contractiles, chez le cheval de labour ou de gros trait. Ces qualités sont absolument exclusives des premières et sont réalisées d'une façon presque idéale dans nos belles races de chevaux flamands que l'Europe entière nous envie et nous achète à tous prix. Si bien que les provinces sont obligées d'offrir de fortes primes de conservation pour empêcher les Allemands de nous enlever le dernier de nos étalons. Ces chevaux ont battu à Paris dans les concours de l'Exposition de 1878 les colosses de la race de Clydesdote et l'on y a vu des étalons, rejetés par les commissions des provinces, obtenir des distinctions et des primes fort élevées (1).

SÉLECTION DU CHEVAL ET DU BÉTAIL EN AMÉRIQUE.

Lorsque Ch. Darwin publia son mémorable ouvrage intitulé : *Les lois de la variation des plantes et des animaux,* il n'avait eu qu'à puiser à pleines mains dans les trésors d'observations et d'expériences accumulés par les horticulteurs et surtout par les *éleveurs anglais.* L'idée de la sélection naturelle est née, comme chacun le sait, de la *sélection artificielle,* c'est-à-dire du choix judicieux des reproducteurs pour améliorer les races et pour en créer de nouvelles. Les Américains ne pouvaient manquer d'emprunter aux Anglais cette donnée pratique et d'en tirer des résultats imprévus. Voici que l'*American journal of science* publie des séries de tableaux enregistrant les vitesses obtenues depuis le commencement du siècle par les chevaux américains. Il résulte de ces tableaux que l'*évolution du trotteur américain* (cheval de trait léger) a suivi une progression ascendante et continue sous l'influence de la sélection. Ainsi, la vitesse obtenue par kilomètre était en 1818 de une minute 51 secondes; elle s'est élevée progressivement jusqu'en 1830, à 1 m. 35; en 1850, elle atteignait 1 m. 31 1/2; en 1860, 1 m. 27; en 1870, 1 m. 21 2|3 de secondes. Enfin, en 1880, elle s'élevait seulement à 1 m. 21 3/4 et l'on espère qu'en 1890 on produira des

(1) *Journal de la Soc. Cent. d'agr. de Belg.,* 1879, p. 26-31-51-107.

chevaux capables de franchir un kilomètre en 1 minute et 20 secondes (1) !

Le cheval américain a relevé d'abord de la *sélection naturelle*. Importé au siècle dernier par des colons anglais, il dut s'adapter lui-même à la rigueur du climat. Les plus forts individus survécurent et furent améliorés plus tard par des purs sangs anglais. Les courses au trot des chevaux attelés furent seules tolérées pendant longtemps par ce peuple pratique. De là, les progrès constants du cheval UTILE par la sélection. L'habitude de maintenir le cheval à l'allure du trot rapide en Amérique, contribuera particulièrement au progrès de la race ainsi que les progrès parallèles de la carrosserie et l'amélioration des routes. L'auteur conclut que le trotteur est un produit essentiellement américain qui sera bientôt fort recherché en Europe.

L'on sait que les Américains n'hésistent pas à payer les bons reproducteurs des prix fabuleux, non-seulement pour la race chevaline, mais aussi pour les diverses races de bétail. Dernièrement, une vache de l'île de Jersey fut fut achetée 25,000 francs par un Yankee qui appréciait, comme elles le méritent, les qualités laitières extraordinaires de cet autre produit de *sélection artificielle et naturelle*; car la race de Jersey est essentiellement le produit du sol plantureux et du climat exceptionnel de cette île.

En ce qui concerne la production de la viande, l'effort des éleveurs américains vise à produire un bœuf en deux ans au lieu de quatre. Le but est complètement atteint aujourd'hui; à Chicago, l'on vend couramment des lots de bœufs de 2 ans pesant 1600 livres chacun, parfois même 1700 livres, soit un poids mort de 914 à 971 livres. Ces poids étaient

____

(1) Nous n'entendons pas parler du *mustang* ou cheval sauvage des prairies, descendant des chevaux des espagnols du temps de la conquête et qui ne sert guère que dans l'Ouest, aux conducteurs des grands troupeaux de bétail.

jadis considérés par les éleveurs comme normaux pour des animaux d'un âge double. La réduction de quatre à deux ans constitue donc un grand progrès qui se traduit par des bénéfices considérables pour le cultivateur.

Dans ces dernières années les races grossières de la Californie et du Paraguay se sont améliorées rapidement par ces procédés tant au point de vue de la sécrétion du lait que de la production de la viande (1). (*Revue scientifique de France*, 1879, p. 61, 1880, p. 135).

Le Durham : Sélection et alimentation rationnelle du bétail en Angleterre. — Les qualités du Durham, tant comme vache laitière que comme bétail de boucherie, ont été mises en lumière dans ces derniers temps; elles ont été l'objet d'intéressantes discussions à la *Société centrale d'agriculture de France et de Belgique;* entre toutes les races de bétail, en effet, le Durham est incontestablement celui qui peut produire le plus avec le moins. Il nous offre un bel exemple de ce que peut produire l'art des éleveurs.

Les éléments nutritifs sont utilisés complètement et ne s'éparpillent pas en excès dans les cornes, les sabots, les os et la peau; la graisse se répartit uniformément dans les muscles, au lieu de s'accumuler autour des viscères. La vache Durham donne moins de lait que les vaches indigènes et hollandaises mais elle produit un lait beaucoup plus riche en matière butyreuse.

Avec deux litres de lait Durham, on fait plus de beurre qu'avec trois litres de lait de vache hollandaise. Le lait de la vache hollandaise est souvent bleu, celui de nos vaches indigènes est blanc; dans une goutte de lait Durham, les particules de beurre deviennent apparentes.

De plus, le vélage est plus facile, le développement de l'animal est plus rapide et le terme de l'engraissement précède de plusieurs semaines celui des autres races. Bref le

(1) 25 pour cent d'albumine

Durham est le type de l'animal modifié par l'alimentation intensive précoce.

La prédominance des qualités est moins ici la propriété de l'individu que de la race élevée depuis de longues générations pour la formation d'un type idéal. De là provient la grande valeur des *Durham* dits *courtes cornes*, comme reproducteurs. Ils transmettent dans les croisements leurs qualités durables aux animaux dont la race n'est pas fixée et dont les caractères sont éphémères et flottants. Cependant il importe de remarquer que le Durham ne s'acclimate pas également dans toutes les régions agricoles comme le faisait remarquer très judicieusement M. L. T'Serstevens.

« Ceux qui préconisent les Durham pour notre pays tout entier, tombent dans la même erreur que ceux qui ne veulent que des bêtes hollandaises. Nous avons une variété de sols qui commandent des séries variées de bêtes. Si vous voulez vous rendre compte des aptitudes des bêtes qu'il s'agit de recommander, vous devez commencer par les découper. Ce n'est que lorsque vous avez comparé les organes des animaux, que vous avez constaté que l'estomac des uns est plus volumineux que celui des autres, que ceux-ci doivent avoir sous un petit volume un fourrage très riche, que ceux-là se contentent d'une autre nourriture, ce n'est qu'alors que vous pouvez dire : il faut telle ou telle race à telle ou telle partie de la Belgique.

« Le tort du gouvernement a été de croire que les bêtes de Durham devaient être répandues dans tout le pays. On a ainsi disérédité un bétail qui a des qualités excellentes. Tous les milieux ne conviennent pas aux types d'une même race. Ainsi on a envoyé dans la Famenne des bêtes hollandaises. Elles y ont toutes gagné des maladies des voies digestives, parce qu'elles y avaient un fourrage trop riche sous un volume trop concentré. Dès qu'on remettait ces bêtes dans une autre contrée elles redevenaient immédiatement magnifiques. Les propriétaires de bêtes hollandaises avaient

commis la même faute que le gouvernement ; seulement ils l'avaient faite en sens inverse. Ils avaient été placer des bêtes hollandaises là où elles ne devaient pas se trouver.
(*Journal de la Société d'agriculture*, Juin 1884.)

Il y a quelques années déjà nous avons pu nous assurer par nous-mêmes, dans les étables de M. le comte Léopold de Beaufort, au château de Bouchout, de la supériorité du Durham, traité suivant les principes de l'élevage, tel qu'il se pratique en Angleterre.

Au lieu d'être attaché et parqué dans les étables, le Durham y circulait en liberté sur les prés *richement fumés* et d'un rendement magnifique.

Les veaux étaient lâchés à trois semaines, et nourris de lait pur, à raison de 4 à 5 litres d'abord, ensuite jusqu'à 16 litres. Ce mode d'alimentation, fatal dans d'autres conditions, produit par la compensation de l'exercice, d'étonnants résultats au point de vue de l'amélioration de la race (1).

Il était strictement défendu au personnel de la ferme d'employer des moyens de coërcition, ce qui explique la douceur et la familiarité des animaux.

A défaut de fourrage, le bétail était nourri économiquement d'un mélange de paille hachée, de tourteau de colza et de farine de féveroles, composé suivant les formules du célèbre professeur Hornfall.

Comme le bétail se trouve fort bien de cet aliment et le mange toujours avec plaisir, nous croyons utile de préciser les proportions du mélange et la manière de le préparer.

On emploi par tête deux kilogr. et demi de tourteaux de colza et 1 kilogr. de son mélangés à 12 ou 15 petites mannes de paille hachée. On fait subir au mélange, disposé par

____

(1) Voir pour l'alimentation des veaux Durham l'excellent rapport présenté au congrès agricole de Namur (1883) par M. Troupin Morren secrétaire général de la société des éleveurs belges.

couches dans une cuve, la cuisson à la vapeur. Ensuite on ajoute environ 1 kilogr. par tête, de farine de féveroles. On obtient ainsi la quantité voulue pour donner à chaque bête trois bons repas par jour.

M. Hornfall s'est proposé, en cuisant la nourriture de ses animaux à la vapeur, de volatiliser les huiles essentielles dont le goût agréable excite l'appétit et stimule la digestion. Le tourteau de colza, le son et la farine de féverole augmentent sensiblement la sécrétion laitière. Ils fournissent l'albumine et la caséine, l'huile nécessaire à la partie butyreuse et les phosphates, toutes substances que les fourrages, pailles, racines et foin ne contiennent pas en grande quantité.

En hiver on diminue la quantité de féveroles et on ajoute de la drèche (1 kilogr. par bête environ), qui contribue à donner un goût agréable au mélange, ainsi que du fourrage haché, paille de féveroles, regain, etc., mélangé à la paille hachée.

Une excellente petite machine à vapeur anglaise, de la force d'un cheval, produit économiquement la vapeur nécessaire, à la pression d'un demi-atmosphère.

L'on recommande aussi l'usage des carottes bien divisées au coupe racine mélangées avec de la paille hachée, des balles de céréales et du sel. 3 kil. de carottes équivalent à 1 kilogr. de *bon* foin. On peut, dit Mathieu de Dombarle, porter la ration de racines (carottes et betteraves mélangées) à 30 et 40 kil. par jour pour un bœuf à l'engrais, 8 à 10 kil. de carottes par jour pour les vaches laitières.

Au surplus voici, d'après un journal anglais, les procédés suivis par les éleveurs d'outre-Manche :

M. Hornfall commence par établir la quantité de nourriture nécessaire pour conserver la condition de l'animal sans qu'il y ait augmentation ni diminution dans sa substance. Il constate d'abord qu'une *ration de 53 kilogrammes de turneps* avec un peu de paille suffit pour maintenir assez longtemps le poids de l'animal.

Dans le Yorkshire, les éleveurs maintiennent les conditions en donnant 10 *kilogr. de foin par jour.* Or l'analyse chimique des principes nutritifs de 53 kilogr. de turneps et de 10 kilogr. de foin de prairie donnent, à peu de chose près, une quantité équivalente de *matières albumineuses, d'amidon,* de *sucre et d'acide phosphorique.*

Comme le lait se forme aux dépens de ces éléments il est évident que ces rations ne peuvent suffire aux vaches laitières.

M. Hornfall calcule que, pour donner sous forme de foin les aliments nécessaires à la production normale du lait, d'une vache, — soit 18 litres de lait, il faudrait 45 kilogr. de foin par jour :

10 kilogrammes pour maintenir la condition.

10 kilogrammes pour la production de la caséine,

20 kilogrammes pour la production du beurre,

5 kilogrammes pour la production de l'acide phosphorique.

Impossible de faire consommer à une vache une aussi grande quantité de fourrage sec.

La variation du régime du bétail est donc une nécessité. Le problème consiste aujourd'hui à trouver un aliment composé adapté à la secrétion d'un lait riche et au maintien du poids de l'animal, tout en tenant compte de la valeur commerciale des matières qui constituent la ration.

La science anglaise ne perd jamais de vue qu'en agriculture il faut surtout considérer l'économie comparative des moyens qui seule détermine le profit de la perte.

M. Hornfall pèse les animaux tous les jours pour constater les effets du régime et de ses modification ; son but est de rechercher l'influence de matériaux caractérisés par des propriétés spéciales pour obtenir des résultats spéciaux. Il attire particulièrement sur ce point trop négligé l'attention des agriculteurs. Ainsi certaines substances contribueront plus avantageusement à l'engraissement qu'à la sécrétion du lait, à la production du beurre qu'à celle du fromage, etc. L'analyse chimique comparée du lait et de l'aliment fournira le point de départ de ces recherches expérimentales.

On constate que les matières albumineuses conviennent le mieux à l'alimentation des vaches à lait.

Or, certaine substances peu appréciées, telles que la *paille de fèves*, contiennent le double de matières albumineuses que renferment le *foin de prairie*. Mais la paille de fèves est sèche et peu appétissante ; il n'en est plus de même lorsqu'elle est passée à la vapeur : elle devient molle, pulpeuse et acquiert une odeur et une saveur agréables, fort appréciées des animaux. Même observation pour le *tourteau de colza* (1) et le *son* qui contiennent énormément d'albumine, mais sous une forme répugnante et peu assimilable. La cuisson à la vapeur remédie à ces deux inconvénients et transforme ces matières en aliments de premier ordre. La chimie nous apprend que la cuisson à la vapeur volatilise les huiles essentielles des végétaux qui aromatisent les aliments et stimule la digestion. Partant de là, M. Hornfall a combiné comme suit les rations de ces vaches laitières.

Pour chaque vache : *tourteau de colza* 2 kilogr. 25 ; *son* 900 grammes, le tout mélangé de pailles de fèves et d'avoine *hachées* en quantité suffisante pour fournir à trois repas journaliers assez copieux. Ces éléments, bien mélangés et humectés, sont passés à la vapeur et servis chauds dans les mangoires. Avant de servir la portion à chaque vache, on ajoute de 500 grammes à 1 kilogramme de farine de féveroles, selon la quantité de lait que donne l'animal; la ration consommée, on donne aux animaux les fourrages verts, tels que *choux*, d'octobre à décembre, *kohl rabi*, de décembre à février, et alors *betteraves* jusqu'au printemps. La quantité de fourrage vert est limitée à 15 kilogrammes par jour et à 2 kilo.

---

(1) D'après Hornfall, le tourteau, très riche en matières grasses et en phosphate, contient environ 30 % d'albumine. Le son contient 15 % d'albumine et 3 % d'acide phosphorique.

de foin de prairie. En été, on met les vaches au pâturage en leur donnant soir et matin à l'étable une ration du mélange étuvé.

Ainsi les vaches, en plein rapport, donnant 12 à 18 litres de lait par jour, continuent à donner la même quantité pendant 6 ou 8 mois avant de tomber au-dessous de 12 litres, et alors elles ont généralement gagné en poids. Les vaches qui ne donnent que 8 litres en moyenne gagnent 3 à 4 kil. par semaine. Une vache destinée à l'engraissement donne du lait pendant 10 mois et même un an après le vêlage, et alors son embonpoint est tel qu'elle peut être livrée au boucher quelques semaines après. Comme le fait observer la *Revue agricole de l'Angleterre*, à laquelle nous empruntons ces détails, on peut ainsi réaliser immédiatement la valeur de l'animal et mettre à sa place une autre vache fraîche vêlée, ce qui démontre, une fois de plus, l'avantage des races bovines qui, comme les races Durham. s'engraissent avec facilité. Engraisser par le régime ordinaire de l'étable, c'est la perfection de l'élevage. Il est bon de noter toutefois que la plupart des vaches de ces étables sont de vulgaires *courtes cornes* d'Angleterre qui dominent sur tous les marchés.

Donc avec le *tourteau*, *le son*, *les pailles de féveroles* et d'*avoine* modifiées par la cuisson à la vapeur, on peut proportionner, sous une forme condensée, la nourriture au besoin de l'animal et fournir à la vache laitière la matière albumineuse du fromage, la matière grasse du beurre et le supplément de sels minéraux qui entre dans la composition du lait.

Il est une autre substance aujourd'hui très employée partout, qui est également très riche en azote et peut remplacer en hiver la farine de féverole : c'est *la drêche.*

M. Hornfall employa en hiver la drêche en quantité égale avec le son, c'est-à-dire à raison d'un demi-kilogramme de chaque ingrédient.

La formule de la ration fut alors modifiée comme suit :

Drêche	0,453
Son	9,453
Foin	4.000
Betteraves	12,000
Tourteau de colza . . .	2,720
Farine de fève	0,566

Paille d'avoines et de fèves hachées *ad libitum*.

A ce régime, les 18 vaches de l'étable donnèrent d'octobre en janvier inclusivement 10 litres par tête en moyenne; celles qui donnaient le moins de lait gagnaient rapidement en poids, celles qui donnaient une quantité considérable maintenaient leur condition.

M. Hornfall attache une grande importance au maintien de la condition des vaches qui donnent une grande quantité de lait.

Au moyen de la ration supplémentaire de farine de féveroles, il maintient la condition des vaches donnant 20 litres par jour. Le tourteau, le colza et le trèfle blanc produisent le même effet.

Les vaches qui produisent moins de lait tout en engraissant plus vite, n'absorbent pas tous les éléments de la ration. En ce cas, dit M. Hornfall, *l'excès des principes nutritifs passe dans le fumier qui devient plus riche et plus puissant.*

D'après J. B. Lawes la consommation sur place par le Durham dans une période de six mois d'un hectare de prairie du Leicestershire où domine le trèfle blanc, produit 560 kil. de viande; soit l'équivalent de 4 tonnes de foin de trèfle, de 2000 kil. de grain ou tourteau et de 12 tonnes de navets.

Dans les sucreries et les distilleries la drêche et la pulpe forment la base de l'alimentation du *Durham*. La pulpe convient beaucoup plus pour les animaux à l'engrais que pour les vaches laitières

Le professeur Haubner de Dresde recommande après de longues expérience de ne pas dépasser le titre de $2/3$ pour les bœufs et 1/2 pour les vaches, de pulpe dans la ration; le reste doit contenir des matières riches en protéine et des fourrages *longs*; sinon la pulpe relâche l'appareil organique.

Voici, d'après M. Gérard, professeur à l'école vétérinaire de Bruxelles, la composition chimique moyenne de la pulpe *vieille d'un an* :

Eau	70 60
Composés albumineux protéiques	2 43
Fibre digestible, composés de pectine, d'acide lactique, etc	18 67
Cellulose	6 48
Matières minérales (cendres)	2 42
	100 00

Nous avons vu que la pulpe de diffusion qui contient plus d'eau est aussi beaucoup plus riche en albumine.

La drèche, dont la teneur en eau varie beaucoup, contient environ 4 % d'albumine, 9,5 % d'hydrates de carbone et 0,4 % de graisse, soit en tout 13,8 % d'éléments digestibles. Les matières azotées y sont aux matières non azotées comme 2 est à 7, et la valeur des 100 kilogrammes est de fr. 3 à 3-50.

Le Directeur du laboratoire municipal de la ville de Paris signalait l'an dernier les dangers que présente l'abus de la drèche dans l'alimentation des vaches dont elle augmente la quantité de lait au dépens de la qualité. Le lait devient aqueux et la phtysie, *transmissible à l'homme*, finirait même par résulter de cette alimentation abusive.

M. Ladureau, directeur de la station agronomique du Nord, est d'avis qu'il suffit de mélanger à la drèche d'autres, matières solides nutritives pour en faire un aliment excellent et à bon marché.

Prix de revient actuel du kilogramme d'azote dans les tourteaux, le son, l'orge, le maïs et les fèves servant à l'alimentation du bétail.

COMPOSITION MOYENNE DES MATIÈRES CALCULÉES POUR MILLE KILOGRAMMES.

Désignation des matières.	Azote	Acide phospho- rique.	Potasse.	Prix de vente au détail.	Valeur du kilogr. d'azote (1)	
Tourteau de chanvre.	52 k.	33 k.	19 k.	200 fr.	3 fr.	"
" d'Arachide.	6	5.5	10	200	3	14
" coton d'Alex- andrie.	40	20	13	165	3	43
" d'Œillette.	52	36	19.8	240	3	70
" Colza.	45	20.7	13.6	210	4	"
" Noix.	49	20.3	15.4	230	4	09
" Lin.	43.3	19.4	12.9	280	5	80
Féveroles.	40.8	11.6	12	240	5	40
Son.	22.4	28.8	13 3	200	7	28
Maïs en grains.	16	5.5	3.48	200	12	03
Orge.	16	7.2	4.8	220	13	14

Ce tableau démontre que le prix du kilogramme d'azote combiné, principe essentiel servant à la formation de la chair varie de 3 fr. 43 dans le tourteau de coton à 13 fr. 14 dans l'orge. (De Villepin.)

Les tourteaux conviennent parfaitement pour compléter les rations de pulpe, mais leur prix tendant à s'élever en raison de la demande, on cherche déjà à les remplacer par d'autres aliments tels que les graines de lupin qui sont plus riches encore en albumine, mais contiennent malheureusement un principe amer.

M. Glaser de Berlin a découvert qu'en mélangeant ces graines avec des végétaux acidifiables, comme les pulpes, les herbes, les pommes de terres, dans le rapport nutritif

(1) Cette valeur s'obtient en déduisant du prix de vente : 1° la valeur de l'acide phosphorique aux prix invariable de 1 fr. le kilog.; 2° la valeur de la potasse à raison de 60 centimes le kilog, et en divisant le reste par la contenance en azote,

exigé par les principes de l'alimentation rationnelle et en les ENSILLANT, on fait disparaître le principe amer et on peut conserver les graines humides. La chaleur et les acides qui se dégagent pendant la fermentation détruisent lentement le principe amer sans nuire aux propriétés nutritives du mélange. M. Crispo, directeur de la station agricole de Gand, a publié récemment une monographie très complète de ce procédé (1).

Le *maïs* est le pain de l'Amérique comme le *ris* est le pain de l'Asie. D'après les éleveurs américains, 2500 à 3000 kilogr. de maïs produisent environ 200 kilogr. de viande nette (2). La plus récente analyse de ces denrées alimentaires, qui favorisent si activement l'engraissement, a été faite par

---

(1) Pour donner un exemple de la manière de calculer un mélange, supposons le cas qu'il faut compléter la pomme de terre. En prenant les tableaux de Wolf nous trouvons que la pomme de terre contient pour cent en chiffres ronds :

21 hydrates de carbone digestibles.   2 matières albuminoïdes
                le lupin jaune.
27   id.   id.   32   id.
              le lupin bleu.
35   id.   id.   25   id.

Voici le simple calcul à faire :

$\dfrac{21}{5.5}$ 3. quantité total de matières albuminoïdes à réunir pour 100 de pommes de terre; 2 sont déjà contenue dans la pomme de terre elle-même, il faut donc en ajouter 1.8 au moyen de graines de lupin.

$\dfrac{32}{100} = \dfrac{1.8}{x}$ $\times = \dfrac{180}{32} = 5.62$ de graines de lupin jaune

$\dfrac{25}{100} = \dfrac{1.8}{x}$ $\times = \dfrac{180}{25} = 7,20$ " " bleu.

(2) Un éleveur de Chicago peut acheter un bœuf de 150 kil. pour fr. 237,50, rendu à l'étable d'engraissement. Le maïs étant coté à fr. 5,75 les 100 kil. et le bœuf gras de 500 kil. se vendant couramment 500 fr., l'opération se solde par un bénéfice de 80 francs (Discours de M. Barclay, membre du Parlement, à Mentrose). Comme le maïs n'est point soumis au vissicitudes des climats tempérés et se cultive dans le Sud en récolte dérobée, on peut obtenir en une même année une récolte de blé et de fourrage à des prix exceptionnellement rémunérateurs. Dans les provinces du centre, lorsqu'on veut laisser reposer la

la station agricole de Gembloux en même temps que l'analyse comparée du son de froment et de féveroles :

FARINE	ORGE (1)	RIZ.		MAÏS.		
		I°	II°	I°	II°	III°(2)
Eau	13.72	11 87	10.58	13.38	14.72	17.94
Matières albuminoïdes .	14.74	11 69	9.90	10.64	8.79	8 51
Matières grasses . . .	2.50	8.04	9.82	4.36	3.67	4.69
Matières extractives non azotées	61.69	60.91	51.05	67.83	69.78	66.80
Matières minérales . .	3.00	5.03	9.76	1.89	1.69	0.82
Cellulose.	4.35	2.46	8.89	1.90	1.35	1.24
	100	100	100	100	100	100

SON	FÉVEROLES		FROMENT.		RIZ.
	I°	II°	I°	(3)II°	
Eau	11.02	10.82	12.70	12.42	9.84
Matières albuminoïdes . . .	6.59	5.71	13.07	15.84	5.32
Matières grasses	0.64	0.27	3.15	3.41	2.42
Matières extractives non azotées	39.17	40.70	61 30	60.00	38.33
Matières minérales. . , . .	3.16	3.89	3.67	4 31	10.03
Cellulose	39 42	38.61	6.11	4.02	34.06
	100	100	100	100	100

terre on se contente d'y semer du maïs qui étouffe les mauvaises herbes. Les porcs vivant des reliefs de la préparation du maïs pour le bétail ne coûtent presque rien à produire. Ils né reviennent pas à 20 fr. par tète au producteur.

(1) Orge du pays concassé.
(2) Maïs blanc d'Amérique concassé.
(3) Vendus dans le commerce sous le nom de « Pointe de froment. »

Il ressort de ce tableau que, contrairement aux idées reçues jusqu'ici, la farine de riz est plus riche que le *maïs* en matière azotée, en graisse et en matières minérales. Les expériences instituées en Allemagne par M. Stupp démontrent en effet que dans l'alimentation du gros bétail 85 kil. de riz exercent le même effet nutritif que 100 kil. de farine de maïs.

L'on croyait autrefois que le riz était la graine la plus riche en fécules et la *plus pauvre* en principes minéraux et albuminoïdes.

Si le maïs est plus riche en matières grasses et amylacées que l'orge et l'avoine, il est par contre très pauvre en phosphates et contient moins d'aliments plastiques, c'est-à-dire d'albumine. Toutefois le grain de maïs, qui forme une véritable petite boule de graisse (9 à 10 pour cent d'huile) donne une excellente farine et constitue un aliment respiratoire de premier ordre. Chacun sait avec quelle rapidité le *maïs* en nature favorise l'engraissement des animaux de basse cour. Mais pour conserver la farine on est forcé d'en extraire l'huile par trituration ; ce qui explique pourquoi l'analyse indique une teneur si minime en matières grasses. D'après un nouveau procèdé reposant sur le traitement du maïs par l'acide sulfureux l'on parvient même à séparer complètement le germe huileux du périsperme qui contient la farine pure. Les déchets de cette fabrication contiennent, outre la matière grasse, les phosphates et le gluten détachés du périsperme, ce qui donne un engrais d'une grande valeur très riche en phosphates, en azote et en sulfate de chaux.

Les récents travaux de MM. Guyot, Samson, de Gasparin, Hervé Mangon démontrent que si le maïs peut suffire en Amérique à l'alimentation du cheval, comme l'orge lui suffit en Afrique, il ne peut dépasser sans danger en Europe le quart de la ration.

Comme le faisait observer dernièrement le savant correspondant agricole du *Journal des débats*, on a souvent tenté, mais sans succès réel, de substituer à l'avoine l'orge, le maïs, le sarrasin, le seigle, le blé, la féverole. Un de ceux qui, en France, connaissent le mieux le cheval, M. Eugène Gayot, a passé en revue ces divers modes d'alimentation. Voici le résumé de ses recherches :

Pour commencer par l'orge, on s'est étonné que cette nourriture par excellence du cheval d'Afrique, d'Asie et d'Espagne, ne remplisse pas chez nous, ou plutôt dans toutes les contrées septentrionales, les mêmes conditions d'alimentation, et qu'au lieu d'y rendre les mêmes services, elle y ait, au contraire, de tels inconvénients qu'on ne puisse l'appliquer sans danger au même usage. C'est que, sous notre climat tempéré, l'orge en son état de maturité contient encore une proportion considérable d'eau de végétation combinée au principe muqueux. Cette composition la rend très-propre à l'engraissement de toute sorte d'animaux, mais elle ne donne pas au grain les propriétés d'ailleurs *peu définies* qu'il acquiert et qui le font tout autre sous des climats chauds.

La pratique exprime très justement le fait, lorsque, de l'orge recoltée dans les régions tempérées, elle dit qu'elle y est plus nourrissante et rafraîchissante qu'échauffante, et lorsque, la comparant dans ses effets nutritifs à l'avoine, elle dit de cette dernière que, *au rebours de l'orge en grain, elle échauffe ou tonifie plus qu'elle n'engraisse.*

Dans les deux Amériques, le maïs, autant que l'orge en Afrique et ailleurs, nourrit le cheval à l'exclusion de l'avoine, et l'on reconnaît qu'il communique une très grande vigueur à l'animal. On dit aussi que nos chevaux l'ont consommé avec avantage au Mexique. Il ne paraît pas qu'il en soit tout à fait de même en France, où, donné seul, sans mélange ou sans addition d'une quantité quelconque d'avoine, il n'entretient pas, chez le moteur, le degré de vigueur acquis sous l'influence de la nourriture à l'avoine. En cet aliment, on peut voir un auxilliaire, non un succédané de l'avoine (1).

Est-ce à dire que le maïs doit être exclu de toutes compositions de rations à l'usage du cheval en notre pays? Evidemment non; ce n'est qu'affaire de mesure. Sur une ration de grain de 8 kilog. 350, quotidiennement administrée à chacun des chevaux qu'elle entretient, la Compagnie des omnibus de Londres fait entrer 7 kilog. d'avoine. Le reste, soit 1 kilog. 350, est fourni par le maïs importé d'Amérique.

La chimie trouve également très-près de l'avoine le sarrasin, grain fortement recommandé par Thaër et Dombasle comme succédané de l'avoine dans l'alimentation des chevaux de ferme, grain repoussé avec une sorte de mépris par quelques

(1) « Un habile vétérinaire, M. P. Adenot, rend compte d'une expérience qu'il a suivie dans ses diverses phases sur un lot de 48 chevaux de gros trait, travaillant soit au wagon soit au camionnage. On commença par donner de petites quantités, et ce ne fut guère qu'après trois semaines que la ration fut ainsi composée : avoine, 4 kilog.; maïs, 4 kilog. Ce dernier, étant très dur, fut administré après avoir été concassé, 6 des sujets le refusèrent constamment, ils en séparaient l'avoine et le rejetaient dans un coin de la mangeoire. 4 autres ne le mangeaient qu'avec dégoût; les autres s'en nourrissaient avec plaisir.

À la fin du premier mois, tout allait pour le mieux; les chevaux étaient gras, bien portants et exécutaient facilement leurs travaux ordinaires. Après six semaines de ce régime, les charretiers commencèrent à prétendre que leurs attelages étaient moins forts. Sachant qu'ils sont ennemis de toutes les innovations, on n'attacha aucune importance à leurs plaintes. Cependant, à la fin du deuxième mois, on fut obligé d'accorder une attention sérieuse à leurs réclamations. Certains chevaux, bien que présentant tous les signes de la santé, exécutaient mal leur travail; ils étaient mous et supportaient le coup de fouet sans regimber. Enfin on arriva à constater que des chevaux qui traînaient sur la route 1,500 kilog. avaient peine à en mener 1,200. Ces faits se faisant remarquer sur tous les animaux de l'équipage, on fut autorisé a admettre que le maïs, bien que nourrissant fort bien et maintenant les animaux dans un bon état d'embonpoint, les privait de la force et de l'énergie nécessaires pour leurs travaux. La ration ancienne fut reprise, et, après quinze jours de son emploi, toute trace de faiblesse avait disparu ».   GAYOT.

expérimentateurs qui l'on peut-être rencontré en qualité médiocre, ou même avarié. Il n'y a pas lieu toutefois d'en repousser complètement l'usage.

Après l'orge peut-être, c'est le seigle qu'on a le plus appliqué à la nourriture du cheval en guise d'avoine. Ce grain est donné à l'état de nature mélangé à l'avoine sans avoir subi aucune préparation. La ration pour les chevaux est : avoine, 6 kilog.; seigle, 3 kilog. : 350 chevaux furent soumis à ce régime; pendant huit mois qu'ils furent ainsi nourris, ils se maintinrent dans un état de santé florissant, et le travail ne fut nullement ralenti.

On doit pourtant ajouter que la vigueur des travailleurs était moindre que lorsqu'ils étaient nourris exclusivement d'avoine.

Ces observations tendraient à mettre le seigle au premier rang des grains dont peut être nourri le cheval, après l'avoine pourtant qu'il n'égale pas.

Le blé engraisse outre mesure les chevaux et tend à faire prédominer la viande grasse sur le système osseux.

La féverole a été surnommée *fève de cheval*. Elle n'est pas riche seulement de matériaux assimilables, elle contient aussi des principes excitants qui exercent sur l'économie du travailleur une action spécifique très-favorable à la production et à la réparation des forces musculaires. Par ce côté, elle se place tout près de l'avoine, sinon à son niveau. Comme aliment, la féverole a fait ses preuves. En Angleterre, en Alsace, on la donne volontiers en guise d'avoine ; elle procure aux tissus une fermeté nécessaire aux animaux qui fatiguent; elle crée la force et la vigueur, le pouvoir de supporter des efforts prolongés. A bon droit, on peut dire d'elle qu'elle approche de l'avoine plus qu'aucun des autres grains dont puisse faire choix pour la nourriture du cheval.

On peut citer également une autre légumineuse, le pois des champs. Sa composition chimique la recommande. L'analyse découvre que cette graine renferme pour 100 : azote, 3.54; acide phosphorique, 0.76; chaux, soude et potasse, 1.20.

Les Anglais ne négligent pas cet aliment et le font même consommer par les chevaux de course.

Nous ajouterons que sur tout le littoral de la Flandre les fèves et les pois sont également employés dans l'alimentation du cheval mais qu'ils y déterminent souvent des accidents plethoriques et mortels pendant la période des chaleurs, ce qui explique pourquoi leur usage ne s'est point généralisé.

L'emploi des GERMES d'orge a été également préconisé dans ces derniers temps pour remplacer une partie de l'avoine dans la ration ; mais l'orge contient moins de graisse que l'avoine, nous l'avons vu ; cependant l'on obtient, paraît-il, d'excellents résultats quand on ajoute au mélange des tourteaux de lin ou de colza.

Le dernier rapport de M. Guyot sur les opérations du service de la cavalerie des omnibus de Paris constate que la composition de la ration moyenne a subi certaines modifications dans la nature des denrées, *un peu plus de paille un peu moins de foin*, 0 kilog. 277 d'avoine et 0 kil. 156 de *féverolles* en plus contre 0 kilog. 680 de *maïs* en moins.

La ration normale de la compagnie étant quatre kilos et demi d'avoine, trois kilos de maïs concassé, un kilos de féveroles trempées dans l'eau, cinq kilos de foin, cinq kilos de paille et quatre cents grammes de son en barbotage avec le foin.

La compagnie continue à se bien trouver de la compression des fourrages qui lui permet d'étendre indéfiniment le rayon de ses opérations. M. Guyot constate aussi le progrès de la sélection dans la remonte de 1882. « Pour être apte au service des omnibus les chevaux doivent joindre à la taille et à la force, une grande légèreté d'allure et doivent traîner une masse plus considérable à une allure plus rapide par suite des arrêts et des encombrements. » (*Journal d'Agriculture pratique*, tome 2, 1883).

M. Achille Muntz, chef des travaux chimiques à l'Institut national agronomique de Paris, a institué depuis 1878 une

série d'expériences et analyses en vue d'établir économiquement la composition de la ration nécessaire au cheval effectuant un travail déterminé, au dépôt de la cavalerie et des
fourrages de la Compagnie générale des omnibus.

« On conçoit combien il importe aux entreprises de transport d'obtenir la solution pratique de ce problème, afin de
substituer, sans préjudice pour la production du travail et
pour l'état du cheval, un fourrage moins cher à un autre, la
composition de la ration en élément nutritifs demeurant
d'ailleurs constante. Pour une cavalerie de 12,000 chevaux,
un centime d'économie par ration se chiffre par une économie
annuelle de 44,000 francs. Cinq séries d'expériences ont été
institué; chacune d'elle a porté sur l'alimentation de plusieurs
centaines de chevaux pendant une durée de trois à cinq mois.
Les chevaux de la première série ont continué à recevoir la
ration normale de la compagnie. Pour la 2ᵐᵉ série la substitution a porté sur l'avoine et le foin partiellement remplacés
par des quantités équivalentes, au point de vue nutritif, de
maïs, de féveroles et de paille. L'économie était peu considérable; mais on a réalisé une plus notable pour la 3ᵐᵉ série
par une nouvelle réduction de la ration d'avoine et l'élévation
de celles de maïs, de son et de paille. Cette économie qui se
chiffre par 0 fr. 1337 pour chaque cheval, se traduit pour
les 13,500 chevaux de la Compagnie des omnibus par une
somme annuelle de 645,436 francs. Une quatrième série
d'expériences a démontré qu'il n'existe pas d'intérêt économique à produire un même travail avec un nombre moindre
de chevaux mieux nourris. La cinquième et dernière série a
porté sur l'introduction dans la ration d'un élément nouveau,
obtenu à très bas prix, le *tourteau de maïs*, dont la valeur
alimentaire a été reconnue, puisqu'il est aujourd'hui adopté
par la Compagnie des omnibus. Le tourteau de maïs à donné
d'excellents résultats: il vaut dans le commerce, actuellement,
11,50 seulement les cents kilogrammes. M. Muntz a encore
établi par ses expériences que la moitié de la ration ordinaire

de travail suffit largement comme ration d'entretien, c'est-
à-dire celle qui est nécessaire à l'animal pour subvenir aux
besoins de son organisme sans effectuer aucun travail. Mais
dès que le moteur est soumis dans ces conditions à une
dépense de force, il perd de son poids et marche vers sa ruine
si l'on ne pourvoit à la ration de production. On peut cependant réduire les frais de nourriture en faisant fermenter
l'avoine, ce qui facilite considérablement son assimilation. »

Quant au concassage qui facilite également à première vue
l'assimilation, nous avons vu ses inconvénients (p. 207).

Cependant dans certaines fermes anglaises, au lieu de servir
l'avoine en nature — état dans lequel elle n'est digérée que
partiellement — on en fait moudre la provision destinée aux
chevaux ; on ajoute à la farine quantité suffisante de levain
et on en confectionne des pains, qu'on fait cuire dans les
conditions habituelles.

Ce pain, rassi, est coupé en menu morceaux. Mélangé
avec de la paille, il constitue, pour les chevaux, une alimentation plus nourrisante, dit-on, que l'avoine seule et moins
échauffante, grâce à une assimilation plus complète ; il ne
faut dépenser que la moitié d'avoine et moins de fourrages
que de coutume, pour entretenir les animaux.

<h3 style="text-align:center">L'ENSILAGE.</h3>

La culture du maïs *fourrage* a pris dans nos régions du
Nord une extension remarquable depuis que l'on a réussi à
prescrire des procédés méthodiques pour l'ensiler.

M. Lacroix a obtenu dans de mauvaises bruyères de la
Campine, récemment défrichées, des rendements de maïs
géant, dépassant les *cent mille kilogrammes*, au moyen des
engrais chimiques.

Dans les terres légères, le maïs semble cependant exiger
la présence de l'humus comme le navet et le trèfle (voir p.
278, 279). D'après O. W. Atwater le maïs qui se rapproche
des céréales par ses caractères botaniques, semble avoir

beaucoup plus d'analogie avec les légumineuses dans ses besoins nutritifs. Il semble s'accommoder largement comme elles des agents minéraux et faiblement de l'azote des engrais et posséder à un très haut degré le pouvoir de s'emparer de l'azote des sources naturelles ; ce qui le différencierait de la pomme de terre et de l'avoine qui demandent beaucoup d'azote dans le sol et auraient peu d'aptitude à puiser cet élément dans l'atmosphère (Compte-rendu de l'académie des Sciences de Paris 1884).

Il résulte des analyses de MM. Grandeau, Leclerq et Lecouteux que la fermentation du maïs fourrage en silos transforme *l'amidon et le ligneux en glucose et en alcool*, c'est-à-dire en principes stimulants ou directement assimilables qui provoquent l'appétence et favorisent l'assimilation, c'est-à-dire élèvent le *cœfficient de digestibilité ;* qu'elle resserre le *rapport nutritif* entre la matière grasse et la matière azotée par suite de la destruction progressive des matières non azotées, de sorte qu'en dernière analyse elle enrichit le fourrage en matières protéiques par rapport aux autres éléments nutritifs.

Grâce à l'ensilage, l'on pourra braver désormais les années de sécheresse, sans craindre la disette fourragère en enfouissant dans les silos les *fourrages verts*, tels que le maïs, les feuilles de betteraves qui perdent leurs propriétés nuisibles par l'ensillage, l'herbe des prés, la luzerne, le seigle, etc.

Dans le midi de la France, où l'hivernage d'un nombreux bétail était impossible jusqu'à présent faute d'approvisionnements, l'ensilage du maïs a déjà imprimé une vive impulsion à la culture (1). Il en est de même en Campine où les

---

(1) Dans tous les pays chauds, l'ensilage rends des services immenses. Un ingénieur agricole de Louvain, aujourd'hui directeur de l'école officielle d'agriculture dans la République Argentine, a introduit dans ce pays la pratique de l'ensilage. En été, l'herbe des pampas est rôtie par le soleil et le bétail meurt littéralement de faim. L'ensilage met les

expériences de MM. Lacroix et Demarbaix ont dépassé toutes les espérances.

M. Demarbaix préfère au procédé de fermentation préconisé par M. Lecouteux le procédé Goffart.

Le premier consiste à couvrir le silo de terre de façon à rendre impossible la pénétration de l'air extérieur et l'expulsion de l'air contenu dans la masse ; ainsi se produit la fermentation.

Le second consiste à recouvrir le maïs de planches et de madriers que l'on charge le poids de 300 à 400 kil. par mètre carré. Alors la pression devient telle que l'air intérieur est expulsé et que la fermentation devient impossible. Dans ces conditions l'on peut même se passer du sel.

« D'après M. le professeur Demarbaix, on a montré un enthousiasme exagéré à propos de l'ensilage. On a été jusqu'à prétendre que le maïs ensilé était préférable au maïs vert, il le nie absolument. Il est bon d'ensiler du maïs parce qu'en hiver on n'en a pas. Mais si je pouvais, dit-il, me procurer en hiver du maïs vert, je ne donnerais pas à mes bêtes du maïs ensilé. Le maïs ensilé fermente, malgré toutes les précautions que l'on prend. Ce qui fermente, c'est le sucre. Le sucre est remplacé par de l'acide lactique, par de l'acide acétique, qui ne donnent rien à la digestion.

On a dit que, par l'ensilage, le coefficient de digestibilité, du ligneux augmente. Je doute que la quantité du ligneux qui devient soluble soit de nature à compenser la quantité de sucre perdue (1). Si j'étais sûr d'avoir du beau temps et si

bêtes à l'abri de cette pénible éventualité. Il y avait dernièrement dans les journaux du pays, à propos de notre compatriote, des articles élogieux pour l'Université de Louvain (voir le *Journal de la Société centrale d'agriculture de Belgique*, 1883-4.).

(1) Les dernières recherches de Popoff, Zuntz et Tappeiner ont montré que la cellulose n'est pas digérée dans la panse des herbivores, mais qu'elle se dissout en gaz par la fermentation. La digestion artificielle à l'air libre par les ferments donne les mêmes produits.

disposais d'herbes excellentes, je préférais faire du foin, mais si je n'ai que des herbes maigres, de mauvaise nature, l'ensilage les transforme et les rend très propres à la nourriture du bétail. Il m'est arrivé d'avoir des herbes fraîches, que les bêtes refusaient et qu'elles mangeaient à belles dents après que ces herbes avaient été ensilées. J'ai vu, des silos dans lesquels se trouvaient de la pulpe, des feuilles de navets et de betteraves depuis 18 mois. Ce produit était encore magnifique.

« Chez M. le c^{te} Vilain XIIII, qui habite Bruxelles l'hiver, on avait oublié un silo de maïs pendant deux ans. Les domestiques ont, en général, une propension à ne pas employer les choses nouvelles. Quand on ouvrit ce silo, on trouva la matière en très bon état.

« Un de mes voisins avait voulu faire une prairie il y a trois ans. Mais il avait manqué son opération. En octobre, le sol n'avait produit que de mauvaises herbes, toute espèce de choses, du mouron, du chardon, etc. Il présenta cette nourriture à son bétail qui le refusa net. Mais il avait entendu parler de l'ensilage. Je ne risque rien, se dit-il, à faire un essai. Il mit, en conséquence, toutes ces mauvaises herbes en silos et trois ou quatre mois après, il les offrit à ses bêtes qui parurent en raffoler.

« La vérité est que cette question de l'ensilage semble très complexe. Si j'obtiens dans un bon terrain du trèfle, qui réunit toutes les conditions possibles d'un excellent fourrage, je ne les mettrai pas en silos. Il est clair que je préférerai ensiller mes fourrages plutôt que de m'exposer à les perdre. Dans la fenaison, le trèfle perd des parties importantes, des feuilles, des fleurs. Il ne vous reste, en définitive, si vous avez été dans l'obligation de le retourner plusieurs fois, que des tiges peu nutritives. Il n'y a pas de produit qui souffre autant de la fenaison que le trèfle, à moins que vous n'ayez un soleil extraordinaire, qui vous permette de ne pas y toucher ».

Nous ne partageons pas absolument cette manière de voir; nous croyons en effet, avec M. le Dr Schneider, qu'on a la mauvaise habitude de laisser le foin des légumineuses séjourner en tas dans les champs pendant un temps assez long, variable, du reste, suivant l'état du ciel. Cette méthode a pour but de développer un certain degré de fermentation qui, en achevant de détruire la vie organique dans les tiges, assure la dessication. Or, on conçoit que plus le fourrage séjourne au dehors, plus il court la chance d'être surpris par la pluie. Et chacun sait que, si les foins des prairies naturelles forment une masse compacte et difficilement perméable, il n'en est pas de même du foin des prairies artificielles. On a donc le plus grand intérêt à rentrer celui-ci promptement.

Dès que le foin des légumineuses est assez sec pour sonner sous le choc de la fourche, on peut le rentrer, bien que les tiges soient encore vertes et molles, *à la condition de saler le fourrage*. Dans ce but, une personne se tient sur le grenier, pendant le déchargement. Au fur et à mesure qu'une fourchettée nouvelle tombe sur le tas, on sème sur elle une petite poignée de sel. De la sorte, aucune portion de fourrage n'échappe à l'action de cette agent conservateur. On use ainsi environ 5 livres de sel par mille de fourrage, c'est-à-dire un un demi pour cent.

Jamais, ajoute M. le Dr Schneider, ce procédé n'a manqué son but. J'ai rentré des fourrages encore verts, n'ayant peut-être pas perdu plus que la moitié de leur eau de végétation. Eh bien, sur le grenier, ils sont parvenus à un état de dessication parfait, sans trace de moisissure, grâce à l'action du sel dont j'avais, dans cette circonstance augmenté la dose. Au bout de quelque temps, le tas transpirait, sa surface était couverte d'une rosée aussi abondante que celle qu'on remarque, dans les champs à la suite des nuits les plus claires. Quand la transpiration était terminée, le fourrage était parfaitement sec.

« Pendant tout le temps qu'à duré ce travail, je n'ai remarqué aucun développement de chaleur dans le tas de fourrage. Le sel a empêché la *fermentation* et, par conséquent, la moisissure qui est un produit de la fermentation. Et tandis que la fermentation s'opère rapidement, tandis que la moisissure se produit en quelques jours, au contraire la *transpiration* m'a semblé s'accomplir avec lenteur, en plusieurs semaines.

« En ce moment même, mes luzernes de seconde coupe, qui ont été rentrées avec les tiges vertes, sans avoir été en tas plus de 24 heures, mes luzernes sont en pleine transpiration, huit jours après l'engrangement. Sans le sel elles seraient à l'heure qu'il est complétement avariées. Au moyen du sel, elles ne sont aucunement échauffées. Le sel s'est emparé de l'eau qu'elles contenaient et, grâce à la dissolution saline qui imprègne le fourrage, celui-ci conserve l'odeur d'un foin sain, sans dégager aucune de ces émanations particulières au foin moisi.

« Les avantages de la dessication du fourrage par transpiration sont de deux ordres : 1° cette méthode abrége le temps critique, la période de soucis du cultivateur, en lui permettant de rentrer les légumineuses presque aussi rapidement que les graminées, sans compter qu'elle offre une garantie absolue contre la moisissure à laquelle même les fourrages que l'on a conservés longtemps dans les champs n'échappent pas toujours complètement ; 2° elle permet de livrer au bétail une nourriture agréablement condimentée, plus sapide que le fourrage préparé suivant la méthode ordinaire et plus capable de stimuler l'appétit des animaux et la faculté d'assimilation de leurs organes digestifs ».

Ajoutons que le procédé présente encore l'éminent avantage d'empêcher le lavage du trèfle par la pluie. Le Dr Emmerling a montré que l'élément que la pluie entraîne d'abord en plus grande quantité est précisément le chlorure de sodium ou sel marin ; puis les acides phosphorique et nitrique et les corps extractifs non azotés, tandis que l'albumine ne disparaît pas avant la décomposition. Le trèfle a souvent perdu plus de la moitié de ses principes nutritifs, quand il a séché sur place.

Il est difficile, conclut M. de Marbaix, de résoudre d'une manière absolue la question de l'ensilage, tellement les facteurs sont nombreux. En tous cas, il faut de grands silos. Si vous n'ensilez que par petites fractions, vous avez un déchet considérable. Quelles que soient les précautions que vous preniez, vous perdez 10, 15 centimètres sur les côtés, au-dessus, en-dessous.

« La profondeur à laquelle doivent être établis les silos dépend de la nature du terrain. Dans un sol sec, on peut aller aussi profondément que l'on veut. Le tas doit avoir de 3 à 4 mètres de hauteur au moment où vous le formez. Si vous ne pouvez creuser votre silo bien profondément dans le sol, vous pouvez l'établir au-dessus. La terre provenant du fossé sert à recouvrir le fourrage. »

Voici les conclusions que M. Joulie croit pouvoir tirer des études qu'il a faites sur l'ensilage :

1° Que ce mode de conservation tend à faire perdre une certaine fraction de la valeur nutritive des nourritures.

2° Que la perte est d'autant moindre que la fermentation est plus franchement alcoolique, qu'elle est, au contraire, d'autant plus élevée que l'air emprisoné dans le silo est en plus forte proportion et permet une fermentation plus acide;

3° Que les pertes peuvent être fortement atténuées par le mode d'ensilage adopté ;

4° Qu'en ce qui concerne le maïs, il parait dangereux d'admettre un mouillage excessif et que le hachage préalable est préférable à l'ensilage en branches;

5° Que, malgré les pertes inévitables, l'ensilage est un précieux mode de conservation dont l'usage ne saurait être trop recommandé, puisqu'il est au pouvoir des praticiens d'en atténuer assez les inconvénients pour qu'ils ne puissent être mis en balance avec les avantages de la méthode, soit par les soins donnés à l'opération, soit par l'introduction, dans les rations, d'une proportion supplémentaire d'aliments azotés et féculents.

LA VIANDE VÉGÉTALE.

De tout ce qui précède il ressort que l'albumine est l'aliment plastique et respiratoire par excellence, qui régénère les matériaux et fournit le combustible de la machine animale ; à tel point que la teneur en albumine des aliments sert de base aux éleveurs pour mesurer la valeur alimentaire des rations.

Cet aliment ne se produit chaque année que par l'élaboration lente de l'azote et du charbon chez les êtres vivants, soit dans les graines des céréales, soit dans les muscles des animaux.

Trouver un organisme qui élabore plus rapidement et par le fait plus économiquement, l'*albumine*, c'est rendre à l'humanité un immense service comparable à celui que rendent à l'industrie les établissements financiers, par l'avance des capitaux.

En d'autres termes, c'est abréger le cycle de l'organisation, c'est simplifier les préliminaires de la vie qui consistent à retirer chaque année l'albumine du règne minéral où elle retourne sous forme de fumier.

Or, il existe un organisme obscur qui a précisément la faculté de *fabriquer l'albumine au dépens du fumier en quelques jours*, sans exiger les opérations longues et compliquées de la culture et de l'élevage, et sans emprunter lentement au soleil l'énergie nécessaire à l'élaboration de ces principes immédiats.

Cet organisme est le champignon de couche (*agaricus edulis*) qui élabore l'albumine dans l'obscurité à grande vitesse, qui travaille à la vapeur dans les ténèbres, comme ces distilleries clandestines, sources de fortune si rapides pour les fraudeurs intelligents.

La culture en grand du champignon ne permettrait-elle pas de frauder aussi la nature, d'échapper à tous les tributs qu'elle prélève et de supprimer toutes les étapes de la fabrication de l'albumine par la grande culture ou l'élevage?

En effet, la fabrication de l'albumine par le champignon, permet non seulement de gagner du temps mais de l'espace, d'étendre les limites du sol arable et d'agrandir par le fait la surface cultivée du pays. C'est ainsi que la fabrication artificielle de la garance par la chimie a permis de consacrer des milliers d'hectares à la culture du blé.

A ce point de vue on ne saurait certes trop encourager les tentatives du genre de celle qu'on nous signale en vue d'organiser sur une grande échelle la culture à bon marché du champignon de couche pour arriver à l'introduire dans l'alimentation du peuple. La statistique médicale prouve à la dernière évidence que c'est la *privation d'aliments azotés* qui maintient dans le peuple un chiffre si élevé de mortalité. Toute perspective qui fait entrevoir un remède à ce fléau qui fauche chaque année tant d'existences et qui entretient dans le peuple une cause permanente de rachitisme, de phthisie et de scrofulose, c'est-à-dire, de *dégénérescence de la race*, doit donc attirer l'attention, non seulement du Gouvernement, mais de tous les amis de l'humanité.

M. le Dr Peterman, directeur de la station agricole de Gembloux, a fait l'analyse chimique du champignon de couche : 1° à l'état frais au moment de la récolte: 2° après les avoir desséchés en tranches à l'air. Voici le résultat de ces deux analyses.

	Frais	desséchés
Eau	89 38	9 25
Matières albuminoïdes	5 31	45 38
Matières grasses	0 44	3 80
Matières nutritives non azotées	3 02	25 81
Matières minérales	1 14	9 78
Celluloses	0 71	5 98

« 45,38 p. c. de matières albuminoïdes, constate M. Peterman, c'est *deux fois* plus que le titre de la viande de bœuf fraîche ; c'est *quatre fois* plus que le titre, en matières albuminoïdes, de la farine de froment.

Le champignon se conserve parfaitement sous un très mince volume par la dessication pure et simple.

M. Roumeguère exalte la pensée d'une association internationale pour la culture en grand de l'agaric comestible (*Revue mycologique*, janvier 1880, p. 46).

M. Morren, professeur à l'université de Liège, estime que le champignon intéresse la fortune publique, l'alimentation du peuple. (*Belgique horticole*, 1873, p. 345).

Cordier, dans son grand et bel ouvrage *Les champignons de la France* dit aussi : « Les champignons ont été appelés « quelquefois la *manne des pauvres*, et cela avec juste raison ; « car ils poussent si vite et quelquefois si abondamment, « que, comme autrefois la manne des Hébreux, il semble « qu'ils soient tombés du ciel en une nuit. »

Suivant M. Gauthier, professeur à la faculté de médecine à Paris : « Le champignon a une composition « analogue à la chair musculaire. » (*Revue scientifique*, 1879, p. 770).

M. Molesschott, professeur à l'Université de Turin, affirme que la pomme de terre ne donne qu'une nourriture insuffisante et qu'un homme qui s'en nourrirait exclusivement serait incapable au bout de quinze jours de les gagner lui-même. Le champignon suppléerait à cette insuffisance.

La population ouvrière de la Silésie est décimée de nos jours par une maladie résultant de ce qu'elle se nourrit presque exclusivement de pommes de terre.

En 1846, avant la maladie de ce tubercule, l'Irlande avait une population de plus de huit millions d'habitants ; depuis lors, plus de trois millions ont émigré en Amérique. Il importe donc d'éviter, autant que possible, cette double calamité, en favorisant la production d'un aliment qui n'est point soumis aux vicissitudes atmosphériques.

On sait que le champignon de couche se cultive sur le fumier de cheval dont la composition chimique et la constitution mécanique diffère des autres fumiers. Ce fumier est dépourvu de cohérence parce que l'avoine est riche en *cellulose* et que le cheval digère moins ce principe que les ruminants. Ce défaut de consistance, observe Wolff, facilite l'évaporation et la pénétration de l'air qui décompose la matière organique.

La grande concentration de l'urine et *sa richesse en azote* (acide hippurique) active encore cette décomposition, reconnaissable au dégagement des vapeurs ammoniacales dans les écuries. Le fumier de cheval constitue donc un engrais immédiatement assimilable.

INSTRUCTIONS COMPLÉMENTAIRES POUR L'EMPLOI DES ENGRAIS CHIMIQUES.

L'emploi des engrais chimiques se simplifie de plus en plus depuis que l'on a reconnu que le phosphate précipité *pulvérulent* est assimilable, comme le phosphate dissous dans le vitriol, et que l'on prépare des tourteaux de sang et de matières fécales inodore à base de phosphate. Il suffit d'y associer des sels de Strassfurt (à base de potasse et de magnésie) pour obtenir des engrais complets.

Lorsqu'on emploie des engrais incomplets il importe de se rappeler que les plus diffusibles ne doivent point être répandus à l'automne, comme les *nitrates* et les *sulfates* (1), sous peine de les voir entraîner dans le sous-sol. Dans les sols qui ne sont point par trop meubles, les sels de Strassfurt et les phosphates précipités seront répandus et enfouis de préférence l'automne, de façon qu'ils puissent s'incorporer intimement au sol, sans nuire aux plantes.

(1) Le sulfate d'ammoniaque fait exception : L'ammoniaque est immédiatement fixée par le sol et protégée contre le lessivage et l'enlèvement par les pluies.

Il faut se préoccuper de mélanger les sels *caustiques* ou *corrosifs,* comme les phosphates acides et les sulfates alcalins avec des proportions de plâtre, de sable ou de terre suffisantes pour amortir leurs propriétés nuisibles.

Les engrais chimiques du commerce renferment une proportion de 25 à 40 °/₀ de plâtre. D'après M. Peterman, directeur de la station agricole de Gembloux, ce plâtre, tout en jouant d'abord le rôle de matière inerte, facilitant le mélange des nitrates, superphosphates etc., et permettant la préparation d'un engrais à titre voulu, possède cependant, dans certains cas, une valeur comme matière fertilisante. Il doit être compté alors à 0 fr. 03 par kilog.

« La matière organique de certains engrais, par exemple des tourteaux ou du fumier de cheval, qui depuis quelque temps constitue une spécialité importante du commerce des engrais (casernes, tramways, sociétés de voitures de place), peut être évaluée par kilog. à un centime.

Enfin, si l'on veut tenir compte du titre en chaux de certains déchets industriels (écumes de défécation, cendres, etc.), on peut le compter à 1/2 par kilog.

« *Azote ammoniacal :* sulfate d'ammoniaque, phosphate d'ammoniaque, une partie de l'azote du guano et des engrais fabriqués à l'aide d'excréments, poudrette, urates, une partie de l'azote du fumier, engrais chimiques composés.

kil. fr. 2-35 à 2-65.

» *Azote nitrique :* nitrate de soude, nitrate de potasse, engrais chimique composés. kil. fr. 2 à 2-30.

» *Azote organique à effet rapide :* guanos, poudrettes, poudre de sang ; laine, chair, corne, dissoutes. kil. fr. 1-90 à 2-20.

» *Azote organique à effet lent :* tourteaux, poudre d'os, déchets de laine, guano de poissons, farine de viande.

kil. fr. 1-30 à 1-90.

» *Azote organique à effet très lent :* chairs, cornes, poils, cuirs déchets de drap, de peaux à l'état brut, paille, tourbe, os bruts. kil. fr. 1-00 à 1-30.

» *Potasse anhydre soluble dans l'eau* : chlorure, sulfate de potasse de Stassfurt et nitrate de potasse, salin de betteraves, carbonate de potasse des cendres, engrais chimiques composés.   kil. fr. 0-40 à 0-50.

Dans les sels bruts de Stassfurt.   kil. fr. 0-20 à 0-30.

» *Acide phosphorique à effet rapide* : acide phosphorique anhydre soluble dans l'eau, ou soluble dans le citrate d'ammoniaque alcalin : guano dissous, superphosphates, phosphates précipités, engrais chimiques composés, une partie de l'acide phosphorique du guano brut, du fumier.

kil. fr. 0-70 à 0-90.

» *Acide phosphorique à effet lent* : acide phosphorique, anhydre soluble dans l'acide : guano, poudre d'os, cornes, farine de viande, guanos de poissons, noir animal en poudre, cendres d'os, tourteaux, fumier.   kil. fr. 0,30 à 0,50.

» *Acide phosphorique à effet très lent* : phosphorites, craie grise, scories.   kil. fr. 0,15 à 0,25.

Comme le fait parfaitement observer M. Peterman, l'estimation de la valeur-argent, en prenant pour base la valeur des principaux éléments qui le composent, ne peut donner qu'un chiffre approximatif; cette estimation nous fournit la *valeur théorique de l'engrais*. Cette estimation n'est qu'approximative aussi pour les raisons suivantes. 1° parce que les cours des éléments fertilisants, particullèrement celui de l'azote, varient fréquemment; 2° parce que dans l'évaluation des engrais composés, il faut tenir compte des frais de mélange (environ 50 centimes par 100 kilog.) et des frais généraux du fabricant.

Les sels de Strassfurt renferment généralement une forte dose de magnésie qui permet de se passer de chaux et de plâtre. Ils titrent souvent plus de 14 o/o de potasse et rendent de grands services comme amendements et comme engrais des sols sablonneux et marécageux. La *kaïnite* ou sulfate de potasse et de magnésie brut, mélangée pour cent à 14 kilogr. de chaux éteinte, puis réduite en bouillie et desséchée, donne un excellent engrais à mélanger au fumier et aux terres

compactes. En général dans la kaïnite brute, c'est le chlorure
double de potassium et de magnésium ou *carnalite* qui domine
avec le sulfate de potasse, de chaux et de magnésie hydratée.

L'extraction de la kaïnite se bornait encore, en 1870 et
années suivantes, à environ 25,000 tonnes par an ; depuis,
elle a pris un développement extraordinaire, comme le
démontrent les chiffres suivants :

	Quantité en tonnes.	Valeur en marks.
1877	31,742	450,841
1878	32,742	589,437
1879	49,892	695,088
1880	137,425	1,765,576
1881	160,538	2,168,734
1882	141,272	2,032,038

Dans l'exportation du salpètre du Chili ou nitrate de soude
tend de plus à remplacer celle du guano dont ont annonce
l'épuisement dans presque tout le Pérou.

Cet engrais, dont l'exportation annuelle dépassait 300,000
tonnes à l'époque de la prospérité du Pérou, a dû être for-
cément remplacé, et il ne peut l'être que par l'azotate de
soude ; c'est ce qui explique en partie comment, malgré une
exportation de 495,000 tonnes de ce sel en 1883, les prix
se sont soutenus.

Chacun sait que l'exploitation des gisements de salpètre a
été l'une des principales causes de la récente guerre du
Pérou, dont la décadence et la ruine a coïncidé avec l'épuisement du guano. Nouvel exemple très frappant en faveur des
idées de Liebig et de G. Ville. Il n'y a pas dix ans que ce
dernier lançait à Bruxelles, en plein palais des académies,
cette proposition si vraie, sous sa forme paradoxale : *Produire
de l'engrais, c'est produire du blé, produire du blé, c'est produire
des hommes.* La statistique démontre qu'il existe un rapport
étroit et constant entre les variations dans le nombre des
naissances et dans le prix du blé.

La composition de la kaïnite est très variable. Elle contient toujours du sel gemme.

Champ d'expériences.

Aucun cultivateur, dit Wolff, *raisonnant ses opérations, ne peut négliger d'établir pour les prairies comme pour les champs des essais destinés à lui indiquer si l'application des phosphates et de la potasse peut élever ses produits.*

Formules d'engrais chimique à employer par *mètre carré superficiel :*

	Engrais complet.	Engrais minéral.	Engrais azotés.
Superphosphate de chaux (à 15 o/º d'acide phosphorique assimilable) . . .	40 grammes	40 grammes	0 grammes
Chlorure de potassium à 80 o/º de sel pur	20	20	0
Sulfate de chaux (plâtre)	20	20	0
Sulfate d'ammoniaque (à 20 d'azote o/º	40	0	40

On peut remplacer le sulfate d'ammoniaque par 50 grammes de nitrate de soude pour l'essai des plantes racines.

Le sulfate d'ammoniaque pur contient 20 pour cent d'azote, le nitrate de soude 15, le nitrate de potasse 14. Le superphosphate contient 40 pour cent d'acide phosphorique assimilable, le phosphate précipité pulvérulent de 30 à 40 environ ; la poudre d'os contient 60 pour cent de phosphate tribasique. Le nitrate de potasse contient 47 pour cent de potasse. Le sel de Strassfurt ou chlorure de potassium qui tire *pur* 52 de potasse, s'est vend au bas prix de 42 centimes le kilogr. (*M. E. Marchand de Rouen*).

D'après cet éminent chimiste l'humus permet d'obtenir l'acide phosphorique à un prix bien affaibli, puisque les phosphates fossiles contenant 55 à 60 pour cent de leur poids de phosphates normaux correspondant à environ 25 d'acide phosphorique, sont vendus au cours moyen de 70 à 80 francs les 1,000 kilogrammes. Cela met donc le kilogr. d'acide phosphorique assimilable au prix moyen de 32 cent.

RÉSUMÉ

[illegible] ... 16,000,000 francs, soit le double du territoire de l'ensemble de toute la [illegible]
[illegible] des États-Unis.

(1) [illegible]

NOTES.

Comme l'annoncait le prospectus lancé par notre éditeur au commencement de cette année, le premier fascicule de cet ouvrage, comprenant l'*introduction*, a paru en 1883.

Depuis lors, la presse belge a constaté que, conformément aux prévisions que nous avions formulées à plusieurs reprises, le froment des Indes encombre la place d'Anvers. Les importations ont dépassé en 1883, dit le *Précurseur*, deux millions et un quart d'hectolitres, soit sept cent mille hectolitres de plus que le chiffre déjà si respectable de 1882.

A l'heure qu'il est, les Indes sont devenues l'un des principaux greniers de l'Europe, sans préjudice pour la production des État-Unis qui a dépassé cette année, comme l'an dernier, le chiffre formidable de 500 millions de boisseaux.

Le chiffre de nos importations totales s'est accru d'environ deux millions d'hectolit. en dépit d'une récolte extrêmement abondante partout.

D'après un autre journal, le froment d'Amérique et des Indes revient actuellement à Anvers, rendu au quai à fr. 14-50 l'hectolitre et se revend en moyenne de 23 à 26 francs. Ce journal se demande avec raison comment un droit d'entrée de fr. 1-50 aurait pour conséquence d'affamer le pays, puisqu'il n'éléverait que d'un centime et demi le prix d'un kilogramme de pain dans l'hypothèse toute gratuite que la taxe se répercute en réalité sur celui-ci.

Un grand journal de New-York publiait a ce sujet les lignes suivantes à la date du 26 mars :

La question de la concurrence qui nous est faite par les Indes pour l'exportation du blé attire chaque jour d'avantage l'attention du commerce, et elle doit maintenant entrer en ligne de compte dans les calculs et les prévisions de nos agriculteurs et de nos commerçants.

L'Angleterre, qui est notre meilleure cliente, est très désireuse de retirer le blé qui lui est nécessaire des Indes et de l'Australie plutôt que de chez nous. Actuellement, le total de la récolte de l'Inde s'élève à 240 millions de boisseaux, mais ce chiffre peut être doublé par des améliorations dans la culture et l'irrigation du territoire. On vient de terminer dans le Punjah un nouveau canal qui a 502 milles de longueur, et qui permettra d'arroser 780,000 acres de terrain à blé. La superficie des terres qu'on pourrait ensemencer en blé dans les Indes est de 76,000,000 d'acres, *soit le double du territoire consacré à la culture du blé dans les États-Unis.*

Le sol de ce pays est très fertile; la population est de 200,000,000 d'habitants, qui vivent à très bon marché, car le salaire des cultivateurs n'équivaut pas à plus de six cents par jour de notre monnaie. Pour faire face à cette nouvelle et redoutable concurrence, il nous faudra d'abord réduire le tarif des transports dans l'intérieur du pays. Le coût du transport à travers l'Océan est très bon marché, et, de ce côté-là, on peut dire que le minimum réalisable a été atteint ; mais les tarifs de nos chemins de fer et de nos canaux sont encore susceptibles de fortes réductions.

On lit d'autre part dans le *Journal des Intérêts maritimes :* « Nous avons constaté les inquiétudes que la concurrence de l'Australie et surtout de l'Inde commencent à faire naître aux États-Unis parmi les producteurs de grains. Les statistiques publiées par le *Board of trade* anglais nous montrent que ces inquiétudes ne sont pas sans fondement. Il y a quatre ans, les Etats-Unis fournissaient encore 75 p. c. de tout le blé et de toute la farine importés en Angleterre ; cette proportion a baissé d'année en année, si bien qu'en 1883 elle n'était plus que 46 p. c. L'importation des grains des États-Unis, qui était de 931 millions de bushels en 1881, n'était plus, l'année dernière, que de 74 millions, quoique l'importation totale se soit élevée aux mêmes dates de 136 millions de bushels à 160 millions. En revanche les importations de grains russes se sont élevées de 8 millions de bushels en 1881 à 27 millions en 1883 et ceux de l'Inde de 15 millions à 21 millions. Enfin l'Australie a produit l'an dernier 32 millions de bushels dont une grande partie a été vendue aux Anglais à des prix inférieurs à ceux des Etats-Unis. »

Ce mouvement peut devenir fatal au protectionisme des États-Unis.

LES BLÉS ANGLAIS.

Lettre de M. Boncenne, agronome, en Vendée.

Monsieur le Secrétaire,

J'ai lu avec beaucoup d'intérêt votre rapport du mois de décembre à la *Société centrale d'agriculture de Belgique.*

Les observations que vous présentez à propos de l'étude de M. Ernest Robert sur les blés anglais contribueront, j'espère, à dissiper les préjugés répandus chez certains cultivateurs et les décideront à adopter quelques variétés d'un mérite reconnu et d'une rusticité bien éprouvées. Comme vous, je suis persuadé que la production du froment pourrait être sensiblement augmentée par un choix plus judicieux des semences et de meilleurs procédés de culture. Je possède depuis quinze ans un vaste champ d'expériences, spécialement consacré à l'étude des végétaux utiles. Ma collection de céréales se composait en 1880 de 28 variétés qui ont souffert des froids rigoureux du mois de Janvier, mais

elles ont été moins productives que les années précédentes, leur rendement a encore de beaucoup dépassé celui des blés cultivés en plaine.
Voici, du reste, un petit tableau qui résume les résultats obtenus. Il
prouve que les froments anglais ne se sont pas montrés plus délicats que
les variétés indigènes les mieux appropriées à notre sol et à notre climat.

VARIÉTÉS.	Date de la semaille.	Date de la récolte.	Rendement à l'hectare	OBSERVATIONS
			HECTOL.	
Blé perlé de Biseau	25 oct.	26 juil	26	
Blé inversable ou du Roussillon	6 nov.	24 "	33	
Blé Keissingland	7 "	26 "	33	
Blé de Nérac	7 "	26 "	30	
Blé de Bergues ou de Flandre	27 oct.	26 "	36	
Blé de Bologne	30 nov	27 "	28	
Blé hybride Galland	5 "	27 "	11	Epi court, peu graine
Blé de Roumélie	5 "	26 "	30	1re année de culture en Vendée
Blé Chiddam d'auto^{mne}	8 "	27 "	30	
Blé Héléne d'Orléans	6 "	26 "	39	Variété très productive
Blé Victoria d'auto^{mue}	27 oct.	26 "	19	
Blé Hunter	29 "	26 "	34	
Blé roseau	28 "	26 "	34	
Blé rousselin	20 "	26 "	19	Variété nouv. à grains blancs
Blé hérisson sans barbes	28 "	24 "	9	En partie détruit par la gelée
Blé red Chalt Dantzick	28 "	24 "	26	
Blé Danicourt	6 nov	24 "	29	
Blé bleu ou de Noé	4 "	24 "	30	
Blé de La Thréhonnais	3 "	26 "	32	Grains rouges très-lourds.
Blé Hickling de mars	11 fév.	27 "	11	
Ble Chiddam de mars	12 "	27 "	13	
Escourgeon de Poméranie	25 oct.	16 "	50	
Orge nue grosse	25 fév.	6 "	22	
Orge noire	25 "	6 "	27	
Avoine d'hiver	25 oct.	" "	"	Complétement gelée.
Avoine de Bologne	7 fév.	16 "	22	
Avoine de Sibérie	14 "	23 "	18	
Avoine noire de Tartarie	14 "	20 "	34	

Le blé de Flandre réussit toujours bien ici. Le blé hybride Galland a dégénéré malgré mes soins. Sa production, d'abord très abondante, est devenue fort médiocre.

Le blé Hélène d'Orléans est une variété très recommandable ; ce grain est blanc et d'excellente qualité.

Le blé Chiddam d'automne, importé en France vers 1840 par M. de Gourcy, est aujourd'hui très répandu dans les exploitations où la terre est fertile et soigneusement cultivée. La paille est blanche, l'épi rouge, le grain rond, blanc jaunâtre et très pesant, sa farine est fort belle. Le blé Hunter est productif dans les années chauds et sèches, il talle facilement dans les bons sols et se montre peu sujet à la verse et à la rouille. Cette variété a été découverte en Angleterre, dans le Herwickshire, au commencement du siècle, par M. Hunter ; son grain blanc uniforme, un peu aminci vers son extrémité, est de belle qualité et estimée par la meunerie anglaise.

J'ai cultivé pour la première fois en 1880 le blé Roseau et le blé Rousselin. Ils n'ont pas paru souffrir du froid, mais le premier s'est montré plus productif que le second.

Le blé Victoria est une des meilleures variétés qui nous soient venue d'Angleterre tant au point de vue du produit en grain que du rendement en farine. Il possède, en outre, une qualité qui le rend très recommandable. Il résiste parfaitement à la verse et supporte une abondante fumure.

Le blé hérisson sans barbes, qu'on avait semé par erreur en blé d'hiver, a énormément souffert de la gelée. Aussi n'a-t-il pu donner que 9 hectolitres à l'hectare.

Le blé Perlé m'a été envoyé, il y a quelques années, par un agriculteur belge, M. de Biseau. Je dois le blé de Nérac et le blé de Roumélie à l'un de mes correspondants du Midi, M. Léo d'Ounous.

Le rendement des blés de printemps a été faible parce qu'on les avait semés sur une luzerne mal rompue pendant l'hiver. Malgré deux ou trois sarclages, les herbes adventices les ont envahis. Jamais peut-être je n'avais eu une aussi faible récolte.

L'orge noire et l'orge nue grosse sont des variétés de collection qui offrent peu d'intérêt pour la grande culture.

Le blé de Pologne n'est aussi cultivé chez moi qu'à titre de curiosité.

L'avoine noire de Tartarie ou de Hongrie a été bien supérieure à l'avoine blanche de Sibérie. Celle-ci sera désormais remplacée dans mes cultures par l'avoine de Pologne dite Canadienne ou Merveilleuse, dont le rendement est meilleur et le poids ordinairement plus élevé.

Tous les blés d'automne faits sur betteraves et sur pommes de terre ont été semés en lignes espacées de 20 à 22 centimètres ; je ne sème à

la volée que les blés de mars et les avoines. Le fumier de ferme est
presque le seul engrais employé. Le sol est calcaire, sec et peu profond.

J'ai adopté depuis plusieurs années l'assolement biennal alterne avec
cultures dérobées de vesces, navets et maïs-fourrage.

Les fumures toujours appliquées aux plantes sarclées sont renou-
velées tous les deux ans.

E. Boncenne.

Nous rappelerons à ce propos l'influence considérable qu'exerce
l'assolement sur la composition et le rendement du blé.

Lawes et Gilbert ayant cultivé pendant 16 ans du froment alternant
chaque année avec des féveroles ou du trèfle ; les 8 récoltes de blé
ainsi traité contenaient à elles seules plus d'azote que les 16 récoltes
du même froment obtenue consécutivement dans un champ voisin.

Et cependant Lawes et Gilbert constatent que parmi toutes les plantes
cultivées, les céréales possèdent la propriété singulière d'extraire d'une
façon continue de la nourriture d'un sol au refus pour d'autres cultures.
Ainsi les céréales ont végété plus normalement depuis 1848 dans un sol
bien sarclé et labouré, MAIS NE RECEVANT JAMAIS D'ENGRAIS, que les
racines, les trèfles et les féveroles considérées comme plantes améliorantes. Le principe des *forces collectives* s'applique donc aussi rigoureusement à l'alternance des cultures qu'à l'alternance des engrais.

POMMES DE TERRE.

Lettre de M. Vande Putte, directeur de la Colonie agricole de
Merxplas, Campine.

La culture la plus avantageuse pour nos régions est celle de la
pomme de terre. A moins de la planter dans une terre marécageuse,
il y a peu de maladies à craindre si l'on a soin d'appliquer des engrais
minéraux riches en potasse et en phosphates (1).

La pomme de terre faisant une considérable consommation en sels
minéraux, surtout en potasse, trouverait, d'après ses exigences chimiques, sa place indiquée dans un limon riche en éléments minéraux
tel que les polders.

Dans les rares années où ceux-ci présentent des conditions physiques
de perméabilité suffisantes, cette culture y donne, en effet, des récoltes
excellentes. Cependant ce n'est que dans les terres les plus légères, les

____

(1) Les champs d'expériences du Comice agricole de Westerloo prouvent que
la restitution de la potasse n'est souvent pas nécessaire dans le sable Campinien
voir, « Les plantes et les engrais », p. 21, Edit. de Brouwer, Bruges.

plus inconsistantes et les plus perméables que le système radiculaire de cette plante est à même de prendre tout son développement, et ce n'est qu'en se rendant compte du mode de développement de ces organes souterrains que l'on comprend cette préférence de sol.

Le tubercule de la pomme de terre n'est pas une racine, il ne peut jamais émettre de radicelles ; à l'encontre des véritables racines qui ne verdissent jamais à la lumière, il *verdit rapidement*, il n'est pas rare même de rencontrer à l'aisselle des feuilles ou rameaux des bourgeons charnus qui offrent tous les caractères des tubercules.

Le rameau souterrain ou rhizome sur lequel s'attache la pomme de terre, présente à sa surface de petites écailles qui ne sont autre chose que des feuilles modifiées, dans l'aisselle desquelles naissent des bourgeons, appelés yeux, pouvant donner naissance, suivant les conditions, soit à un tubercule, soit à un rameau feuillé.

Le tubercule n'est qu'un bourgeon renflé devenu charnu par l'apport de la fécule dans son tissu cellulaire et présentant sur sa surface des yeux ou rudiments d'autres bourgeons. Ces tiges souterraines et les tubercules y adhérents ne se rencontrent jamais à une certaine profondeur : il leur faut, tout comme au *rhizome*, de l'orge, du blé, du seigle, du *chiendent, une certaine circulation* d'air. C'est ce qui explique les bons effets des hersages, binages et autres façons de culture qu'on doit prodiguer à ces plantes.

Quand on couche la tige de la pomme de terre et qu'on butte au centre de la touffe, on n'a pas autre chose en vue que la transformation en rameaux souterrains, des bourgeons aériens qui se développent à la base de la tige.

Il faut toujours ménager aux ramifications soutteraines un cube de terre suffisant pour que ces ramifications puissent se faire librement ; une plantation large, écartée est donc de première nécessité, ainsi que le buttage, afin de ménager la circulation de l'air.

Les variétés de pommes de terre les plus productives sont précisément celles qui ont les tubercules le plus à la surface du sol. On doit rejeter les variétés qui ne présentent pas cette circonstance.

Comme rendements, que j'ai obtenu dans des cultures faites dans les meilleurs conditions, je rapporte, pour la variété de Rykmaekers, un rendement, dans la mauvaise année de 1882, de 104,000 kilos sur 4 hectares et, en 1881, un rendement de 26,000 kilos sur 2/3 d'hectares.

Quant à la qualité des tubercules, elle est dépendante de bien des circonstances : la climature de l'année, la sélection de la semence, la nature du sol ; mais elle est surtout dépendante de la nature des engrais appliqués ; dans ceux-ci, il faut maintenir une proportionnalité entre les éléments fixés et l'azote ; une augmentation d'azote produit toujours

une augmentation de la matière albumineuse dans le tubercule, augmentation qui correspond avec une diminution de fécule, le mauvais
goût et l'aquosité du produit.

M. Edler, directeur de la Station agronomique de Goëttingue, attire
l'attention des cultivateurs de terres pauvre sur la supériorité du nitrate
de potasse dans la culture des pommes de terre ; la soude ne se retrouve
jamais dans les cendres de ce tubercule riche en potasse ; il faut donc
que le nitrate de soude se transforme au préalable en nitrate de potasse
pour être absorbé, ce qui n'est pas le cas pour la betterave où le nitrate
de soude employé en excès est absorbé et nuit à la formation du sucre.

J'ai eu, dit M. Dehérain, il y a quelques années, un exemple frappant
des métamorphoses que subissent dans le sol les sels de soude ; après
avoir semé dans un pot à fleurs de grande dimension, garni de bonne
terre de jardin, des haricots, je les ai arrosés de dissolutions de sel
marin de plus en plus concentrées jusqu'à les faire périr.

On incinéra et l'on trouva dans 100 de cendres 11.3 de chlore, tandis
que les cendres des haricots développés dans la même terre, sans addition de sel, contenaient seulement 0 gr. 53 et 0 gr. 49 de chlore dans
100 gr.

Le chlore du sel marin avait donc pénétré dans la plante, et cependant ce fut en vain qu'on rechercha la soude dans les cendres des
haricots arrosés de sel marin. Il n'y avait pas de soude dans ces cendres
et les haricots avaient péri par l'assimilation d'un excès de chlorure de
potassium.

Le tabac, qui prélève au sol par hectare de 75 à 100 k. de potasse, ne
supporte pas les chlorure de sodium ou de potassium. Pour que le tabac
brûle bien il faut lui restituer la potasse sous forme de nitrate de
potasse plutôt que de nitrate de soude.

Il résulte des expériences faites sur tous les points de la province de
Namur que le *Magnum bonum* donne un rendement supérieur aux
autres variétés soit en moyenne 35 à 40,000 kil. Mais le rapporteur
constate que toutes les variétés dégénèrent après un certain temps et
donnent des produits moins abondants en devenant moins résistantes
à la maladie.

Il en conclut à la supériorité des variétés les plus jeunes obtenues
par semis.

Au point de vue du rendement brut de la résistance à la maladie, de leur
richesse en fécule et des effets des différents engrais. M. P. de Genay écrit
ce qui suit :

« *Early Rose* et *Boule de Neige* ont produit en sol caillouteux 22,500 kil
à l'hectare. — *Magnum bonum* a été une des variétés les plus productives, elle est assez riche en fécule, elle est estimée des consommateurs

ses tubercules ont une tendance à s'enfoncer en terre, tandis que ceux de la *Champion* tendent à effleurer le sol, mais elle est abondante et riche en fécule.

« La *Merveilles d'Amérique* s'est très bien comportée, mais elle craint la maladie. — *Van der Veer* toujours très productive, mais d'une conservation difficile, ses tubercules remontent; les féculiers la refusent. *Red Skinnud* a de gros tubercules groupés autour de la tige, mais un peu sujette à la maladie. — *Institut de Beauvais*, gros tubercules, ronds, lisses, yeux peu enfoncés. Prompte végétation comme l'*Early Rose ;* M. Genay pense que l'abondance de la récolte doit être attribuée au renouvellement des semences qui exerce une heureuse influence sur le produit. Les dernières expériences lui permettent de conclure à la supériorité de l'enfouissement des engrais à la charrue sur les semis en couverture pour la première et même pour la seconde récolte. Il constate que le phosphate précipité ET MÊME LE PHOSPHATE FOSSILE, ont produit plus que le superphosphate dans une terre non chaulée. »

J'ai essayé, nous écrit M. Boncenne, la Champion, la *Magnum bonum* et la Séguin. Les tubercules de ces trois variétés n'ont atteint qu'une grosseur moyenne. La Champion, dont les tiges s'élèvent à 70 et 80 centimètres, n'était pas assez espacée et n'a pu prendre un développement complet. J'aurai soin, lors de la prochaine plantation, de remédier à cet inconvénient, la chair de la Champion et de pomme de terre Séguin est assez farineuse, mais leur forme est souvent irrégulière. La Magnum bonum obtenue de semis par M. Sulton, il y a quatre ou cinq ans, a des tubercules d'une forme régulière, à peau blanche, un peu roussâtre. La chair est ferme et d'excellente qualité. Cette variété entre très tard en végétation et conserve ses qualités nutritives jusqu'en avril et mai ; on assure que sa résistance à la maladie ne s'est jamais démentie jusqu'à présent.

LE TOPINAMBOUR.

Un membre de la *Société centrale d'agriculture de Belgique*, M. Sébille, a fait également très-bien ressortir dans ces derniers temps les avantages que présente le topinambour pour la mise en valeur des terres stériles et l'alimentation du bétail.

Les tables publiées par Wolff et par Georges Ville, sur la valeur nutritive des végétaux, classent le topinambour avant toutes les plantes racines que nous cultivons, à l'exception de la pomme de terre.

La pomme de terre et le topinambour contiennent pour cent de matière la même quantité d'azote, mais le topinambour renferme un pour cent de plus de potasse. D'après Boussingault les dominantes sont la potasse 44 1/2 p. c. et l'acide phosphorique 10,8 p. c.

L'expérience proclame que sans potasse il n'est pas possible de faire du tubercule de topinambour.

Sans potasse le rendement par hectare tombe à 2,000 ou 3,000 kil.

Notre sol belge en contient presque partout, et en notable quantité, particulièrement dans les contrées les plus déshéritées. En Campine et en Ardenne, la présence des oxalis et des rumex, des bruyères et des fougères révèle l'excès de potasse de leur sol, qui est presque partout perméable.

M. Hubert, à Ochamps, par Libramont, en 1882, a obtenu 25,000 kil.

M. de Sébille, à Framont, en 1883, a obtenu 42,000 kilogrammes.

M. Joigneaux, à Saint-Hubert, en 1861, a obtenu 52,000 kilogr.

M. le chevalier de Longrée, à Saint-Jansberg près Maeseyck, en cultive avec succès depuis plusieurs années, et, dans des terres en friche, sans fumier, il a obtenu 10,000 kilogr. à l'hectare.

Le poids des tiches sèches est toujours au moins égal à la moitié du poids des tubercules.

De cette étonnante fertilité on en a fait un crime au topinambour, prétendant qu'une fois planté dans un champ, non seulement on ne pouvait plus s'en débarasser, mais encore qu'il infestait les terres voisines.

S'il en était ainsi, comme on le cultive depuis 1823 en Alsace, depuis 1853 dans l'Allier, etc., dans des plaines aussi divisées que les nôtres, ces régions verraient le topinambour dominer en maître, avoir tout envahi; il n'en est rien cependant, car il est facile de s'en débarrasser.

Le topinambour, contenant en moyenne plus de 14 p. c. de glucose, se prête particulièrement à la distillation.

La pulpe que l'on tire de cette distillation contient 6 p. c. d'azote; celle de la betterave 6,3 p. c. de potasse, quand la seconde n'en renferme que 3,6. On peut donc affirmer que les pulpes de topinambour sont deux fois plus nourrissantes que celles de la betterave.

Culture. — Sa culture, c'est la simplicité même, elle peut être ou permanente ou biennale.

Dans les deux cas, on procède avec le topinambour comme avec la pomme de terre; on enfouit généralement le fumier ou on labour avant l'hiver. On plante très tôt, dès janvier, aussitôt que le temps le permet, mais plus après mars; j'ai cependant planté avec succès en avril.

On plante en lignes espacées de 40 à 80 centimètres, d'après la qualité du terrain; les tubercules toujours entiers et de moyenne grosseur sont distancés de 30 centimètres dans les lignes.

Il y a de 60,000 à 30,000 plantes par hectare.

On herse plusieurs fois; les uns buttent le topinambour, les autres pas. En Alsace, le berceau de cette plante, on ne but pas. J'ai fait les deux, je n'ai pas constaté de changement sensible dans le rendement ; les champs buttés étaient plus propres; en ne buttant pas, il y a plus de main d'œuvre, la houe à cheval devant passer une fois ou deux dans les lignes.

La végétation est précoce et présente deux phases bien distinctes : la phase aérienne, qui se continue jusqu'aux gelées, et la phase souterraine, qui commence en septembre. Quand la première se ralentit, c'est seulement alors que les tubercules commencent à grossir, ils n'ont leur complet développement qu'en décembre.

L'arrachage peut se faire jusqu'en mars; dans les terres légères, le buttoir suffit parfaitement.

La seconde année, on ne replante pas les tubercules; il en reste assez pour assurer une bonne récolte.

Avec le buttoir on divise son champ en billons de un mètre de large et on replante à la bêche les tubercules qui pousseraient dans les sillons.

Si la culture est permanente, on replante des tubercules dans le même champ comme si on voulait le créer, sans tenir compte des tubercules qui restent ; on met 500 à 600 kilogrammes d'engrais potassiques et on répète tous les ans les mêmes opérations. On assure ainsi le succès de la récolte en étouffant les plantes trop chétives.

Si elle est biennale, après l'arrachage de la deuxième récolte, on laboure avec soin et on ramasse les tubercules égarés ; on sème une céréale de mars avec fourrage, de préférence des vesces avec l'avoine.

On fauche en vert et on fait pâturer ensuite ; on répète la même opération l'année suivante, et à l'entrée de l'hiver on fume, on laboure, on sème du froment et il ne reste plus de tubercules, et le froment peut vous donner, comme chez M. Delelis, au Claudat, un rendement de 38 hectolitres à l'hectare ; le trèfle n'en produit que 32 !

Dans les permanentes, pour éviter l'envahissement, il suffit d'entourer le champ d'un petit fossé de 30 centimètres de profondeur.

L'illustre Parmentier, qui a vulgarisé la pomme de terre en France, disait du topinambour en 1784. « Je suis convaincu qu'il est appelé à « devenir un grand moyen de richesse pour notre pays et presque « toute l'Europe. » (*Journal de la Société Centrale d'Agriculture de Belgique*, Février 1884.)

LA CULTURE DE L'OSIER.

La culture de l'osier tend à prendre dans les parties basses de la Belgique une extension considérable. M. Damseaux, professeur à l'Institut de Gembloux, a parfaitement exposés les principes scientifiques et les données pratiques de cette culture (*La culture de l'Osier.* Namur 1883, 2e édit.).

D'après une analyse de la station agricole de Gembloux, 100 kil. de branches d'osier enlèvent au sol :

k. 1 28 azote
0 42 potasse
0 24 soude
0 53 chaux
0 15 magnésie
0 28 acide phosphorique.

Le rendement moyen d'une oseraie par hectare dépassant 3000 kil. il est facile de calculer les taux de la restitution minérale. Cependant il ne faut pas oublier que, grâce au développement de son système radiculaire, l'osier peut extraire de l'azote des sols les plus pauvres et que cet élément doit être toujours du reste employé à dose modérée quand on vise à la production du bois.

Nous croyons utile de reproduire à la suite de cette analyse quelques instructions reproduites l'an dernier par la presse française et qui résument les éléments de cette culture.

Les osiers sont tous des *saules*. mais tous les saules ne sont pas des osiers : il n'y a guère qu'une douzaine de saules dont les rameaux se prêtent convenablement à la torsion et soient assez flexibles pour faire des paniers, des corbeilles, des vans, des liens, des caisses de voitures légères, etc., et encore parmi ceux-là ne se trouve-t-il que trois espèces recommandables. Ce sont :

1º Le saule vittelin, appelé *osier jaune.*

2º Le saul pourpre, appelé *osier rouge.*

3º Le saule viminal, appelé *osier blanc.*

L'*osier jaune* est très-recherché des tonneliers et des vanniers pour la vannerie commune. Les terres argileuses, non aquatiques, lui conviennent particulièrement.

L'*osier rouge* ne donnent pas des brins aussi longs et aussi gros que le jaune, mais en retour les brins sont plus flexibles ou plus hauts; aussi les jardiniers les préfèrent et les vanniers en font grand cas pour la vannerie fine. Il se plaît dans les terres fraîches et légères, mais on assure que, dans les terres sèches; il donne des brins qui se fendent mieux.

L'*osier blanc* n'a pas, à beaucoup près, la flexibilité des deux précédents, mais ces rameaux prennent un grand développement. Il convient pour la charpente de la grosse vanneries, pour les liens des moissonneurs, des pépiniéristes, etc. Il prospère dans tous les sols humides, profonds et fertiles. Sa place est au bord des cours d'eau pour consolider les terres.

Si on laissait aller les osiers à leur volonté, ils deviendraient bientôt des arbres, comme d'ailleurs tous les saules, mais le cultivateur qui veut de longs et beaux brins, n'y trouverait pas du tout son compte. C'est pourquoi il tient les souches le plus près possible du sol.

Les osiers se multiplient par le moyen du bouturage. L'essentiel en cette affaire est de bien préparer son terrain par un défoncement profond de 40 à 50 centimètres. Il est rare qu'on s'en donne la peine à cause des frais de main-d'œuvre, et c'est le tort qu'on a. Le plus ordinairement les personnes qui veulent établir une oseraie font, avant l'hiver, un labour profond avec la charrue et ouvrent avec la bêche sur cette terre labourée des tranchées d'un fer de bêche en largeur et en profondeur. Un défoncement général serait bien préférable. Plus le sol sera fertile et découvert et mieux il sera assaini, plus il y aura de chance de prospérité pour l'oseraie. Après l'hiver, on fera bien de herser et de rouler. C'est le moment de planter.

Vous vous approvisionnerez de boutures de 30 à 35 centimètres de longueur prises sur le gros bout des plus beaux jets de l'année précédente et vous les enfoncerez le plus que vous pourrez et un peu obliquement dans la terre défoncée, à 20 centimètres environ l'une de l'autre, s'il s'agit d'osier jaune et d'osier rouge, et à 30 centimètres si c'est de l'osier blanc qui n'est pas destiné à être fendu. La plantation oblique est plus favorable à l'enracinement que la plantation perpendiculaire.

Dès que la première rangée sera plantée, vous passerez à la seconde qui devra se trouver à 30 centimètres de la première pour les osiers blancs. Il importe essentiellement que les osiers soient très-rapprochés les uns des autres, afin que les jets s'élancent bien et aient une grande flexibilité en même temps qu'une grande régularité.

Vous aurez soin, dès que la plantation sera finie ou au fur et à mesure qu'une ligne sera plantée, de couper l'extrémité des boutures au niveau du sol avec un sécateur.

Au moment où la végétation des boutures commencera, vous sarclerez entre les lignes et sur les lignes de façon à ne pas laisser envahir l'oseraie par les mauvaises herbes, et vous reprendrez ces sarclages plusieurs fois dans le courant de l'année. Si vous vous laissiez envahir, tout serait compromis.

Les pousses de la première année seront faibles ; on doit s'y attendre. Des praticiens autorisés conseillent de les couper après l'hiver, afin de donner de la force aux souches : pour mon compte, et justement pour la même raison, j'estime qu'il vaut mieux attendre l'année suivante et les raser alors le plus près possible de la couche ; inutile d'ajouter que les sarclages seront exécutés chaque année très-rigoureusement.

La coupe de troisième année donnera peu ; les produits de la cinquième à la dixième année seront les meilleurs. On n'aura pas intérêt la plupart du temps à maintenir l'oseraie au-delà de douze à quinze ans, à moins cependant qu'elle n'ait été planté dans une terre de premier ordre et qu'elle n'ait été l'objet des plus grands soins.

Tenez toujours vos têtes d'osier au niveau du sol au moyen d'une coupe faite attentivement, et si ces têtes tendaient à se trop dégager, buttez-les avec la terre des intervalles.

Méfiez-vous des animaux, vaches et moutons surtout, et aussi des chasseurs à cause du mal que font les grains de plomb dans les oseraies ; méfiez-vous enfin de ces familles de bohémiens rouleurs qui infestent nos campagnes et font des corbeilles qui ne leur coûtent guère. Les oseraies ont bien assez d'ennemis sans ceux-là. Les limaces rouges et noires ne les épargnent pas ; les larves de hannetons ou vers blancs sont souvent nuisibles aux jeunes plantations. Quantité de petits insectes coléoptères attaquent les feuilles et les empêchent de fonctionner ; nous pouvons citer dans le nombre une grosse altise, et parmi les chrysomelides, le *phratora vitellina* qui est vert, le *chrysomela lurida* qui est de la couleur du hanneton, le *cryptocephalus violaceus* qui est bleu d'acier et le *clytra quadripunctata*. Tous ces insectes s'engourdissent pendant l'hiver, s'éveillent au printemps et pondent sur les jeunes feuilles, où les larves font de grands dégâts. Nous ne connaissons aucun moyen pratique de se débarrasser des larves en question Pour ce qui est des insectes parfaits, il tombent aisément quand on secoue les osiers. Mais comment les recueillir dans des oseraies à lignes très-rapprochées, où il est impossible d'étendre des draps à terre pour les recevoir, et impossible aussi de se mouvoir avec des appareils propres à recueillir les insectes ?

Nous avons enfin à compter avec la rouille, qui est un champignon, avec la gelée qui surprend souvent les jeunes pousses, fatigue les souches et cause des retards, et avec la grêle qui peut amener de grands dégâts.

C'est en novembre, décembre et janvier qu'on récolte les osiers qui ne sont pas destinés à être écorcés ou blanchis. Après les avoir laissés se ressuyer quelques jours sur le terrain, on en forme des bottes qu'on laisse sécher ou bien on retarde leur dessication en les plaçant à la cave jusqu'au moment de les fendre.

L'osier destiné à être écorcé ou blanchi n'est récolté qu'en avril, au moment où la sève remue.

CULTURE DE LA BETTERAVE.

Lettre de M. F. Istas, fabricant de sucre, en Hesbaye.

Neerlanden, le 25 Juin 1884.

C'est une profonde erreur de croire qu'il y a incompatibilité entre un grand poids de betterave à l'hectare et une grande richesse en sucre, pourvu toute fois que la culture soit rationnelle, scientifique, et la graine de variété riche. Je cultive la variété allemande, dite impériale améliorée blanche à collet vert, importation directe de Saxe et livrée par le producteur. Pendant 3 ans j'ai fait des essais pratique comparatifs sur les mêmes terres avec diverses variétés françaises toujours comme poids et richesse, comme valeur du produit l'avantage est resté à la variété allemande.

Le minimum obtenu a été de 45,000 kilos. à l'hectare et 12 1/2 % de sucre du poids de la betterave ; mais l'an dernier j'ai renoncé à toute autre variété. J'ai obtenu sur une pièce de 4 hectares une moyenne de 48,000 à 52,000 kilos. de betterave lavée et tarée et dont l'arrachage s'est fait du 20 sept. au 5 oct., la richesse en sucre a dépassé 13 %'de sucre *du poids* de la betterave (certains faiseurs français ne donnent le sucre que par rapport au jus).

Une autre partie de 2 hectares 1/2 betteraves *après betterave sans engrais de ferme* avec 800 kil. engrais chimique dont l'*arrachage* à commencé le 12 sept. a donné 36 à 38,000 kil. de sucre % du poids de la betterave 12,52 % (analyse 13 sept.)

Une pièce de 1 hectare arrachée en fin octob. a donné 60,000 kilos. richesse 13,21 % et 13,07 %.

Une pièce de 4 hectares a donné 64,000 kilos dont la richesse à l'arrachage était de 12,82 %, 12,92 %, 13,03, etc.

Les betteraves de cette dernière terre ont été ainsi cotées fin octob. et commencement novembre ; elles ont été travaillées à partir du 27 septembre, tous les jours jusqu'au 10 janvier, fin fabrication, et on a pris les analyses tous les jours. Voici les résultats et vous constaterez que la perte subie par l'ensilage est très grande, mais depuis longtemps avant les betteraves françaises ne payaient plus le travail à ce moment. On a pris huit sujets chaque fois pour l'analyse :

Date	Poids moyen	Densité	Sucre %	Quotient pureté	Valeur par proport.
Décembre 27	868 gr.	10,60	11,68	83,67	10,29
28	668	10,59	11,38	82,62	9,90
29	711	10,57	11,15	83,85	9,84
31	801	10,59	11,40	82,82	9,95
Janvier 1	655	10,62	11,58	80,19	9,78
2	842	10,62	11,60	80,39	9,82
3	880	10,57	10,86	81,71	9,35
5	702	10,58	11,11	82,39	9,64
7	687	10,58	11,03	81,83	9,51
8	784	10,59	11,10	80,62	9,42
"	546	10.55	11,04	86,79	10,09

Jugez : ces betteraves fesaient 13 °/o à l'arrachage ou :

Octobre	16	811 gr.	10,65	12,82	84,90	11,46
	22	827	10,65	13,03	86,28	11,84
	30	859	10,64	12,92	87,17	11,86

La partie de 1 hectare ayant donné 68.000 kilos accusait à l'analyse le 9 octobre :

	551 gr.	10,67	13,21	85,33	11,87
	562	10,66	13,07	85,46	11,76

Je marque la diminution au quotient de pureté très bon par l'ensilotage.

La culture de la ferme exploitée au nom de la Société a obtenu sur une pièce de 4 hectares 50,000 kilos au delà dont voici l'analyse :

Date	Densité	Sucre °/o	Quotient	Valeur proport.
Novembre 7	10,64	13,10	88,39	12,19

Mon associé M. Ingebos avait semé de la même variété 2 hectares 1 2 et obtenu 48,000 kilos à l'hectare dont voici l'analyse :

Date	Densité	Sucre	Quotient	Valeur prop.	Poids moyen
Octobre 10	10,67	13,06	84,35	11,60	657

Cette année nous n'avons planté ou fait planter que cette variété ; l'emblavure comprend de 175 à 180 hectares et vraiment les betteraves sont belles, les miennes, en culture avancée, ont déjà de 10 à 14 feuilles, la terre est complètement recouverte et je ne doute pas d'avoir une belle récolte. Voici comment je procède :

Fumure de ferme à raison de 24 à 25 tombereaux (fumier de mouton par hectare appliqué sur chaumes dès l'été et toujours avant l'hiver. — Labour profond avant l'hiver. — Application d'engrais chimiques 800 à 1000 kilos par hectares 4 1/2 °/o azote nitrique, 6 °/o acide phosphorique, 6 °/o potasse, après travail énergique à l'extirpateur. — Lignes rapprochées à 38 centim., betteraves dans la ligne à 25 centimètres, de distance. — La betterave se sème après le froment qui a poussé sur paturage de moutons (divers trèfles et herbes). — On sème 28 kilos de graine à l'hectare. — Le travail de la betterave dès qu'elle est levée est très énergique, tant par la binette, que et surtout, par les razettes.

Les froments semés après la récolte de betteraves sont splendides, de même que les avoines. Les vesces, féverolles et pois, avec engrais chimiques, sont également très beaux. Mes prairies qui chaque année reçoivent 800 kilos engrais chimique, donnent une magnifique récolte d'excellent foin. Tous mes engrais proviennent de M. Roderburg et Cie.

J'oublie de dire que le produit en argent a été par hectare de betteraves de 1240 francs pour la moyenne de toute ma récolte. „

Sous ce titre : LE FUMIER C'EST L'ENMEMI, M. Simon Legrand, fabricant de sucre dans le Nord de la France, confirme rigoureusement les observations si remarquables de notre honorable correspondant.

L'engrais chimique a donné sur betterave blanche à collet vert 45000 kil. à raison de 8 à 9 pieds par m. c. Le titre moyen variait entre 14 à 16 % de sucre, tandis que la même betterave richement fumée au fumier de ferme n'a donné que 35000 kil. avec un titre moyen de 10 à 12 % de sucre.   (*Journal des fabricants de sucre*).

— Des fabricants de sucre de l'Aisne et de la Somme ont publié dernièrement un rapport des plus intéressants (*Le Français*, 15 Juin) sur la production de la betterave à sucre en Allemagne, d'où il résulte que contrairement à la pratique généralement usitée en France de fumer directement la betterave, en Allemagne on ne fume que le blé qui la précède dans l'assolement. La betterave à raison de 12 à 15 plantes au m. c. est ensuite traitée aux engrais chimiques à base de superphosphates et de nitrates comme dans la Hesbaye. On obtient ainsi en Allemagne une moyenne de sucre de 12 à 13 % au lieu de 6 à 7. De plus le blé qui la précède donne, grâce à des labours profonds avant l'hiver et à des sarclages facilités par les semis en ligne, des rendements de 60 à 70 hectolitres *sans verser*. Ces récoltes invraisemblables sont obtenues par la variété écossaise, dite blé *Scheriff*, qui est un peu moins riche en gluten que les autres, mais donne une bonne farine.

EXTRACTION DU SUCRE DE BETTERAVE A LA FERME.

Le système de MM. Manoury et Champennois repose sur la cuisson de la betterave, sur la séparation du sirop sucré par la chaux, et sur la concentration de ce sirop destiné à être vendu aux usines qui le travailleront pour l'épurer et en extraire le sucre par les procédés connus. Le grand avantage résultant de l'adoption de ce système serait de laisser dans la ferme toutes les matières nutritives des betteraves, et de diminuer considérablement les frais de fabrication de sucre, en fournissant à bas prix aux usines une matière première concentrée, facile à travailler. Le prix du sucre correspondrait alors aux frais occasionnés par la transformation ; celle-ci coûterait au plus 7 à 8 francs par 1,000 kilog. de betteraves, et dans le sirop, le prix du sucre serait de 10 francs par 100 kilog. de sucre.

Lettre de M. Léon t'Serstevens.

Baudemont-Ittre, le 25 juillet 1884.

Monsieur le Secrétaire,

J'ai terminé mes foins il y après de trois semaines, et, de mémoire de faucheur, l'on a jamais vu une récolte semblable à celle de la prairie que j'ai traitée aux engrais chimiques, d'après vos conseils.

C'était, vous vous en souvenez, un espèce de marécage, avec des joncs, des carex, de la menthe sauvage et des eaux rouges, chargées de fer, qui se déposait par plaques stériles sur le sol.

J'ai fait drainer cette prairie pendant l'hiver de 1882 à 1883. Au printemps, j'ai mis deux cents kilos de nitrate de soude et quatre cents kilos de phosphate précipité à l'hectare ; j'ai eu l'an dernier une belle récolte ordinaire, suivie d'un très beau regain.

Cet hiver 1883-84, comme j'ai fait bêcher et resemer quarante ares de joncs, ma prairie, qui mesure 3 hectares, ne me donne plus pour les foins qu'une récolte sur 2 hectares 60 ares. J'ai mis, sur les trois hectares mille, kilos d'un engrais préparé par M. Barbançon, titrant 6° d'azote, 6° d'acide phosphorique, 3° de potssse et de plus six cents kilos de plâtre. L'engrais m'a couté 230 francs et le plâtre 18 francs. Soit environ 90 francs, en tenant compte des frais de transport par hectare. J'ai obtenu environ trente mille kilos de foin sec sur mes 2 hectares 60 ares.   LÉON T'SERSTEVENS.

FUMIER.

Fermentation, traitement (dernières recherches).

MM. Gayon, Joulie et Dehérain ont institué des expériences sur la fermentation du fumier d'où il résulte que :

L'oxydation du fumier qui engendrent de hautes températures, s'élevant jusque 74° coïncide avec l'évolution de ferments figurés. Dans le fumier privé d'oxygéne le dégagement de *gaz des marais* serait dû exclusivement à l'action d'un ferment. Mais l'oxydation de la matière organique ne serait que partiellement provoquée par des ferments figurés (Dehérain).

Le fumier frais donne lieu à deux fermentations tout à fait différentes, selon qu'il est exposé à l'air libre ou renfermé dans un espace clos.

Dans le premier cas, il est le siège d'oxydations énergiques qui élèvent la température et produisent de l'acide carbonique ; dans le second cas, il conserve sensiblement sa température initiale et dégage un mélange d'acide carbonique et de protocarbure d'hydrogène.

La chaleur dégagée par le fumier aéré détermine d'abondantes fumées, qui entraînent en pure perte des torrents d'ammoniaque. La masse, devenue ainsi moins humide, cesse de s'oxyder, et le thermomètre descend lentement. Si l'on arrose alors la surface, la combustion recommence et la température se relève. On peut reproduire un grand nombre de fois ces oscillations thermométriques, jusqu'à ce que, la matière se tassant, l'air ne puisse plus y circuler.

Le fumier maintenu en vase clos est riche aussi en organismes infiniment petits, mais anaérobies ; par la culture, on a pu isoler celui qui, sans aucun doute, provoque le dégagement d'acide carbonique et de protocarbure d'hydrogène ; car, avec la cellulose pure, il donne lieu aux mêmes phénomènes chimiques.

La proportion de protocarbure d'hydrogène dégagé par du fumier en fermentation et soustrait à l'action comburante de l'air, peut atteindre 100 litres par jour, par mètre cube de fumier, de sorte que cette fermentation pourrait à la rigueur devenir une source de gaz utilisable au chauffage et à l'éclairage. (Gayon.)

La production d'acide carbonique étant fortement entravée par le chloroforme, on est porté à admettre que le gaz est également livré en certaine proportion par les organismes inférieurs. Mais elle n'est pas complétement arrêtée, ce qui prouve que le chloroforme ne suspend pas entièrement l'action génératrice de gaz par les organismes ou que la décomposition des substances végétales résulte encore d'autres causes. (Wollny.)

. M. Joulie a constaté :

1° Que la fermentation prolongée du fermier détermine une perte totale d'azote qui a été de 20 p. c. dans nos expériences, mais qui doit être plus élevée dans la pratique, où les surfaces d'évaporation du carbonate d'ammoniaque sont relativement beaucoup plus étendues.

2° Que cette perte est uniquement due à la volatilisation ou à la décomposition de l'ammoniaque contenue dans les purins et qu'elle porte, par conséquent, sur la partie la plus active et la plus assimilable de l'azote des fumiers.

3° Qu'une portion de l'azote ammoniacal se fixe sur les matières organiques pendant cette fermentation. L'importance de cette fraction. qui a varié dans ses expériences de 24,82 à 44,54 p. c. de l'azote ammoniacal introduit, dépend des proportions relatives de l'azote ammoniacal et des matières organiques. Elle est d'autant plus forte que les purins sont relativement moins chargés d'azote ammoniacal.

. 4° Que l'addition du phosphate de chaux ne modifie pas sensiblement la marche des phénomènes ni l'importance de la déperdition.

5° Que le carbonate et le sulfate de chaux augmentent, tout deux, dans une large mesure, la déperdition d'azote ammoniacal, tout en diminuant sa fixation sur les matières organiques.

Cependant, d'après le professeur Heiden de Pommris, l'emploi du gypse, à raison de 3 0/0 de fumier, fixerait tout le carbonate d'ammoniaque. Le gypse provenant du traitement du phosphateminéral par l'acide sulfurique donnerait les meilleurs résultats parce qu'il contient en outre 5,15 p. c. d'acide phosphorique soluble et 2, 17 d'insoluble.

—L'acide phosphorique présente encore cet avantage dans les étables mal aérées qu'il diminue la production d'hydrogène sulfuré résultant de la réduction du sulfate de chaux. La sulfure de calcium né de cette réaction est réduite à son tour par l'acide carbonique ou les acides organiques résultants de la fermentation. Ce sont ces mêmes acides qui favorisent la mise en liberté de l'acide nitreux lequel se dégage de l'azote libre en présence de l'ammoniaque et des acides (Dietzell).

De plus, l'emploi du gypse dans les étables diminue la déperdition excessive de l'azote résultant de la décomposition sous l'eau. Heiden recommande de répandre aussi ce gypse dans les rigoles.

« L'urée du purin se transforme promptement en carbonate d'ammoniaque par la simple absorption d'eau : 100 parties d'urée donnent 130 parties de carbonate d'ammoniaque. L'acide hippurique ne tarde pas non plus à se décomposer : du purin recueilli de deux jours ne contient plus d'acide hippurique. Un purin de deux jours ne renferme plus que 0,5566 p. c. d'azote total, dont 0,5078 sous forme d'ammoniaque et seulement 0,0489 en combinaison organiques. L'acide nitrique n'y existe pas encore. Un purin de trois jours accuse 0,6608 d'azote total, dont 0,6184 p. c. sous forme d'ammoniaque, et 0.0424 p. c. en combinaisons organiques. Cette ammoniaque existe surtout sous forme de carbonate d'ammoniaque. Dans le purin de deux jours, il y a, 0,6208 d'ammoniaque volatile et seulement 0,0007 d'ammoniaque combinée. Dans le purin de trois jours, il y a 0,7492 d'ammoniaque volatile et 0,0027 pour cent d'ammoniaque combinée. L'alimentation avait été la même dans les deux cas. La quantité d'ammoniaque perdue sans l'emploi d'une matière absorbante, est importante, puisque en 6 heures dans 60 litres d'air disparaissent 4,46 p. c. de l'azote ammoniacale préexistant. »

La fixation de l'azote du fumier intéresse au plus haut point l'agriculture belge qui, en dépit de son *labor improbus*, gaspille encore chaque année un capital considérable par la déperdition inconsciente de cet élément, surtout dans les provinces wallonnes où l'on néglige de recueillir le purin et dans les Campines où une grande quantité d'azote se volatilise dans les étables.

Il ne faut pas oublier que la proportion d'azote c'est-à-dire de gluten et d'albumine *s'élève dans le blé, dont l'azote est la dominante, à mesure qu'augmente le rendement à l'hectare* (Barral).

D'après Morgen, la réaction neutre et alcaline du fumier coïnciderait avec le maximum de déperdition de l'azote pendant la fermentation du fumier. Cette observation confirme les observations de l'École de Koch qui constate qu'en général les microbes de la fermentation des matières animales ne résistent pas aux acides.

TABLE DES MATIÈRES

TABLE EXPLICATIVE.

A.

B.

29.

D.

I.

J.

K.

L.

M

N.

O.

P.

S.

T.

V.

W.

N. B. Des fautes typographiques se sont glissées dans le corps de cet
    ouvrage ; mais comme elles sont facile à rectifier et qu'elles n'altèrent
    pas le sens des phrases, nous avons cru pouvoir nous dispenser de
    les signaler.

Céréales:

Phosph chaux soluble . 100
Chlorure de potasse   50
Nitrate de soude   150.

1891